Modes de gouvernance dans quatre métropoles latino-américaines (Buenos Aires, Caracas, Mexico et São Paulo)

Entre logiques institutionnelles et acteurs

P.I.E. Peter Lang
Bruxelles · Bern · Berlin · Frankfurt am Main · New York · Oxford · Wien

Christian AZAÏS
Marielle PEPIN-LEHALLEUR

Modes de gouvernance dans quatre métropoles latino-américaines (Buenos Aires, Caracas, Mexico et São Paulo)

Entre logiques institutionnelles et acteurs

AGENCE NATIONALE DE LA RECHERCHE
ANR

Avec le soutien financier de l'Agence nationale de la recherche (ANR).

Tous les volumes sont publiés après double révision à l'aveugle par des pairs.

Éditions scientifiques internationales
Bruxelles, 2014
1 avenue Maurice, B-1050 Bruxelles, Belgique
www.peterlang.com ; info@peterlang.com

Imprimé en Allemagne

ISBN 978-2-87574-129-5
D/2014/5678/22

Information bibliographique publiée par « Die Deutsche Nationalbibliothek »

« Die Deutsche Nationalbibliothek » répertorie cette publication dans la « Deutsche Nationalbibliografie » ; les données bibliographiques détaillées sont disponibles sur le site http://dnb.de.

Sommaire

INTRODUCTION
Gouvernance et enjeux métropolitains dans la globalisation. Focales et échelles ... 9
Christian Azaïs & Marielle Pepin-Lehalleur

PREMIÈRE PARTIE
LE LOGEMENT : ENJEU DE POUVOIR DANS LA TRANSFORMATION DES MÉTROPOLES

Comprendre et donner du sens à la gouvernance : le logement en Amérique latine ... 39
Julien Rebotier & Hélène Rivière d'Arc

São Paulo et Mexico, « chasse aux espaces » ou nouvelle dictature du foncier urbain ... 61
Hélène Rivière d'Arc

Interventions publiques, financement et production du logement : comparaison São Paulo et Buenos Aires ... 81
Helena Menna Barreto Silva & Iliana Mignaqui

De la lutte des places à Buenos Aires : crise du logement et boom immobilier (1990-2010) ... 101
Marie-France Prévôt-Schapira & Rodrigo Cattaneo Pineda

DEUXIÈME PARTIE
GLOBALISATION ET CONSTRUCTION MÉTROPOLITAINE

Mexico : de la ville moderne à la ville en cours de dé-modernisation ... 129
Catherine Bidou-Zachariasen

Essor de l'économie populaire face à l'économie globale : effets spatiaux à São Paulo ... 143
Marina Regitz Montenegro

Globalisation et construction métropolitaine : São Paulo et Mexico vus d'hélicoptère ... 163
Christian Azaïs

Troisième partie
Jeux de pouvoir au quotidien

Les vendeurs ambulants à Mexico et São Paulo face aux politiques de réaménagement des centres historiques 193
Carlos Alba & Carlos Freire

Derrière les hangars de l'aéroport de Mexico, la vie à *Casitas* 243
Arturo Alvarado & Úrsula Alanís

Logements meublés ou organisation communale à Caracas ? Le cas de La Limonera 263
Silverio González & Henny Díaz

Régulations au quotidien. Vendre des aliments préparés dans la rue à Mexico 287
Marielle Pepin-Lehalleur

Conclusion 315
Christian Azaïs & Marielle Pepin-Lehalleur

INTRODUCTION

Gouvernance et enjeux métropolitains dans la globalisation

Focales et échelles

Christian AZAÏS & Marielle PEPIN-LEHALLEUR

Université de Picardie Jules Verne (Amiens) et Irisso (Institut de recherches interdisciplinaires en sciences sociales), UMR 7170, Université de Paris Dauphine
et
Centre national de la recherche scientifique

Le programme ANR Metraljeux[1], à l'origine des publications ici présentées, proposait une comparaison de la gouvernance urbaine dans quatre métropoles latino-américaines, Buenos Aires, Caracas, Mexico et São Paulo, autour d'enjeux où se trouvent confrontés des acteurs privés et publics emblématiques de ces grandes villes traversées par les flux de la globalisation. À travers plusieurs approches disciplinaires (anthropologie, géographie, sociologie, socio-économie) et dans une perspective comparatiste, nous avons cherché à comprendre auprès de divers types d'acteurs urbains comment se construisent les lignes de force qui départagent l'accès aux biens publics et quelle en est leur perception, fondée sur leur expérience quotidienne comme sur la pratique sociale. Notre analyse s'appuie sur l'hypothèse que les systèmes d'acteurs s'agencent et se transforment dans le cadre prégnant des changements économiques et sociaux exigés par la globalisation aux métropoles qui veulent s'y faire une place.

1 Metraljeux, « Enjeux de la gouvernance urbaine dans quatre métropoles latino-américaines », programme financé par l'Agence nationale de la recherche française (ANR), dans le cadre de l'appel à projets *Les Suds, aujourd'hui* (2008-2011). Nous tenons à remercier tous les membres du comité éditorial, Catherine Bidou-Zachariasen, Julie Devineau, Julien Rebotier et Hélène Rivière d'Arc. Un remerciement particulier à Julien Rebotier pour le travail considérable fourni afin que cette publication arrive à son terme.

Nous avons imaginé la recherche collective autour de quelques processus de production de ces nouveaux ordres urbains en sélectionnant des enjeux représentatifs des « problèmes » qui se posent dans toutes les villes mais qui prennent une acuité et une ampleur particulières dans les métropoles dans la mesure où les connexions privilégiées avec les réseaux globalisés accentuent les déséquilibres économiques et les contradictions sociales. Les questionnements convergeaient autour de quatre thèmes : le logement, le travail, le commerce et la sécurité. Au cours de la recherche, nos parcours se sont diversifiés et recentrés, selon les intérêts et les méthodes disciplinaires de chacun, transformant la mosaïque initiale en recoupements multiscalaires inégalement distribués dans les quatre villes, sur des points délimités[2].

Nous avons privilégié l'analyse des litiges à propos de l'usage du sol, de la définition urbaine des lieux et de la mise en place de programmes de construction ; de l'interprétation de formes de mise au travail, de l'émergence d'activités nouvelles et de la multiplication d'activités informelles, qui redessinent le paysage social métropolitain ; de la demande généralisée mais contradictoire de sécurisation des activités et des lieux ; du brouillage croissant des frontières entre formel et informel dont il faut interroger le rapport avec les nouvelles dynamiques urbaines. On s'est efforcé de comprendre comment diverses catégories d'habitants des métropoles perçoivent leurs situations et formulent leurs projets et à quelles échelles ils évaluent leur capacité de négociation directe, de pression ou de recours aux autorités.

Nos questions se portent donc sur des objets concrets, des enjeux reconnus et disputés, des projets, des actions, des relations, des opinions exprimées, mais elles s'attachent moins à démontrer la prévalence de telle ou telle option d'urbanisme, de telle forme de financement des politiques

---

[2] À divers titres, à divers moments, vingt-sept chercheurs ont participé à ces recherches. Trois équipes françaises :

- CNRS-Credal : Rodrigo Cattaneo, Julie Devineau, Pedro García, Mathilde Gauvain, Marie-Carmen Macias, Marielle Pepin-Lehalleur, Marie-France Prévôt-Schapira, Julien Rebotier, Vincent Renard, Hélène Rivière d'Arc, Serge Schwarzmann ;
- CNRS-Irisso, Christian Azaïs, Catherine Bidou-Zachariasen ;
- IRD-Prodig : Pascal Labazée (dont la disparition brutale nous a profondément affectés), Jean Rivelois ;

En Argentine, Conicet et Universidad nacional de La Plata : Gabriel Kessler et Universidad de Buenos Aires, Facultad de Arquitectura, Diseño y Urbanismo (FADU) : Iliana Mignaqui ;

Au Brésil, Universidade de São Paulo : Carlos Freire, Helena Menna Barreto, Marina Regitz Montenegro, Vera Telles ;

Au Mexique, El Colegio de México : Carlos Alba Vega, Arturo Alvarado et Universidad Autónoma Metropolitana : Úrsula Alanís ;

Au Venezuela, Universidad Simón Bolívar : Silverio González, Henny Díaz.

publiques ou de telle réglementation du travail ou de l'ordre public que la façon dont certains problèmes en arrivent à être socialement définis et les orientations que les acteurs sociaux cherchent à faire valoir, comment et pourquoi. Non pas que les alternatives politiques soient d'importance mineure ou que les succès et les échecs ne s'imposent, à un moment donné, sur les processus qui les ont produits mais, dans une période où les diverses options d'urbanisme disputées depuis vingt-cinq ans trouvent toutes, à différents degrés, leur mode de réalisation, où les marchés jouent un rôle croissant et que les pouvoirs publics continuent cependant de chercher à orienter certaines dynamiques, où les groupes sociaux entendent tous, d'une façon ou d'une autre, participer aux décisions, il paraît important de comprendre assez précisément comment se nouent les arrangements ou les luttes qui conduisent à de tels résultats toujours provisoires. Diverses études récemment menées par des collègues offrent des analyses dont nous nous sommes inspirés[3]. Ce que nous appelons la *gouvernance* est ainsi apprécié dans sa qualité de processus et mode de régulation et d'expression des rapports entre acteurs sociaux, mais aussi entre eux et les pouvoirs publics ; elle s'inscrit dans cet espace élargi. Pour autant, nous ne cherchons pas à y trouver un nouveau modèle de gouvernement, qui ferait suite à celui de la démocratie locale inspiratrice des injonctions de décentralisation (Le Galès, 1995 ; Gaudin, 2002), et nous nous démarquons également de la vision normative des *best practices* développée par les organisations internationales (Le Duff, Rigal, 2004). À distance des mécanismes de gouvernement analysés par les théoriciens du politique et des modes de gestion issus du *management*, notre démarche est avant tout attentive aux processus sociaux et aux rapports de pouvoirs qui se nouent au sein de la société et s'apparente plutôt aux recherches menées sur les formes, parfois diffuses ou éphémères, d'ordre local, vers lesquelles nos disciplines nous offrent des outils pour mieux converger (Bourdin *et al.*, 2006 ; Duhau, Giglia, 2008).

D'un enjeu à l'autre, les modes de gouvernance révèlent le poids des contextes nationaux et mondiaux, ce qui conforte l'idée d'une globalisation productrice de deux processus indissociables, l'uniformisation et la différenciation. Nous l'avons vérifié dans le domaine de l'habitat, mais aussi dans celui du travail, de la consommation ou des illégalismes. L'influence des modèles mondialisés se fait sentir dans l'aspiration à la propriété du logement, au détriment de la location, autant que dans la

---

[3] Notons que plusieurs de ces collègues participent à la recherche Metraljeux. Parmi les références les plus directement pertinentes pour notre programme, mentionnons : Azaïs, 2010 ; Bidou-Zachariasen, 2003 ; Bourdin, Lefeuvre et Melé, 2006 ; Duhau, Giglia, 2008 ; Giraud, 2012 ; Monnet, 2006 ; Paquette, 2011 ; Prévôt-Schapira, 2001 ; Rivière d'Arc, 2008 ; Rivière d'Arc, Memoli, 2006 ; Santos, 1990 ; Schteingart, 1997 ; Schteingart, Salazar, 2006.

préoccupation pour la sécurité des espaces de vie et de circulation, modulée par les perceptions du risque selon les individus et les groupes sociaux, et par leur niveau de ressources. C'est de plus en plus vers ces enjeux de sécurité ainsi que vers la dotation de services – en voie de privatisation – que se tournent les demandes d'habitants organisés au niveau du quartier auprès des autorités publiques, tandis que l'offre de bâti tend à relever quasi exclusivement du marché. On observe dans ce domaine la participation croissante et de plus en plus directe d'acteurs corporatifs, internationaux, financiers jusque-là moins intéressés ou qui ne jouaient qu'un rôle plus lointain et médiatisé par le politique, en particulier en ce qui concerne l'habitat des secteurs populaires.

D'autres formes d'influence de la globalisation s'exercent sur deux modes de rapport au travail, l'un émergent, l'autre en expansion, qui révèlent des configurations d'emprise et de privatisation de l'espace public. Dans le cas des pilotes d'hélicoptères choisi comme représentatif d'un secteur spécialisé hautement qualifié et de son inscription dans le rapport salarial, la gouvernance passe plutôt par des négociations entre instances gouvernementales (civiles et militaires) et privées. De leur côté, c'est en multitude dispersée que les petits acteurs du commerce de rue contribuent activement au développement des réseaux internationaux, sans être en mesure de peser sur les termes de l'échange. Ils s'insèrent dans cette trame à des niveaux divers qui les différencient quant à leur approvisionnement et à la façon dont s'opère la distribution des marchandises. Jusqu'au moment final de l'offre au consommateur, dans des lieux souvent centraux ou péricentraux des villes, les formes d'illégalismes où participent les acteurs commerciaux et de nombreux représentants des instances officielles dessinent un panorama complexe et dynamique auquel concourent leurs clients. Les modes d'organisation et les stratégies relationnelles mis en place par les camelots varient largement d'une métropole et d'une tradition politique à l'autre, mais aussi selon les fonctionnalités marchandes et les rapports de pouvoir ancrés en chaque lieu. Ces insertions urbaines variées se reflètent dans les différentes représentations construites autour de l'ambulantage et les politiques qu'elles appellent. Les types de commerce favorisés par l'amplification des transferts mondiaux incluent aussi les grandes surfaces dont la localisation s'étend de plus en plus vers les espaces périphériques auparavant relégués. Leur capacité à générer des gains par le développement de la consommation des couches sociales plus pauvres et en particulier par l'offre de crédit est désormais considérée comme un élément moteur de la croissance économique. La recherche de sécurité par les diverses catégories de citadins se joue à des échelles différentes, liées à leur insertion sociale, à leurs activités et aux risques qu'eux-mêmes perçoivent ainsi qu'à l'image menaçante ou bénévole que les autres habitants, à tort ou à raison, projettent sur eux. Les expériences de vie de chacun font l'objet d'élaborations plus ou moins partagées et codées qui brossent le cadre social et territorial de leurs possibilités d'action. Elles se reflètent dans leurs exigences envers les pouvoirs publics et les relations plutôt individuelles et directes, ou collectives, organisées mais aussi médiatisées, qu'ils établissent avec leurs agents. On peut aussi en trouver la trace dans la façon dont certains recherchent ou évitent le contact avec les réseaux globalisés.

Expliciter les processus, heurts et arrangements par lesquels s'établissent ici et là des formes de gouvernance plutôt que les modes dominants, qui en lisseraient les détails et les différences, offre une vision forcément atomisée de la gouvernance qui ne permet pas une évaluation d'ensemble aisée. L'objectif de comparaison de la construction de quelques ordres urbains que nous nous sommes fixé se poursuit plutôt par la caractérisation de situations choisies et par le croisement des vues qu'apportent les héritages historiques, les processus structurants et le jeu des interactions perçu, voulu, subi par les acteurs. Loin des modèles applicables *urbi et orbi*, l'image ainsi esquissée peut gagner en richesse ce qu'elle perd en généralisation.

Notre définition de la gouvernance est descriptive et ne doit pas être confondue avec les approches d'auteurs qui en font une recommandation politique, ou de gouvernants qui prétendent que la « bonne gouvernance » caractérise leur action. Mais il faut bien reconnaître que la question de l'incorporation explicite dans le gouvernement de diverses formes de participation des forces sociales, en tant que telles, n'est concevable que depuis peu et qu'elle est publiquement revendiquée comme une forme démocratique « avancée ». Il convient donc d'en examiner les manifestations et éventuellement d'en soulever les usages médiatiques[4].

Il nous a semblé utile de distinguer quatre formes différentes de gouvernance, correspondant à des logiques ou des économies politiques différentes, qui peuvent se combiner dans la pratique. L'une de ces formes de gouvernance est réglementaire, les rapports des acteurs avec les autorités

---

4 Les problématiques envisagées à l'enseigne de la gouvernance restent en dehors du débat sur la nature de l'État. Proches de la conception de la gouvernementalité proposée par Michel Foucault (1984, 1994), elles ne se confondent pas avec elle. Moins centrées sur les dispositifs techniques des instruments d'action publique et leurs effets (Lascoumes, 2004) que sur les confrontations et convergences qui se nouent autour de la définition des contentieux qui surgissent dans la vie sociale, les questions posées autour de la gouvernance peuvent aboutir, éventuellement, aux formes que prend l'exercice du pouvoir étatique, mais leur objet central se situe « en amont » de celui-ci, au cœur des conflits sociaux plutôt que dans leur expression spécifiquement politique. Les points de vue explorés sont plus ceux des acteurs que celui de la puissance publique même si celle-ci est toujours présente, quoique parfois en arrière-plan, et prise en compte de façon implicite.

et des acteurs entre eux sont régulés dans les faits par la loi. Une autre forme est négociée, de mille façons, entre individus ou entre groupes, au coup par coup ou à long terme, ce qui implique plutôt la participation de grands ensembles plus ou moins solidaires et l'entremise de *leaders*, coordinateurs, intermédiaires. On peut y classer les négociations entre classes ou entre corporations, où interviennent généralement des partis, qui donnent leur caractère particulier à des régimes politiques. Un troisième type de relations entre groupes, face et en rapport à l'autorité publique, est celui de l'imposition de fait, soit par la richesse économique, par l'extorsion de la part de l'administration au pouvoir, par la violence ou la menace de la part des mêmes ou de certains acteurs ou groupes sociaux. Une quatrième variété se caractérise par le fait qu'elle est toujours brouillée, floue, frontalière, interstitielle. Nous parlons à son sujet d'« illégalismes ».

Nous n'en faisons pas des définitions de la gouvernance, ce sont simplement quatre modalités qu'il nous a semblé utile de systématiser de la sorte, comme des facettes de situations locales plus vastes. On les présente ici de façon assez vague et à une échelle non définie qui va du très large au plus restreint : les deux premières sont censées se combiner dans ce qui est considéré comme la norme démocratique mais peuvent aussi caractériser des rapports entre acteurs locaux, voire individuels. Les deux dernières ne sont pas revendiquées comme définitoires par des régimes politiques mais caractérisent nombre de situations économiques généralisées et de situations de pouvoir de fait. Nous proposons de les appeler *formes de gouvernance* lorsque nous pouvons les identifier dans des situations particulières, par exemple liées aux rapports noués autour d'un enjeu ; et de parler de *régimes de gouvernance* lorsque l'on parvient à caractériser de façon plus large (forcément plus complexe, hypothétique, sans doute contradictoire) un ou des modes prédominants s'imposant au niveau local. Il s'agit donc plutôt des logiques sociales et politiques qui inspirent les formes de gouvernement propres à chaque lieu et non pas un mode de gouvernement en particulier – définition qui serait d'ailleurs contradictoire avec un trait spécifique des métropoles dont les territoires, autant que la puissance de centralité, dépassent leurs limites administratives et politiques.

L'insertion de nos quatre métropoles dans la globalisation, second axe directeur du programme Metraljeux, agit comme un cadre prégnant parce qu'elles cherchent activement à s'y tailler une place et sollicitent les investissements extérieurs : tout ce mouvement favorise les nouveaux modes de vie, l'importance de la communication, le souci de la sécurité, la recherche de l'accession à la propriété individuelle, le développement d'un marché du travail multiforme, volatile, individualisé, hors de la structuration des corporations ou alors délocalisé par elles-mêmes. Les adaptations et les hybridations qui en résultent sont autant le fait des acteurs obligés de se positionner que de l'inscription des processus sociaux dans des territoires tendant à se différencier et à se spécialiser. La globalisation pénètre au cœur des processus politiques en agissant sur les perceptions des acteurs et leurs rapports au quotidien aussi bien que sur les rapports de force institués et structurés (Giraud, 2012). Les impulsions et les exigences des flux internationaux contribuent à modeler les enjeux urbains et imposent des contraintes qui se reflètent dans les modes de gouvernance : nous avons donc choisi d'analyser comment se déclinent diverses formes de régulation sociale et politique autour des enjeux choisis et de tenter la comparaison de ces formes au cœur des dynamiques locales des métropoles.

Quels enjeux avons-nous privilégié ? Nos approches disciplinaires tendent à les considérer à différentes échelles et favorisent plutôt pour certaines les points de vue des acteurs, ou plutôt les institutions ou les processus structurels. De fait, les enjeux peuvent être définis par les différents habitants et usagers de la ville en termes de biens ou de situations auxquels ils aspirent. Mais ils sont perçus par les forces du marché comme des investissements plus ou moins rentables. Les pouvoirs publics leur concèdent une priorité plus ou moins grande liée à leur capacité à y répondre et à l'efficacité politique de leurs efforts et il est loisible de percevoir combien, à travers le temps, des perceptions collectives se forgent, en accord ou désaccord avec la façon dont il convient de traiter la question. Ces différences révèlent pour une bonne part le conflit sous-jacent dans la définition même de tout enjeu, qu'on a étudié plutôt en termes de luttes d'acteurs, de compétition économique ou de choix de politiques publiques. Des définitions qui ne sont évidemment pas exclusives mais peuvent et doivent être complémentaires et se retrouvent toujours dans une forte dimension spatiale où se jouent les ancrages anciens comme les transformations liées à la globalisation. Nos études ont cherché à les combiner tout en développant de préférence soit les forces structurantes des processus historiques, soit la dimension du quotidien dans la perception des acteurs et la construction de leur pratique sociale. Elles ont exploré trois domaines critiques où se jouent la compétitivité des villes et leur attrait comme lieux de vie et centres d'activités : l'habitat, le travail et le commerce, tantôt en y sélectionnant des cas illustratifs de conflits, tantôt en brossant le tableau des formes dominantes ou émergentes des transactions sociales et de la mise en place des politiques publiques, ou encore en cherchant à comprendre et transmettre l'intériorité de certaines expériences de vie. La demande de sécurité en contexte urbain que nous avions pensé distinguer comme un enjeu particulier s'est transformée en une problématique transversale autour des formes d'illégalismes qui se développent dans les contextes actuels.

La prégnance croissante des capitaux internationaux dans l'habitat

Autour de l'usage du sol et de la définition urbaine des lieux, on pose la question du logement, de l'appropriation des espaces publics (en particulier par les vendeurs de rue), des contraintes de la valorisation foncière. La question du logement, et plus largement de l'habitat, a été abordée dans les quatre lieux de notre programme. Elle est déclinée sous les trois angles majeurs d'une pression populaire – qui garde son poids mais change de forme – pour une accession au logement en propriété, d'une offre agressive des capitaux internationaux pour investir dans le foncier et l'immobilier (à São Paulo et Mexico, nettement plus qu'à Buenos Aires et Caracas) et d'une tendance affirmée des pouvoirs publics à rechercher des formes mixtes d'investissement qui leur ôtent, du même coup, une part de responsabilité – et de pouvoir – dans la définition des objectifs. L'édification des formes de gouvernance s'en trouve ainsi modifiée et doit être réévaluée.

Par son ampleur, la question de l'habitat met directement en cause la forme urbaine, son extension et les rapports sociaux et politiques au sein de la configuration métropolitaine. Le logement a longtemps été, en Amérique latine plus qu'ailleurs, un terrain privilégié des programmes institutionnels et des mouvements sociaux. Récemment, la compétition foncière s'est développée sous l'aiguillon des capitaux d'investissement et des mouvements spéculatifs internationaux. Elle élève considérablement le prix du sol et rend plus difficiles les efforts publics de constitution de réserves foncières ou d'autres mesures de régulation.

La présence internationale agit désormais jusqu'au cœur de la problématique de la construction et du financement du logement social à travers la part accordée depuis une quinzaine d'années aux promoteurs privés dans l'exploitation de ce nouveau marché. Il faudra comprendre et montrer comment s'est opéré ce retournement, d'abord à Mexico, puis à Buenos Aires avec moins de succès. Dans ces capitales dont l'urbanisme a été fortement marqué par les politiques publiques de construction de logement social, c'est aux grands constructeurs qu'est à présent délégué le soin de concevoir et mettre en place de nouveaux développements urbains pour les secteurs les plus modestes des nouvelles classes moyennes, élargies à des secteurs considérés auparavant populaires, c'est-à-dire à l'ensemble des salariés susceptibles de recevoir du crédit avec le soutien institutionnel. Dans la vallée de Mexico, d'immenses cités composées de lignes de petites maisons unifamiliales sont construites dans les banlieues lointaines, sur des territoires n'appartenant plus à la capitale et relevant de juridictions et de partis politiques différents.

À São Paulo, le revirement des politiques d'urbanisme a été plus accusé en l'absence d'une institution spécifiquement chargée du logement social. Le remplacement de l'équipe de Marta Suplicy à la mairie a signifié l'abandon des tentatives d'aménager une place pour les habitants pauvres des quartiers centraux dégradés et la volonté de son successeur, de couleur politique opposée, d'entreprendre leur modernisation, fût-ce au prix de leur exclusion. Mais l'extension du programme *Minha Casa, Minha Vida*, dispensé au niveau fédéral aux familles les plus pauvres, vient apporter un palliatif aux clivages que les opérations immobilières d'envergure ou les mesures officielles telles que les expulsions des *squatts* accentuent. Ainsi les acteurs se multiplient dans ce paysage politique de plus en plus complexe.

Quant à Caracas, l'absence d'une ligne claire de politique urbanistique peut être imputée au manque de coordination et de suivi dont souffrent les institutions urbaines depuis des décennies. Cette tradition d'actions ponctuelles renforcée par les oppositions partisanes à différents niveaux des juridictions se voit actuellement amplifiée par la volonté du pouvoir gouvernemental d'intervenir directement sur tous les enjeux en sollicitant la participation citoyenne. Dans le domaine du logement comme dans ceux de la santé ou du ravitaillement, les opérations « coups de poings » censées lui donner plus d'efficacité tendent à diviser les forces et à rendre grandement aléatoire toute négociation.

Dans les quatre villes, les habitants pauvres et les très pauvres – auxquels se limite maintenant l'appellation de secteur populaire – poursuivent leurs efforts pour l'accès au logement dans les quartiers d'auto-construction ou dans des immeubles abandonnés en centre-ville. Le temps n'est plus aux grandes mobilisations pour l'habitat pouvant fédérer l'ensemble des organisations populaires de locataires, à la manière du Conamup (*Coordinadora Nacional del Movimiento Urbano Popular*) mexicain des années 1980 et 1990. Mais les habitants se regroupent parfois en collectifs et comités pour la réhabilitation des immeubles délabrés qu'ils occupent en centre-ville (São Paulo) ou pour l'urbanisation de leurs quartiers (*Consejos communales* à Caracas). Les *villas*, *favelas* et autres *barrios de ranchos* se concentrent dans les périphéries des quatre métropoles et se trouvent parfois aussi en localisations éparpillées au travers de la ville où la présence de terrains fédéraux empêche la municipalité d'intervenir (Buenos Aires). Ces quartiers peuvent être des lieux de grande activité économique, mais leur incorporation au tissu urbain est oblitérée, entre autres facteurs, par l'informalité de la tenure foncière et l'empilement de rapports extra-légaux qui en découlent. Même dans les zones centrales de Buenos Aires, Caracas ou Mexico, les propriétaires occupants d'appartements anciens qu'ils ont achetés ou qui leur ont été attribués des décennies plus tôt obtiennent très difficilement l'aide officielle.

Les proximités et les ségrégations spatiales sont les unes et les autres porteuses du sentiment d'insécurité qui envahit les différents secteurs des populations urbaines latino-américaines. D'autres phénomènes affectent les termes de la coexistence résidentielle telles que les crispations des classes moyennes que viennent défier les « tours » (à Buenos Aires, à Mexico) ou les hélicoptères (à São Paulo), symboles de l'arrogance d'une nouvelle classe au niveau de revenus inatteignable et aux références internationales qui remettent en question le sentiment d'appartenance et le mode de vie au quotidien. Mais les modèles de logement se diffusent et alimentent les imaginaires de tous en renforçant la demande de l'accession à la propriété (*la casa propia*) dans tous les groupes sociaux, au détriment du logement locatif qui aurait le mérite de déprimer les prix du foncier et de favoriser le renouvellement du parc.

Face à des problématiques partagées, des situations de crise aiguë telles que celles qu'ont vécues l'Argentine en 2001 ou le Brésil ces derniers mois, la polarisation au moins discursive qui a marqué le Venezuela de Chávez et la compétition exacerbée entre partis au Mexique marquent les rapports de force locaux, les projets que se donnent les autorités urbaines et les répertoires d'action des différents groupes sociaux.

Les métropoles, hauts lieux des services, de la consommation et de l'informalité

Les pressions croissantes de la globalisation et les ressources qu'elle apporte poussent à créer des activités nouvelles ou à en renouveler les agencements et à développer de nouveaux segments de marché. Ils sont analysés comme générateurs de travail ou comme porteurs de nouveaux modes de consommation. La participation des métropoles dans les flux globalisés et l'insertion dans le marché du travail et les filières marchandes se manifestent sous deux aspects polaires : le développement généralisé du commerce informel, largement lié aux réseaux transnationaux et, en certains lieux sélectifs, celui d'une « service class » (Bidou-Zachariasen, 2000) qui vise la satisfaction d'une consommation exclusive et se fonde sur le développement de savoir-faire spécialisés.

La globalisation s'exprime dans le domaine du travail par l'émergence d'emplois flexibles, les uns hautement qualifiés produisant des services spécialisés qui dès lors intègrent la *service class*, les autres, non qualifiés, renvoyant communément à la notion de travail informel. La notion d'hybridation, au sens d'une combinatoire entre ces deux types d'emplois, jouant parfois pour un même individu ou tout du moins sur un même territoire, permet de rendre compte de la pluralité des formes d'insertion des individus sur un marché du travail éclaté, aux frontières mouvantes.

Elle est en parfaite adéquation avec l'idée selon laquelle les travailleurs hautement qualifiés de la *service class* ont besoin du travail de personnes non qualifiées pour exercer leur activité, dont ils achètent le service ou à qui ils sous-traitent une part de leur travail. Par ailleurs, la notion même de « marché du travail informel » est remise en cause du fait de trajectoires d'emploi hachées : les passages de plus en plus fréquents de situations précaires à l'inactivité, puis à d'autres situations précaires, ne se limitent plus aux classes populaires ni aux pays que l'on disait « en développement ».

Un exemple de ces professions de haute spécialisation est fourni par les pilotes d'hélicoptères dont l'activité est en plein essor à São Paulo et dans une bien moindre mesure à Mexico. Ce mode exclusif de transport répond à un besoin de sécurisation et apporte des options incomparables de déplacement aux riches propriétaires de ces engins et aux *executivos* (cadres supérieurs) clients des taxis aériens. Ceux-ci vendent également leurs services à l'administration publique (circulation, météo, pompiers, etc.), lorsqu'elle ne dispose pas de ses propres appareils comme la Police, par exemple. Les problèmes inédits posés par le développement de cette circulation aérienne qui s'approprie l'usage des cieux urbains font l'objet de discussions entre, d'une part, les pilotes, les usagers et les propriétaires de taxis aériens (nom des entreprises privées du secteur), et, d'autre part, les responsables municipaux et fédéraux chargés de la régulation du trafic. Un troisième acteur est concerné, les riverains pour lesquels l'activité intense des hélicoptères et les accidents sont source de nuisances et d'inquiétude, ce qui rappelle cet autre aspect de la différenciation des sociétés métropolitaines face à la problématique de la sécurité où la protection de certains accentue les dangers de la vie quotidienne pour les autres.

Les conditions de travail des pilotes et l'accréditation de leurs heures de vol sont également des sujets sensibles et suscitent des négociations en marge de la législation du travail. La flexibilisation dans les emplois qualifiés évoque une troisième possibilité face à l'hypothèse actuellement posée d'une désalarisation de la société mexicaine, alors que l'on assiste à une montée de la salarisation au Brésil (Carleial, Azaïs, 2007), qui n'atteint peut-être pas, cependant, les échelons les plus bas des emplois liés à la sécurité. Mais notons qu'à Mexico, parmi les emplois qui ne requièrent pas de diplôme au-delà du certificat de fin d'études secondaires, ce sont précisément ceux de policiers bancaires (supplétifs) et de gardiens armés qui offrent un contrat et un salaire formels en guise d'avantages susceptibles de les convaincre d'accepter le risque d'accompagner les convoyeurs d'argent ou les camionnettes de distribution des marchandises les plus ordinaires (boissons en canettes, épicerie ou bouteilles de gaz).

À côté ou en alternance avec les métiers de la surveillance armée, et en évident contraste avec le segment atypique des pilotes d'hélicoptères, c'est sur le commerce informel que s'est rabattue une large part de la population urbaine en Amérique latine et dans les autres pays émergents ou marginalisés en réponse à l'ouverture des frontières et à la désindustrialisation, ouvrant un éventail de problématiques qui tiennent à son développement en dehors des régulations sociales, fiscales et urbaines. Même si l'occupation de certaines rues centrales par d'innombrables étals n'est pas nouvelle ni toujours réellement combattue, elle suscite l'irritation de nombreux citadins et des commerçants établis lorsque leur accès à la clientèle est gêné, ainsi qu'une surveillance accrue et souvent des pratiques d'extorsion de la part des autorités de la ville et des services de police. Des projets urbains de grande ampleur peuvent également s'en trouver retardés. Mais le commerce informel dans la rue est en même temps une des principales sources de revenus accessibles aux couches populaires et même moyennes et un lieu (une forme) privilégié(e) de ravitaillement en biens divers pour toutes les catégories de la population.

De fait, au moment où nous commencions notre recherche, les pouvoirs publics des quatre métropoles avaient engagé différentes opérations de dégagement de certaines rues ou du centre ou de quartiers emblématiques, sous des modalités diverses et dans des rapports contrastés avec les vendeurs de rue. C'est donc assez directement sur la problématique des formes de contrôle territorial des espaces de vente qu'ont portée nos analyses, sur l'organisation des formes de vente et d'approvisionnement à différentes échelles qui ont chacune leur portée politique et sur la multiplication des formes d'insertion des petits travailleurs urbains que sont les commerçants de rue dans des réseaux complexes et mondialisés d'acheminement des marchandises.

Des études ont été menées à Mexico et à São Paulo et plus brièvement à Caracas et à Buenos Aires[5]. La comparaison des processus sur les quatre sites a montré que l'ambulantage se trouve dans tous les cas limité par les pouvoirs publics, voire réprimé dans les rues de la ville centrale, mais qu'il fait en même temps l'objet de négociations avec les organisations d'ambulants et leurs *leaders* (Mexico), avec les organisations plus diversifiées de commerçants de statuts divers (São Paulo), avec les ambulants réorganisés en coopératives (Caracas). Les associations se posent volontiers en pionnières du commerce moderne mondialisé, ancré sur les réseaux chinois d'exportation et sur des modes de crédit – et d'octroi de crédits – fondés sur la confiance et la connaissance du terrain. À Mexico, certaines

5 Le commerce ambulant fait l'objet d'articles spécifiques inclus dans cet ouvrage pour les deux premiers cas tandis que les analyses menées dans les deux autres sont reprises dans la conclusion à titre comparatif.

associations réclament des procédures de formalisation de leurs rapports avec les autorités urbaines et avec le fisc, mais elles ne sont pas forcément représentatives de l'ensemble des ambulants, dont les situations économiques sont d'ailleurs tellement différenciées qu'on peut difficilement les considérer comme un seul type d'acteurs, au plan économique autant que politique. Des vendeurs ambulants qui ne participent dans aucune association et sont individuellement soumis à la réglementation ou à l'extorsion de la part des fonctionnaires urbains peuvent être traités comme volet de manœuvre par ceux-ci dans leurs négociations avec les associations. À Caracas, il semble que les autorités politiques (au niveau national ou de la capitale) se posent pratiquement en garantes du bon déploiement des nouvelles conditions de travail des ambulants réorganisés (mieux contrôlés ?), alors qu'à São Paulo les divers groupes de commerçants, ambulants ou non, sont les interlocuteurs directs de la nouvelle entité municipale métropolitaine dans son entreprise de revalorisation foncière d'un quartier central et convoité de la ville. À São Paulo, à côté des négociations formelles que peuvent engager associations et pouvoirs publics sur une base territoriale, se déroule un gigantesque trafic de vente de marchandises de toutes sortes dont les provenances les lient aux réseaux mondiaux, au long de trajets, arrangements et participation d'agents économiques ou politiques qui franchissent continuellement les limites formelles de la loi (Azaïs *et al.*, 2012 ; Telles, 2012 ; Kessler, Telles, 2010). La vente dans des parcs publics observée dans le quartier de Palermo à Buenos Aires représente plutôt l'introduction d'une activité nouvelle au registre de travailleurs ayant perdu l'accès au salariat. En se rabattant sur cette activité, ils n'ont pas encore forgé les instruments de concertation et surtout de lutte parfois violente que les ambulants d'origine immigrée refoulés sur des territoires périphériques ont développés.

L'ambulantage représente à la fois un mode d'accès au travail et l'amplification et la délocalisation d'une offre de biens tant « modernes » (importés, etc.) que traditionnels. Sa régulation est largement soumise à des rapports de pouvoir du fait de son cantonnement – parfois prescrit et parfois recherché – à l'informalité, des monopoles exercés dans les chaînes de ravitaillement et de l'origine socio-économique de la grande majorité de ceux qui travaillent dans la rue. L'internationalisation des circuits marchands introduit une modification profonde dans les fonctions traditionnelles de l'informel urbain qui se convertit pour une part en maillon final d'écoulement des produits de la contrebande et de la contrefaçon, à côté des produits réguliers. Les nouveaux acteurs qui en sont porteurs changent les bases des négociations et des affrontements politiques. On peut en trouver un exemple à Mexico où l'inflexion des sources d'approvisionnement a coïncidé avec la substitution des équipes politiques au pouvoir et a pu affecter leurs rapports avec les organisations de camelots.

La problématique du commerce informel se trouve donc largement mêlée à celle du développement des formes nouvelles d'illégalismes que nous abordons un peu plus loin. Elle s'articule aussi avec celle de l'introduction de nouveaux modes de consommation, marqués par la captation des secteurs pauvres dans les circuits du commerce d'envergure, qui est désormais omniprésent sous la forme des grandes surfaces et a supplanté presque partout les politiques de redistribution ciblées ou territorialisées vers les secteurs ou les emplacements appauvris[6]. La distribution commerciale en super et hypermarchés est devenue un secteur particulièrement porteur des investissements transnationaux et s'est largement étendue jusque dans les périphéries urbaines alors qu'elle évitait de s'y implanter il y a une dizaine d'années (par exemple autour de Mexico ou de São Paulo). Ce type d'offre modifie les modes de consommation des couches populaires et les rapproche de ceux des classes sociales plus élevées quant aux types de marchandises offertes, tout en maintenant de fortes différences en qualité. On cherche à « fidéliser » la clientèle populaire par l'octroi de cartes de crédit commerciales (et non bancaires), par exemple à São Paulo (Sciré, 2012) et à Mexico. Dans les périphéries métropolitaines, on peut constater en parallèle que l'expansion de l'ambulantage, à l'initiative des commerçants eux-mêmes, contribue de façon importante au ravitaillement populaire.

Insécurité, informalité et illégalismes, trois angles de la gouvernance amplifiés par la globalisation

Le thème de la sécurité est à la fois central pour la vie quotidienne des habitants des villes, pour les autorités dont une obligation première est de la garantir, pour la paix civile qui dépend de la façon dont elle est assurée. La différence des points de vue et des échelles, les objets concrets et les références que l'on peut ranger sous ce terme en rendent l'analyse extrêmement complexe. On peut décrire les risques encourus, ou imaginés, les demandes citoyennes dans leur diversité et leurs contradictions. Les difficultés rencontrées par les pouvoirs publics sont à mettre en parallèle avec les objectifs qu'ils poursuivent, les moyens politiques et techniques dont ils disposent, les logiques et les intérêts qui animent les agents de la force publique, les alliances que les dirigeants tiennent à préserver, les autres pouvoirs avec lesquels ils entrent en compétition

[6] Dernier héritage en zone urbaine des vastes programmes de distribution alimentaire subventionnée de Conasupo (*Compañía nacional de subsistencias populares*), au Mexique durant les années 1960 à 1990, le programme *Liconsa* vend du lait à bas prix à des familles très pauvres (2 800 000 personnes y ont accès dans le District fédéral et sa périphérie), tandis qu'à Caracas, le gouvernement *chaviste* organise la tenue de marchés hebdomadaires ou de points de vente Mercal (*Mercado de Alimentos*) pour assurer le ravitaillement de biens alimentaires subventionnés.

pour l'ordonnancement de la société en ses diverses échelles. L'ordre qui s'instaure en tel lieu, à tel moment, est affecté d'une façon ou d'une autre par tous ces facteurs, il résulte toujours d'une confrontation entre différentes forces dont l'une ou l'autre réussit pour un temps à s'imposer, par la négociation, la conviction, la soumission ou la violence. La légalité rime parfois mais pas toujours avec la légitimité de la norme proclamée ou des moyens employés et, d'un bord ou d'un autre, cette dernière appréciation est rarement partagée par l'ensemble de ceux qui lui sont soumis. La multiplicité des points de vue engagés correspond bien au processus contradictoire de la gouvernance et à la lutte qui se noue autour de chacun des enjeux. La sécurité qualifie ici un précaire moment d'équilibre des forces où une norme, favorisant nécessairement certains intérêts au détriment des autres, est établie et reconnue et justifie l'ordre qui s'impose, lequel peut tout autant se situer hors la loi qu'en accord avec elle.

De cette polysémie et cette multiscalarité de la notion, plusieurs points qui font conflit ont été intégrés comme dimensions problématiques dans les deux grands enjeux de nos comparaisons.

La sécurité personnelle est une préoccupation majeure des citadins latino-américains de toutes les classes sociales. Elle répercute sur des efforts d'aménagement des espaces de vie diversement réalisés selon leurs ressources mais qui obéissent souvent au modèle de la clôture, sur les choix de localisation de leurs logements et l'équipement des quartiers, les horaires et trajets qu'ils empruntent, les activités qu'ils favorisent ou évitent. Nous avons vu comment les pouvoirs publics cherchent à y donner réponse dans leurs programmes d'urbanisation, en pariant plutôt, selon les lieux et les époques, sur une plus grande mixité sociale ou au contraire sur des découpages territoriaux renforcés, et sur divers dispositifs de surveillance. Et les agents du marché ne sont pas en reste pour convertir en arguments de vente les attributs de distinction, voire d'exclusion, qui accompagnent ou sont censés garantir la sécurité. Les recherches de l'équipe ont permis de comparer d'une ville à l'autre les processus de ces choix et leurs effets sur l'organisation métropolitaine dans le domaine des politiques de l'habitat et de l'aménagement urbain, avec une attention particulière au fait que d'autres objectifs de valorisation foncière peuvent être privilégiés, tels que les activités commerciales, bancaires ou touristiques, favorisées par les capitaux transnationaux, qui ont d'autres exigences. On en trouve des exemples dans les luttes qui se nouent autour des grands projets développés dans les centres-villes de Mexico et de São Paulo et dans des lieux plus dispersés ou périphériques à Buenos Aires, Caracas ou Mexico. Tous les textes réunis dans cet ouvrage en donnent des échos, évoqués à grande échelle ou relatés comme des cas particuliers mais exemplaires.

La dimension sociale de la sécurité apparaît également dans les effets d'accidents climatologiques, sismiques, géologiques, industriels, etc. qui révèlent trop souvent, *a posteriori*, combien ils auraient pu être totalement évités ou du moins limités si des mesures de précaution ou de prévention avaient été prises. Leur incidence et leur gravité, généralement très différenciées selon le lieu et la configuration des quartiers, la qualité des constructions et la qualification sociale des habitants montrent bien comme la prise en compte de ces risques dits « naturels », qui engage la coresponsabilité des autorités de divers échelons, des constructeurs et autres promoteurs et des habitants eux-mêmes, est un enjeu politique des plus importants[7]. Elle peut rester longuement enfouie dans des dossiers d'experts et ne ressortir en plein jour qu'au moment où l'on en déplore les résultats, alimentant avec un temps de retard les débats et les protestations et rebattant les cartes pour que les acteurs redéfinissent leurs positions. On trouvera dans ce livre les études de deux cas, à Caracas (González, Díaz) et à Mexico (Alvarado, Alanís), qui illustrent l'utilisation de contingences locales faite par différents pouvoirs.

Mais la polysémie de la sécurité a aussi orienté les recherches dans d'autres directions. Des conceptions étrangères l'une à l'autre peuvent se confronter dans la pratique. Il en est ainsi du décalage entre la demande d'une paix sociale garantie par le respect strict de la loi et des besoins sociaux que celle-ci ne prend pas en charge. Depuis des décennies (voire depuis des siècles, à Mexico) les métropoles connaissent un conflit tantôt larvé, tantôt ouvert autour des usages de l'espace public, conçu comme lieu partagé et réglementé de (libre) circulation ou comme une ressource primordiale et offerte gratuitement à tous, disponible pour y mener des activités et gagner sa vie quand on n'a pas d'autres possibilités : objet emblématique de cette controverse, le commerce de rue cristallise ce conflit auquel participent de multiples acteurs et où tout citadin peut se sentir concerné, parfois de façon tout à fait contradictoire au gré des circonstances, comme passant, comme éventuel consommateur, comme riverain des rues achalandées, etc. La problématique de cette utilisation commerciale des trottoirs, des places et des chaussées et de l'orientation donnée aux quartiers où elle se développe, se déploie à diverses échelles, depuis les relations sociales nouées autour de chaque étal jusqu'aux circuits d'approvisionnement de nombreuses marchandises achetées chez des grossistes eux-mêmes ravitaillés sur les marchés chinois, en passant par les rapports avec les autorités réglementaires ou d'autres pouvoirs qui s'exercent dans la rue et par l'entremise des associations et la hiérarchie

---

[7] Julien Rebotier (2011) a développé l'analyse des risques et des réponses institutionnelles, sociales et politiques apportées à Caracas en prélude à son enquête sur les formes de gouvernance dans cette métropole.

des *leaders*. Plusieurs travaux recensés dans ce livre proposent des analyses de ces enchevêtrements de relations dans une ville ou une autre, en partant de la situation des acteurs marchands (Alba, Freire, Pepin-Lehalleur) ou du dilemme des autorités entre des projets de vie et de ville opposés (Montenegro, Prévôt-Schapira, Cattaneo).

S'agissant des activités qui se déroulent dans la rue – un lieu qui en symbolise beaucoup d'autres – où se maintient un rapport « distancié » à la loi, on parle volontiers d'« informalité », un terme aux acceptions très diverses, souvent recensées dans la vie économique (Portes *et al.*, 1989 ; Lautier, 2004) dont un usage très courant englobe, entre autres, le non-respect des règlementations dans le domaine des transactions (enregistrement d'une activité, paiement de taxes et d'impôts, déclaration d'emploi, charges sociales, reconnaissance écrite des compétences, conditions de travail contractuelles, temps d'occupation d'un lieu, hygiène, etc.) ou dans celui du logement (contrats d'achat/vente de terrains ou constructions, viabilisation des quartiers, permis de construire, etc.). À ces codes légaux s'en substituent d'autres qui peuvent être tout aussi contraignants mais qui s'adossent à d'autres relations et d'autres pouvoirs : la confiance, la menace, la violence, la soumission à la hiérarchie sociale, la solidarité, la réciprocité, une indifférence partagée par l'interlocuteur envers l'intermédiation officielle, l'habitude établie et non remise en question de s'en passer, la négociation, la nécessité. L'informalité représente la vision « en creux » de ces pans non uniformisés de la vie relationnelle où les « droits » se discutent en fonction des circonstances, où des autorités diverses entrent en compétition, où la durée de validité d'un accord peut, selon les cas, s'étendre sur des générations ou se limiter à la capacité de représailles ; d'une vie, en d'autres mots, non réglée par la loi mais par d'autres normes. Des normes qui se situent toujours à une échelle proche du quotidien et des besoins ou souhaits des personnes concernées et qui excluent toute référence à un intérêt public supérieur édictant la loi. La légitimité sociale de ces arrangements entre les personnes, de la « débrouille », de la « *viração* » au Brésil ou de la « *mano izquierda* » au Mexique, du travail « au noir », de ces « occupations » de lieux sans précision sur le mode d'accès, entre autres multiples exemples, ne varie pas seulement d'un pays à l'autre mais d'un groupe social et d'une communauté culturelle à l'autre. Et parfois même d'une circonstance à l'autre puisque – la définition des intérêts réciproques en fournissant la commune mesure – l'arrangement qui accommode des intérêts habituellement très dissemblables peut, au fil du temps, accentuer l'avantage de l'un sur l'autre des partenaires.

Cette étroite définition de la légitimité de l'acte informel à l'échelle micro, interpersonnelle, du bénéfice mutuel doit évidemment être partagée par un grand ensemble de « spectateurs » pour devenir monnaie courante, culture commune d'un groupe, d'une société, et pouvoir s'étendre comme une pratique habituelle. La capacité de cet accord à surmonter pacifiquement le conflit des intérêts trouvera ses limites en même temps que la légitimité qui le soutient, avant qu'un autre ordre ne s'impose, d'une façon ou d'une autre. Nos différentes enquêtes illustrent toute la gamme de ces légitimités et de leurs contradictions, largement liée aux degrés d'institutionnalisation des arrangements économiques et sociétaux considérés. L'importance des enjeux d'urbanisme et la prolifération des intérêts contraires dans le domaine du logement et plus largement du bâti ont aiguillé les travaux de Julien Rebotier et d'Hélène Rivière d'Arc, d'Helena Menna et d'Iliana Mignaqui, de Marie-France Prévôt-Schapira et Rodrigo Cattaneo, de Catherine Bidou, de Marina Montenegro à parcourir l'éventail en privilégiant le va-et-vient entre acteurs et institutions à des échelles méso ou macro où celles-ci apparaissent plus organisées et significatives. Il en va de même du travail de Christian Azaïs autour des réglementations du survol des villes en hélicoptère et de la compétence des pilotes. On voit plus les logiques des acteurs et la façon dont elles s'influent et se contraignent mutuellement dans les enquêtes de Silverio González et d'Henny Díaz et d'Arturo Alvarado et Úrsula Alanís, de même que dans celles de Carlos Alba et Carlos Freire et de Marielle Pepin-Lehalleur lorsqu'ils suivent les stratégies des commerçants de rue.

La question de la menace que l'informalité de certaines activités ou situations est susceptible de signifier pour la sécurité publique peut ainsi être reposée à partir des droits (ou « quasi droits ») particuliers des personnes ou collectifs concernés, c'est-à-dire de la reconnaissance et protection de leurs intérêts divers par les normes non légales de la « communauté » à laquelle elles appartiennent. Dans ces cas, l'échange social sera analysé au vu des demandes individuelles et disparates qui se « négocient », à partir du « bas », pour arriver à un accord sur leur légitimité respective et combinée (quand l'un des termes n'est pas simplement imposé à l'autre), et non en fonction de la loi censée les universaliser (ou les départager clairement).

Ce questionnement portant sur la construction de l'échange est une façon d'aborder la différence entre les notions d'informel et d'illégal qui se recouvrent largement et de façon variable selon qui les emploie. Les *illégalismes*, pour reprendre le terme proposé par Foucault (1984, 2004), impliquent la transgression des normes et codes légaux et mettent en jeu des acteurs et des jeux de pouvoir divers. Certains illégalismes sont simplement tolérés, d'autres font l'objet de protection politique en échange d'argent ou de complicité dans des transactions, d'autres encore sont combattus par les forces de police ou militaires. Il met donc l'accent sur un rapport tranché à la loi et sur les effets et réactions diverses qu'il produit. Dans l'approche plus anthropologique que politique présentée plus haut, l'attention principale est portée sur les façons dont des notions de droits (au sens faible) sont construites en dehors de la loi, alors qu'ici les illégalismes sont surtout vus à travers l'exercice des autres forces et règles qui s'imposent sur l'échange social. Ce qui n'implique pas de différence de fond puisque les valeurs se construisent dans la pratique et non dans un univers d'idées, et que les relations sociales n'ont de sens qu'au regard des représentations.

Dans le livre *Ilegalismos, cidade e política* (Azaïs, Kessler et Telles, 2012) qui inclut divers travaux menés dans le cadre du programme Metraljeux et que Vera Telles ouvre par un dialogue théorique avec les contributeurs, elle argumente en faveur d'un emploi très circonstancié des illégalismes et autres informalités qui s'inscrivent dans les replis (*dobras*) du légal et de l'illégal, les méandres du formel et de l'informel, en insistant sur le passage des individus ou des marchandises d'une réalité à l'autre au long de leurs parcours ou dans leurs rapports avec différentes instances de pouvoir. Les cas analysés montrent comment les mobilités latérales se retrouvent aussi bien dans les négociations pour légaliser une marchandise de contrebande, s'ajuster à un règlement pour esquiver un surcoût ou régulariser une terre occupée. C'est donc la catégorie de légalité qui est à son tour complexifiée et déconstruite.

Les ambigüités entre légal et illégal se multiplient dans les nouveaux contextes que la croissance économique produit. Les grandes structures sociales et politiques du développement de la modernité se sont fragmentées sous la poussée du néolibéralisme économique et de l'appel réitéré aux lois du marché qui affaiblissent les injonctions étatiques. La décentralisation a multiplié les territoires et les échelons de gestion dont les réglementations peuvent se trouver en compétition ou être facilement contournées, grâce à des agents publics toujours plus nombreux disposés à offrir leur appui politique pour ce faire. Tous les biens urbains se valorisent y compris ceux que possèdent les pauvres, suscitant parfois une compétition qui relève de la course au gain plus que des stratégies de survie des périodes antérieures. De nouvelles facilités de transferts économiques, de communications, de transports offrent à la fois des avantages et des risques nouveaux, et les services de sécurité qui prolifèrent, se privatisent et échappent à l'ancien monopole public, génèrent une compétition qu'il s'agira de réguler.

Les régulations qui ont cours dans les quartiers, sur un territoire de vente ou une portion de marché sont éminemment fluctuantes. Qu'ils se fondent sur la complicité avec la police ou sur les rapports d'autorité entre générations, les ordres se stabilisent puis perdent leur force, les loyautés faiblissent et les accords sont trahis. Ces codes ne peuvent être stables, tout arrangement ne vaut que dans un lieu et pour un temps. C'est généralement lorsque survient la rupture de l'accord que la violence fait irruption, quand différentes forces entrent en lice pour imposer leur nouvel ordre.

La recherche de la sécurité ne fait qu'augmenter dans ces contextes et inspire de nouvelles rationalités. Des politiques sociales peuvent trouver leur justification dans des besoins de prévention sécuritaire qui conduisent à différencier leurs lieux d'application selon des objectifs précis et les types d'illégalismes que l'on entend combattre ou tolérer. Ainsi pourrait-on suggérer que l'idée de territorialisation qui présentait le quartier comme nouvel espace de sociabilité politique et de redistribution des biens sociaux, en substitution de l'usine et du salariat, pourrait désormais incarner aussi un projet de sécurisation (un lieu de fixation sécuritaire). Dans ces évolutions si complexes et paradoxales, les formes de la gouvernance ne peuvent se décréter ; elles oscillent généralement entre la recherche d'accords au coup par coup et l'esquisse de projets d'ordonnancements d'ensemble dont les analystes se doivent de suivre les cheminements.

Architecture de l'ouvrage

La première partie de cet ouvrage regroupe quatre textes.

Julien Rebotier & Hélène Rivière d'Arc, dans leur article « Comprendre et donner du sens à la gouvernance : le logement en Amérique latine », centrent leur propos sur la gouvernance, en analysant comment les jeux de pouvoir qui la construisent se trouvent redistribués par la globalisation depuis les années 1980. La gouvernance est pour eux « une activité politique (objet de contentieux), éminemment située », modelée par l'histoire et les diversités locales, où s'explicitent les rapports sociaux et les types de solutions envisagées, les acteurs et les discours. Ce faisant, ils font de la notion même de gouvernance une construction historique et montrent comment, dans nos terrains d'enquête, s'est développée son emprise sur les esprits et les modes de gestion urbaine et de gouvernement, sur les revendications et les stratégies d'acteurs par la diffusion, que l'on peut dater, de diverses conceptions de ce qui est légitime et efficace pour gérer les problèmes urbains. En s'appuyant sur la comparaison de processus, de politiques, de stratégies d'acteurs observés dans les quatre métropoles, démonstration est faite que celles-ci ne construisent pas seulement des logements et ne mènent pas seulement des politiques d'habitat, mais qu'elles élaborent des conceptions et des pratiques, en transformant au filtre de leurs conditions sociales les modèles internationaux de pensée et d'action politique dont on ne peut que constater la prégnance actuelle.

Dans un deuxième article, « São Paulo et Mexico, 'chasse aux espaces' ou nouvelle dictature du foncier urbain », *Hélène Rivière d'Arc* compare ces deux métropoles. Son argumentaire part de la « vision des entrepreneurs/promoteurs et des aspirants des classes populaires au logement en tant que clef pour comprendre le processus qui a amené les espaces résidentiels *versus* l'étalement urbain, à devenir plus que jamais des enjeux de la gouvernance ». Dans un même contexte de renchérissement rapide du foncier, l'auteure situe dans la lumière d'histoires urbaines et nationales différentes les dynamiques parallèles et les divergences qui se déploient dans les dispositions et les stratégies auxquelles font appel les habitants en quête de logement, les détenteurs locaux ou transnationaux de capitaux et les autorités des deux métropoles. Elle analyse les options que les constructeurs considèrent de bon rapport et les leviers qu'ils actionnent pour mener leurs projets. En miroir, les guichets s'ouvrent ou s'entrouvrent aux demandeurs de logement en fonction de la catégorie de revenus à laquelle ils appartiennent, de leur affiliation à un mouvement ou à un parti, du quartier et type de logement qu'ils visent, du mode de financement qu'ils sollicitent, du créneau précis prévu par tel chapitre de la politique d'habitat, etc. Le pouvoir sur les décisions d'urbanisme et sur la mise en œuvre de la politique de logement que les organismes officiels et les autorités politiques conservent encore, dans une certaine mesure, à Mexico, colorent tout autrement qu'à São Paulo les manières et les issues des interactions ainsi tissées.

Puis, c'est au tour de *Helena Menna Barreto* et d'*Iliana Mignaqui* « Interventions publiques, financement et production du logement. Comparaison São Paulo et Buenos Aires » de se pencher sur les cas de São Paulo et Buenos Aires. Les auteures privilégient une analyse qui articule à la fois des « espaces de conflit, de représentation et de négociation entre l'action publique et les intérêts privés ». Elles le font à partir d'une interprétation des politiques publiques de l'habitat dans ces deux métropoles. Pour ce faire, elles font l'hypothèse de la place prépondérante de l'État, capable d'orienter le choix des projets d'urbanisme et de « délimiter les espaces de ségrégation territoriale et de définir quels seront les acteurs inclus et exclus dans l'accès à la ville ». Iliana Mignaqui insiste sur le rôle déterminant du politique à Buenos Aires et sur la marge discrétionnaire qui prévaut dans l'attribution de financements, qui ne se fait pas en fonction du déficit de logements. À São Paulo, la logique dominante est celle de la création d'emplois et ce sont les entrepreneurs du secteur immobilier qui choisissent les emplacements dans la ville où seront construits les logements sociaux, en fonction du prix des terrains qui a sensiblement augmenté ces dernières années. Ainsi, la logique financière l'emporte et met en évidence « l'absence de politique foncière pour construire de nouveaux logements populaires à des endroits adéquats » et aussi une forme d'illégalisme lorsque les principes édictés dans le Statut de la Ville ne sont pas respectés. Pour les auteures, la gouvernance ne peut se saisir que dans sa version fragmentée, i.e. non monolithique, ce qui corrobore l'acception retenue dans cet ouvrage, d'un *régime de gouvernance* aux antipodes des *best practices*.

Le texte de *Marie-France Prévôt-Schapira & Rodrigo Cattaneo*, « De la lutte des places à Buenos Aires : crise du logement et *boom* immobilier (1990-2010) », qui clôt cette section brosse un panorama de l'évolution des politiques et des institutions en charge du logement depuis la crise brutale survenue en 2001 en Argentine et la reprise actuelle. Il s'attache à en faire comprendre les logiques depuis les points de vue contrastés des équipes successivement au pouvoir, des organisations non gouvernementales qui œuvrent dans ce domaine et des investisseurs immobiliers qui ont repris confiance dans la rentabilité de la construction de luxe dans le centre de Buenos Aires mais commencent à faire pression également dans les quartiers du Sud et jusqu'au Conurbano (périphérie), traditionnellement considérés comme « populaires ». Dans cette métropole caractérisée par un grave déficit de logement depuis les années de la dictature, de nouvelles formes de précarité et de vulnérabilité apparaissent, accrues par la compétition parfois violente qui se développe entre voisins également pauvres, autour des maigres ressources institutionnelles, distribuées à travers des canaux clientélistes. Les hostilités sont attisées par la multiplication de catégories d'habitants ou de potentiels bénéficiaires d'appuis dont les définitions justifient tantôt le recours aux tribunaux, à la recherche d'une confirmation légale de leurs droits, tantôt s'ancrent dans un sentiment de légitimité fondé sur la nécessité ou l'antériorité des luttes. Ces représentations et revendications opposées alimentent les formes nouvelles de la gouvernance au sein de la métropole *porteña*.

Les analyses comprises dans cette section ont montré comment les métropoles étudiées, divisées entre des instances relevant de diverses autorités souvent en compétition, rencontrent toutes des difficultés particulières autour de la question du logement. La pression accrue exercée par les capitaux immobiliers aggrave les disparités spatiales et sociales déjà existantes et en déplace les frontières, au centre des villes et jusque dans les périphéries. Tiraillé entre les exigences provenant des acteurs les plus variés et le besoin de répondre aux sollicitations internationales, le logement apparaît ainsi comme un enjeu central dans la construction métropolitaine. En suivant et comparant les évolutions de cette problématique, ont été identifiés les intérêts, les forces instituées, les acteurs qui participent en situation de force ou de faiblesse aux ordonnancements qui s'imposent aux divers niveaux et dans les divers espaces des métropoles.

La problématique spatiale emblématique du conflit urbain se trouve encore engagée, de façon plus détournée, dans les processus de transformation et diversification économique qu'exigent les évolutions des marchés transnationaux.

Globalisation et construction métropolitaine

Dans cette deuxième partie, la question centrale porte sur les implications de la globalisation telle qu'elle se manifeste dans la dynamique de construction des métropoles par de profonds phénomènes de différenciation sur le marché du travail. Ils prennent des formes distinctives dans les deux cas considérés : Mexico et São Paulo.

Dans sa contribution « Mexico : de la ville moderne à la ville en cours de dé-modernisation », *Catherine Bidou-Zachariasen* propose une périodisation des évolutions qu'a connues la métropole à travers l'hypothèse de la tendance à sa dé-modernisation dans les vingt dernières années. Mettant l'accent sur l'informalisation croissante du marché du travail à Mexico, l'auteure y voit l'origine de « l'avènement d'une nouvelle forme urbaine », qui repose en partie sur un « processus régressif de colonisation des espaces de vie domestique et de recours à la main-d'œuvre familiale ». La modernité sociologique se lisait dans l'importance du travail en usine, la représentation syndicale et l'affiliation sociale dont le pendant au plan de l'habitat se trouvait dans des politiques de construction de grands ensembles, de préférence à proximité des établissements productifs, et dans la régularisation des terrains envahis. Aujourd'hui, malgré la centralité qui caractérise toujours la distribution des secteurs du commerce et des services à Mexico, la population travailleuse s'éparpille de plus en plus à grande distance des lieux de travail et le temps de transport devient prohibitif. Du côté du tertiaire supérieur, l'implantation en archipel des centres bancaires, quartiers d'affaires, secteurs résidentiels de luxe et centres commerciaux contribue tout autant à la fragmentation de l'espace métropolitain où quartiers « globaux » et quartiers « dé-modernisés » se côtoient.

L'article « Essor de l'économie populaire face à l'économie globale : effets spatiaux à São Paulo » de *Marina Regitz Montenegro* analyse les dynamiques actuelles de l'économie populaire et de la consommation dans le centre de São Paulo et leurs relations avec le pouvoir public. L'auteure fait l'hypothèse que cette économie populaire relève d'une politique publique spécifique. Elle insiste sur le côté ambivalent de la gouvernance. Alors que des équipes dirigeantes ont pu chercher en leur temps à promouvoir certaine démocratisation de l'espace public et une forme d'*empowerment* des habitants de la métropole, l'étude de la politique urbaine à São Paulo aujourd'hui se révèle « plutôt comme un moyen que s'approprient certains intérêts particuliers ». L'auteure insiste sur l'action des grandes entreprises qui étendent leur pouvoir sur « l'aménagement interne des villes » avec les partenariats public-privé instaurés ici comme dans la plupart des métropoles latino-américaines, et qui participent ainsi de la privatisation de l'espace public. La gouvernance, en perpétuelle construction, révèle le poids des différentes forces en présence, où compte particulièrement la pression qu'exercent les modèles transnationaux.

Le dernier article de cette partie, celui de *Christian Azaïs*, « Globalisation et construction métropolitaine : São Paulo et Mexico vus d'hélicoptère », porte sur la construction des normes pour une activité fortement ancrée dans la globalisation et éclaire d'un jour nouveau la double conception de la gouvernance : la gouvernance réglementaire et la gouvernance floue ou brouillée. L'auteur analyse le processus de constitution d'une profession et de consolidation de normes après que les règles du jeu ont changé. Ainsi, ce secteur d'activités est-il passé d'une prédominance de la sphère publique à une emprise de plus en plus grande de la sphère privée, ce qui est à l'origine des tensions repérées, qui vont à l'encontre de l'impératif de sécurité qui plane sur toute la profession et qui est la norme internationale. L'activité est bien au cœur des deux axes centraux qui orientent cet ouvrage, la globalisation et la construction métropolitaine. Elle en dévoile certains enjeux.

Jeux de pouvoir au quotidien

Après l'articulation à parts égales des trois dimensions macro, méso et micro parcourues dans les articles des sections précédentes, c'est par l'exploration de situations particulières que débutent les analyses de cette dernière partie. Dans une démarche qui relève à la fois de l'anthropologie, de la micro-sociologie et de la science politique, les quatre contributions insistent sur les pratiques des individus et tentent de dégager à travers elles des perspectives significatives sur la gouvernance à Caracas, Mexico et São Paulo.

Carlos Alba & Carlos Freire, dans leur article « Les vendeurs ambulants à Mexico et São Paulo face aux politiques de réaménagement des centres historiques », comparent les interactions entre les commerçants informels et les autorités des deux métropoles latino-américaines « dans le contexte des processus successifs de réagencement de l'espace urbain ». Ce mouvement correspond à une volonté politique d'intervenir sur les centres-villes et de promouvoir de nouveaux investissements auxquels l'ambulantage fait obstacle. La comparaison terme à terme de l'histoire, des traditions et des composantes sociologiques du commerce informel dans les deux villes met en valeur les similarités et les différences dans les modes d'action et d'organisation des ambulants et dans leurs rapports avec les pouvoirs publics. L'expansion ou la rétraction de cette activité dans la rue n'est pas que le fruit de la conjoncture économique, elle dépend aussi du moment politique et de la nature des liens noués entre les acteurs, qui expliquent les divergences sensibles entre les deux métropoles quant aux actions menées par les autorités pour la circonscrire et la soumettre à de nouvelles régulations. L'origine géographique et l'inscription sociale des camelots de São Paulo et de Mexico donnent un sceau distinctif à ces deux métropoles aux histoires si différentes et tendent à faire de leurs activités, somme toute proches, ici un mode de vie, là plutôt, un gagne-pain.

Dans leur contribution « Derrière les hangars de l'aéroport de Mexico, la vie à *Casitas* », *Úrsula Alanís & Arturo Alvarado* pointent les enjeux de la gouvernance urbaine « en termes d'intégration, d'inclusion et d'exclusion de certains groupes de citoyens à la ville, à travers les formes de leur participation à la gestion urbaine et à son gouvernement ». Prenant le cas d'un quartier de Mexico particulièrement marginalisé, ils soulignent les dynamiques qui se nouent entre activités urbaines licites et illicites et insistent sur le caractère mouvant de leurs frontières au sein d'un espace géographiquement bien délimité. Ils approfondissent l'analyse des perceptions des habitants, des voisins, des acteurs délictueux et de la police locale et, en croisant leurs points de vue, restituent l'entrelacs des jeux de pouvoir au quotidien. Dans cette entité que les catastrophes et les échéances électorales font réapparaître de loin en loin sur l'agenda des acteurs politiques, des besoins locaux très concrets et les plaisirs de la convivialité réunissent ponctuellement les habitants dans des élans partagés, et parviennent parfois à dépasser le déphasage entre les enjeux microlocaux et les instances décisionnelles, ajoutant à chaque fois de nouvelles facettes à un ordre territorial où concourent divers protagonistes. Le quartier fait apparaître au grand jour des pratiques présentes dans d'autres métropoles latino-américaines et du reste du monde et montre la complexité de la gouvernance urbaine comme le résultat d'ordonnancements de divers niveaux, qui s'ignorent ou se combattent, et qui n'atteignent jamais que de fragiles équilibres.

Henny Díaz & Silverio González évoquent dans leur étude « Logements meublés ou organisation communale à Caracas ? Le cas de La Limonera », les « complexités de la gouvernabilité et les limites de la gouvernance à Caracas » à propos de la confrontation entre divers programmes de construction de logements sociaux sur un même terrain lui-même sujet à polémique. Promus ou soutenus par des acteurs au profil sociologique et à l'entregent très inégal dont les auteurs décryptent les engagements, les alliances et les intérêts, ces projets présentent un panorama extrêmement divers d'options, depuis un ensemble d'habitations destinées à quelques dizaines de milliers de personnes jusqu'au développement d'une coopérative agricole. Les aspirations confortées puis frustrées de la poignée de militants décidés à « incarner un nouveau mode de vie et à assurer une production autonome et endogène » illustrent les fluctuations de politiques publiques qui ne parviennent ni à déterminer le périmètre des compétences des diverses instances officielles ni à fixer des priorités durables. Cet exemple montre l'errance d'une gouvernance qui semble surtout attachée à éviter le conflit et qui ne permet pas de concevoir le futur de cette niche urbaine particulièrement convoitée et de son impact sur un large secteur de la ville.

Cette partie s'achève avec l'article de *Marielle Pepin-Lehalleur* « Régulations au quotidien. Vendre des aliments préparés dans la rue à Mexico ». Autour des étals d'un petit nombre de marchands qui préparent et offrent de la nourriture en diverses rues et places de Mexico, l'auteure cherche à recréer les atmosphères, les passages, les sollicitations et les injonctions qui font le contexte de cette activité mixte de confection et de vente qui donne à la ville un de ses traits caractéristiques. Cette mise en scène rapprochée permet de différencier les lieux et les personnages et de découvrir les multiples rapports qu'ils tissent à partir de l'espace qu'ils occupent, des fonctions qu'ils remplissent et des images que les citadins, selon la situation, le moment et l'intérêt ou le rejet que suscite l'offre qui leur est faite, projettent sur ces acteurs du quotidien urbain. Les divers pouvoirs légaux et de fait qui quadrillent la ville tantôt les ignorent, tantôt s'attachent à les faire s'acquitter de leur redevance sur un mode réglementaire ou par la menace ou l'extorsion. C'est dans un cadre plus large, en suivant les marchands vers leurs logements et leur voisinage, que l'on peut retracer dans leur appréhension de la métropole et de ses environnements sociaux les expériences de vie qu'ils y puisent et dont ils nourrissent leurs attitudes et leurs réponses.

En conclusion, un article en deux volets signés respectivement par *Christian Azaïs* et par *Marielle Pepin-Lehalleur* cherche à tirer quelques fils comparatifs entre ce que les expériences de terrain et les analyses de l'ensemble de l'équipe ont tenté d'apporter à la compréhension des deux axes problématiques de notre programme – la place des quatre métropoles dans la globalisation et les modes particuliers de gouvernance qui s'y instaurent en divers lieux avec la participation des différents groupes sociaux. Par la comparaison des cas ou des démarches, le(s) texte(s) prétend(ent) approfondir les deux grandes dimensions sur lesquelles s'est portée principalement l'attention des chercheurs : la construction des logiques institutionnelles auxquelles concourent les acteurs et leurs répertoires d'action et l'appréhension du quotidien qu'ils expriment à travers leurs pratiques. En explicitant les points de vue disciplinaires et de méthode développés par les auteurs[8] et en articulant leurs approches autour des sites et des thèmes considérés, cet article conclusif essaie de rendre compte des exigences et des ressources du comparatisme. Une convergence s'est dessinée autour du territoire que tous les auteurs traitent comme une problématique, plus qu'un objet, dans la mesure où il sert de point de fixation des conflits à la rencontre d'intérêts, de pratiques, de perceptions et de pouvoirs contraires, appréhendés dans la

[8] Les textes de quelques chercheurs qui ont collaboré aux travaux de l'équipe ne se retrouvent pas dans cet ouvrage. Plusieurs d'entre eux sont inclus dans les publications du programme conduites à l'initiative d'Iliana Mignaqui à Buenos Aires, de Vera Telles à São Paulo, de Carlos Alba à Mexico.

vie quotidienne de chacun ou dans la construction de formes instituées. Dans l'ère de globalisation qui remet en question les structures pérennes et les autorités intangibles, il offre une des voies d'explicitation des *processus de gouvernance* en posant la question des rôles respectifs des acteurs sociaux, des pouvoirs publics, de la loi et de divers illégalismes dans l'élaboration de normes effectivement reconnues, tout du moins pour un temps.

Références bibliographiques

Acosta, F., « À propos des illégalismes privilégiés. Réflexions conceptuelles et mise en contexte », *Criminologie*, Les Presses de l'Université de Montréal, vol. 21, n° 1, 1988, p. 7-34.

Azaïs, Ch. (ed.), *Labour and Employment in a Globalising World. Autonomy, Collectives and Political Dilemmas*, Bruxelles, P.I.E. Peter Lang, 2010.

Azaïs, Ch., Kessler, G., Telles, V. da Silva (eds.), *Ilegalismos, cidade e política*, Belo Horizonte, Fino Traço, 2012.

Bidou-Zachariasen, C. (dir.), *Retours en ville*, Paris, Descartes & Cie, 2003.

Bourdin, A., Lefeuvre, M.-P., Melé, P. (dir.), *Les règles du jeu urbain. Entre droit et confiance*, Paris, Descartes & Cie, 2006.

Duhau, E., Giglia, A., *Las reglas del desorden. Habitar la metrópoli*, Mexico, Siglo XXI-UAM, 2008.

Foucault, M., *Surveiller et punir*, Paris, Gallimard, 1975.

Foucault, M., *Dits et écrits*, t. IV, Paris, Gallimard, 1994.

Gaudin, J.-P., *Pourquoi la gouvernance ?*, Paris, Presses de Science-po, 2002.

Giraud, O., « Les défis de la comparaison à l'âge de la globalisation : pour une approche centrée sur les cas les plus différents inspirée de Clifford Geertz », *Critique internationale*, 57 (2012/4), p. 89-110, 2012.

Lascoumes, P., « La gouvernementalité : de la critique de l'État aux technologies du pouvoir », *Le Portique* [En ligne], 13-14 | 2004, mis en ligne le 15 juin 2007, consulté le 26 août 2013, URL : http://leportique.revues.org/625.

Lautier, B., *L'économie informelle dans le tiers monde*, Paris, La Découverte, 2004.

Le Duff, R., Rigal, J.-J., *Management local, de la gestion à la gouvernance, Première rencontre internationale*, Paris, Dalloz, 2004.

Le Galès, P., « Du gouvernement des villes à la gouvernance urbaine », *Revue Française de Science Politique*, Vol. 45/1, 1995, p. 57-95.

Monnet, J., « Le commerce de rue ambulant ou informel, et ses rapports avec la métropolisation : une ébauche de modélisation », *Autrepart*, 39, 2006, p. 93-109.

Paquette, C., « Les politiques d'investissement urbain », in *Dynamiques économiques et sociales en Amérique latine*, Institut des Amériques, Paris, Éditions de l'AFD, collection « À savoir », 2011, p. 289-320.

Prévôt-Schapira, M.-F., « Buenos Aires, mondialisation et nouvel ordre politique », *Hérodote*, n° 101, p. 122-152, 2001/2.

Rebotier, J., « Habiter les territoires et construire les risques, entre empreintes spatiales et logiques sociales – Caracas », in November, V., Penelas, M. et Viot, P. (dir.), *Habiter les territoires à risque*, Lausanne, Éditions Presses Polytechniques et Universitaires Romandes, 2011, p. 81-100.

Rivière d'Arc, H. (dir.), *Centres de villes durables en Amérique latine. Exorciser les précarités ?*, Paris, Iheal, 2008.

Rivière d'Arc, H., Memoli, M. (dir.), *Le pari urbain en Amérique latine, vivre dans le centre des villes*, Paris, Armand Colin, 2006.

Santos, M., *Metrópole corporativa fragmentada. O caso de São Paulo*, São Paulo, Nobel, 1990.

Schteingart, M. (ed.), *Pobreza, condiciones de vida y salud en la Ciudad de México*, Mexico, El Colegio de México, 1997.

Schteingart, M., Salazar, C.E., *Expansión urbana, sociedad y ambiente*, Mexico, El Colegio de México, 2006.

Telles, V. da Silva, « Jogos de poder nas dobras do legal e ilegal : anotações de um percurso de pesquisa », in Azaïs, Ch., Kessler, G. et Telles, V. da Silva (eds.), *Ilegalismos, cidade e política*, Belo Horizonte, Fino Traço, 2012, p. 27-56.

Carte 1. Métropoles latino-américaines étudiées et leur zone centrale

Carte 2. Ville de Buenos Aires au cœur de la province de Buenos Aires et de l'aire métropolitaine, lieux cités

Carte 3. District métropolitain de Caracas, lieux cités

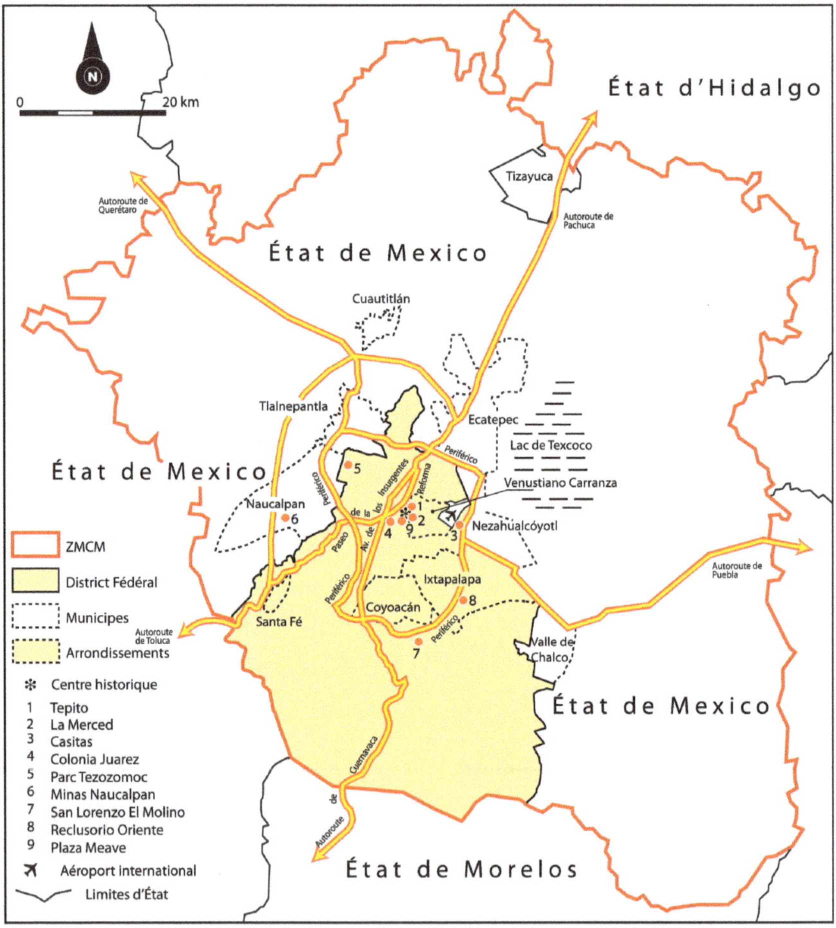

Carte 4. District fédéral dans l'agglomération de Mexico, lieux cités

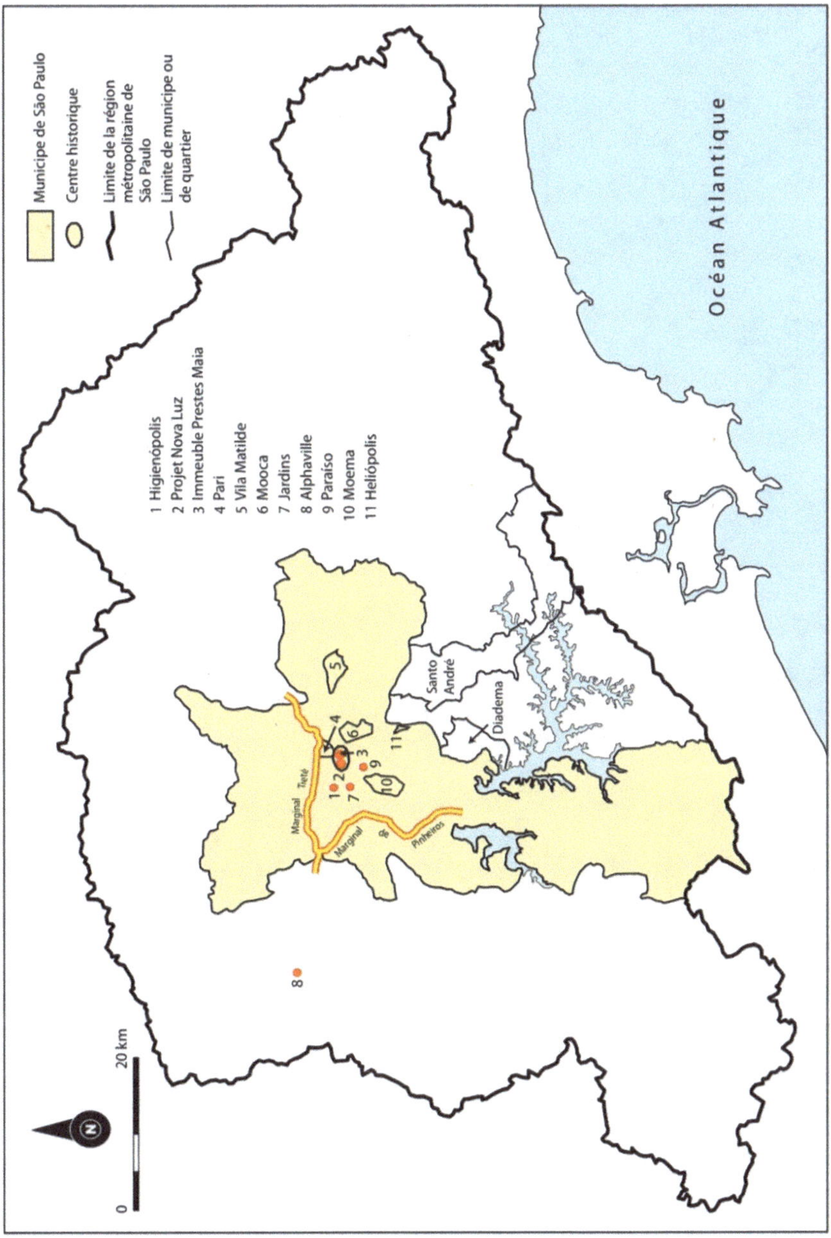

Carte 5. Commune de São Paulo dans sa région métropolitaine, lieux cités

Première partie

Le logement : enjeu de pouvoir dans la transformation des métropoles

Comprendre et donner du sens à la gouvernance

Le logement en Amérique latine

Julien REBOTIER & Hélène RIVIÈRE D'ARC

Chargé de Recherche CNRS – UMR 5603
et
Directrice de Recherche CNRS – émérite

Nous souhaitons souligner le poids des modèles d'interprétation de la gouvernance dans le domaine du logement, ainsi que les conditions de la production de ces modèles dans les métropoles d'Amérique latine. C'est en ayant bien à l'esprit que la gouvernance métropolitaine est à la fois une recette opérationnelle et une dimension cognitive de l'activité politique et des rapports sociaux urbains (donc relevant à la fois de l'agir et du penser) que nous avons fait dialoguer nos terrains et nos résultats, qui portent principalement sur trois des quatre villes du programme[1]. Hélène Rivière d'Arc a particulièrement travaillé à São Paulo sur les entrepreneurs et sur les formes de mobilisations populaires pour l'accès au logement, et à Mexico sur l'organisation institutionnelle du secteur ainsi que, dans les deux cas, sur les programmes publics d'accompagnement et d'accès au logement pour les secteurs les plus défavorisés. Julien Rebotier s'est plus largement penché sur les répertoires des acteurs à Caracas, des plus démunis aux plus favorisés, dans l'accès au logement et la défense des conditions de vie des différents secteurs résidentiels. La révision de la littérature grise et des options politiques privilégiées d'une part et d'autre part l'observation ainsi que des entretiens approfondis d'acteurs tant institutionnels que des citoyens organisés ont constitué les deux entrées méthodologiques de la recherche à Caracas. L'hypothèse des transformations institutionnelles, éventuellement liées à l'arrivée d'Hugo Chavez

[1] Buenos Aires n'a pas été étudiée par les deux auteurs de ce chapitre, à la différence de Caracas, Mexico et São Paulo. Les travaux et communications des collègues de METRALJEUX plus directement concernés par la capitale argentine et de courts séjours sur le terrain permettent néanmoins de situer l'expérience de Buenos Aires dans la réflexion sans en mobiliser systématiquement les expériences et enseignements.

au pouvoir à la fin des années 1990, a par ailleurs constitué un élément de fond pour la réflexion (Rebotier, 2009). Nous avons tenu à penser les logiques d'acteurs, les dynamiques institutionnelles et les mécanismes de la gouvernance dans le domaine du logement dans un temps long de plusieurs décennies.

Sans adopter de définition normative sur ce que doit recouvrir la gouvernance dans le domaine du logement, nous la considérons comme une activité politique (objet de contentieux), éminemment située (propre à un moment, un endroit et un contexte social), mais aussi chargée d'une rhétorique dominante et libérale véhiculée par les institutions internationales et déclinée localement dès la fin des années 1980 (à travers la dite « bonne gouvernance »). Il ne s'agit pas d'analyser nos terrains à l'aune de bonnes pratiques, mais bien de saisir ce que la « gouvernance dans le domaine du logement », comme principes historiques de gestion de l'urbain qui émergent à la fin des années 1980, recouvre comme évolution des rapports sociaux, comme types de solutions envisagées, comme initiatives entreprises, comme types d'acteurs et de discours mobilisés. Il s'agit d'articuler la gouvernance à ses conditions d'émergence et aux contextes qui la caractérisent (Piattoni, 2009 ; Therborn, 2000).

Notre problématique est résolument critique et réflexive. Elle consiste à se demander comment un tel regard sur cette gouvernance contribue à expliquer plus qu'à décrire les transformations sociopolitiques au sein de métropoles latino-américaines ; informe sur l'évolution et l'état des rapports de pouvoir dans les espaces métropolitains étudiés ; et renseigne dans le contexte de métropoles dites du Sud sur les conditions (idéelles et matérielles) de mise en place et sur les implications locales d'un modèle qui circule globalement.

De fait, bien que prise dans un même mouvement régional (et bien entendu global), la métropolisation des capitales étudiées n'est évidemment pas uniforme. Elle recouvre des transformations sociopolitiques différentiées dans chacun des contextes urbains et dont il nous appartient d'identifier les déterminants singuliers. On ne peut étudier la gouvernance en la coupant des conditions politiques, sociales, économiques ou culturelles qui la rendent possible et qui contribuent à la définir. Par-là, nous nous inscrivons dans une perspective de construction sociale et de rapports à l'espace (Lefebvre, 2000). À travers la globalisation, nous reconnaissons en outre une série de recompositions de la modernité dans les registres économiques, politiques et discursifs auxquelles les sociétés d'Amérique latine n'échappent pas. Nous relevons une tendance néolibérale à se pencher sur l'immédiat, sur l'efficace et le rentable à l'aune d'une évaluation coût bénéfice, ou encore sur le comment (faire) beaucoup plus que sur le pourquoi et pour quoi (faire), qu'illustrent par exemple très bien le développement du *New Public Management*, la recomposition du rôle de l'État, ou l'émergence d'une société civile, de concert avec la contraction du domaine de l'action publique (Brenner, Theodore, 2002 ; Peck, Tickell, 2002 ; Ribot, 2012).

Ainsi, au-delà de la seule présentation des formes et des processus qui accompagnent et définissent les modalités de la gouvernance dans le domaine du logement, c'est le poids de l'épistémologie et la part des modèles dans la compréhension de la réalité sociale que nous avons mis en avant. Nous avons considéré des régimes d'explications pour comprendre la gouvernance, une notion largement opérationnalisée, alors que le dire rejoint – et conditionne – pour beaucoup le faire. En outre, il n'est d'actions ou d'initiatives qui ne soient pensées, consciemment ou non (Castoriadis, 1975). On porte par conséquent un regard politique (attentif aux contentieux, aux intérêts divergents et à l'instrumentalisation) sur les formes et les implications de la gouvernance, de ses mots et de ses cadres conceptuels, sans pour autant nous limiter à un regard critique souvent réduit à la déploration ou à la dénonciation. On considère les cadres cognitifs et conceptuels qui président à l'action non seulement comme vecteurs de l'intentionnalité des acteurs (Raffestin, 1980), mais aussi comme des conditions nécessaires à la seule pensée du réel (Rebotier, 2011a). Pour cerner les divers enjeux de la production du logement métropolitain, c'est dans la dimension idéelle des rapports sociaux que nous localisons des ressorts importants de la conflictualité (ou de la coopération), mais aussi les cadres conceptuels et cognitifs qui définissent la compréhension de la réalité sociale et qui, elle, échappe pour l'essentiel à l'intentionnalité des acteurs (Godelier, 1984).

Recomposition des formes et stratégies d'action sur le terrain

Nouvelles formes d'une action publique en recomposition

On relève l'existence de plusieurs principes d'action en compétition qui guident les institutions. Ces tensions peuvent concerner différents aspects de l'action publique. Alors que dès le milieu des années 1970 on constate partout le passage d'un État interventionniste à un État facilitateur (ménager de « bonnes » conditions de marché pour la construction et l'accès au logement), dans les faits, les postures adoptées par les pouvoirs publics recouvrent d'importantes nuances. L'ouverture aux capitaux et aux logiques marchandes n'est pas exclusive d'initiatives publiques visant à composer avec les forces du marché et à faire valoir d'autres intérêts. C'est notamment le cas à São Paulo où le « Statut des villes » de 2001 consacre la fonction sociale de la propriété, ou encore dans le contexte national brésilien où l'intervention des banques publiques donne quelques moyens pour faire des choix (par l'intermédiaire de la *Caixa Econômica Federal* ou encore du *Banco do Brasil*), jusqu'à un certain point (Menna Barreto Silva, Pozzi de Castro, 1997 ; Rivière d'Arc, 2010a). La tension historique entre urbanisation et éradication sous-tend toujours le débat sur le logement, les deux postures pouvant même être tenues simultanément, dans une même ville, mais avec discernement, pour différents quartiers (Prévôt-Schapira, 2013). Enfin, le périmètre et les catégories classificatoires de l'intervention qui caractérisent l'action publique peuvent être discriminés, d'un terrain à l'autre, selon l'histoire politique et sociale locale. On relève à Buenos Aires l'attachement à la propriété et la peur du déclassement ainsi que les logiques de territorialisation des politiques de logement qui distinguent la ville centre et le Sud/Matanza (Cattaneo, 2009). À São Paulo, c'est la tolérance de l'invasion qui ressort, avant un coût de frein donné dans le contexte d'un marché pressant, tandis que l'importance des coyotes – agents intermédiaires dans l'accès au logement – de Mexico ne faiblit pas, malgré les réformes (Duhau, Giglia, 2008). À Caracas, l'arrivée de Chavez au pouvoir et la constitution d'institutions parallèles acquises au projet chaviste n'est pas incompatible avec le recours nécessaire et irremplaçable aux Comités de Terres Urbaines (CTU), une organisation sociale populaire. Sans qu'ils soient absolument indépendants, il est infondé de ne voir dans les CTU que l'instrumentalisation du gouvernement central (Rebotier, 2009). Des principes d'action contradictoires, et parfois même simultanés, sont repérables sur chacun des terrains de recherche.

On remarque aussi combien les institutions publiques se diversifient et doivent composer avec d'autres acteurs émergents sur la scène locale, du fait de la démocratisation et de la promotion du gouvernement des villes. D'une prérogative d'État central, la question du logement se rapproche du terrain dans un contexte de décentralisation et de nouveaux découpages politico-territoriaux, reconfigurant les rapports de pouvoir entre des acteurs devenus légitimes et dont beaucoup émergent à partir de la fin de la décennie 1970. Simultanément, le rapport entre centre et périphérie est revisité. Les influences de la globalisation traversent les grandes villes qui, entrées dans des processus de métropolisation, voient leurs espaces se différencier à l'épreuve des investissements et des logiques globalisées (Smith, 2008). Le centre comme espace d'investissements est par exemple l'objet de fortes convoitises alors que différentes formes d'enfermement mettant en avant la protection du logement contre l'insécurité se sont propagées pour renvoyer l'image d'une mosaïque urbaine. En outre, les « espaces résidentiels » font l'objet de stratégies politiques plus larges que les seules questions de logement. Elles varient dans le temps, en fonction des acteurs engagés, de leur hégémonie et des priorités politiques qui s'imposent. Ainsi l'INVI (*Instituto de vivienda del Distrito Federal*), agence de logement du district fédéral de Mexico, a récemment cherché à collaborer avec l'Infonavit (*Instituto del fondo nacional de la vivienda para los trabajadores*), organisme national, sur des programmes concernant pourtant le territoire du district, à la faveur d'une fenêtre d'opportunité politique, et ce malgré l'opposition politique des gouvernements de tutelle (Tamayo, 2007). À Buenos Aires, c'est la crise de 2001 qui a créé les conditions nécessaires à l'ouverture d'une fenêtre d'opportunités qui amène certains secteurs institutionnels publics à poser les bases d'une gouvernance alternative aux pratiques d'alors, selon des principes d'action collective et de coopératives (Rodriguez, 2009).

La fragilité est le dernier point caractéristique des institutions publiques, de leur place et de leur rôle dans la gouvernance métropolitaine du logement. Dans un contexte de globalisation et de forte pression des marchés immobiliers, l'action publique semble aux prises avec des forces d'une toute autre mesure. L'important *turn-over* des personnels techniques contribue au peu de consistance des politiques entreprises. On procède sous forme de *operativos* à Caracas, des opérations coup de poing à grand renfort de propagande, et on individualise les programmes de logement comme à São Paulo où l'on traite des intérêts particuliers affichant hygiénisme et ségrégation (à travers le *projeto Nova Luz*), ou encore à Buenos Aires où il est question de programmes « à la demande », éléments de « politiques schizophréniques » du logement (Cattaneo, 2009 ; Rivière d'Arc, 2010a). Face à l'énormité du défi, les villes étudiées ne sont pas dans des positions comparables. L'agglomération de Caracas compte ainsi plus de 3,5 millions d'habitants, « seulement », et c'est moins la pression d'un marché immobilier globalisé que les caractéristiques d'une économie rentière reposant sur le pétrole qui influence l'action publique dans la capitale vénézuélienne. Ainsi, la question de la régulation des marchés traverse tous les terrains, quelle que soit la couleur politique des autorités, locales et nationales. Malgré la question de la fonction sociale de la propriété au Brésil et les tentatives d'encadrement de la spéculation foncière au Venezuela (Rebotier, 2011b), les politiques publiques semblent disposer d'assez peu de prises sur les logiques du marché dans le domaine du logement.

Diversité des acteurs et homogénéisation du répertoire d'actions

En plus de la transformation de la structure des acteurs qui interviennent dans la gouvernance métropolitaine à partir de la décennie 1980, on assiste à une diffusion et une homogénéisation des stratégies sans correspondance nette avec les acteurs qui les portent, et dont les motivations sont pourtant différentes. Atteindre les objectifs dépend moins de la stratégie que du poids des acteurs dans des rapports de force reconfigurés.

On trouve, sur les scènes urbaines observées, une grande diversité des besoins exprimés et des acteurs (aussi multiples, hétérogènes) qui les défendent. Les besoins et revendications des classes moyennes, un temps moteurs des mobilisations pour le logement, ne convergent pas nécessairement avec ceux des classes plus populaires (Hernandez, 1996 ; Quentin, 2005). Les besoins divergent même dans leur nature : ici, on défend la fonction résidentielle d'un secteur cossu face aux projets de construction de centre commercial ou de morgue, là on cherche à échapper au relogement ou à obtenir la régularisation. Au Venezuela, l'épisode du partenariat dans la production du bâti au tournant des années 1990 a révélé des prises d'intérêt qui débordent le seul logement, ainsi que, parfois, la divergence des points de vue des ONG et des communautés locales pourtant censés converger (Ontiveros, de Freitas Taylor, 1995). L'ONG CESAP (*Centro al servicio de la acción popular*), active dans le secteur au milieu des années 1990, se trouve être aujourd'hui un relai actif de l'opposition chaviste, organisant ateliers, conférences et distillant des « opinions d'experts ». Ainsi, des alliances se nouent et se défont en fonction d'intérêts communs temporaires. Il en va ainsi des relations entre CTU et ministère du logement à Caracas, ou du *Movimento*[2] à São Paulo qui cherche à devenir acteur de la régulation du logement urbain en assumant des fonctions de représentation politique au sein de la municipalité, et peser ainsi sur le code de l'urbanisme.

Se pose alors la question de l'institutionnalisation des acteurs non étatiques qui peut sembler contradictoire avec les mobilisations pratiquées jusqu'alors par nombre d'entre eux. La décentralisation et une inclination à une gestion plus libérale des villes ont accompagné cette profusion de nouveaux acteurs. Qu'il s'agisse du partenariat public privé, de l'organisation de la société civile dans des institutions de participation ou de la représentation dans divers conseils et commissions, les revendications sont canalisées, institutionnalisées dans les cadres d'une « bonne » gouvernance qui, plus que la négociation, met en avant le consensus (*i.e.* l'évitement du conflit) comme objectif de gestion. Le Venezuela offre l'expérience singulière d'une institutionnalisation parallèle des mobilisations sociales,

---

2 *O Movimento* réunit à São Paulo cinq associations de lutte pour l'accès au logement. Quatre d'entre elles existent aussi dans d'autres communes alors que l'*Associação de Moradores do Centro* n'existe qu'au centre du municipe de São Paulo. *O Movimento*, représentant les cinq associations, élit des représentants pour une mandature au *Conselho municipal da Moradia*, souvent en accord avec les ONG (comme Polis, ou Gaspar Garcia) dans la mesure où un leader d'association peut aussi être membre d'une ONG. Ce n'est pas incompatible et cela montre son profil militant. En outre, il arrive que des leaders du *Movimento* soient candidats à la *Camara de Vereadores*. Finalement, « *O Movimento* » est aussi une façon populaire de désigner la société civile dans l'action. Tout le monde sait alors de quoi l'on parle.

au risque de compromettre l'autonomie des secteurs sociaux mobilisés. Dans tous les cas, on relève l'importance des corporations et des milieux professionnels impliqués dans le logement. À São Paulo, Buenos Aires et Mexico, ils cherchent par différents moyens à peser dans le domaine du logement sur les conditions du marché ou encore sur la réglementation (Rivière d'Arc, 2012 : 319-321 ; Prévôt-Schapira, 2013). Mais quelles que soient les alliances changeantes entre acteurs, on note une forte distorsion du poids des professionnels (en leur faveur) face aux habitants plus ou moins organisés (ensemble lui-même largement hétérogène).

Au-delà des rapprochements ou de la prise de distance entre acteurs, ce défaut d'horizontalité explique aussi que les stratégies adoptées, pourtant parfois semblables, sont inégalement efficaces. Certaines stratégies des secteurs populaires apparaissent datées. Il en va ainsi des occupations et des invasions au Brésil, des prises de terres ou d'immeubles à Buenos Aires ou à Caracas. Les stratégies de confrontation, qui interrogent la légalité, semblent en perte de vitesse aujourd'hui, comme anachroniques, face à une logique gestionnaire ou de négociation qui prend le respect du droit comme point de départ (Rivière d'Arc, 2001, 2012). On assiste à une recomposition des savoir-faire entendus comme l'usage d'une méthode d'action associée à un état d'esprit qui a donné ses preuves et qui se reproduit précisément parce que l'histoire locale montre qu'elle a pu être efficace. Pour autant, la recomposition des savoir-faire implique une reconfiguration des rapports de pouvoir. Les nouvelles arènes pour l'élaboration et la prise de décision à propos du logement se définissent aujourd'hui autour de et à partir des données du marché. Ainsi, des formes plus gestionnaires, plus technicisées que politiques se généralisent. On pense aux stratégies d'entrisme dans les sphères de décision (développées par les entrepreneurs ou les membres du *Movimento* à São Paulo), aux délégations de projets (du ministère du logement auprès des CTU à Caracas) ou encore à la judiciarisation et à la bureaucratisation de l'accès au sol ou de la régularisation des logements occupés (notamment à Buenos Aires ou à São Paulo). De là, à une forme de dépolitisation de stratégies qui s'homogénéisent correspond une hétérogénéité de leurs résultats. Les stratégies adoptées ne sont plus l'apanage de tels acteurs ou de tels autres, en fonction de leurs positions respectives dans l'organisation et le fonctionnement de la société. De même, des initiatives anachroniques (comme l'occupation d'une mairie, le barrage d'une route, la confrontation directe) sont parfois entreprises par d'autres secteurs que ceux qui ne peuvent véritablement exister autrement dans la négociation. Des secteurs de logements cossus, à Caracas, en viennent à brûler des poubelles sur l'autoroute. De manière générale, le brouillage des stratégies adoptées, indifférentes aux positions sociales, non exclusives et pour la plupart policées par le filtre de la gouvernance, masque l'inégalité de la capacité d'agir collective et individuelle. Face à la rente foncière dopée par le marché globalisé, la reconnaissance du droit à la ville se trouve bien démunie dans les faits.

On constate une transition des logiques de gestion du logement dans le temps. Une première transition institutionnelle au milieu et à la fin des années 1970. Ainsi, assiste-t-on à la recomposition de certaines institutions, et notamment du rôle de l'État, qui de l'intervention passe à la facilitation. L'État construit moins directement et crée les conditions pour faire construire. Le domaine d'intervention du public se rétrécit. Les années 1990, de gestion libérale plus généralisée, constituent une transition plus opérationnelle. Les métropoles se dotent d'outils et de procédures de gestion : c'est la diffusion de la gouvernance métropolitaine tendance « bonnes pratiques ». Ces années tendent vers moins de clientélisme, vers l'installation de tables de discussion et d'institutions locales de négociation, vers la culture du partenariat, du projet, ou encore vers la reconnaissance de nouveaux acteurs. Cette gestion est en outre assumée par des mairies de gauche (sans facilement accepter qu'on leur dise qu'elles le font). Alors que l'alternance politique et les virages à gauche sont parfois clairement marqués, les institutions locales et les stratégies de tous les acteurs (même aux objectifs et intérêts divergents) sont redéfinies à l'aune du grand récit libéral de pacification et de négociation que recouvre la gouvernance dans l'acception opérationnelle largement diffusée. Derrière l'homogénéité des réponses affichées et à partir d'un regard critique, comment expliquer ce paradoxe, voire cette contradiction contemporaine de la gouvernance métropolitaine du logement, là où le *Movimento* à São Paulo cherche à faire acheter des terrains et où la propriété privée est garantie dans la constitution vénézuélienne de 1999 ?

Des facteurs transversaux pour expliquer la gouvernance

Plus qu'un regard fonctionnel, nous portons l'accent sur les déterminants politiques et historiques d'une part, ainsi que sur le contexte réel d'exercice de la gouvernance d'autre part, qui expliquent points communs et singularités des expériences rencontrées.

Recompositions institutionnelles et idéologie – économique – libérale

Les différents terrains connaissent les mêmes dynamiques démographiques, aux décalages historiques près, et à partir des années 1950, des trajectoires proches d'appareils d'État nationalistes, parfois militaires, qui se détendent dans les années 1980 pour libéraliser les pratiques de gouvernement puis les économies nationales toujours plus acquises aux logiques du marché libre. Le Venezuela n'a pas connu de régime militaire depuis 1958, mais c'est à l'apogée de la richesse nationale, au milieu des années 1970, que Caracas compte la plus forte proportion d'habitants dans les *barrios de ranchos* (de Lisio, 2001), du temps de « l'exceptionnelle démocratie ».

Les dynamiques institutionnelles dans le domaine du logement suivent une même tendance. Des États forts, très tournés vers le développement intérieur après la Deuxième Guerre mondiale cessent d'intervenir et de prendre part directement à la construction de logements dans un contexte de forte croissance démographique pour laisser toujours plus au secteur privé le soin de répondre aux besoins de la population. Il s'agit de concéder des crédits aux populations, de participer au financement des opérations immobilières, d'appuyer la construction. C'est le gouvernement de Carlos Andrés Pérez qui opère ce virage dans la deuxième moitié des années 1970 au Venezuela (Gallo-Kovacs, 1988). Cette évolution aura plus d'impact au Mexique où l'INFONAVIT est le puissant organe d'intervention d'État dans la production du logement (prenant appui sur les salaires) alors que l'intervention au Brésil se fait très tôt, pour beaucoup, à travers le secteur bancaire. La crise de la dette des années 1980 assèche rapidement les possibilités de financement, mais la reconfiguration des institutions et des rapports entre acteurs du secteur est déjà largement avancée.

La détente politique, la démocratisation des régimes politiques, la promotion des pouvoirs locaux avec la décentralisation, et la constitution de nouveaux exercices de pouvoir à l'échelle des villes s'accompagnent d'un nouveau référentiel idéel. De nouveaux acteurs deviennent légitimes, les principes d'action changent, les desseins de l'appareil d'État sont transformés (Brenner, Theodore, 2002). La reconfiguration des formes et de l'exercice du pouvoir métropolitain a lieu dans ce contexte. On assiste à une nouvelle association de producteurs de normes dont aucun, ni même l'État, n'est plus suffisant. Constructeurs et promoteurs deviennent par exemple au Brésil les meilleurs alliés des municipalités dans le domaine du logement. Les cartes de la légitimité sont redistribuées. Les initiatives et les stratégies d'acteurs aux intérêts divergents se trouvent étroitement articulées à ce double champ de références conceptuelles et cognitives d'une part, matérielles et pratiques, d'autre part.

La persistance de modalités d'action jugées anachroniques renvoie à une moindre légitimité de la capacité d'agir collective à l'heure où règnent particularisme, atomisation des revendications et responsabilisation de citoyens aux droits nouvellement reconnus. Ainsi, à Buenos Aires, le mouvement coopératif n'a qu'un succès momentané suite à la crise de 2001 (Rodriguez, 2009), le vocabulaire change dans la défense des intérêts dans le domaine du logement à São Paulo, l'action aussi, passant par exemple de l'invasion et de l'occupation à des formes plus légalistes (Rivière d'Arc, 2010b). Le marché semble s'imposer partout comme un point de départ à partir duquel penser le logement, et la piètre horizontalité des acteurs dans la négociation n'est que faiblement mise en question. Les points de friction résident plutôt dans la capacité pour chacun de trouver sa place dans ces nouveaux rapports sociaux, devenus hégémoniques, de production du logement. De fait, on a partout des programmes destinés à faire des couches modestes de la population, ici et là, des propriétaires respectueux de la loi, faisant du logement un produit d'échange dans un horizon de possibles élargi par le crédit. Chacun se lance dans la « chasse aux espaces », et pour les plus démunis, là où la pression des marchés n'est pas trop forte pour pouvoir y manifester d'autres intérêts que ceux de la spéculation.

Pour autant, la libéralisation des politiques, des pratiques et des esprits se manifeste différemment sur les terrains. Certes, partout le marché est très présent, mais de façon discriminée, notamment en fonction de l'articulation de la métropole à un marché immobilier globalisé, à la chasse généralisée aux ressources rares que sont les terres urbaines dans des villes qui comptent pour une économie en réseau. En outre, si l'on se trouve plus au Brésil dans un défi du pouvoir et d'un État dont les secteurs populaires ont longtemps considéré qu'il était incarné par une bourgeoisie usurpatrice, au Mexique, on singe plutôt, même dans l'illégalité, les formes d'un État jugé protecteur et bienveillant (Duhau, Giglia, 2008). Malgré l'homogénéisation globale des pratiques de pouvoir et de procédures de gestion, c'est dans cette épaisseur historique et sociale, faite de rapport au droit, de la place et du rôle de l'État, ou encore de l'organisation et du fonctionnement de la société que l'on pense trouver les ressorts des manifestations locales de la gouvernance métropolitaine.

Le poids généralisé du foncier et le rapport singulier au droit

La gouvernance métropolitaine du logement est caractérisée par des savoir-faire qui évoluent. À nouveau, on peut les définir comme l'usage d'une méthode d'action associée à un état d'esprit qui a donné ses preuves et qui se reproduit, précisément parce que l'histoire locale montre qu'elle a été efficace. En plus de cela, c'est parce que ce mode d'action et de pensée correspond à l'organisation et au fonctionnement de la société qu'une telle forme et de tels processus de gouvernance ont lieu. On touche là aux rapports sociaux de production qui, pour le logement, renvoient au contrôle de la ressource (foncier, immeubles, financiarisation ou construction), à sa redistribution (accès, transmission, légalisation ou répression) ainsi qu'au règlement, plus général, du secteur et des initiatives qui y ont trait. C'est toute l'importance d'un « pouvoir penser » nécessaire à envisager le savoir-faire incarné sur le terrain. Pour comprendre et expliquer la capacité – et les modes de l' – d'action de la gouvernance métropolitaine, deux points sont particulièrement discriminants pour la production du logement. Il s'agit dans un premier temps du rapport à la ressource foncière et immobilière qui évolue de façon significative dans la deuxième moitié du XXe siècle. Dans un deuxième temps, on se penchera sur la part de l'héritage politique, sur le rapport au droit, et sur les inerties sociales qui singularisent les résistances, la réglementation de l'accès à la ressource, mais aussi le rôle et la place de l'État au sein de sociétés différemment prises dans la globalisation libérale.

Autour du contrôle de la terre urbaine se nouent des marchés légaux ou illégaux qui règlementent l'accès à une ressource de base. Dès la fin des années 1940, les commissions d'urbanistes préconisent la constitution de réserves foncières publiques de façon à disposer d'une certaine autonomie publique face à d'autres logiques qui pourraient s'avérer contraignantes. Lorsqu'au début des années 1970 le foncier du fond de vallée à Caracas est épuisé, la réserve publique n'avait pas été constituée. Malgré l'ouverture d'un fonds de développement urbain (Fondur) dans les années 1980, destiné à la constitution de cette réserve foncière pour des terrains très enchéris, la crise économique des années 1980 réoriente l'argent vers le comblement du déficit d'un fonds de pension de travailleurs publics (Rebotier, 2011b). Le marché, s'il est tendu, permet d'opérer un véritable arbitrage face à l'occupation, entre tolérance et laisser-faire d'une part, dans une démarche politiquement intéressée, et répression et expulsion d'autre part, lorsque la pression spéculative est trop forte (Rivière d'Arc, 2010a). Le rapport à la légalité, loin d'apporter une solution définitive aux intérêts divergents, doit aussi être lu au prisme du marché. Au fil des décennies, on ne pose pas les choses dans les mêmes termes. Avant les années 1980 on ne parle pas de pauvres ni d'illégalité dans un Mexique où l'État doit pourvoir aux besoins d'une population sous sa protection, où chacun doit trouver sa place dans le système corporatiste de la Révolution. On ne manquera pas de souligner les transformations des cadres conceptuels et de la priorité des enjeux qui interviennent alors. C'est à travers la reconfiguration des échelles de pouvoir et la connexion à la globalisation (Brenner, 2001, Brenner, 2004, Rivière d'Arc, 2006) que l'on peut lire le succès plus ou moins écrasant du récit marchand et libéral du logement face à des initiatives contestataires, en perte de vitesse. Les acteurs aux stratégies anachroniques en viennent à incorporer les règles écrites et non écrites du moment, relevant de différentes institutions de la société (Theys, 2003). On peut alors penser que les fonctions de régulation ou les modalités d'accès au logement (aujourd'hui présidées par le marché et ses logiques) changent d'arènes et d'institutions sociales. La normalisation de la négociation qu'impliquent la gouvernance métropolitaine, l'horizontalité affichée des acteurs, et le recours à la loi comme garant de transparence et de justice permet de présenter un portrait opérationnel et technique particulièrement policé qui ne correspond guère à la réalité. Partout ont été relevées des mobilisations anachroniques, même vaines, et des entorses au vernis formaliste de la gouvernance, partout en lien avec les modalités d'accès à la ressource foncière et au statut de la propriété.

Le poids du rapport au droit, la place de l'État régulateur et plus largement la culture politique dans chacune des villes étudiées constituent l'autre pôle significatif pour expliquer la gouvernance métropolitaine du logement dans un contexte homogène de transformations institutionnelles et conceptuelles. Ce pôle qui a trait à la réglementation des rapports de production du logement (comme enjeu social et politique) explique en outre les fenêtres d'opportunité qui s'ouvrent à la mise en place de stratégies non orthodoxes ou marginales sous un régime libéral qui s'affiche légaliste et procédurier. Le poids des idées importe grandement sur les faits. Par exemple, là où certains défendent l'attribution de droits de propriété aux envahisseurs qui deviendraient alors responsables et comptables de leurs biens (Oszlak, 1991 ; de Soto, 1994), d'autres montrent que ce n'est pas tant le recours au droit qui convient à la précarité et à l'incertitude des situations. Plus largement que la seule mention du droit, c'est la sécurisation politique, symbolique et économique de la tenure de la terre et de l'occupation du logement qui importe (van Gelder, 2009). Ici, au Brésil, les pouvoirs publics conservent une marge d'intervention par l'intermédiaire d'un secteur bancaire financeur important. Là, le Venezuela légifère pour encadrer la spéculation foncière, en 2009. Ainsi le poids de l'État vénézuélien dans le logement reste important, de façon très interventionniste ou en finançant le secteur de la construction dans des proportions colossales, à l'opposé du rôle joué par l'État chilien, par exemple, du milieu des années 1970 à ce jour. L'anthropologie politique parle volontiers d'un « État magique » où les revenus du pétrole ont toujours ou presque donné les moyens d'ambitions démesurées (Coronil, 1997). Au Brésil, l'action des groupes les plus pauvres a relevé d'un illégalisme transgressif et collectif transformé en savoir-faire, et ce depuis l'abolition de l'esclavage face à une justice inaccessible, à des lois iniques et au clientélisme paternaliste. On pourrait revenir plus longuement sur la singularité des histoires politiques et sociales de chaque pays, de la constitution des États et du rapport au droit.

Plus que sur les fondements de l'inégalité et de la domination, le « virage à gauche » latino-américain a permis d'interroger certains concepts tenus pour établis (comme les différentes fonctions de la propriété, au Venezuela ou au Brésil) ou d'innover dans les formes de discussion, de participation et de prise de décision. Alors, des brèches s'ouvrent localement dans la décision et dans le choix des moyens employés en fonction des contextes dans lesquels se déploie un modèle hégémonique globalisé de gouvernance métropolitaine. Ces deux ressorts clés discriminent nos terrains comme autant d'éléments qui vont présider aux possibilités de faire et de penser la gouvernance (cognitif), mais aussi aux dimensions de ses usages et de son instrumentalisation (politique). Au terme de cette partie, le projet de ville – et plus largement de société – se trouve être un impensé de la gouvernance dans le domaine du logement. À aucun moment on n'interroge les cadres conceptuels et cognitifs de l'expérience urbaine. La dimension idéelle de ce qui est souhaité, des buts, des moyens à y consacrer n'est ni identifiée ni moins encore discutée. C'est alors le marché qui est naturalisé pour régler localement la question du logement. Il devient un socle commun pour l'ensemble des règles écrites et non écrites, relevant de différentes institutions de la société, qui amènent les acteurs d'une collectivité à prendre des décisions convergentes (Theys, 2003). En plus de la diversité des déterminants de la gouvernance qui entrent en jeu à différentes échelles (expliquant le mélange d'unité et de diversité) comment le choix des points de vue, le cadre conceptuel choisi, l'horizon du pensable dans lequel on se trouve influencent-ils non seulement la façon de considérer un enjeu de société, mais aussi la nature même de cet enjeu, sa place et son rôle dans l'organisation et le fonctionnement de la société ?

Particularités des modèles d'interprétation de la gouvernance

Les enseignements tirés du terrain varient beaucoup selon que l'on s'attarde sur la structure causale des mécanismes de gouvernance observés, ou sur les aspects opérationnel et fonctionnaliste de cette forme contemporaine de négociation des enjeux de la métropole. La nature de la question posée préfigure pour beaucoup le contour des réponses obtenues. Cette dernière partie se propose de porter un regard réflexif sur nos pratiques de chercheurs et sur ce que les façons d'interroger la gouvernance, les univers conceptuels dans lesquels on se situe et les principaux facteurs explicatifs mobilisés impliquent pour la connaissance du et l'action sur le monde social. Sans prétendre à l'exhaustivité, on reviendra dans un premier temps sur différentes approches de la gouvernance avant d'identifier trois grands régimes d'explication. Ceux-ci ne sont pas exclusifs, mais ils correspondent à des ressorts privilégiés de l'analyse de la gouvernance ainsi qu'à certains points de vue sur le monde social, propres à la sensibilité du chercheur. Ce parti pris plus ou moins conscient de l'observateur à l'endroit de son objet de recherche doit être objectivé, et plus encore lorsqu'il s'agit de notions relevant à la fois du principe et de l'action.

Diversité des points de vue sur la gouvernance et leurs implications

La littérature présente différents regards à partir desquels sont pensées la gouvernance et les transformations sociopolitiques des métropoles d'Amérique latine. Il s'avère que ces regards ne sont pas dépourvus d'attendus, faisant du discours scientifique non pas seulement une image sélective du monde social observé, mais un de ses éléments constitutifs, qui participe à le fonder.

Les manuels et les procédures « clé en main » correspondent aux formats d'évaluation et aux calendriers de mise en place que nombre de bailleurs appellent de leurs vœux, mais ces modèles descendants, les injonctions à adopter telle procédure ou telle autre sans prêter attention à la singularité des lieux, des moments et des sociétés concernées ont déjà montré leur limite. Fort de ce cadre injonctif assumé, nombre de chercheurs ont pu se demander comment, à partir d'une situation donnée et accessoirement mise en question, on peut apporter des réponses concrètes. Face à la domination de certains acteurs dans l'arène de la gouvernance métropolitaine, il s'agit par exemple de se pencher sur l'appropriation par les secteurs dominés des normes et des règlements qui font l'unanimité (Berdoulay, Soubeyran, 2000). À la manière du judoka, les secteurs marginalisés détournent les mécanismes de l'oppression à leur faveur pour faire reconnaître leur voix. Cette « arme des faibles » (Scott, 1987) se détourne aussi des causalités qui président aux formes et aux mécanismes de gouvernance pour se concentrer sur une capacité d'agir, parfois moins collective, et plus pragmatique. De ce point de vue qui considère plutôt le « comment-faire-avec » les reconfigurations des rapports de pouvoir, les modalités de la résistance s'individualisent, prennent des formes inédites et moins transcendantes (Scott, 1992) pour devenir le fruit d'une expérience bien plus individuelle. Certains vont même jusqu'à reprendre l'atomisation apparente du monde social et des rapports sociaux. La résistance alors, loin des grandes opérations d'invasion et des bras de fer engagés avec le pouvoir, prend la forme de la quotidienneté et du poids de l'anonymat (de Certeau, 1980). Deux décennies plus tôt, une interprétation culturaliste de l'expérience populaire de la ville allait durablement marquer les esprits et les cadres d'interprétation (Lewis, 1964). Toujours mobilisé aujourd'hui – par exemple, pour Caracas (Pedrazzini, Sánchez, 1992) – un tel point de vue offre des enseignements pertinents sur la ville contemporaine, mais présente le risque de dissimuler d'importants déterminants des rapports de domination sous couvert de réhabilitation culturelle ou de valorisation de minorités marginalisées. Ce travers est mis en évidence dans le cas de la gouvernance des ressources naturelles (Ribot, 2012). En outre, l'approche culturelle ne se révèle pas nécessairement progressiste, recouvre parfois même des ressorts de l'inégalité (Fraser, Honneth, 2003 ; Wyly, 2011). Elle joue d'une sensibilité post-moderne tournée vers l'exception culturelle, la valorisation du particularisme, du singulier et du local. Pour d'autres observateurs, enfin, l'essentiel réside dans le fait que les nouveaux sujets de droit sont reconnus comme tels et responsabilisés par le grand récit contemporain et libéral de la gestion urbaine. C'est lorsque chacun prend conscience de son rôle dans le collectif ainsi que de l'inscription du quotidien dans une économie politique qui échappe à l'expérience immédiate que les formes d'action politique sont les plus porteuses (Brenner, 2004). Il peut s'agir alors de mobilisations locales ou de ce qui pourrait se rapprocher d'une *internationale* du mouvement urbain dans des contextes de villes globalisées, compétitives ou entrepreneuriales (Boudreau, 2010).

Ces divers regards ne sont pas tous exclusifs, mais nous proposent des portes d'entrée fort différentes dans l'analyse de la gouvernance métropolitaine. Ils sont fortement identifiés par les cadres cognitifs et conceptuels qui les portent et ne trouvent pas d'écho égal, en fonction des récits dominants du moment. Parvenir à distinguer ces présupposés épistémologiques aide à donner du sens aux recompositions des stratégies d'acteurs pourtant très différents, mais qui sont tous pris dans un même mouvement historique, dans un même moment qui permet et supporte à la fois le penser et l'agir. Enfin, au-delà du paysage épistémologique et de ce qui peut relever ou pas du pensable, les idées, les présupposés et les discours mobilisés répondent aussi à des usages détournés, dans une lecture plus politique. La question et le regard posés sur l'objet de recherche dépendent alors de la réponse recherchée. En reconnaissant cette double démarche réflexive, on a identifié trois grands régimes d'explication de la gouvernance.

Trois grands régimes d'interprétation de la gouvernance

La gouvernance n'a pas pour but de réduire les inégalités, ou de prendre les décisions appropriées (dans un objectif général, un horizon commun ou un projet de société qui n'est du reste jamais vraiment discuté). La gouvernance a pour fonction d'éluder le conflit – sans l'éliminer – à travers la négociation, le débat, la promotion de pouvoirs locaux et d'acteurs émergents, autant de formes légitimes aujourd'hui. Nous souhaitons néanmoins poser l'analyse au-delà de la seule évaluation des rapports de forces, des intérêts divergents et des stratégies d'acteurs. C'est en repérant d'une part les conditions sociopolitiques qui ont permis l'émergence des formes et processus de gouvernance sur chaque terrain, et d'autre part les référents conceptuels et cognitifs mobilisés pour leur analyse que l'on compte poser un regard réflexif et critique sur la gouvernance.

De fait, la discontinuité historique des rapports de pouvoir à l'échelle métropolitaine accompagne le déploiement de la gouvernance. Chaque terrain montre une séquence d'événements et d'évolution des rapports sociaux et de pouvoir qui lui est propre. Sur chaque terrain, on pourrait tracer, dans une recherche d'envergure, les pratiques héritées de cadres conceptuels et de conditions matérielles encore existantes ou révolues. On identifierait alors partout le télescopage de référentiels à la légitimité inégale, l'anachronisme de certaines initiatives. En outre, si les mots évoluent avec les formes de l'action et de la mobilisation (Rivière d'Arc, 2012 : 311-312), les mots d'ordre mobilisateurs peuvent être associés à des principes, des valeurs et des objectifs différents. Sans distinguer cette diversité des référents conceptuels et cognitifs, on passe à côté d'une partie (idéelle) de l'explication de la gouvernance. En effet, s'il est toujours plus légitime de revendiquer le « droit à la ville », on le trouve aujourd'hui assorti de la *responsabilité* d'accéder à la ville, ou de s'y maintenir. Le logement se généralise comme une marchandise et l'urbanité n'est plus une expérience historique de rapports sociaux situés (pour paraphraser Lefebvre), mais devient la condition d'individus citadins comptables de leurs choix dans des espaces traversés par quantité de forces issues d'échelles différentes. Il ne s'agit plus de reconnaître son appartenance à la ville ni l'urbanité comme expérience collective, comme ce pouvait être le cas à Caracas lorsqu'au milieu des années 1990, la moitié des habitants de la capitale, ceux des *barrios de ranchos*, n'apparaissaient même pas sur les plans des services d'urbanisme de la ville (Baby-Collin, 2001). Le droit à la ville d'Henri Lefebvre n'a rien à voir avec celui d'Oscar Oszlak pour qui la source de référence et de légitimité de l'action se confond avec les logiques de marché et avec un cadre conceptuel qui met en avant – et isole – l'individu (Oszlak, 1991). Le droit à la ville n'est plus un horizon, une finalité, un projet social, mais devient une médiation autour de laquelle il est possible de spéculer, elle se mérite. Ce « droit » est sujet à l'inégalité, à l'asymétrie, à l'arbitrage entre des légitimités jugées prioritaires (comme l'illustre le cas de l'immeuble Prestes Maia, au centre de São Paulo, alors que la municipalité fait planer le doute sur la réhabilitation et la régularisation, avant de procéder à l'expulsion (Rivière d'Arc, 2010a).

Pour éclairer les formes et les processus de la gouvernance, il faut saisir la grammaire du moment historique, à la fois idéelle et matérielle, à laquelle elle se rattache, et voir de quelle manière elle s'y articule. L'actualisation et l'anachronisme des stratégies d'acteurs fait ainsi sens, tout comme leur succès et leur échec. La gouvernance métropolitaine n'est que le dernier avatar de l'organisation et du fonctionnement social dans le domaine de la gestion urbaine et de la décision. Sur le terrain, on se trouve alors plus souvent confronté au « comment faire ? » (comment *garantir de bonnes conditions d'accès au marché* du logement pour tous ?) qu'au « pour quoi faire ? » (comment *assurer un logement* pour tous ?), alors que l'ambition apparaît comme telle dans nombre de législations nationales. Le présupposé légitime conditionne l'action sociale et les arbitrages. Le logement entendu comme marchandise hypothèque les rapports de pouvoirs, les contentieux et leur mode de règlement, aussi participatifs, démocratiques et horizontaux soient-ils. Il est toujours plus difficile de défendre une alternative socialement reconnue, alors que l'État n'est plus une source légitime de production de la norme (dans l'hypothèse où l'État pourrait encore formuler un projet collectif), et que les arènes de discussion du devenir collectif et du projet social sont substituées par celles de la négociation autour des formes de l'action.

Face à la diversité de ces enjeux dans l'interprétation de la gouvernance, on a distingué trois grands régimes d'explication. Le premier, historico-politique, met l'accent sur les conditions matérielles et idéelles d'émergence de la gouvernance métropolitaine (telle qu'on la connaît aujourd'hui). C'est à travers l'histoire des relations au pouvoir, de l'organisation et du fonctionnement social, mais aussi des cadres cognitifs et conceptuels de chaque époque, que l'on peut comprendre les moteurs des mobilisations et les stratégies d'accès au logement. On s'intéresse plus à la genèse de la gouvernance urbaine, à dégager la structure causale qui la singularise sur chaque terrain. Le second régime s'avère plus pragmatique et opportuniste, tourné vers les capacités d'action des acteurs en fonction d'un état de fait et de leur position dans ce nouveau jeu de la gouvernance métropolitaine. Ce qui semble être la victoire idéologique du référentiel libéral – ou tout du moins du marché – dans les arbitrages de la gestion urbaine s'accompagne d'une transformation incontestable des conditions d'exercice du pouvoir. La décentralisation, la promotion des pouvoirs locaux, la consolidation de sujets de droit qui, bien qu'atomisés, sont fondés à faire valoir leur voix, offre des opportunités politiques qu'il appartient à chacun de s'approprier. L'approche pragmatique est tournée vers le terrain et vers l'action. Elle part plutôt des besoins à satisfaire que des cadres imposés à la réflexion et à l'action. Le dernier régime est dénommé politico-idéologique. Plus chargé politiquement, il porte l'accent non pas sur ce qui est pensable ou sur les limites de l'action, mais sur des rapports de force et des jeux d'intérêts servis par telle interprétation ou telle position dominante dans la société. La gouvernance métropolitaine devient une arène de lutte et de conflit où l'on est rapidement enclin à *croire* le bien-fondé d'une manière de voir à partir de quoi le monde social est expliqué en s'opposant nécessairement à d'autres principes, concurrents. L'idée consiste plutôt à partir d'un modèle préalable de rapports sociaux et d'en éprouver la capacité d'explication face aux formes et aux mécanismes de la gouvernance observés.

Ces trois postures typiques (historico-politique, pragmatique, politico-idéologique) ne se suffisent pas à elles-mêmes et, du reste, ne sont jamais exclusives que pour les besoins de l'analyse (ou pour servir la caricature). Avec cette différenciation, et au-delà de l'étude de répertoires d'actions et des logiques que recouvre la gouvernance métropolitaine du logement, nous avons voulu souligner l'importance d'un regard critique et réflexif à l'endroit d'une notion qui se veut opérationnelle mais qui se trouve être aussi largement idéologique. En mettant l'accent sur les transformations sociopolitiques des sociétés urbaines, à la fois idéelles et matérielles, qui accompagnent la gestion et la décision dans le domaine du logement sur plusieurs décennies, nous avons souhaité en comprendre certains déterminants de fonds expliquant les singularités rencontrées sur le terrain. On espère en outre contribuer à dénoncer *l'acceptabilité* de ces processus et référents hégémoniques, et à relativiser leur portée supposément indépassable, malgré la position dominante qu'ils occupent aujourd'hui dans la manière de gouverner les villes.

Conclusion

Si l'Amérique latine est prise dans un mouvement historique similaire d'organisation sociale et politique, et de circulation de modèles globalisés, les manifestations de la gouvernance dans le domaine du logement sur le terrain se singularisent du fait de l'héritage politique, de l'organisation sociale ou encore de l'inégale articulation des métropoles à la globalisation. Dans la ligne du regard critique et réflexif défendu dans cette partie, c'est à travers les transformations sociopolitiques locales ainsi qu'à travers le poids des contextes spécifiques dans la globalisation (Giraud, 2012) que l'on doit penser la gouvernance pour mieux faire, et éventuellement réussir, non pas dans le domaine de la gouvernance, mais bien dans celui du logement.

En cela, la démocratie locale, la participation formelle et le mythe de pacification sociale que recouvre la gouvernance comme mode opératoire de gestion de l'urbain ne rencontrent pas *de facto* les objectifs démocratiques affichés dans le discours (Mayntz, 1998 ; Wacquant, 2010). En Amérique latine à partir des années 1980, ce sont pourtant les notions d'émancipation sociale, de transparence ou d'égalité qui sont convoquées. Nous ne disons pas qu'en aucun cas, la gouvernance métropolitaine ne peut être juste, émancipatrice, démocratique et transparente. Une telle assertion semble simplement sans objet lorsque la gouvernance est prise comme telle, comme un point de départ consensuel, une manière de voir le monde, alors qu'elle doit être vue comme un point d'arrivée dont il faut connaître les ressorts principaux et les conditions d'existence. Elle ne présume en rien des rapports sociaux qui l'incarnent sur le terrain.

Pour prendre un peu de recul et rendre compte de l'importance des logiques de la globalisation pour notre réflexion, notons que la gouvernance métropolitaine a émergé comme un modèle de gestion uniforme auquel il ne semblait pas y avoir d'alternatives. La métropolisation a été accompagnée par la diffusion de modèles urbains globalisés qui ont traversé les sociétés urbaines latino-américaines (Rivière d'Arc, 2006) et prises dans des principes uniformes de gestion des métropoles. Comme toutes les tendances globalisées, l'appropriation est différenciée, les formes qu'elles adoptent et leur mise en place se singularisent nécessairement. Contre l'hégémonie d'un modèle (de pensée et d'agir), l'étude attentive du terrain permet de porter la lumière sur les ressorts sous-jacents de modèles hégémoniques et de rapports de domination. C'est dans l'évolution des rapports sociaux et des rapports à l'espace urbain que l'on doit chercher les déterminants et les implications de la gouvernance pour les sociétés urbaines latino-américaines. Plus qu'en répondant à des problématiques captives de cadres conceptuels et cognitifs dominants, c'est en articulant épistémologie et terrain, en posant de meilleures questions, que les sciences sociales peuvent le plus justement contribuer à la connaissance, mais aussi à l'action.

À ce stade, nous sommes à nouveau ramenés à la question des conditions historiques qui président à notre rapport collectif, cognitif et pratique au monde social. On comprend alors mieux l'enjeu des modèles d'explication et de gestion, la complexité de leurs ressorts, leurs limites ainsi que leurs implications, pour la connaissance comme pour l'action. Émerge l'idée selon laquelle la fermeture des horizons conceptuels pour agir en ville (« il n'y a pas d'alternatives », nécessité d'adopter des postures *réalistes*) se fait au prix d'une moindre originalité de l'innovation sociale et politique. Les années 1980 à 2000 marqueraient un assèchement des formes et des processus de gestion engagés, traduction d'un étiage des imaginaires politiques et sociaux dans une région pourtant si prolixe en ce domaine. En Amérique latine, le retour de la question sociale à la fin des années 1990 (Chalmers, Martin *et al.*, 1997) et le virage à gauche de nombre de gouvernements locaux et nationaux ne seraient que des manifestations superficielles et insuffisantes aux transformations affichées de sociétés prises dans le flux global d'une libéralisation des esprits, qui les dépasse, mais duquel elles sont aussi partie prenante. Une lecture optimiste, postcoloniale, consisterait à trouver, dans cette périphérie de la globalisation, l'espace conceptuel et politique suffisant pour commencer à penser un monde différent (Appadurai, 2005, 2007), mais aussi, déjà, le faire exister.

Références bibliographiques

Appadurai, A., *Après le colonialisme. Les conséquences culturelles de la globalisation*, Paris, Payot, 2005, 322 p.

Appadurai, A., *Géographie de la colère. La violence à l'âge de la globalisation*, Paris, Payot, 2007, 208 p.

Baby-Collin, V., « Les barrios de Caracas ou le paradoxe de la métropole », *Cahiers des Amériques latines*, vol. 3, n° 35, 2001, p. 109-128.

Berdoulay, V., Soubeyran, O., *Milieu, colonisation et développement durable : perspectives géographiques sur l'aménagement*, Paris, L'Harmattan, 2000, 262 p.

Boudreau, J.-A., « Reflections on urbanity as an object of study and a critical epistemology », in Davies, J. S., Imbroscio, D. L. (eds.), *Critical Urban Studies : New Directions*, New York, SUNY Press, 2010, p. 55-70.

Brenner, N., « The limits to scale ? Methodological reflections on scalar structuration », *Progress in Human Geography*, vol. 25, n° 4, 2001, p. 591-614.

Brenner, N., *New state spaces : urban governance and the rescaling of statehood*, Oxford New York, Oxford University Press, 2004, 351 p.

Brenner, N., Theodore, N. (eds.), *Spaces of neoliberalism : urban restructuring in North America and Western Europe*, Oxford et New York, Blackwell, 2002, 336 p.

Castoriadis, C., *L'institution imaginaire de la société*, Paris, Seuil, 1975, 540 p.

Cattaneo, R., « ¿Villa, Barrio ou Asentamiento ? La fabrication étatique de la typologie résidentielle de la 'crise' du logement », in *Séminaire Logement Metraljeux*, Paris, 2009, 9 p.

Chalmers, D., Vilas, C., Hite, K., Martin, S., Piester, K., Zegara, M. (eds.), *The New Politics of Inequality in Latin America : Rethinking Participation and Representation*, Oxford, Oxford University Press, 1997, 664 p.

Coronil, F., *The magical state. Nature, money, and modernity in Venezuela*, Chicago and London, University of Chicago Press, 1997, 447 p.

de Certeau, M., *L'invention du quotidien. Arts de faire*, Paris, Gallimard, 1980, 347 p.

de Lisio, A., « La evolución urbana de Caracas, indicadores e interpretaciones sobre el desarrollo de la interrelación ciudad-naturaleza », *Revista Venezolana de Geografía*, Vol. 42, n° 2, 2001, p. 203-226.

de Soto, H., *L'autre sentier. La révolution informelle dans le tiers monde*, Paris, La Découverte, 1994, 244 p.

Duhau, E., Giglia, A. (dir.), *Las reglas del desorden. Habitar la metrópoli*, Mexico, Siglo XXI, 2008, 570 p.

Fraser, N., Honneth, A., *Redistribution or recognition ? A political-philosophical exchange*, London, New York, Verso, 2003, 279 p.

Gallo-Kovacs, H., Les politiques de logements 'd'intérêt social' au Venezuela. Leurs incidences sur l'aménagement urbain à travers l'étude d'un cas : la ville de San Antonio de los Altos, Toulouse 2, Thèse de doctorat, 1988.

Giraud, O., « Les défis de la comparaison à l'âge de la globalisation : pour une approche centrée sur les cas les plus différents inspirée de Clifford Geertz », *Critique Internationale*, vol. 57, n° 4, 2012, p. 89-110.

Godelier, M., *L'idéel et le matériel*, Paris, Fayard, 1984, 300 p.

Hernandez, M. I., Les associations populaires de voisins : un acteur sociopolitique local ? Le cas du mouvement de voisins de Mérida – Venezuela (1980-1990), Paris 3, Thèse de doctorat, 1996.

Lefebvre, H., *La production de l'espace*, Paris, Anthropos, 2000 [1974], 483 p.

Lewis, O., *Les enfants de Sánchez*, Paris, Gallimard, 1964.

Mayntz, R., « New Challenges to Governance Theory », *Jean Monnet Chair Papers n° 50*, European University Institute, 1998, 12 p.

Menna Barreto Silva, H., Pozzi de Castro, C. M., « A legislação, o mercado e o acesso à habitação em São Paulo », in *Habitação : Como ampliar o mercado ?*, Lincoln Institute of Land Policy, 1997, 48 p.

Ontiveros, T., de Freitas Taylor, J., « Repensando el barrio : papel del antropólogo en la rehabilitación de los espacios auto producidos », in Bolivar, T. et Baldo, J. (dir.), *La cuestión de los barrios. Homenaje a Paul-Henri Chombart de Lauwe*, Caracas, Fundación Polar, UCV, Monte Ávila Editores, 1996, p. 127-135.

Oszlak, O., *Merecer la ciudad : los pobres, y el derecho al espacio urbano*, Buenos Aires, Cedes, 1991, 303 p.

Peck, J., Tickell, A., « Neoliberalizing space », *Antipode*, vol. 34, n° 3, 2002, p. 380-404.

Pedrazzini, Y., Sanchez, M., *Malandros, bandas y niños de la calle : la cultura de urgencia en la metrópoli latinoamericana*, Valencia, Vadell Hermanos Editores, 1992, 247 p.

Piattoni, S., « Multi-level governance in the EU. Does it work ? », in *Globalization and Politics : A Conference in Honor of Suzanne Berger*, MIT, 8-9 mai, 2009, 46 p.

Prévôt-Schapira, M-F., « La cuestión de la vivienda social en Buenos Aires y México. Lógicas institucionales y trayectorias metropolitanas », in Alba Vega, C. et Labazée, P. (dir.), *Metropolización, transformaciones mercantiles y gobernanza en los países emergentes. Las grandes ciudades en las mutaciones del comercio mundial*, México, El Colegio de México/Instituto de Investigaciones para el Desarrollo (IRD), à paraître.

Quentin, A., « ONG et politiques publiques : réflexions à partir de l'Équateur et du Venezuela », *Autrepart*, vol. 35, n° 3, 2005, p. 39-56.

Raffestin, C., *Pour une géographie du pouvoir*, Paris, Litec, 1980, 249 p.

Rebotier, J., « Les principes alternatifs de participation. Les cas du statut des terres et des conditions de logement à Caracas », in Compagnon, O., Rebotier, J. et Revet, S. (dir.), *Le Venezuela au-delà du mythe*, Paris, Éditions de l'Atelier, 2009, p. 170-183.

Rebotier, J., « Habiter les territoires et construire les risques, entre empreintes spatiales et logiques sociales – Caracas », in November, V., Penelas, M. et Viot, P. (dir.), *Habiter les territoires à risque*, Lausanne, Presses Polytechniques et Universitaires Romandes, 2011a, p. 81-100.

Rebotier, J., « Gobernanza, planificación y vivienda en la Caracas democrática. Paradgimas, lógicas y actores », *Cuadernos del Cendes*, vol. 75, 2011b, p. 1-22.

Ribot, J., *Choix, reconnaissance et effets de la décentralisation sur la démocratie*, Codesira, IUCN, 38 p.

Rivière d'Arc, H. (dir.), *Nommer les nouveaux territoires urbains*, Paris, Unesco-MSH, 2001, 280 p.

Rivière d'Arc, H., « La géographie et les réseaux internationaux de villes et d'urbanistes. Une vision euro-latino-américaine », *Cahiers des Amériques latines*, vol. 51-52, 2006, p. 63-74.

Rivière d'Arc, H., « Le retour et la circulation des énoncés hygiénistes comme médiateurs du projet urbain : de São Paolo à d'autres métropoles », in *Nuevo Mundo, Mundos Nuevos*, 2010a, http://nuevomundo.revues.org/58835.

Rivière d'Arc, H., « Invasão », in Topalov, C., Coudroy de Lille, L., Depaule, J.-C. et Marin, B., *L'aventure des Mots de la Ville à travers le temps, les langues et les sociétés*, Paris, Robert Laffont, 2010b, p. 617-621.

Rivière d'Arc, H., « Savoir-faire no acesso ilegal/informal à habitação na Cidade do México e em São Paulo », in Azaïs, C., Kessler, G. et Telles, V. da Silva (eds.), *Ilegalismos, cidades e política*, Belo Horizonte, Fino Traço, 2012, p. 309-324.

Rodriguez, M. C., *Autogestión, política del hábitat y transformación social*, Argentina, Espacio Editorial, 2009, p. 270.

Scott, J., *Weapons of the weak : everyday forms of peasant resistance*, New Heaven, Yale University Press, 1987, 392 p.

Scott, J., *Domination and the arts of resistance. Hidden transcripts*, New Heaven, Yale University Press, 1992, 251 p.

Smith, N., *Uneven development : nature, capital and the production of space*, Athens, University of Georgia Press, 2008 [1984], 323 p.

Tamayo, S. (ed.), *Los desafios del Bando 2*, México, Secretaría de Desarollo urbano y vivienda, 2007, p. 387.

Therborn, G., « Globalizations. Dimensions, historical waves, regional effects, normative governance », *International Sociology*, vol. 15, n° 2, 2000, p. 151-179.

Theys, J., « La gouvernance entre innovation et impuissance. Le cas de l'environnement », *Développement durable et territoires*, vol. 2, 2003.

van Gelder, J.-L., « Legal tenure security, perceived tenure security and housing improvement in Buenos-Aires : an attempt towards integration », *International Journal of Urban and Regional Research*, vol. 33, n° 1, 2009, p. 126-146.

Wacquant, L., « La fabrique de l'État néolibéral », *Civilisations*, vol. 59, n° 1, 2010, p. 151-174.

Wyly, E., « Positively radical », *International Journal of Urban and Regional Research*, vol. 35, n° 5, 2011, p. 889-912.

São Paulo et Mexico, « chasse aux espaces » ou la nouvelle dictature du foncier urbain

Hélène Rivière d'Arc

Le logement dans les immenses villes comme Mexico et São Paulo représente plus des deux tiers du bâti urbain, même s'il est insuffisant, anarchique, souvent insalubre, de mauvaise qualité et parfois en situation de risques climatiques (éboulement de terrains et inondations). Les deux villes dont nous parlons font encore partie de cette « *Planet of slums* », un titre choc mais évocateur d'une catégorie proliférante dans celles des villes mondiales ou mégapoles. Mexico et São Paulo vivent les conséquences, longues à résorber, de cette extension informelle qui est en débat dans toutes les organisations internationales depuis des décennies mais que l'on découvre aujourd'hui à l'origine d'enjeux multiformes entre deux ou plusieurs acteurs dès que l'on se penche sur l'une ou l'autre des échelles spatiales qui rendent compte de la métropolisation.

Les pressions pour l'accès à un logement et pour l'accès aux terrains constructibles de la part des plus aisés n'ont pas cessé depuis cinquante ans, malgré les hauts et les bas de la croissance économique, la précarisation multiforme du travail salarié et malgré la diminution de l'afflux des migrants. La demande foncière et l'offre de construction ont fait des activités immobilières et de construction, un des domaines le plus étudié de l'économie politique urbaine et des entrepreneurs – promoteurs et constructeurs – les partenaires les plus importants des municipalités. Ces derniers ont réussi à mettre au point dans le cadre de ces partenariats, des stratégies qui leur permettent de supporter des baisses d'activités brutales et de se projeter dans un avenir à moyen terme. À São Paulo, ils bénéficient des ressources de la *Caixa Econômica federal*, banque nationale décentralisée dans chaque état ; à Mexico, ils deviennent les sous-traitants du logement social pour les institutions publiques. Par ailleurs, la notion de densité comme paradigme, et afin de la techniciser, a conduit les professionnels de la ville, entrepreneurs mais aussi urbanistes, à penser des modèles d'urbanisme qu'on peut résumer par l'expression française « renouveler la ville sur elle-même ».

C'est donc à partir de la vision de ces entrepreneurs/promoteurs et des aspirants des classes populaires au logement que l'on essaiera de rendre intelligible dans ce texte le processus qui a amené les espaces résidentiels *versus* l'étalement urbain, à devenir plus que jamais des enjeux de la gouvernance[1] et le contexte spatial de son exercice.

Beaucoup de ces espaces ont aujourd'hui une désignation traditionnelle, mais pour d'autres celle-ci est nouvelle et peu consolidée (Rivière d'Arc, 2001). À São Paulo, on parle de quartier ou zone, de ZEIS *(Zona especial de interesse social)*, *favela*, lotissement, ensemble fermé, copropriété (*condomínio*), *favela vertical*, etc. Les quartiers chics portent des noms à résonance souvent écologique car la végétation y est particulièrement belle lorsqu'elle est présente. C'est ainsi que l'on parcourt les *Jardins* ou *Pinheiros*. Mais les *favelas* font de la surenchère, dont le nom évoquent le paradis : Heliópolis, Paraisópolis, qui devrait être visitée lors de la Coupe du Monde en 2014, au cours d'une excursion intitulée « Un tour au Paradis ». Chacun de ces lieux vaut par les pratiques de vie qu'il rend possible comme l'a observé Michel de Certeau (1990). Mais les entrepreneurs ne s'y trompent pas. Dans ces espaces que l'on appelle ici résidentiels, se croisent plusieurs variables dont les connexions créent le marché immobilier. Et malgré tous les articles posant la réforme urbaine, émis par la Constitution de 1988 et le Statut de la Ville qui a force de loi, la propriété du sol est bel et bien devenue un marché disputé sur tout l'espace métropolitain.

Cependant ce nouveau concept d'urbanisme ne s'applique qu'à un seul volet de la politique du logement, celui qui s'adresse aux catégories appelées « C » et « D », les plus modestes dans le spectre social qui caractérise le Brésil[2]. De fait, le logement des très pauvres ou insolvables relève de l'intervention d'autres acteurs contraints de recourir aux possibilités qu'offre encore un certain laxisme face à « l'étalement ».

Dans la métropole de Mexico, la logique qui oriente les politiques d'habitat populaire (celles qui s'adressent aux petites classes moyennes et qui incluent les pauvres) est celle du transfert de leur prise en charge par les institutions publiques vers la promotion immobilière, un processus qui s'est consolidé depuis les années 1990 (Paquette, 2012). C'est une institution financière, la SHF (*Sociedad Hipotecaria Federal*) promue

---

1 La gouvernance est ici envisagée selon le sens que lui donne Julien Rebotier dans notre article « Gouvernance métropolitaine dans le domaine du logement en Amérique latine » dans ce même ouvrage, soit « une recette opérationnelle et une dimension cognitive de l'action politique et des rapports sociaux urbains ».

2 Pour une analyse de ces catégories désignant les petites classes moyennes et les classes populaires, voir le texte de Rodrigo Cattaneo pour le rapport d'activité de l'ANR Metraljeux, 2011 et l'article de Paul Cary, Réflexions sur la société de consommation brésilienne, *Problèmes d'Amérique latine*, n° 78, 2010.

par l'État, qui prétend faire de la construction populaire, outre son rôle social, un soutien à la croissance. Mais, comme l'application de cette politique doit s'exercer au moindre coût, elle vise beaucoup plus encore qu'à São Paulo des espaces constructibles de plus en plus éloignés de la ville ancienne.

À Mexico, *colonia*, *fraccionamiento*, *condominio* (*cerrado* ou pas), quartier, et quantité d'autres désignations renvoient à la notion de résidentiel de masse[3]. La maison en série, héritière du modèle Infonavit (*Instituto del Fondo Nacional de la Vivienda para los Trabajadores*), l'auto-construction consolidée ou réaménagée par l'édification d'étages supplémentaires, le modèle *vecindad* ou ensemble de petits immeubles dans le centre-ville ou les centres-villes de la périphérie, tout a été tenté à Mexico depuis les années 1940 ; mais ce n'est que récemment que l'ouest de l'agglomération s'est partiellement couvert d'immeubles de dix à plus de vingt étages, assez haut de gamme (Santa Fe) qui ne s'adressent qu'à la classe moyenne dite supérieure. C'est donc dans ce que l'on appelle encore la périphérie de l'agglomération, soit le plus souvent dans l'état de Mexico, que s'étendent les *fraccionamientos* plus ou moins légaux, où l'« illégal » est souvent imbriqué dans le « légal » (Duhau, Giglia, 2008). On citera comme exemple les différents niveaux de lotissements pavillonnaires qui caractérisent le paysage urbain du municipe de Cuautitlán.

Ces zones urbanisées constituent aujourd'hui la norme, une constante, presque un nouveau décor, partout dans le monde selon des variantes dont le rôle structurant du point de vue socio-spatial, est plus ou moins important (Rivière d'Arc, 2001). Parmi les experts qui traitent de l'« étalement », il y a ceux qui continuent de distinguer entre elles des hiérarchies qui se créent en fonction des vocations territoriales, et ceux qui ne voient que des dynamiques spatiales contiguës les unes aux autres, éventuels substrats de nouvelles polarités.

C'est donc au niveau des marchés observés à ces différentes échelles qu'il convient de mener la comparaison. Mais l'espace urbain n'étant pas aussi extensible que l'auraient laissé supposer certains changements dans les modes de vie, notamment en termes de mobilité, plus encore que la spéculation, c'est la concurrence pour son usage qui forme les prix du foncier et la bureaucratisation de sa régulation[4].

---

3 Voir Topalov, Ch., Coudroy de Lille, L., Depaule, J.-Ch., Marin, B. (dir.), *L'aventure des mots de la ville*, Paris, Robert Laffont, Collection Bouquins, 2010, en particulier les notices portant sur l'Amérique latine, coordonnées par Hélène Rivière d'Arc.

4 Webber, M., *L'urbain sans lieu ni bornes*, traduction de l'américain, Paris, Éditions de l'Aube, 1996, avait annoncé la prépondérance dans un avenir proche – il écrivait dans les années 1960 – du travail à domicile. Certains Verts, les militants notamment, rêvaient comme d'un idéal, de jardins, de quartiers et de cyclistes.

Comme le disait en 2009 un des responsables du *Movimento*[5] à São Paulo, « la concurrence entre les entreprises et le Mouvement s'accélère depuis trois ans. Pour un logement d'intérêt social à Vila Matilde, qui était périphérique il y a cinquante ans, ou à Mooca, un quartier ouvrier, une famille populaire a vu sa contribution à l'accès au logement subventionné passer de 80 à 120 *reais* entre 2006 et 2009 ». En effet, toute la zone métropolitaine est en train de se soumettre aux règles d'un marché qui ne tolérera bientôt plus de réserve ni de stocks. Pour réguler ce marché dont le fonctionnement est contraire à leurs déclarations sociales, les pouvoirs publics ont recours à une batterie de mesures qui divisent les populations et qui se substituent à celles qui avaient conduit ces dernières à l'acquisition d'un savoir-faire basé sur la solidarité. C'est un tournant important qui représente un pari pour les mairies de gauche et/ou imprégnées des idées sociales qu'elles ont répandues à travers l'Amérique latine.

À Mexico, une politique réglementaire récente (années 2000) appelée Bando 2, du nom du deuxième cercle urbanisé de la ville de Mexico, interdit à la construction, a marqué la progression de l'étalement, conduisant les instances (l'Infonavit notamment) et les entreprises privées à « urbaniser » l'état de Mexico, plus conciliant[6].

Dans les deux villes cependant, la « régularisation » est devenue l'outil des institutions publiques et/ou municipales pour conjurer la pression sur les besoins en logement[7]. Elle pouvait s'exercer tant que le foncier n'atteignait pas des valeurs spéculatives abyssales. Mais elle n'était possible que lorsque les espaces municipaux comptaient des réserves foncières ou des terrains vagues de propriété inconnue. C'est autour de cette problématique qu'est né à São Paulo, dans les années 1990, le Mouvement des *Sem Teto* dont la logique d'action était assez proche de celle des *Sem Terra :* multiplication des *squatts* et des *cortiços* depuis la fin des années 1990 dans la ville centrale et multiplication des occupations dans les zones de risques et des zones protégées. Dans le cas des *squatts*, les occupants (appartenant au mouvement des *Sem Teto do Centro*, aidés par les ONG Polis et Centro Gaspar Garcia, *boostés* par la reconnaissance du « droit à la ville » et de la « fonction sociale de la propriété » (Forum National

---

5 Fédération de cinq organisations populaires qui interviennent sur le thème du logement à São Paulo dans les années 2000. Chaque organisation correspond à des situations socio-spatiales différentes.

6 Pour une explication plus politique du Bando 2, voir plus loin.

7 À São Paulo, d'après des chiffres récents (novembre 2010), et pour ne donner que des ordres de grandeur avec lesquels travaillent les techniciens et les politiques, on citera les données suivantes : 810 000 familles sont en situation irrégulière, soit plus de 3 millions de personnes. Pour résoudre le problème de leur insécurité dans les vingt années qui viennent, 3,4 milliards de *reais* (€ 1,3 milliard) sont nécessaires (*Conselho Municipal de Habitação, Plano Municipal de Habitação*, 2010).

de Réforme Urbaine, 2000), ont cru que l'occupation d'immeubles abandonnés de longue date permettait d'accéder non pas à la propriété du sol mais au *direito real de uso* (immeuble São Vito, immeuble Prestes Maia, pour ne citer que les plus célèbres) au bout de plusieurs années d'habitation, selon un principe séculaire au Brésil. Las, il n'en fut rien. Des propriétaires ont surgi, publics ou privés ; les affaires sont passées en justice et ont été perdues par les occupants ; par ailleurs, les réhabilitations proposées avaient été jugées trop coûteuses par certains, etc. Même dans quelques cas d'accès au logement par ce biais, les accédants ne devenaient pas propriétaires et une législation compliquée provoque aujourd'hui l'apparition d'un marché parallèle.

Le *squatt* n'est pas un savoir-faire aussi présent à Mexico qu'à São Paulo. D'abord, parce que le centre historique dans ses dimensions administratives et culturelles, n'a pas connu l'édification de gratte-ciel dans les années 1940-1960. Il n'y a pas eu d'émule de Niemeyer et l'architecture sociale, par exemple les *multifamiliares* de M. Pani, ne s'est pas inspirée du COPAN de São Paulo, le célèbre immeuble du centre-ville dessiné par Niemeyer[8]. Mais cela n'est qu'une explication partielle. La loi sur le gel des loyers à Mexico (1942), l'extraordinaire densification de la population dans les quartiers de *vecindades* les plus pauvres (années 1950) ont conduit à une implosion urbaine qui a donné naissance à Netzahualcoyotl, plus de vingt ans avant que des *favelas* et des occupations ne ceinturent São Paulo.

Les diverses étapes des mobilisations populaires dans la partie ancienne du DF[9], après le tremblement de terre de 1985 ; différentes formes de pression afin d'obtenir des crédits dits d'intérêt social de la part du *Frente del Pueblo*[10] ; la « régularisation » de certains logements en *vecindades*, à Tepito ou près de la Plaza Garibaldi, par le biais de l'organisme DGRT (*Dirección general de regularización territorial*) ou l'INVI (*Instituto Nacional de la Vivienda*), l'obtention de quelques crédits d'intérêt social dans d'autres quartiers ont connu des victoires ponctuelles. Mais celles-ci n'occultent pas pour autant la vision d'innombrables immeubles abandonnés et souvent occupés par des activités plus ou moins légales ou illicites[11] et où les habitants se sentent d'ailleurs dans l'insécurité mais ne peuvent pas prétendre par manque de moyens à changer de quartier.

---

8 Mario Pani, un des plus célèbres architectes mexicains, a introduit les idées modernistes appliquées à l'habitat social dans les années 1940-1960. Il a beaucoup construit à Mexico, notamment, des barres de cinq à sept étages comme celles qui constituaient l'ensemble de Tlatelolco. Plusieurs de ces barres furent détruites après le tremblement de terre de 1985.

9 Antérieure aux années 1950.

10 Mouvement de pression populaire créé après le tremblement de terre à Mexico.

11 Entretien de l'auteur avec des habitants de la *colonia Guerrero* en 2009.

Comment alors penser l'action en faveur d'un développement du logement dans ces contextes à São Paulo et à Mexico, étant entendu qu'une multitude d'acteurs sont impliqués dans son déroulement et qu'elle est au cœur des effets réactifs que suppose une « bonne pratique » de la gouvernance ?

L'entrée en lice des entrepreneurs dans la construction du logement populaire

Que se passe-t-il à São Paulo ? La commune compte en 2009, 280 entrepreneurs[12] reconnus de la construction[13] qui vont des très grands aux petits. L'activité de la construction peut être décomposée selon le schéma suivant : promoteurs (appelés *incorporadoras*), constructeurs, commerciaux (mise en vente). Cependant une même entreprise peut assurer les trois fonctions et aussi sous-traiter avec des petites entreprises. Les entrepreneurs appartiennent à des syndicats correspondant à des associations professionnelles, représentés au *Conselho Municipal de Habitação*, instance élue de conseil à la décision votée ensuite par la Câmara de Vereadores, où ils côtoient les autorités municipales et les organisations populaires (ONG et Associations populaires). De même financent-ils des sociétés de service à l'entreprise dont la plus remarquable est l'Embraesp (*Empresa brasileira de estudos de patrimônio*). La fonction principale de cette dernière est de renseigner les entrepreneurs sur les espaces disponibles dans l'aire métropolitaine pour réaliser des projets, sur le statut juridique de ces espaces, sur leur histoire, sur les risques et projection de ces risques ; enfin sur les coûts de construction. L'Embraesp produit aussi des études et des statistiques. Elle ne s'adresse pas uniquement aux promoteurs d'habitations, mais aussi de centres commerciaux, de bureaux, de lieux à nouvelle vocation (culturelle et sociale par exemple). On notera cependant que le *boom* de la construction a concerné avant tout l'habitation de la fin des années 1980 à la fin des années 2000, notamment dans le centre-ouest de São Paulo, espace des quartiers chics qui vont d'Hyginópolis à Moema. La période du BNH avait lancé la mode de l'immeuble en hauteur. Beaucoup de propriétaires intra-urbains ont alors vendu leur terrain pensant faire de bonnes affaires. Quant à la périphérie, les terrains n'y coûtaient presque rien. Le code d'urbanisme était très lâche. Il ne conditionnait pas la disponibilité du terrain à construire, il en était la conséquence. On a alors inventé le *Condomínio vertical de luxo*

---

12 Camargo Correia et Odebrecht sont les plus grandes entreprises du bâtiment et de la construction au Brésil. Elles travaillent dans tout le pays et à l'étranger. Il existe ensuite cinq grandes entreprises qui se consacrent exclusivement au haut de gamme à São Paulo.

13 Membres des organisations patronales.

(avec *área de serviços*) dont on compte depuis plus de quinze ans un « lancement » par semaine, qui est en passe de supplanter partout la maison avec jardin.

À la fin des années 2000, un peu avant la crise, on pouvait considérer que la construction avait bénéficié de douze années de prix bas, incluant pour 1/3 le prix du sol, pour 1/3 les salaires et pour 1/3 les matériaux. Et puis, voilà qu'à la veille de la crise – mais faut-il faire un lien avec ce qui s'est passé dans le monde ? – le marché des immeubles de luxe, appartements de quatre chambres et plus, visé par les plus grandes entreprises (5 % d'entre elles) qui ont environ 1 000 clients chacune, chute très vivement. Le discours sur la ville change en Amérique comme en Europe. Plus concrètement, la difficulté de mobilité ne cesse de s'accentuer et occupe le débat. La fin de l'année 2009 connaît une diminution de près de 30 % des opérations appelées « lancement d'immeubles » par rapport à une moyenne calculée sur l'ensemble de cette même année (entretien Secovi, Syndicat des entrepreneurs de la construction). Mais les adhérents de cet organisme qui peuvent bénéficier des crédits de l'État par le biais de la *Caixa econômica federal* ou éventuellement du BNDES (*Banco nacional de desenvolvimento econômico e social*) ont le temps d'amorcer une nouvelle stratégie : faire des classes moyennes et moyennes basses, les fameux C+, C-, D+, les nouveaux clients.

Ainsi, les très grandes entreprises, pour faire face à la baisse de leur clientèle haut de gamme rachètent-elles les petites et moyennes qui travaillaient pour les municipalités et l'état de São Paulo[14]. Chacune de ces entreprises se réserve donc un créneau dans le marché des classes moyennes, extrêmement fragmentées, comme on l'a déjà dit (celles qui peuvent prétendre à un crédit de 50 à 250 000 *reais* sur vingt-cinq ans, soit entre € 20 000 et € 100 000). D'où, de la part des entreprises, les stratégies suivantes : adhérer au Secovi, occuper des places et y nouer des alliances au *Conselho Municipal de Habitação*, aux côtés des « entités de classe » (les architectes, par exemple), les associations d'habitants et les ONG qui constituent généralement un front ; négocier avec le Secrétaire municipal, le Secrétaire de l'état, la CDHU (*Companhia de Habitaçaão*), la révision de certaines réglementations du plan directeur voté par les municipalités et en cours de validité. Ces derniers points sont : obtenir un coefficient de démolition en faveur de la construction privée d'habitations plus en phase avec leurs intérêts et leurs projets, et ceux d'éventuels clients, notamment dans certains quartiers centraux ; faire pression pour la révision des coefficients d'occupation des ZEIS qui sont actuellement de 40 % pour les *baixa renda* (moins de cinq salaires minimum),

---

14 Aujourd'hui, Camargo Correia et Odebrecht, par exemple, ont des contrats avec la *Secretaria de Habitaçaão* de la mairie.

40 % pour les *baixa média* (jusqu'à dix salaires) et 20 % libres. Secovi préconise 15 % pour les très bas revenus, 30 % pour les moyens bas et 55 % libres, certaines de ces ZEIS se trouvant en plein centre-ville. Et enfin, les entreprises, lorsqu'elles obtiennent un contrat, souhaitent pouvoir expulser elles-mêmes, moyennant finance, les habitants des terrains qu'elles ont acquis.

D'un point de vue d'une nouvelle « production de la ville », si l'on suit ce concept développé par Henri Lefebvre (1968), la stratégie des entrepreneurs consiste à viser des terrains pas trop périphériques, bien équipés et dépollués, à renouer avec le fonds FGTS (*Fundo de garantia por tempo de serviço*), fonds d'épargne créé par l'employeur, associé à une indemnité de licenciement pouvant servir à l'acquisition d'une résidence, de la *Caixa Econômica federal* pour garantir des crédits à long terme tout en proposant un projet séduisant d'appartements de deux à trois chambres dans les zones où le foncier est encore assez bon marché ; en particulier, les anciens terrains industriels situés entre Santo André et les districts municipaux ouvriers et artisanaux de Mooca et de Pari où le président de Secovi propose de créer de nouveaux centres d'activités à vocation mixte, ou, selon l'expression *auto-sustentáveis* (durables et autonomes) et enfin de nouvelles périphéries résidentielles à l'exemple d'Alphaville (créée dans les années 1980 pour les classes moyennes supérieures et plus ou moins comparable à Santa Fé à Mexico).

De l'avis général des membres de Secovi et d'Embraesp, les entreprises privées, en particulier les *incorporadoras*, ne peuvent en aucun cas travailler pour les couches les plus pauvres et en renvoient la responsabilité aux pouvoirs publics. Elles ne peuvent même pas penser un espace urbain où ces dernières auraient une place. De fait, les entrepreneurs considèrent (entretien de l'auteur en 2009) que les catégories B1, B, C1 et C représentent les 2/3 de leur marché[15].

Ce contexte explique la flambée des prix du sol par rapport aux prix de la construction malgré des situations encore fréquentes d'indéfinition de la propriété. Et, même si l'on constate des différences de 1 à 100 entre les quartiers, presque aucun quartier de São Paulo ne coûte moins de 1 000 *reais* (€ 450 environ) à l'achat au m^2, un coût repris d'ailleurs pour évaluer les prêts de plus en plus chers à l'habitat subventionné.

Dans les années 2000, le nombre d'unités d'habitations produites par an destinées aux classes moyennes et supérieures et celui que prétendait atteindre la municipalité en faveur d'opérations résidentielles pour les plus pauvres, était plus ou moins équivalent (25 000), alors que 53 % de la population gagnaient individuellement moins de trois salaires minimum

[15] La construction du modèle d'appartement de deux à trois chambres a quasiment doublé de 1999 à 2007. (*Relatório Anual*, 2007, Embraesp).

(*Fundação Seade*, 2000)[16]. Ainsi, les opportunités sont-elles infiniment plus nombreuses pour les personnes ayant quelques revenus stables que pour ceux qui ne reçoivent que 0 à 3 salaires minimum. En principe prévus dans des programmes coordonnés par la Cohab la municipalité mais aussi la PAC et l'état de São Paulo, ou bien par des associations entre différents partenaires lorsque sont obtenus des financements internationaux (Banque interaméricaine de développement essentiellement), les logements des plus pauvres sont pris dans des plans de financement extrêmement compliqués. Les échéances définies par ces programmes ne correspondent pas à celles des vies de ceux auxquels elles s'adressent, ce qui entraîne des dérives, des détournements et des comportements extra-légaux malgré la création au sein de la *Caixa econômica federal* d'un fond de garantie et la remise d'une carte de crédit de 90 jours, instrument régulateur du marché, qui permet de na pas payer d'intérêt pendant trois mois. On comprendra que nous n'écrirons peut-être pas la même chose lorsque sera connu un premier bilan d'un programme extrêmement discuté mais en général très apprécié, lancé par le Gouvernement central en 2010 appelé *« Minha Vida, Minha Casa »* dont on reparlera plus loin.

La présence et l'imposition de l'entreprenariat privé dans la construction du logement populaire sont très différentes à Mexico. Beaucoup d'auteurs, en particulier Catherine Paquette (*op. cit.*), mettent l'accent sur le transfert de la construction – y compris celle du logement populaire – à l'entreprise privée, comme phénomène national, destiné à soutenir la croissance. René Coulomb (2006) l'annonçait déjà lorsqu'il soulignait le rôle d'intermédiaire joué par l'Infonavit. Autrement dit, Infonavit, Fovisste (construisant pour les fonctionnaires d'État), et INVI se limiteraient aujourd'hui à gérer l'orientation des financements qui relèvent de sources diverses et à l'appel aux capitaux dont ceux de la Banque Mondiale et de la BID, ainsi qu'aux investisseurs étrangers parmi lesquels – avant la crise – étaient fréquemment cités les fonds de pension américains. On voit donc que la question du financement, beaucoup plus complexe qu'au Brésil où les entrepreneurs s'appuient presque exclusivement sur une banque d'État (la *Caixa econômica federal*) qui inspire très largement confiance lorsqu'il s'agit d'entreprendre des opérations à long terme, conditionne le choix d'implantation des lotissements populaires. Dans la région de Mexico, il s'agit en fait de construire en masse et bon marché sur des terrains où le foncier n'est pas cher, parfois même offert par des municipalités aux faibles revenus.

Cela étant dit, la politique du logement populaire appelée au Mexique *Programa Nacional de la Vivienda* prend une tournure spécifique dans

---

16 *Fundação sistema estadual de análise de dados*, En dix ans, ces données ont changé, mais pas tellement les proportions.

la zone métropolitaine de Mexico. Le programme du Bando 2, au début des années 2000, promu par la mairie du DF, dirigée alors par Andrés Manuel Lopez Obrador, puis par sa suppléante (gauche), prétendait avant tout répondre au défi de l'étalement urbain et contribuer à résoudre les problèmes techniques engendrés par l'extension infinie de la ville, dans un espace plus « fini » qu'autre part[17]. On convenait qu'il fallait aussi redensifier le centre. De fait, les quatre districts centraux de la ville de Mexico ont la taille de Paris *intra-muros*, mais ne comptent qu'1,7 million d'habitants et ne cessent d'en perdre. C'est dire que la densité y est aujourd'hui faible alors que l'ensemble du DF connaît une légère croissance (0,8 % annuelle). Mais ce programme n'a pas tardé à s'attirer l'hostilité très vive de l'Infonavit et des Organisations internationales telles que le Programme Habitat des Nations-unies et de son bras financier, la BID, qui l'ont jugé impraticable car il provoquait une augmentation soudaine et très forte du prix du foncier. La contrepartie fut alors une ruée vers les communes périphériques de l'état de Mexico où l'Infonavit a déplacé ses opérations à la grande joie des maires locaux qui, en même temps que l'acquisition d'un gain de légitimité, ont vu dans les entreprises de construction d'éventuels contribuables qui devenaient par ailleurs des agents de l'aménagement micro-local.

L'Infonavit et le Fovisste ont beaucoup « fait construire » depuis la fin des années 1990 (pendant le gouvernement de Vicente Fox) pour les 5-15 salaires minimum en dehors du Bando 2, dans les communes d'Ecatepec, de Tlalnepantla et de Cuautitlán. D'immenses ensembles de petites maisons, soit plus de 40 000, de 30 à 40 m², ont été érigées. Elles valaient environ 350 000 *pesos* (€ 21 000). L'opération était tellement impressionnante que l'on vit, lorsque furent lancés au Brésil les programmes PAC, puis *Minha Vida, Minha Casa*, des voyages d'entrepreneurs de São Paulo s'organiser à Mexico pour comprendre la rapidité de construction des lotissements, la constater *de visu* et comprendre également les montages financiers qui permettaient ces coûts de construction si peu élevés. En 2009, des sources diverses affirmaient cependant que plus de 30 % de ces petites maisons n'étaient pas occupées, pas seulement parce qu'elles n'avaient pas encore trouvé acheteur, mais aussi parce que divers acquéreurs qui pensaient en faire un investissement rentable grâce à des taux d'intérêt très bas sur 25 ou 30 ans, un phénomène jusqu'alors inconnu au Mexique, ne trouvaient pas de locataires. Très vite, ces programmes ont été critiqués par les milieux impliqués dans les questions urbaines, d'abord à cause de leurs localisations, trop éloignée du centre du centre

[17] Le programme, fréquemment décrit, prétendait interdire la construction de grands *condomínios* dans le premier cercle urbanisé autour du centre historique, soit la ville des années 1950, afin de réhabiliter et réurbaniser ce dernier.

du DF, principal pourvoyeur d'activités, d'emplois et de journées de travail. Une ligne de train ouverte en 2009, devait relier Tlalnepantla à Atzapotzalco et Reforma Norte, autrement dit aux quartiers populaires du centre du DF (Tepito, Jamaica, Merced, etc.).

Tous ces programmes s'expliquent par un coût du foncier resté extrêmement bas dans certaines zones, alors que le coût de la construction est plus ou moins le même partout. Les prix du m^2 au sol ou bâti sont ainsi de :

- Colonia Condesa : 8500 *pesos* le m^2
- Colonia de Los Doctores : 2 000 *pesos*
- Colonia San Rafael : 5 000 *pesos*
- Coyoacán : 10 000 *pesos*
- Ixtapalapa : 1500 *pesos*,

soit dans les quartiers qui composent le DF, tandis qu'il ne dépasse pas 100 pesos à Ecatepec (état de Mexico), par exemple.

Cette diversité est expliquée certes par la rigidité du programme Bando 2, mais surtout par le fait que les entreprises, mises à part quelques opérations vitrines, ont peu investi pour le logement populaire dans le centre-ville. D'où une montée considérable non seulement des prix du foncier mais des loyers qui n'atteignent cependant pas et loin de là, les prix que connaissent les anciens et les nouveaux quartiers très huppés. En effet, les grands projets de rénovation du centre ne s'y traduisent pas encore par une ruée sur le résidentiel. Un grand appartement restauré dans le centre historique peut désormais être loué 20 000 pesos (€ 1 200) par mois rue Bucareli, une zone encore très dégradée de la *colonia* Juárez. À la vente, il valait en 2010, 3 millions de pesos, soit (€ 180 000). À comparer avec une maison de Coyoacán qui vaut 15 millions de pesos (€ 900 000).

Selon une vieille tradition culturelle et corporatiste mexicaine, construire ou rénover des logements dans le centre-ville à l'intention de fonctionnaires publics devrait enclencher une alternative aux déboires du logement social dans une zone où il est pratiquement impossible de faire le bilan des fonctions d'usage, d'occupation et de logement, telles qu'elles existent dans des quartiers comme Tepito ou la Candelaria. Là, en effet, sévit la guerre des *leaders* d'association pour accéder à la position d'interlocuteurs privilégiés de l'INVI et conforter des situations de clientèle. Carlos Slim, l'homme le plus riche du monde, s'y est aventuré. Il semble qu'il soit aujourd'hui désengagé.

Par ailleurs, l'idée de réhabiliter a fait son chemin parmi les urbanistes de l'INVI, comme à São Paulo où la mairie appuie la réhabilitation des *favelas* mais aussi des *cortiços*. On trouve donc des logiques identiques dans les raisonnements brésilien et mexicain pour pallier le manque de ressources, séduire les entrepreneurs privés et tenter de rendre les bénéficiaires responsables de leurs emprunts. Le programme de construction d'un deuxième étage destiné à loger la famille, notamment dans le district populaire d'Ixtapalapa, est présenté comme très innovant alors que cela s'est toujours fait. Mais l'INVI apporte un appui technique et favorise le recours à la petite entreprise dont il contrôle le suivi (avec application de normes de développement durable). Le propriétaire de la maison améliorée grâce à un petit crédit, ne peut plus la vendre et celle-ci constitue la garantie du prêt consenti pour construire l'étage supplémentaire. Ne retrouve-t-on pas ce même type de propositions jusqu'en France, récemment ? En tout cas, on a là une figure vitrine présentée comme un important remède à l'étalement.

Des logiques entreprenariales différentes donc entre les deux métropoles : une logique de coût du foncier et de construction les plus bas possibles financés par des prêts hypothécaires chez les entrepreneurs de la zone métropolitaine de Mexico au risque de querelles et de conflits entre les institutions publiques chargées de suggérer et de gérer les politiques de logement populaire, dans un contexte traditionnel d'intervention de l'État. Mais au risque également d'une crise assez semblable à celle qui touche depuis 2008 les environs de Madrid. Une logique beaucoup moins consommatrice d'espace au sol, d'alliance avec les pouvoirs municipaux et de confiance dans le moyen terme que permettent les trois types de crédits octroyés par la Banque d'État, la *Caixa Econômica*, au Brésil. Ces logiques différentes expliquent pourquoi les stratégies engagées par les organisations populaires mobilisent des instruments de pression différents selon leurs interlocuteurs.

« Le Mouvement et les entreprises sont entrés dans la chasse aux espaces »

C'est ainsi qu'un des *leaders* de *l'União dos Movimentos* qui était candidat à la *Câmara dos Vereadores* en 2010, résume la tactique d'entrée dans le marché du foncier des organisations populaires qui forment « *O Movimento* » dans l'agglomération de São Paulo. Il existe aussi à Mexico de rudes batailles menées par des habitants pour ne pas quitter leur lieu de vie mais elles sont moins spectaculaires.

À São Paulo, tant dans la commune centrale que dans les communes de périphérie, des conseils au sein desquels se discute la question du logement populaire réunissent des représentants des mairies, de la Cohab des entrepreneurs, des ONG et des associations. Leur rôle est de peser sur les décisions d'emplacement ou de mise en route de projets prises par la *Câmara de Vereadores* et les institutions liées à la mairie (secrétariat et Cohab). Les municipalités gérées par le PT, dont celle de São Paulo au début des années 2000 sous le mandat de Marta Supplicy, et les plus emblématiques à une époque récente, celles de de Santo André et celle de Diadema, ont longtemps tenté de pratiquer des alliances avec les représentants des organisations populaires et des ONG, au sein de ces conseils[18]. Dans la commune de São Paulo cependant, l'influence des entrepreneurs est particulièrement forte. C'est une des raisons pour laquelle le *Movimento* mène de front la stratégie participative et une stratégie de lutte sous forme d'occupation ou de simple *sit-in.*

Cinq organisations se retrouvent dans la commune de São Paulo pour élire leurs représentants au *Conselho Municipal da Habitação*. Les alliances que ces derniers nouent avec les représentants des ONG leur permettent de constituer des majorités lors de certains votes sur les attributions de part de budget. Certains élus peuvent d'ailleurs détenir deux casquettes, celle de représentant populaire et celle de membre d'ONG. Ils peuvent aussi retrouver parmi les représentants de la mairie des militants du PT, dont ils avaient été proches dans le monde militant des années 1990[19].

Que négocie-t-on au Conseil ? Une petite partie du budget destiné aux politiques de logement : 47 millions de *reais* sur un milliard de *reais* (€ 18 millions et € 380 millions, respectivement), paraît-il, en 2009. L'essentiel du budget provient, en effet, des négociations menées directement pour le développement de certains programmes par la mairie et l'état de São Paulo, le programme *Cortiços* par exemple et avec le ministère de la Ville du Gouvernement fédéral pour les programmes PAC (Plan d'accélération de la croissance) et *Minha Vida – Minha Casa*, autant de programmes qui échappent aux municipalités qui n'ont de regard que sur les localisations. C'est pourquoi *O Movimento*, pour peser sur ces programmes, maintient sa pratique traditionnelle du *sit-in.*

On peut alors se demander quelle sera la nouvelle stratégie des associations dans un contexte qui les contraint à entrer dans un marché du sol dont le statut reste un des éléments régulateurs : vocation du sol dans les ZEIS, zones protégées à vocation écologique etc. La réponse à cette question est : se transformer en véritables acteurs du marché avec l'aide de la mairie. Le *Movimento*, en effet, se met à la recherche de terrains susceptibles d'être achetés à bas prix par la municipalité, éventuellement en partenariat avec l'état de São Paulo ou qui pourraient être préemptés. Ici, par exemple, il trouve une ancienne et vaste propriété, enclavée dans la ville, avec un grand jardin appartenant à un « riche Italien » qui n'y est pas venu depuis plus de quarante ans ; là, des terrains publics vagues, inoccupés, comme à Vila Matilde, où passe le métro, qui était considérée comme

[18] Les élections municipales d'octobre 2012 vont changer quelque peu ces données, le candidat du PT ayant gagné l'élection.

[19] Ces conseils comptent d'ailleurs aussi parfois d'autres acteurs : architectes militants, églises, etc.

une périphérie, il y a 40 ou 50 ans. Tandis que le quartier de Mooca, visé par les entrepreneurs pour loger les classes C et même les B, est déjà écarté par l'*União dos Movimentos* comme définitivement trop cher.

Dans ces espaces repérés dans un municipe ou dans l'autre, ici ou là, le *Movimento*, en même temps qu'il tente de négocier au *Conselho*, organise des sortes de *sit-in* qui constituent une pression destinée à précéder ou accompagner la négociation. En trois ans, d'après l'*União* (entretien en 2009), cinq terrains seulement dans la commune de São Paulo auraient été acquis dans la perspective de les consacrer au logement subventionné. C'est pourquoi, des luttes assez dures, toujours au nom des droits de l'homme, et appuyées par les ONG, sont encore à l'ordre du jour tandis que les campements sous les ponts, dans les parcs et dans les zones protégées ou à risque, par exemple, dans le cratère d'un ancien volcan de la zone sud, n'ont pas disparu. Ce sont les situations extrêmes des *Sem-Teto*.

Rien de tel dans le DF à Mexico, où la participation à des institutions se déroule à l'échelle des districts électoraux[20] et des délégations au sein desquels la question du logement comme politique publique, est posée parmi d'autres. Les classes populaires supportent tant bien que mal l'éloignement de leur lieu de travail lorsque le remboursement du crédit est à leur portée[21]. Beaucoup de parents, commerçants dans le centre historique, vont jusqu'à emmener avec eux quotidiennement, dès 4 h. ou 5 h. du matin, en bus, en métro ou en *pesero*, leurs enfants qu'ils ont scolarisés près du lieu de leur activité[22]. D'autres passent la nuit dans des entrepôts ; par ailleurs, l'entassement dans les *vecindades* des quartiers centraux de la *Delegación Cuauhtemoc* ou dans les quartiers populaires d'Ixtapalapa n'a pas disparu[23]. Ceux qui habitent des quartiers considérés comme dangereux car soumis à la terreur de jeunes *dealers* « m'as-tu vu », n'osent pas s'exprimer sur le sujet mais prétendent ne pas avoir assez d'argent pour envisager un déménagement dans un autre quartier où tout nouveau venu qui n'est pas dans une filière de crédit populaire, doit se plier à l'augmentation générale du prix du foncier urbain. Quant aux demandeurs, ils peuvent alors entrer dans les listes d'attente de l'INVI même s'ils ne sont pas membres d'une association et même s'ils sont travailleurs « informels ». Cependant, l'appartenance à une association, elle-même proche de l'un ou l'autre parti influent au sein du personnel

20 Voir l'article d'Úrsula Alanís et Arturo Alvarado dans cet ouvrage.

21 Le programme de logement développé par le Gouvernement de Vicente Fox avait abouti à la distribution massive de crédits, pour l'accès aux lotissements dans la périphérie du DF. Pour la première fois dans l'histoire du logement, il s'agissait de crédits sur vingt ans. Les problèmes dérivés de ce programme sont patents mais nombre de ménages en vivent aujourd'hui les effets.

22 Entretien de l'auteur à Tepito.

23 On pense ici aux quartiers qui entourent la place Garibaldi, par exemple.

politique du quartier (PRD ou PRI) où habite le demandeur, est à peu près incontournable quel que soit le programme visé : accès à la propriété (ou au logement[24]) qui suppose aussi l'accès à un crédit ou à un financement pour l'agrandissement ou la restauration du logement. Plus qu'une participation à la décision de construire des habitations dans tel ou tel endroit de la ville, la participation concerne la construction de lotissements, comme par le passé, par de petites entreprises privées qui fourmillent.

La population, quant à elle, par le biais de son affiliation à une association de quartier, au MUP (*Movimiento Urbano Popular*) ou quelque autre mouvement, ne participe pas directement à la définition des politiques municipales comme est censé le faire le *Conselho Municipal da Habitação* à São Paulo. Elle entre dans un système clientélaire et en sort en fonction de son déplacement résidentiel ou bien du changement de couleur politique des différents interlocuteurs locaux. Cependant, toute mobilisation au sein d'un mouvement ou d'une association ne semble pas, à ce jour, « tourner autour » de la seule question du maintien ou de l'amélioration de l'habitat dans les zones urbanisées même s'il s'agit là de points essentiels autour desquels se nouent les relations de gouvernance[25]. Il faut leur ajouter la mobilisation pour l'obtention de crédit, la résistance à l'exclusion et parfois des tentatives d'accès à la propriété pour améliorer son habitat[26].

L'appartenance à telle ou telle catégorie sociale au sens le plus instrumental de l'expression détermine alors un double courant de mobilisation ponctuelle sous forme de manifestation au siège de l'Infonavit, de l'INVI ou de quelques blocages plus ou moins longs de la circulation sur certains grands axes d'entrée dans la ville de Mexico. Une des plus vieilles organisations, le MUP, très actif pendant le mandat de Salinas de Gortari, qui revendiquait alors au nom d'une appartenance idéologique maoïste, la régularisation des occupations, perdit de sa force avec l'arrivée au pouvoir local de Cuauhtemoc Cardenas et de ses successeurs qui ont consolidé le PRD métropolitain. Il s'est en quelque sorte rallié, avec l'entrée dans les instances du pouvoir de ses figures médiatiques. Dans la décennie 2010, on voit alors resurgir un mouvement né dans les années 1990 dans tout le pays, à l'initiative d'une petite classe moyenne, celui des « *barzonistas* », autour de *la cartera vencida*, autrement dit des personnes qui s'étaient

[24] Comme l'a exposé plusieurs fois René Coulomb, le statut de propriétaire n'est pas obsessionnel dans les catégories modestes de prétendants au logement dans le DF.

[25] D'aucuns assurent que 50 % des besoins en logement de la population du DF trouvent une solution par la résignation à la mobilité pour s'installer dans l'état de Mexico.

[26] En effet, l'expulsion pour non-paiement qui avait caractérisé les années 1990 a été largement atténuée par la *burzatilzación* ou *securitización* des *carteras hipotecarias* que l'on considère comme un procédé auréolé de succès, qui, aux dires du directeur de l'Infonavit, évite encore une crise de type *subprimes*.

senties flouées par la facilité d'accès au crédit et l'impossibilité de le payer. Son *credo* est aujourd'hui d'exiger l'octroi d'un crédit approprié à la situation du débiteur. *Los barzonistas* peuvent représenter encore l'acquéreur d'une petite maison dans un lotissement lointain du nord de Mexico où il a cru faire un bon investissement car le terrain y est toujours très bon marché, soit 100 pesos le m^2 à Ecatepec par exemple. En revanche, l'aspirant à un logement relevant du marché immobilier du DF dans lequel sont inclus des quartiers très populaires anciens comme la Colonia de Los Doctores ou Ixtapalapa appartient plutôt à l'Afrac (*Asociación Frente Renovación)* qui peut engager des actions assez violentes au nom d'un discours d'extrême gauche qui s'exprime en dehors des instances de participation, pour l'obtention de crédits. Ces derniers étant devenus beaucoup plus rares et plus chers que sous le gouvernement de Vicente Fox, au début des années 2000. Les actions les plus vives traduisent de fortes protestations contre la cherté des loyers et le manque d'opportunité de logement sur le territoire du DF. Elles s'adressent donc prioritairement à l'INVI quand ce n'est pas directement au pouvoir municipal.

Conclusion

Notre conclusion ne peut s'appuyer que sur des considérations économiques et conjoncturelles puisque nous avons mis l'accent sur cette percée du prix du foncier envahissant un champ qui était jusqu'alors occupé par l'analyse des savoir-faire dans des espaces longtemps restés très bon marché. C'est autour de ces prix que s'affrontent aujourd'hui les acteurs dont les interrelations consolident les formes de gouvernance. Du point de vue historique, ce prix, souvent dérisoire il y a 30 ou 40 ans, s'impose aujourd'hui comme un aimant ou un repoussoir. Les organisations populaires traquent les espaces qu'elles croient encore accessibles ou qu'elles croient leur revenir de droit mais la logique de leur choix devient obscure pour l'observateur. D'ailleurs, elles ne sont pas souvent gagnantes. Aujourd'hui, les ouvriers qui construisent les petites maisons bon marché en série à Mexico ne sont pas ceux qui vont les acquérir. Ils habitent souvent les quartiers soumis à des programmes de rénovation dans les quartiers anciennement urbanisés du DF. Quant aux acquéreurs, ils ont peu de regard sur l'architecture de ces lotissements où les habitants se retrouvent parfois à cinq dans 30 m^2 loin de toute instance de participation ou de protestation. On pourrait faire la même observation à São Paulo sur la mise en œuvre du programme *Minha Vida Minha Casa*[27].

Ici et là, ceux qui sont définis comme classes moyennes (C et D+) sont ciblés par les chasseurs d'espaces et les vendeurs de crédits. Mais

[27] Une différence cependant, toute organisation ou association, peut présenter un projet convaincant au programme.

ces couches de la population considérées comme les consommatrices de masse du futur sont gérées de façon plus « technique » à São Paulo qu'à Mexico grâce à un fonctionnement plus efficace de cet aspect de la gouvernance que constitue la relation tripartite entre le pouvoir public de l'État central, financeur du crédit, les entrepreneurs et les autorités locales qui délivrent les permis de construire. Droits de préemption sur les espaces ou les immeubles abandonnés de longue date et qui ne paient plus d'impôts et définition des coefficients d'occupation dans les ZEIS font partie des principaux instruments de régulation sur les espaces. Pour faire valoir leurs intérêts et recourir à la médiation de la mairie lorsque ces instruments les importunent, les entrepreneurs jouent les cartes de leurs réseaux, de certaines alliances possibles au sein du *Conselho*, de la corruption pure et simple, du discours citoyen, de l'accaparement du crédit et pour les plus grands d'entre eux, de l'achat ou de la sous-traitance des petites entreprises.

L'INVI, à Mexico, est en permanence à la recherche de ressources (retours sur prêts ou sur investissements, contribution fiscale du DF, etc.) dont il voudrait être le passeur. Il a mené une action controversée et subi l'autoritarisme de la mairie à l'époque où sévissait le Bando 2 dans lequel il ne pouvait intervenir alors que s'y trouvaient à la fois des espaces vacants, des rues de maisons basses qui pouvaient être surélevées et un minimum de circulation d'argent. Se remettant mal de ce moment, il prétend aujourd'hui répondre à la demande de tout le spectre social et c'est dans le périmètre du Bando 2 – à Ixtapalapa – qu'il mène l'essentiel de ses programmes qui reposent sur la rénovation. Mais la faiblesse de ses moyens l'oblige à tenter un rapprochement et une coopération avec son principal rival, l'Infonavit.

Les organisations populaires ont dû, quant à elles, moderniser leur stratégie pour faire face aux nouvelles formes et contraintes que prenait l'enjeu « espace urbain ». La pratique séculaire de la régularisation, avec ses modifications, ses moments de répression et de tolérance, restait encore jusqu'à une époque récente la plus ancrée dans la revendication collective qu'on a appelée le droit à la ville. Cette remarque est valable pour les deux villes même si le système de gouvernance est, comme on a essayé de le montrer, très différent. On a par ailleurs parlé de la participation. Mise en pratique par les villes d'Amérique latine, elle est devenue partout une recommandation de durabilité mais quel poids exerce-t-elle sur le modèle ? Elle ne convainc pas complètement les organisations populaires brésiliennes qui préfèrent garder plusieurs fers à leurs pieds. Sa surinstitutionalisation dans les instances administratives et/ou bureaucratiques détruit son efficacité à Mexico.

Que dire alors du point de vue de la comparaison ? Certains éléments sont-ils assez puissants pour contribuer au repérage d'une sorte de modèle permettant d'anticiper sur les possibles (c'est le rôle du « modèle »).

À notre avis, on peut repérer trois éléments d'analyse structurants qui permettent d'en construire éventuellement un : la simultanéité de certains moments historiques, l'augmentation accélérée du prix du foncier urbain dans un contexte d'inégalités sociales considérées ou acceptées par les économistes et les sociologues comme des données « fixes » (Dupuy, 2012), et enfin, des classes moyennes omniprésentes mais qui n'affirment pas d'enjeux très visibles.

Références bibliographiques

Azaïs, Ch., Pepin-Lehalleur, M., Introduction à l'ANR Metraljeux, Paris, 2007.

Comin, A., Somekh, N. (coord.), *Caminhos para o centro, estratégias de desenvolvimento para a região central de São Paulo*, São Paulo, EMURB, 2004.

Connolly, P., « The case of Mexico City », *Human Slums Report*, en ligne, 2003.

Coullomb, R., Duhau E. (coord.), *Dinámica urbana y procesos socio-políticos. Lecturas de actualización sobre la Ciudad de México*, Mexico, UAM-Porrua, 1997.

Duhau E., Angela Giglia, A., *Las reglas del desorden, habitar la metrópoli*, México, Siglo XXI, 2008.

Dupuy, J.-P., *L'avenir de l'économie*, Paris, Flammarion, 2012.

Ewing Reid, H., « Characteristics, causes and effects of sprawl », *Urban Ecology*, section V, 2008.

Georges, I., Tripier, P. (dir.), *La démocratie participative au Brésil, Promesses tenues et dynamiques ouvertes*, Bruxelles, P.I.E. Peter Lang, 2012.

Giglia, A., « Suburbios residenciales en la Ciudad de México », *L'Ordinaire latino-américain*, n° 207, mai-août 2007.

Goulart, J. O., Estatuto da Cidade e Plano Diretor Participativo : instituições contam e a política faz diferença, *Cadernos Ippur*, jan.–jul. 2008.

Harvey, D., *Le capitalisme contre le droit à la ville, néolibéralisme, urbanisation, résistances*, Paris, Éditions Amsterdam, 2011.

Lefebvre, H., *Le droit à la ville*, Paris, Anthropos, 1968.

Paquette, C., *Le développement urbain durable au Mexique : les avancées et les défis qui restent à relever*, communication aux *Rencontres de la Coopération franco-mexicaine décentralisée*, Bordeaux, 22-24 février 2012.

Prévôt Schapira, M.-F., La Ciudad de México, territorios de la participación y gobierno de la ciudad, in I. Cheresky, *Ciudadania, sociedad civil y participación política*, Buenos Aires, Miño e Davila, 2006.

Profisionais da Cidade, *Reunião de São Paulo*, São Paulo, Unesco, Programa Most, 2003.

Renard, V., « La ville saisie par la finance », *Le Débat*, n° 148, janv.–fév. 2008.

Rivière d'Arc, H., « Une autre politique de centre-ville en Amérique latine. La place réservée aux pauvres dans les vieux quartiers de São Paulo », in

Dupont, V. (dir.), *La ville en Asie du Sud-Est, analyse et mise en perspective*, Paris, Ed. Ehess, 2007.

Rivière d'Arc, H., *Nommer les nouveaux territoires urbains. Introduction*, Paris, Éditions de la Maison des Sciences de l'Homme – Éditions de l'Unesco, 2001.

Vigour, C., *La comparaison dans les sciences sociales*, Paris, La Découverte, Guides Repères, 2005.

Ziccardi, A., *Gobernabilidad y participación ciudadana en la Ciudad capital*, México, UNAM-Porrua, 1998.

Interventions publiques, financement et production du logement

Comparaison São Paulo et Buenos Aires[1]

Helena Menna Barreto Silva & Iliana Mignaqui

Labhab FAU-USP – Laboratoire de l'Habitation et des établissements humains de la Faculté d'architecture et d'urbanisme, Universidade de São Paulo
et
Faculté d'Architecture, dessin et urbanisme, Universidad de Buenos Aires

Les formes d'insertion des métropoles d'Amérique latine dans la concurrence mondiale changent selon les contextes politiques, économiques, sociaux et culturels ; de même que les conflits et défis particuliers qui surgissent dans l'une ou l'autre d'entre elles ainsi que la façon qu'ont les acteurs de se positionner. Nous essaierons de répondre dans ce texte à quelques-unes des questions que pose l'articulation des espaces de conflit, de représentation et de négociation entre l'action publique et les intérêts privés ; cela, à partir de l'analyse des politiques de l'habitat mises en œuvre à Buenos Aires et à São Paulo.

Dans un contexte macro-économique de croissance soutenue, les différents niveaux de gouvernement qui interviennent dans la gestion de ces deux métropoles doivent relever des défis majeurs tels que l'augmentation de l'habitat informel et les disputes pour l'accès à la terre et au logement.

Nous partons du présupposé que l'État, à ses différents niveaux d'action, par le biais des normes urbanistiques, environnementales, fiscales, et par celui de la répartition territoriale de l'investissement public, peut influencer directement le processus de valorisation de l'espace

[1] Traduction de l'espagnol par Hélène Rivière d'Arc.

(Topalov, 1984 : 11). Explicite ou pas, l'action de l'État dans ces domaines détermine les conditions et la méthode du futur développement territorial d'une région. Promouvoir ou freiner certaines stratégies et projets d'urbanisme, sans formulation d'objectifs politiques socialement légitimes, permet à l'État de délimiter les espaces de ségrégation territoriale et de définir quels seront les acteurs inclus et exclus dans l'accès à la ville.

Ce travail prétend analyser les avancées, les reculs, les limites et les contradictions des politiques de l'habitat mises en œuvre pendant les dernières décennies. Il vise également à éclaircir le rôle joué par les principaux acteurs, leurs intérêts, ainsi qu'à analyser les impacts territoriaux de leur action. Pour cela, le texte est structuré selon trois parties : la première présente les territoires et les principales dynamiques métropolitaines pendant la période prise en compte ; la seconde, le cadre institutionnel des politiques d'habitation ; la troisième, les programmes et opérations en cours ainsi que les principales limites et contradictions des politiques actuelles. Des réflexions sur les défis qu'affrontent les politiques de l'habitat en général viennent clore ce texte, par le biais d'éléments pour le débat.

Les territoires et les dynamiques métropolitaines

Dans ce travail, nous nous référons à l'entité « région métropolitaine » au sens large, en prenant en compte l'ensemble des dynamiques et interdépendances fonctionnelles qui s'y développent. Dans le premier cas, le centre est constitué par la Ciudad Autónoma de Buenos Aires (CABA), capitale de l'Argentine, et dans l'autre, il s'agit de la ville de São Paulo (MSP), principal centre financier et économique du Brésil. Il n'existe de gouvernement métropolitain dans aucune des deux métropoles.

Les régions métropolitaines de Buenos Aires (RMBA) et de São Paulo (RMSP) connaissent des dynamiques d'urbanisation et démographiques différentes. À Buenos Aires, le processus d'urbanisation a commencé à la fin du XIXe siècle et la croissance de la population y fut rapide jusqu'au milieu des années 1960. En 1914, plus d'un million et demi d'habitants y vivaient, auxquels s'ajoutait presque un demi-million d'habitants dans la zone métropolitaine. Dans la ville de São Paulo, la population n'atteignait pas le demi-million et l'urbanisation y fut plus tardive. Mais la population de la Ciudad de Buenos Aires n'a pas augmenté depuis les années 1940, contrairement à celle de la MSP qui continue de croître malgré des taux qui diminuent régulièrement.

Tableau N° 1. Croissance démographique de l'Argentine selon les recensements de population

ANNEES	CABA (1)	GBA (2)	AMBA (3)	ARGENTINE	% AMBA/ Argentine
1869	187 346	42 374	229 720	1 877 490	12,2 %
1895	663 854	117 763	781 617	4 044 911	19,3 %
1914	1 576 597	458 217	2 034 814	7 903 662	25,7 %
1947	2 982 580	1 741 338	4 723 918	15 893 811	29,7 %
1960	2 966 634	3 772 411	6 739 045	20 013 793	33,7 %
1970	2 972 453	5 380 447	8 352 900	23 364 431	35,8 %
1980	2 922 829	6 823 175	9 746 004	27 947 446	34,9 %
1991	2 955 002	7 926 379	10 881 381	32 615 528	33,4 %
2001	2 776 138	8 685 003	11 461 141	36 260 130	31,6 %
2010	2 891 082	9 910 282	12 801 364	40 518 951	31,6 %

Source : élaboration des auteurs à partir des recensements de population et habitation de l'INDEC
(1) CABA : Ciudad Autonoma de Buenos Aires
(2) Gran Buenos Aires
(3) AMBA : Area Metropolitana de Buenos Aires (CABA + GBA)
RMBA : nous avons pris en compte les données concernant l'AMBA (CABA + GBA). La RMBA n'est pas une unité de recensement. Selon les sources, elle occupérait une superficie de 14 100 km^2, comprendrait 40 communes et une population de plus de 15 millions d'habitants.

Tableau 2. Croissance démographique du Brésil selon les recensements de population

ANNEES	MSP	Les autres 38 communes de la RMSP	RMSP	BRASIL	% RMSP/ Brésil
1872	31 385	–	–	10 112 061	–
1890	64 934	–	–	14 333 915	–
1900	239 820	–	–	17 318 556	–
1920	579 033	–	–	30 635 605	–
1940	1 326 261	241 784	1 568 045	41 236 315	3,8 %
1950	2 198 096	424 690	2 622 786	51 944 397	5,0 %
1960	3 781 446	957 960	4 739 406	70 119 071	6,8 %
1970	5 924 615	2 215 115	8 139 730	93 139 037	8,7 %
1980	8 493 226	4 095 499	12 588 725	119 002 706	10,6 %
1991	9 646 185	5 798 756	15 444 941	146 825 475	10,5 %
2000	10 434 252	7 444 451	17 878 703	169 799 170	10,5 %
2010	11 244 369	8 428 213	19 672 582	190 732 694	10,3 %

Source : elaboration des auters ; données des l'IBGE

La région métropolitaine concentre ainsi le tiers de la population argentine. La RMSP, bien que principale métropole brésilienne, concentre un peu plus de 10 % de la population, depuis les années 1980.

Du point de vue territorial, la Ciudad Autónoma de Buenos Aires (CABA) présente une superficie sept fois et demi inférieure à la zone métropolitaine de São Paulo et une population 3,8 fois moindre. Si l'on prend en compte le processus d'urbanisation, on remarque que la CABA a développé des réseaux de services urbains dans toute sa juridiction pendant les premières décennies du XXe siècle et a connu des plans urbains et de construction qui ont défini les critères de parcellisation, d'usage et de densification. Le MSP, capitale éponyme de l'état fédéré, et toutes les communes de la RMSP se sont étendues sans planification urbaine, à travers des processus informels de production de la ville.

Tableau 3. Données socio-territoriales et résidentielles de l'Argentine et du Brésil

	ARGENTINE	GBA (1)	CABA	BRESIL	RMSP (sans le MSP)	MSP
Superficie (km^2)	2 791 810 (1)	2 900	200	8 511 965	6 991	1 509
Population	40 518 951	9 910 282	2 891 082	190 732 694	8 428 213	11 244 369
Total de logements	12 171 675	3 014 199	1 032 196	57 427 999	2 357 694	3 576 864
Nombre de personnes/ logement	3,3	3,3	2,8	3,3	3,6	3,1
% d'habitat précaire	11,80 %	16,85 %	6 %	5,61 %	N/C	10 %

Source : élaboration des auteurs à partir des données de l'INDEC et de l'IBGE, 2010
(1) GBA+CABA=AMBA=RMBA

Bien que la proportion de foyers en habitat précaire dans le MSP (10 %) soit supérieure à celle de la CABA (6 %), aux échelles nationale et métropolitaine, cette proportion s'avère plus grande en Argentine qu'au Brésil.

La RMBA

L'expansion de la zone centrale et la consolidation de la première couronne métropolitaine eurent lieu entre 1940 et 1960. Ce phénomène est lié au processus de substitution d'importation qui a permis la croissance de l'industrie et la création d'emplois. Mais il est aussi le fait des politiques de redistribution du revenu mises en œuvre dans les années 1950, et parmi lesquelles on trouve les politiques d'accès au sol par paiement de mensualités. En 1937, fut créé l'Institut du logement ouvrier, premier organisme public en charge du logement dans la province de Buenos Aires. L'approbation de la loi de propriété horizontale (1948) a permis la densification de la zone centrale et l'accès à la propriété de vastes segments moyens dont beaucoup étaient jusque-là locataires. Pendant ce temps, les segments populaires exclus du travail formel se sont installés sur des terrains vagues mais en majorité contrôlés, soit des zones de manœuvres ferroviaires, soit des zones inondables, édifiant ainsi les premières *villas de emergencia* (pensées comme des formes d'habitat transitoire), dans la première couronne métropolitaine.

Le coup d'État de 1976 qui a donné lieu à une dictature militaire jusqu'en 1982, a mis en application une politique d'éradication acharnée des *villas*, en commençant son action dans la ville de Buenos Aires par le biais de la *Comisión Nacional de la Vivienda* (CMV) créée en 1968. En 1977, on crée le *Fondo Nacional de la Vivienda* (FONAVI), dont les fonds sont redistribués aux instituts du logement provinciaux et on approuve la loi n° 8912 d'aménagement du territoire et de l'usage du sol de la province de Buenos Aires, une norme parmi d'autres qui a interdit tout nouveau lotissement qui ne comptait pas de service d'eau et d'égout. Encore en vigueur aujourd'hui, cette loi s'est traduite par l'arrêt de l'accès à la propriété du sol pour les couches populaires et a intensifié le processus de ségrégation socio-territoriale. Dans cette même période, le processus de désindustrialisation naissant s'est accompagné d'une redistribution en baisse du revenu, provoquant de profondes transformations dans la structure socio-spatiale métropolitaine (Torres, 1993 : 14). Le sol urbanisé, ressource rare et qui ne se reproduit pas comme une autre marchandise (Comby, Renard, 1996 : 3), n'a fait l'objet d'aucune politique de régulation. Depuis le milieu des années 1990, la pression immobilière a provoqué un processus de valorisation sélective, réduisant les possibilités d'accès au sol et au logement pour les couches populaires et moyennes. La disponibilité en réseaux de services, la présence d'équipements sociaux, la bonne accessibilité et la qualité environnementale ont accentué la brèche creusée dans les prix immobiliers entre les zones du nord et celle du sud de la métropole. Autant de facteurs qui ont également alimenté le processus de suburbanisation. Dans la décennie 1990-2000, les principales dynamiques qu'a connues l'espace résidentiel métropolitain étaient caractérisées par l'expansion de l'habitat suburbain sous la forme d' « *urbanizaciones cerradas* » (UC) qui occupent 17,9 % du territoire métropolitain (deux fois et demi la superficie de la CABA) et par celle de l'habitat précaire suburbain qui, dans le GBA, occupe 2,3 % du territoire métropolitain. Dans la CABA entre 1991 et 2001, on a autorisé la construction de logements en immeubles sur plus de 12 millions de m^2, ce qui équivaut à 170 000 logements de 70 m^2 en moyenne (Mignaqui, 1998 : 262, 2003 : 99).

Après la crise institutionnelle de 2001-2002, le prix moyen des propriétés n'a cessé d'augmenter. Alors qu'en 2001, il fallait 9,1 années de revenu moyen pour acheter un trois pièces dans la CABA (quel que soit le quartier de référence), 13,7 années étaient nécessaires en 2009 (Baer, 2010 : 16). Cette situation s'est aggravée à cause du manque de crédits accessibles à la majorité de la population, réduisant de plus en plus l'accès aux quartiers centraux.

La RMSP

Depuis le début du XXe siècle, comme effet de l'industrialisation, les flux migratoires vers São Paulo se sont intensifiés, accélérant l'urbanisation et un étalement incontrôlé. Le pouvoir public, face au manque de logements, n'a pas proposé de solutions accessibles aux couches populaires et ce furent les agents privés qui, depuis les années 1940, ont créé des alternatives sous forme de lotissements périphériques où le logement en propriété (*vivienda propia*) était acquis par auto-construction. Ces lots, dépourvus d'infrastructure et d'enregistrement notarial, en général mal localisés sur des zones en pente ou inondables, ne bénéficiaient pas de l'approbation de la mairie (Villaça, 1998). À la fin du XXe siècle, on estimait que près des deux tiers du territoire de la ville de São Paulo avaient été occupés à l'origine de façon irrégulière.

La production publique de logements populaires n'a commencé qu'à la fin des années 1960 pendant la dictature militaire, avec la création du *Banco Nacional de Habitação* (BNH). D'énormes ensembles sont apparus, villes-dortoir, qui ont contribué à l'étalement exagéré de l'aire urbanisée. Ils ne répondent cependant qu'à une petite partie d'une demande qui continue de recourir massivement aux solutions irrégulières. À la fin des années 1970, en raison du *boom* immobilier provoqué par le BNH (qui a financé principalement des logements pour les couches moyennes et supérieures), de la réduction des salaires réels et de lois plus restrictives, les lots sont devenus inaccessibles aux travailleurs. C'est alors que les *favelas* se sont répandues, à partir de l'occupation spontanée et désordonnée de terrains publics et privés abandonnés.

Dans la ville « formelle », avec la croissance de la demande des classes moyennes, se développe depuis les années 1940 la production d'immeubles en hauteur, résidentiels ou d'usage mixte. Une grande partie d'entre eux est construite dans les quartiers traditionnels, après démolition des constructions existantes. Dans de nombreux cas, l'arrivée de nouveaux projets immobiliers s'est accompagnée d'actions de « nettoyage social », comme le déplacement des habitants de *favelas* et aussi de *cortiços* qui existaient dans ces quartiers. Depuis le milieu des années 1980, la verticalisation a commencé de s'étendre vers les quartiers nés d'anciens lotissements populaires (formés dans les années 1950 et 1960), régularisés, où l'on a démoli les logements existants ou occupé des lots vacants. Ce phénomène a provoqué une hausse générale des prix immobiliers. À partir des années 1990, les opérations marchandes de promotion immobilière, sous forme de copropriétés fermées, se sont déplacées vers des quartiers plus périphériques encore et constitués de lots précaires rendus disponibles après les années 1970, vers les ensembles publics à l'intérieur même de la ville de São Paulo, ou ont pu même concerner d'autres communes (Silva, 1998).

Les recensements de l'IBGE de 1991 et 2000, révèlent la réduction importante des taux de croissance de la population tant de la zone métropolitaine que du MSP, du fait notamment de la diminution de l'immigration en lien avec des facteurs macro-économiques. Cependant, c'est une redistribution perverse qui a lieu : les quartiers les plus valorisés (le centre élargi et l'anneau intermédiaire) qui concentrent les emplois et les investissements publics perdent des habitants alors que les quartiers périphériques les plus précaires du MSP et les communes-dortoir voient leur population augmenter à des taux impressionnants, soit par migration intra métropolitaine, soit par croissance naturelle. Et dans ces quartiers, ce sont les espaces précaires (*favelas* et lotissements populaires), qui gagnent le plus d'habitants.

Le cadre institutionnel des politiques de logement

Dans les deux cas, la condition de pays fédéral suppose une grande fragmentation institutionnelle des décisions et l'interdépendance des organismes de niveau fédéral, fédéré, provincial et municipal. Dans la formulation des politiques du sol et du logement, on trouve des acteurs institutionnels qui appartiennent souvent à différents partis politiques, ceux auxquels adhèrent les acteurs de la société civile groupés selon des intérêts distincts et des histoires de lutte. Dans ce contexte, la territorialité des conflits ne coïncide pas toujours avec le contexte juridique dont devrait dépendre la solution.

Quant aux fonds destinés aux investissements urbains, ils révèlent des différences entre les systèmes fiscaux des deux pays. Au Brésil, les communes ont des ressources car elles prélèvent des impôts sur les sols et les immeubles, ainsi que sur les services, ce qui permet de développer quelques programmes de logement sur leurs fonds propres, même si ceux-ci sont insuffisants.

En Argentine, les communes de la RMBA possèdent des compétences limitées et des ressources rares. Ils ne prélèvent en effet que les *tasas municipales*, mais pas d'impôt immobilier qui revient à la province de Buenos Aires. La construction de logements ainsi que l'extension des réseaux d'assainissement sont financées par le gouvernement national.

Les communes ont des compétences en matière de normes d'usage des sols (zoning), en ce qui concerne l'aménagement du territoire dans chacune des métropoles. Mais dans la RMBA, les plans d'extension urbaine et de nouveaux lotissements doivent être approuvés par le gouvernement provincial. La CABA a pleine autonomie sur l'aménagement, mais pas sur les services urbains (eau, égouts, électricité, transports) qui dépendent du gouvernement national et de ses entreprises concessionnaires. Dans la RMSP, le gouvernement de l'état de São Paulo est responsable des réseaux d'eau, d'égout, d'électricité et du système de chemins de fer métropolitain ; les communes financent les bus urbains et la collecte des ordures.

Le Gouvernement national (Sous-secrétariat de développement urbain et logement), l'Institut du logement de la province (Ivpba) et l'Institut du logement de la ville (IVC-CABA) participent à la politique de logement de la RMBA. Ces deux instituts administrent leurs budgets propres et le pourcentage assigné par la nation à chaque juridiction par coparticipation fédérale. Depuis leur création, l'Ivpba et l'IVC ont été sujets à des changements, ce qui n'a pas été sans répercussion sur leur capacité à construire.

Dans la RMSP pendant la dictature militaire, la provision de logements sociaux revenait à la Compagnie métropolitaine d'habitation de São Paulo (COHAB/SP). Les grands ensembles ont été construits principalement avec des ressources du BNH, par le biais du Fond de garantie pour temps de service (FGTS). Mais la production de la Cohab a beaucoup diminué jusqu'à la fin des années 1980, en raison de la diminution des ressources fédérales et de la fermeture du BNH.

La Constitution fédérale du Brésil, promulguée en 1988 (après la chute de la dictature) a établi que l'Union, les états fédérés et les villes devaient se répartir les responsabilités de la production de logements pour ceux qui n'ont pas accès au marché. Le « logement d'intérêt social » (HIS) peut être compris au Brésil comme un produit du pouvoir public attribué en priorité aux familles de bas revenus. La Constitution de 1988 et le Statut de la Ville (loi fédérale de 2001) ont créé les conditions d'application des instruments qui garantissent la « fonction sociale » des propriétés territoriales urbaines et qui facilitent l'offre de logements.

L'arrivée de ressources et de programmes spécifiques créés par les villes et le gouvernement de l'état de São Paulo et destinés à la promotion de logements n'a pas dépendu des définitions constitutionnelles, mais bien des changements politiques qui se sont produits en fin de dictature : augmentation des luttes populaires pour le logement (incluant l'accaparement de terres) et retour d'élections directes pour le gouvernement de l'état et des communes. La production prise en charge par le gouvernement de l'état a beaucoup augmenté depuis les années 1990 avec la création d'un fond permanent pour la construction et de subsides basés sur la collecte d'un superavit de 1 % de l'impôt sur la consommation de marchandises et de services (ICMS).

Indépendamment de l'aveuglement idéologique des gouvernements d'alternance dans chacune des villes, l'absence de planification régionale, de coordination dans la distribution territoriale, ont eu et jouent encore un rôle fondamental dans la consolidation, la promotion et/ou l'aggravation de la ségrégation socio-territoriale. De même, l'application de procédés d'urbanisme particuliers (*englobamientos parcelarios*, conventions d'urbanisme, opérations urbaines, etc.) en général produits de *lobbies* législatifs, ont favorisé la verticalisation (et l'extension exagérée) et permis d'extraordinaires bénéfices aux promoteurs immobiliers.

Dans la RMBA, les mouvements populaires au sein de luttes pour l'accès au sol et au logement après le retour de la démocratie (1983), furent très lents à s'organiser. Dans les communes métropolitaines, le gouvernement national est un acteur très important. Ils constituent son territoire d' « accumulation » politique et c'est par le financement des politiques d'habitation et de l'extension des réseaux de services urbains qu'il obtient les adhésions et les votes. Dans la CABA, la constitution de la « Table de concertation des *villas* et quartiers défavorisés de la ville de Buenos Aires » (1989-1990), l'organisation des mouvements d'occupants et de locataire (MOI) du tracé de « l'ex-autoroute AU3 » et par la suite, la lutte menée par le Mouvement Territorial de Libération (MTL) méritent d'être soulignés. Mais si ces organisations ont bien joué un rôle dans le processus de prise de décision et l'obtention de ressources, ce ne fut que de façon sporadique. L'impact territorial et temporel des actions fut très circonscrit.

Dans la RMSP, la confrontation exercée par les mouvements populaires fut plus importante. Elle s'est exprimée à propos de demandes ponctuelles jusqu'à la formulation des propositions concrètes de programmes et de promotion d'entreprises. Dans ce dernier cas, les associés acquièrent des terres, approuvent les projets, gèrent la construction et recherchent des financements. En plus des manifestations publiques, ils ont recours à l'occupation de terres et d'immeubles comme moyens de pression. Quelques programmes spécifiques ont été élaborés au sein de différentes sphères gouvernementales qui admettaient que les terres ou l'immeuble occupé illégalement, soient utilisés pour répondre à l'attente des mouvements sociaux. Les associations ont obtenu des espaces de participation à la décision sur le budget du logement et la possibilité de recevoir des ressources fédérales, municipales et fédérées. En revanche, leur participation à la production directe de logements demeure statistiquement faible.

Le contexte récent : les limites et les contradictions des politiques publiques

La RMBA

Après la crise institutionnelle et politique de l'année 2001, le nouveau gouvernement national (2003-2007) a élaboré le Plan fédéral de construction de logements (PFCV) à l'intention des couches populaires, et dont l'exécution fut déléguée aux instituts du logement provinciaux et à la CABA. Si l'objectif de ce plan était bien de réactiver l'économie et de créer des emplois dans le secteur public, il faut dire aussi que les politiques d'habitat, incluant la diffusion des réseaux de services et la construction massive de logements dans tout le pays, ont à leur tour occupé le cœur de l'agenda public. Le Plan fédéral I octroyait un contingent de logements au GPA et à la CABA. 78 % des fonds de ce Plan sont allés à l'urbanisation de *villas* et *asentamientos* et 33 % à la construction de nouveaux logements.

La dynamique démographique de la période 2000-2010 présente une légère croissance dans la CABA, mais également une variation relative intercensitaire de 52,4 % de la population de *villas* et *asentamientos* ; une tendance que l'on a vérifiée dans l'ensemble du GBA (plus de 500 000 familles). Parallèlement à cette dynamique, s'organise et se consolide un marché immobilier informel dans les *villas*, et la croissance d'un marché de la location presque inexistant pendant la décennie précédente.

De son côté, le gouvernement de la CABA (2000-2007) a préconisé une politique d'habitation diversifiée donnant la priorité à l'urbanisation des *villas* et au programme destiné à l'autogestion des logements (PAV) par les coopératives. Au sein de cette expérience, le Mouvements des Occupants et Locataires (MOI) et le Mouvement territorial de libération (MTL) ont joué le rôle d'interlocuteurs. Le PAV fut peut-être le changement qualitatif le plus important en matière de politique foncière et d'habitation dans la mesure où il a permis que s'institutionnalise la participation des organisations sociales dans la définition et la mise en train des politiques de logement. Pour la première fois fut transférée aux coopératives l'administration des subsides destinés à l'achat de terrain et à la construction de leurs logements (Rodriguez, 2009 : 83).

À partir de 2008, le nouveau gouvernement de la CABA a modifié le rôle de l'IVC. Une partie de ses compétences a été redistribuée entre quatre organismes parmi lesquels la Corporación Buenos Aires SE (Mignaqui, 2010 : 320), ce qui a affaibli son action et réduit son budget de 5,3 % à 0,5 %. C'est ainsi qu'est restée sans effet la majorité des programmes et des acquis de la gestion antérieure parmi lesquels le PAV.

En juin 2012, le Gouvernement national et la CABA ont produit de nouveaux programmes en matière de construction de logements.

Le gouvernement de la CABA a présenté les programmes *Primera Casa* (PPC) et *Ciudad Social* (PCS) qui passent tous deux par l'IVL, avec financement du *Banco Ciudad*. Le PPC a attribué 3500 crédits hypothécaires sur quinze à vingt ans par foyer détenteur d'un revenu supérieur à 460 dollars, à un taux d'intérêt échelonné de 7 à 14 %. Le PCS est destiné à une population de bas revenus organisée en groupes de trois à dix personnes, solidaires entre elles. La nouveauté consiste en l'incorporation de la « garantie sociale ou de groupe », complémentaire de la garantie hypothécaire et qui régit le système pendant les deux premières années. Dans ce cas, il n'y a pas de revenu minimum exigé et les crédits octroyés varient de 12 800 dollars à 30 000 sur quinze ans et jusqu'à 80 % de la valeur de l'immeuble. Cela permet d'acheter des terrains, de vieilles maisons et des maisons préfabriquées tant dans la CABA que dans le GBA.

Le Gouvernement national a présenté le programme Procrear destiné à la construction de 100 000 logements pour les couches moyennes, qui ne sera pas appliqué dans la CABA. Les fonds viendront de l'Agence nationale de sécurité sociale (ANSES), un organisme en charge des retraites et le Banco Hipotecario attribuera les crédits pour la construction de logements neufs selon deux modalités : d'une part, pour ceux qui possèdent déjà un lot, et d'autre part pour ceux qui n'en possèdent pas, le Gouvernement national mettra à leur disposition 1820 hectares de biens fiscalisés appartenant à différents organismes de l'État (Forces armées et Chemins de fer parmi d'autres) répartis dans tout le pays et sous-utilisés. À ces immeubles sera associé préalablement un registre des candidats. Pour les foyers dont les revenus vont de 360 à 1 000 dollars, le financement s'étendra sur trente ans. Pour les foyers dont le revenu dépasse 1 000 dollars et jusqu'à 6000, le financement ne dépassera pas vingt ans. Dans les deux cas, on appliquera des taux d'intérêt de 2 à 14 % annuels, très au-dessous de l'inflation annuelle (22-24 %). Ce programme ratifie un modèle de gestion centralisé et caractérisé par l'absence de participation des principaux acteurs (professionnels, universitaires, entrepreneurs, syndicats, organisations sociales, coopératives) dans la formulation des politiques de logement. Ce programme ainsi que les sources de financement et les taux d'intérêt fixés, qui créent un risque dans la mesure où les fonds attribués aux retraités ne permettent pas de récupérer l'investissement, ont subi de fortes critiques. Il en va de même pour la promotion de la « *casa única* » sur des terrains en propriété et pour l'attribution des terrains d'État dépourvus de plan d'urbanisme préventif. La notion de fonction sociale de la propriété se trouve ainsi dégradée. On cherche des solutions individuelles et non planifiées qui ne « font pas ville ». Et même si le programme est réalisé, il réduira de 3 % à peine le déficit existant en logements. Dans ce contexte, il reste donc à définir une politique intégrale de logement orientée vers les couches moyennes salariées, associée à des crédits hypothécaires accessibles.

Au-delà des avancées qu'ont permis les politiques publiques, l'offre de logements destinés aux couches moyennes-hautes et hautes, depuis les années 1990 jusqu'à aujourd'hui, fut assurée par le secteur immobilier et l'épargne privée. Cette dernière provient des épargnants dotés d'une capacité d'accumulation grâce aux rentes agraire, minière et touristique, et/ou de revenus consistants (cadres, entrepreneurs, commerçants) qui considèrent les biens immobiliers comme une réserve de valeur.

Dans ce contexte fragmenté de décisions, on trouve au cœur des principaux conflits des disputes politico politiciennes entre le Gouvernement national et celui de la CABA. L'occupation en 2010 du « *Parque Indoamericanao* » par les habitants des habitations précaires de la CABA qui réclamaient une solution définitive au problème du logement à chacun des deux niveaux de gouvernement, a contribué à les aiguiser. Cet épisode pris en main par des médiateurs politiques n'a pas abouti à une solution en termes de logement. En manipulant les subventions publiques, les deux niveaux de gouvernement ont réussi à mettre en place des formes de cooptation politique. Dans la CABA, les conflits d'occupations de terre et d'immeubles continuent d'être résolus avec de l'argent et par la force, par le biais d'une Unité de Gestion (UGIS) *ad hoc* et de la justice.

Malgré ces disputes, il convient de mentionner l'expérience du Barrio 31 Carlos Mugica comme une avancée en matière de gouvernance, grâce à la mobilisation des délégués de la « *Villa 31* » et de représentants des milieux social et universitaire, qui ont constitué la « Table pour l'urbanisation », espace multisectoriel et participatif. Elle a réussi à intégrer le projet d'urbanisation dans le champ d'intervention des pouvoirs exécutif et législatif de la CABA, un processus qui a abouti à l'approbation d'une loi sur sa nécessaire urbanisation.

D'autres cas de participation citoyenne, qui traduisent de nouvelles formes de gouvernance, s'expriment dans les luttes menées par les associations de quartiers ou de communes (*Protocomuna de Caballito, Asociaciones vecinales de Coghlan-Villa Urquiza*, « *Basta de Demoler* », etc.). Elles se regroupent pour faire face à la verticalisation indiscriminée et en faveur de la protection du patrimoine public. Même si elles ne s'impliquent pas directement dans l'accès au sol et au logement, ces luttes suscitent un contrôle sur l'intensité des usages du sol et l'avancée du secteur immobilier dans certaines parties de la ville. Elles ont obtenu que soient approuvées des normes urbanistiques plus restrictives et que soient freinés de grandes opérations immobilières et des processus de densification irraisonnés.

São Paulo

La première décennie du XXIe siècle fut marquée au Brésil par nombre de facteurs positifs en matière de politiques du logement. Plus de ressources pour l'assainissement et le logement social, plus de possibilités de participation sociale et plus d'instruments créés pour mener des politiques « justes ». En 2003, le ministère des Villes et le Conseil national d'habitation virent le jour. À la fin de la décennie, ce fut le Fonds national pour le logement social (Fnhis). Par ailleurs, le contexte économique s'est révélé bon, marqué par la croissance de l'emploi et par des initiatives de réduction de la pauvreté (Ministério das Cidades, 2010).

Cependant, les indicateurs sur les conditions de vie dans la RMSP ne correspondent pas à ces avancées. Les premiers résultats du recensement de 2010 de l'IBGE, montrent que les domiciles loués dont le nombre diminuait depuis les années 1920, sont passés de 20,9 % (2000) à 23,5 % (2010). Le nombre de domiciles dans les secteurs dits « sous-normaux » de la capitale augmente de 7,5 % à 9,9 % pendant cette même période, ainsi que dans les principales communes métropolitaines. La production de logements sociaux dans la RMSP, si l'on prend en compte tous les agents promoteurs publics (Cohab/SP, CDHU et CEF) correspond à moins de 10 % de la croissance des foyers dans la période. Et sur l'ensemble de cette croissance, soit 1 090 000 logements, près de 34 % est le résultat d'une production « formelle » industrielle et les 56 % restant, ont été construits de façon artisanale, sur des lots « réguliers » ou sur des occupations précaires.

Bien que l'on puisse faire état d'expulsions dans des quartiers visés par le secteur immobilier, la reconnaissance des *favelas* et la mise en pratique de programmes massifs d'amélioration et de régularisation foncière traduisent une grande avancée de la politique urbaine des dernières années. Il existe de nombreuses ressources fédérales, comme le PAC (Plan d'accélération de la croissance), qui sont appliquées dans plusieurs communes métropolitaines. Mais il semble que les hommes politiques se soient accoutumés à l'idée que les *favelas* sont l'unique espace de logement des personnes pauvres dans la ville. « Urbaniser les *favelas* » est devenu l'objectif principal sinon unique, des politiques d'habitation dans plusieurs communes (Maricato, 2006). En outre, cette politique répond aux intérêts des quartiers contigus de ceux où le sol se revalorise, faisant l'objet de contrats avec les grandes entreprises de construction. Dans certains cas, ce processus a plus de poids que les pressions sociales (les *favelados* sont beaucoup moins mobilisés que les *Sem Têto*).

Dans la ville, on observe une très forte augmentation de domiciles en *favela*, spécialement dans les zones proches des possibilités d'emploi et dans celles qui avaient été le cadre de programmes d'urbanisation. Bien que la superficie totale des *favelas* qui occupent 2 035 ha n'ait pas augmenté, de nouveaux domiciles sont créés par la subdivision des logements, les additions horizontales ou la construction de nouveaux étages. Tout cela dégrade la qualité des logements, notamment la ventilation et l'éclairage ainsi que des risques tels les incendies et les glissements de terrain.

Certes, les ressources destinées au logement social ont augmenté de façon spectaculaire au Brésil ; cependant, ce sont les couches moyennes et supérieures qui en ont été majoritairement bénéficiaires pour acquérir et construire des logements. La demande des « nouvelles classes moyennes » a été activée du fait de l'allongement des échéances de financement, de la réduction des taux d'intérêt et du contexte de stabilité économique. De son côté, la possibilité d'utiliser le FGTS, dont on permet aujourd'hui le rachat pour l'achat d'un immeuble (ancien ou nouveau) d'assez grande valeur, a favorisé la demande des couches moyennes supérieures.

En l'absence de politique publique en cohésion avec le Statut de la Ville (ni du Gouvernement fédéral qui distribue les crédits, ni des communes qui devraient contrôler les pourcentages d'habitat social sur leur territoire), les constructeurs orientent exclusivement leur action vers des opérations qui leur permettent les meilleures marges de manœuvre. Pour développer ce qu'ils ont appelé « le marché populaire » (de six à douze salaires minimum), ils cherchent de vastes terrains, toujours distants et bon marché dans les quartiers périphériques du MSP et des autres communes.

En avril 2009, le Gouvernement fédéral a lancé le programme *Minha Casa Minha Vida* (MCMV), présenté comme une réponse à la crise économique internationale de 2008. Il devait stimuler la création d'emplois et une politique sociale à l'échelle du pays (Arantes, Fix, 2009). 60 % des ressources nationales sont allées vers les familles dont le revenu s'étale entre trois et dix salaires minimum, une distribution totalement incohérente eu égard à la composition du déficit officiel situé dans la tranche de revenus inférieurs à trois salaires minimum. Les ressources proviennent du FGTS et incluent également des aides directes ainsi qu'une réduction des intérêts inversement proportionnelle aux revenus familiaux. La commercialisation est faite directement par les entreprises, la *Caixa* jouant le rôle d'agent financier. Les logements d'« intérêt social » (jusqu'à trois salaires minimum) doivent répondre aux demandes des listes de priorité des municipalités et les subventions peuvent atteindre 90 % du prix du logement. Cependant, jusqu'à la fin de 2011, il ne s'est rien construit dans le MSP et très peu de choses dans les autres communes.

Le graphique n° 1 (en fin d'article) montre que moins d'1/5 des logements offerts sur le marché formel du MSP, soit 143 000, atteignent les valeurs plafond du MCMV, 130 000 *reais* durant la période considérée ; ce pourcentage augmente d'un tiers dans l'ensemble de l'offre des autres communes, qui se situe autour de 102 000. On peut ainsi vérifier que la production de logements susceptibles d'atteindre 200 000 *reais* est plus importante en dehors du MSP mais que les unités les plus chères se trouvent dans la capitale.

La valorisation provoquée par la délocalisation des familles de revenus moyens vers des zones plus lointaines, en plus des problèmes de transport et de transit, confine les « installations populaires » anciennes et empêche qu'arrivent de nouvelles familles. Les mouvements sociaux ne trouvent pas de terrains à des prix accessibles, bien qu'ils bénéficient de contrats du MCM qui leur sont spécifiques.

Depuis l'année 2005, les programmes de construction de logement social de la commune de São Paulo ont été interrompus ; parmi ceux-ci, le « Vivre dans le Centre » qui prévoyait de construire sur les terres publiques disponibles et de remodeler les immeubles en vue d'une « location sociale ». La fin de ce programme n'a pas eu lieu non par manque de ressources mais parce que l'objectif de la mairie s'avère être la « requalification du centre » liée au projet Nova Luz. Dans le périmètre du projet, la répression augmente pour stimuler la gentrification. Les actions policières (qui touchent les trafiquants, les consommateurs de drogue, mais aussi les *Sem Têto* et les habitants de *cortiços*) sont conduites par les gouvernements de l'état de São Paulo et de la mairie[2]. Et les crédits fédéraux valident la construction pour les couches moyennes dans les quartiers centraux, là où l'on trouvait auparavant des projets de logements sociaux (Silva, 2011).

Les instruments du Statut de la Ville ne furent pas utilisés pour garantir le droit au logement et à la ville. Les plans directeurs de quelques villes métropoles, parmi lesquels celui de São Paulo, approuvé en 2002, ont créé les « zones spéciales d'intérêt social » (ZEIS) où l'on exige des pourcentages de HIS (y compris dans le centre). Cependant, en l'absence de contrôles public et social effectifs, cet instrument a été abusivement détourné par les constructeurs qui repoussent à leur profit la construction de HIS et fabriquent exclusivement des logements pour les couches moyennes. Ainsi, malgré l'augmentation des ressources pour le logement social et un discours de « priorité aux plus pauvres », les politiques ou les omissions du Gouvernement fédéral et des communes, aggravent le conflit pour l'usage du sol et les conditions de logement dans la métropole de São Paulo.

Enfin, les conflits entre les divers acteurs et les intérêts que chacun défend, de même que leur territorialité, constituent un champ privilégié d'analyse de la gouvernance dans chacune des métropoles présentées dans ce texte.

---

[2] Mars 2012 ; la mairie a changé de couleur politique en octobre 2012. Note du traducteur.

Réflexions finales

Comme nous l'avons montré, dans chaque métropole la politique du logement est dissociée de l'ensemble des politiques urbaines et l'impact sectoriel et quantitatif prédomine dans leur élaboration. Les conflits et leur territorialité sont traités au cas par cas avec des interlocuteurs qui varient selon la conjoncture. La discontinuité des programmes et les changements d'objectifs expriment la fragilité des politiques de logement.

Dans le cas de la RMBA, un des éléments explicatifs de la logique publique en cours se trouverait dans le politique. À la recentralisation de la politique de logement au niveau national s'ajoute la concentration du pouvoir politique au sein du ministère de la Planification fédéral (MPF). Et les mécanismes d'assignation budgétaire avec adjudications territoriales sont directement liés au niveau d'alignement politique sur le parti de l'un ou l'autre intendant dans les communes métropolitaines et non en fonction du déficit de logement. La distribution budgétaire territoriale ne se fait pas par le biais de mécanismes ni de procédés régulés par la loi, mais au moyen de quotas négociés entre les intendants et/ou les gouverneurs de province avec le MPF. Ces quotas s'imposent indépendamment du déficit de logement de chaque juridiction, priorisant ainsi le politique par rapport à l'efficacité et à la rationalité de la politique. La récupération de l'investissement public dans ces plans de logement ne sera pas non plus régulée par la loi, suscitant ainsi une vaste marge discrétionnaire.

À São Paulo, l'application des crédits au logement (à l'intention des couches moyennes et de bas revenus), qui proviennent de l'État fédéral, ne peut pas être reliée à la problématique des questions sociales d'habitation mais à la logique macro-économique du pays. Le fondement de cette logique est la création d'emplois par les entreprises. Les entrepreneurs du secteur immobilier ont assumé ouvertement le rôle de conseillers du gouvernement pour le montage de programmes, tout en en étant les grands bénéficiaires. La pression constante pour augmenter les plafonds de financement provoque à son tour l'augmentation constante des prix du sol et des immeubles, ainsi que des conflits entre les couches populaires et moyennes basses pour l'accès au sol. Ce sont les agents privés qui choisissent les localisations des logements sociaux et le prix des terrains en est la variable principale. Dans les deux métropoles, les programmes d'urbanisation de *villas* et de *favelas* sont devenus très importants et ils utilisent la plus grande partie des ressources destinées aux familles de bas revenus. Si cette politique peut être comprise comme un degré remarquable de reconnaissance du droit à la ville de la part des gouvernements, elle met aussi en évidence l'absence de politique foncière pour construire de nouveaux logements populaires à des endroits adéquats. À São Paulo, la valorisation du sol au cours des dernières décennies est très supérieure aux taux d'inflation et à l'augmentation des salaires. Le prix de la terre sert d'excuse pour ne pas construire de logement social ; en même temps, les communes ne mettent pas en place les mécanismes prévus par le Statut de la Ville.

Au-delà de quelques programmes et opérations en marche, l'urbanisation et la « régularisation » des *villas* et des *favelas* dans des lieux peu accessibles, dénués d'offre de transport public, tout autant que de services de santé et d'équipements, mais présentant en revanche des problèmes d'environnement, rendent difficile l'intégration à la ville. Elles consolident les ghettos de pauvreté et n'améliorent pas la qualité de vie des habitants. Dans d'autres cas, l'urbanisation en cours dans de bons endroits, à proximité notamment des sources d'emploi, favorise une densification excessive et l'augmentation de l'entassement et du marché informel de la location. La participation des mouvements sociaux aux décisions s'affirme en fait plus dans les « projets » que dans les formulations des politiques.

À Buenos Aires, le financement public et centralisé continue de prévaloir dans la production de l'habitat populaire et la part destinée aux couches moyennes est infime. Les entrepreneurs et promoteurs privés orientent leur offre presque exclusivement vers les couches moyennes hautes qui ne dépendent pas du crédit hypothécaire ; ainsi canalisent-ils l'épargne privée. Mais, à la différence de São Paulo, il n'y a pas de conflits entre le secteur entrepreneurial et les habitants des *villas* à propos de la localisation des opérations résidentielles. La politique d'éradication et d'urbanisation des *villas* n'a jamais cessé pendant les gouvernements successifs.

Dans la CABA, du fait de la marque idéologique du gouvernement actuel, ces politiques ne sont pas une priorité. Elles ont cependant émergé ponctuellement à l'occasion de disputes de partis entre le Gouvernement national et celui de la CABA, d'opposition. La persistance de pratiques politiques clientélistes et la faible reconnaissance des différentes formes d'association et d'organisation sociale, de même que la diversité des pratiques résidentielles alternatives aux stratégies d'intervention officielles, empêchent l'émergence d'acteurs clé dans l'autogestion de l'habitat. Mais ce contexte, dans le cas de la RMBA, n'a pas suscité de grandes mobilisations, ni beaucoup de réclamations pour l'accès à un logement digne, à part quelques actions très circonscrites dans l'espace et dans le temps, organisées par des militants politiques.

À São Paulo, bien que la participation ait été conquise dans les instances locales et nationales de décision, les mouvements sociaux affrontent un double problème : d'abord, ils n'ont pas accès aux programmes privés développés grâce à des ressources et des subventions publiques en raison des prix pratiqués ; ensuite, ils ne peuvent mettre à profit les ressources obtenues pour une production associative du logement du fait qu'ils ne parviennent pas à trouver de terrains compatibles avec les coûts que leurs associés peuvent payer. Cependant, on ne note pas de contestation très forte de la politique fédérale actuelle, même si des luttes locales persistent.

Nous pourrions conclure que dans chacune de ces métropoles, la gouvernance s'est consolidée de façon fragmentée et comme une logique de négociation par « projet » (Bourdin, 1998), en favorisant les acteurs institutionnels et les promoteurs immobiliers ainsi que leurs instruments d'« accumulation politique ». Quel type de gouvernance est possible si elle est complètement soumise aux décisions de la macro-économie, à la logique d'« accumulation politique » et aux privilèges de la propriété privée du sol et des acteurs hégémoniques ?

Références bibliographiques

Arantes, P., Fix, M., « Como o governo Lula pretende resolver o problema da habitação : Alguns comentários sobre o pacote habitacional Minha Casa, Minha Vida », São Paulo, *Correio da Cidadania*, julho, 2009.

Baer, L., « Mercado inmobiliario y acceso a la vivienda en el ámbito metropolitano de Buenos Aires durante los dos mil », in Actas Seminario Internacional *Entre el Estado y el mercado : gobernanza y acceso a la vivienda en cuatro metrópolis de América latina*, Buenos Aires, 19 y 20 de Abril de 2010, Programa Urbanismo y Ciudad, SI – FADU – UBA.

Bourdin, A., « Le gouvernement des villes institue plus qu'il coordonne… », in May N., Veltz, P., Landrieu, J. et Spector, Th. (dir.), *La ville éclatée*, Paris, L'Aube, 1998.

Comby, J., Renard, V., *Les politiques foncières*, Paris, PUF, Collection Que sais-je ?, n° 3143, 1996.

Maricato, E., « Posfácio », in Davis, M. (ed.), *Planeta Favela*, São Paulo, Boitempo, 2006.

Mignaqui, I., « Dinámica inmobiliaria y transformaciones metropolitanas. La producción del espacio residencial en la Región Metropolitana de Buenos Aires en los '90 : una aproximación a la geografía de la riqueza », in Gorestein S. et Bustos Cara R. (eds.), *Ciudades y Regiones frente al avance de la globalización*, Bahía Blanca, Argentina, Editorial Departamento de Economía y Departamento de Geografía de la Universidad Nacional del Sur, 1997, p. 255-283.

Mignaqui, I., « La Corporación Buenos Aires Sur, una estrategia de desarrollo inconclusa », in Margarita Gutman (comp.), *Argentina : persistencia y diversificación, contrastes e imaginarios en las centralidades urbanas*, Quito, Ecuador, OLACCHI, 2010, p. 283-326.

Mignaqui, I., Szajnberg, D., « Tendencias en la organización del espacio residencial en la RMBA en los noventa », in Bertoncello, R., Fani, A. et Alessandri, C. (comp.), *Procesos territoriales en Argentina y Brasil*, Buenos Aires, Instituto de Geografía, FFyL-UBA, 2003, p. 91-115.

Ministério das Cidades, *Avanços e Desafios : Política Nacional de Habitação*, Brasília, Secretaria Nacional de Habitação, 2010.

Rodríguez, C., *Autogestión, políticas para el hábitat y transformación social*, Buenos Aires, Editorial Espacio, 2009.

Silva, H.M.M.B., « Aperto e riscos na tentativa de morar perto : a perda de espaço dos pobres na metrópole paulistana », São Paulo, Colloque MPID – Metrópoles das Américas : desigualdades, conflitos e governança, 2011.

Silva, H.M.M.B., Terra e Moradia : que papel para o município ?, Tese de doutoramento, São Paulo, FAU-USP, 1998.

Torres, H., *El Mapa social de Buenos Aires (1940-1990)*, Buenos Aires, FADU-UBA, Serie Difusión n° 3, Secretaría de Investigación y Posgrado, 1993.

Villaça, F., *Espaço Intra-Urbano no Brasil*, São Paulo, Nobel, 1998.

De la lutte des places à Buenos Aires

Crise du logement et boom immobilier (1990-2010)

Marie-France Prévôt-Schapira &
Rodrigo Cattaneo Pineda

Université Paris 8/CREDA
et
Docteur en Géographie – Université Paris 8/CREDA

Notre propos part d'une question centrale pour le programme Metraljeux. Dans quelle mesure les processus de démocratisation et de décentralisation qui ont porté à la tête des grandes villes des gouvernements « de gauche » ont permis de mettre en place des politiques publiques et des formes de participation alternatives à celles imposées par les doctrines de la « bonne gouvernance » ? En d'autres termes, l'avancée de la mondialisation et de ses effets dévastateurs peuvent-ils être endigués ou tempérés par les nouvelles équipes municipales qui ont affiché une sensibilité à la question sociale et défendu le « droit au logement » et le « droit à la ville » ?

Dans les métropoles que nous considérons, le logement du plus grand nombre reste, à des degrés divers, un enjeu et un défi. Si notre présentation se limite ici au cas de Buenos Aires, notre recherche se nourrit de la dimension comparative du programme Metraljeux (Prévôt-Schapira, 2013)[1]. Nous faisons l'hypothèse que nous sommes en présence de régimes de gouvernance qui résultent des logiques politiques et institutionnelles qui ont caractérisé les trajectoires des villes ainsi que de leur mode d'insertion dans la mondialisation.

Dans le cas de Buenos Aires, notre analyse part du constat suivant. Au cours des dix dernières années, la crise du logement n'a cessé de s'amplifier dans la capitale argentine. Par deux fois, un rapport de la délégation d'ONU-Habitat[2] a dénoncé la situation désastreuse de l'habitat à Buenos

---

1 Travail de terrain à Mexico et à Buenos Aires.

2 La dernière mission de l'ONU-Habitat date d'avril 2011 et a été placée sous la direction de Raquel Rolnik.

Aires, la recrudescence des expulsions forcées et la très forte discrimination à l'égard des habitants des pays limitrophes. Parallèlement à ce que l'on nomme la « crise du logement », on assiste, passé le plus profond du désastre de 2001, au retour du capital immobilier dans le centre-ville. Buenos Aires rejoint ainsi le mouvement global de valorisation des quartiers centraux historiques (Smith, 1979). Elle est le principal foyer du *boom* immobilier argentin, et apparaît plus largement comme la vitrine de la reprise nationale.

Mais les atouts de cet espace n'intéressent pas seulement le marché. Alors que de grandes occupations de terre avaient eu lieu dans la périphérie pendant toutes les années 1990, l'espace central métropolitain est aujourd'hui âprement disputé par les couches populaires. En décembre 2010, l'occupation du Parc Indoamericano par 5 000 familles venues des bidonvilles du sud de la ville a braqué les projecteurs sur la gravité de la situation du logement des classes populaires, dans un contexte de compétition accrue pour l'accès au foncier. Dans un article récent, F. Sabatini et I. Brain (2008) avancent l'hypothèse que, dans les villes d'Amérique latine, les attentes résidentielles des populations les plus pauvres ont fortement changé. Désormais, l'exigence première n'est pas tant la propriété du logement, la *casa propia*, mais sa localisation au centre. Peut-on avancer l'idée d'un changement de paradigme que nous formulerons un peu abruptement de la manière suivante : « Mieux vaut un logement informel, précaire et illégal dans l'espace central plutôt que l'éloignement et la relégation dans les lotissements des périphéries lointaines » ?

L'espace disputé correspond aux limites politico-administratives de la capitale. C'est un espace restreint (200 km^2) au regard de l'immensité des banlieues (*Conurbano*) qui entourent la ville-centre et qui n'ont cessé de grossir et de s'étaler depuis les années 1950, pour atteindre les 10 millions d'habitants en 2010[3]. En revanche, la population de la capitale est restée stable, en dessous des 3 millions d'habitants depuis plus d'un demi-siècle. Cependant, fait significatif, la légère croissance démographique de la dernière décennie (2001-2010), de l'ordre de 4 %, s'est essentiellement concentrée dans les quartiers pauvres du Sud, frappés depuis les années 1980 par la désindustrialisation et le chômage. Au cours des deux dernières décennies, les politiques néolibérales ont violemment creusé les inégalités sociales et le fossé entre le Nord et le Sud.

Enfin dernier point, comme à Mexico, l'autonomie de la ville obtenue en 1994 est un changement majeur dans l'architecture politique

[3] Le *Conurbano* – soit les 24 municipalités qui forment les banlieues de la ville – a vu sa population s'accroître de 1,3 million d'habitants (+ 14,2 %), entre 2000 et 2010, pour atteindre 9 910 283 millions d'habitants.

métropolitaine et nationale. Depuis 1996, le chef du gouvernement de la *Ciudad Autónoma* de Buenos Aires (CABA) est élu pour quatre ans au suffrage universel. Il devient dès lors la troisième personnalité politique du pays, à la tête d'une ville riche (25 % du PIB pour moins de 8 % de la population), cœur d'une métropole divisée politiquement et socialement, où plus d'un tiers des habitants du *Conurbano* vit en dessous du seuil de pauvreté. Avec l'élection d'équipes municipales régulièrement hostiles au péronisme, le paysage politique de la ville autonome de Buenos Aires est marqué par les tensions propres au système fédéral argentin et par l'antagonisme entre exécutif local et national (Prévôt-Schapira, 2001). La question du logement n'échappe pas à cette logique multiscalaire. Les programmes publics d'aide au logement sont façonnés par ce jeu d'acteurs et souffrent des goulets d'étranglement produits par ces conflits. Les « régulateurs » publics sont ainsi une composante essentielle de cette compétition pour la maîtrise de la localisation centrale.

Que recouvre le terme de « crise du logement » ? Traduit-il une rupture par rapport au passé ? Comment expliquer son acuité et la très forte conflictivité ? Quelles relations peut-on établir entre les tensions et l'avancée du front immobilier qui s'immisce dans les quartiers populaires ? Comment les nouveaux droits issus du processus de démocratisation s'ajustent-ils aux pratiques politiques ? Pour quelles raisons tolère-t-on les formes illégales d'habitat dans certains quartiers alors qu'elles seront combattues dans d'autres et ce à l'intérieur d'une même unité politique, la *Ciudad Autónoma* ?

Nous aborderons trois points qui permettent d'éclairer les modes d'une gouvernance du logement, si paradoxale au regard des autres métropoles d'Amérique latine. Il s'agira tout d'abord de saisir, dans une mise en perspective historique, les nouvelles formes de précarité et de vulnérabilité du logement dans la ville de Buenos Aires dans les années 2000. Dans un deuxième temps, nous mettrons l'accent sur le décalage entre le droit au logement réaffirmé par le gouvernement de la ville autonome et les politiques mises en œuvre pour répondre à la demande pressante de logement, en privilégiant l'analyse des logiques politiques et institutionnelles. Enfin, l'espace est au cœur des situations de blocage dans lesquelles plusieurs parties se disputent la maîtrise de certains territoires et des ressources qui leur sont attachées. L'analyse des conflits nous permettra de montrer comment la concentration des programmes de logement social, presque tous confinés dans le Sud de la ville, approfondit les processus de ségrégation existants, durcit les frontières entre les différents quartiers et exacerbent les conflits, non pas entre les promoteurs immobiliers et les classes moyennes qui protestent contre la construction de tours comme dans les quartiers Nord, mais entre « voisins » pauvres.

Les nouveaux visages de la crise du logement dans l'espace central de la métropole de Buenos Aires

Il convient tout d'abord d'inscrire les manifestations contemporaines de la « crise du logement » dans le temps long de la production de l'espace métropolitain. Le mal logement et l'habitat précaire ne sont pas une question conjoncturelle. Dès les années 1920, la lutte pour un « logement digne » s'est illustrée dans le puissant mouvement des locataires contre les propriétaires des taudis (*inquilinatos*) où s'entassaient les travailleurs, alors que les premiers bidonvilles (*villas miseria*)[4] faisaient leur apparition dans la zone portuaire avec la crise de 1929. L'arrivée au pouvoir du gouvernement péroniste donne valeur constitutionnelle au droit au logement (1949) et engage le débat sur la manière de concevoir le logement « pour le peuple », opposant les tenants de l'habitat collectif construit par l'État[5] aux défenseurs des vertus familiales de la *casa propia* (Aboy, 2004). Mais les uns comme les autres ont eu à affronter une question lancinante : où loger les pauvres ? La réponse apportée à cette question a structuré la métropole argentine. Elle a creusé le fossé entre Buenos Aires, capitale politique et phare culturel du pays, et sa périphérie populaire et pavillonnaire. La tentation de faire de Buenos Aires une ville pour « ceux qui la méritent »[6] a toujours été présente, de manière plus ou moins explicite (Oszlak, 1991). À défaut de réaliser ce dessein, la pauvreté a été cantonnée dans les quartiers sud de la ville centrale, jusqu'à faire du « Sud » le seul espace légitime des programmes d'habitat social. Ce double clivage, Centre/Périphérie et Nord/Sud, balafre le paysage métropolitain et reste une donnée majeure pour analyser la crise et les politiques publiques de logement à Buenos Aires.

Durant toute la période d'industrialisation du pays (1940-1970) et de forte migration rurale vers la capitale, la périphérie a émergé comme la solution à l'entassement des migrants dans les *conventillos* et *inquilinatos* des quartiers sud. L'accès massif du « peuple travailleur » à la *casa propia* incarnait, avec l'éducation, l'ascension sociale et une forme de justice ancrée dans la propriété (De Privitellio, Romero, 2005). Les travailleurs encadrés dans des syndicats bénéficiaient de crédits pour l'achat par mensualités d'un petit terrain à bâtir et de transports subventionnés

---

4 Le terme *villas miseria* pour désigner les bidonvilles en Argentine apparaît pour la première fois dans le roman de Bernardo Verbitsky, *Villa miseria, también es América*, 1957, Kraft, 289 pages.

5 L'accès au logement pour les classes populaires en Argentine fut, dès le début, restreint à la propriété privée.

6 Déclaration de Guillermo del Cioppo, responsable de la Commission municipale du logement (CMV) durant la dernière dictature (1978-1983) qui a conduit l'opération d'éradication des bidonvilles de la capitale.

(Clichevsky *et al.*, 1990). Ce mode d'habiter a été le moteur de l'étalement en « îles » de la ville.

Ce cycle « vertueux » s'est achevé dans les années 1970, avec la fin du plein emploi et les mesures d'indexation du crédit édictées sous la dernière dictature[7]. La possibilité pour les classes populaires d'avoir accès à un foncier bon marché a disparu alors que la crise économique et sociale frappait de plein fouet les zones de lotissements populaires les plus enclavées. Le chômage et la pauvreté ont immobilisé durablement les populations dans ces espaces sous perfusion des plans d'assistance qui se sont succédé depuis les années 1980[8]. L'indigence des services et l'état désastreux des transports collectifs[9] ont renforcé ce sentiment d'isolement et d'insécurité des habitants les plus pauvres. Depuis l'année 2003, la gendarmerie filtre les entrées de lieux considérés comme dangereux par le gouvernement national[10], accentuant ainsi l'image stigmatisée du *Conurbano*.

Une revalorisation de la localisation centrale sur fond de crise du modèle de la ville fordiste

La périphérie n'est plus comme par le passé la « grande frontière urbaine » pour les classes populaires. Dans les années 1990, les entreprises de promotion foncière ont reconverti leurs réserves foncières dans la production de lotissements fermés sur le modèle des *gated-communities*. Le développement fulgurant de ce type d'urbanisation a renchéri le prix du sol, devenu aujourd'hui rare et cher, même dans les zones les plus éloignées. Ce processus a été renforcé par la nécessité de trouver des terrains pour développer les programmes de logements du Plan Fédéral de logement lancé en 2004 par l'État fédéral[11]. Aussi, les occupations sur les franges de la ville se sont poursuivies, de même que la prolifération et

7 En avril 1980, la circulaire 1050 de la Banque Centrale autorise l'indexation des crédits hypothécaires en fonction du taux d'intérêt moyen pratiqué par les établissements bancaires locaux.

8 L'expression *barrios bajo planes* est utilisée à Buenos Aires pour décrire ce type d'espace.

9 La catastrophe ferroviaire de la Gare Once du 22 février 2012 a fait 51 morts. C'est la plus meurtrière de la longue suite d'accidents et de pannes qui ont marqué ces 20 dernières années.

10 Ces types de dispositifs ont été déployés, par le gouvernement fédéral en 2004, dans les *villas miseria* de La Cava à San Isidro, de Carlos Gardel à Moron, dans le grand ensemble Ejército de Los Andes, plus connu sous le nom de « Fuerte Apache », à Tres de Febrero ainsi que dans le lotissement Mi Esperanza à la Matanza.

11 En effet, la « découverte » de l'absence de foncier public a entraîné la mise en place d'un dispositif, déléguant aux constructeurs privés l'achat des terrains pour construire les logements sociaux, qui pour des raisons de coût ont propulsé les lotissements sociaux au loin et renforcé l'exclusion des plus pauvres (Del Río, 2009).

la densification des *villas miseria*, partout dans les municipalités de la première couronne[12]. Mais il n'en reste pas moins que le centre émerge comme une destination convoitée et recherchée. Comme le souligne Di Virgilio (2007 : 183) : « ce n'est pas la même chose d'occuper une parcelle dans la troisième couronne du *Conurbano* que d'habiter la Villa 31 dans le quartier de Retiro ou encore le Barrio Inta, enclavé dans Villa Lugano ». Si tous ces lieux souffrent de déficits sévères d'équipement et partagent une même précarité, les possibilités d'accès aux bassins de recrutement de main d'œuvre et plus largement aux opportunités propres à la ville sont très différentes.

Sans aucun doute, la tension accrue sur le foncier dans la périphérie a contribué à donner une acuité à la crise du logement et à la lutte des places pour rester dans la ville, et ce d'autant plus que le processus brutal de désalarisation des années du libéralisme triomphant en a fait un espace de survie et d'opportunité. Tandis que le *Conurbano* se voyait submergé par le chômage, de nouvelles formes d'activité ont attiré les populations dans l'espace central. Dès la fin des années 1990, l'arrivée massive des *cartoneros* venus des *villas miseria* de la zone du Río Reconquista pour ramasser les ordures et le papier a été le signe manifeste de la crise annoncée de 2001. Certains ont parlé de « l'effet *cartonero* » car beaucoup avaient une maison en banlieue, mais leur activité les obligeaient à rester dans la ville (Carré, 2008). De même, le commerce informel, presque absent jusqu'alors à Buenos Aires, a fait son apparition, d'abord, sur les trottoirs de l'artère commerciale de la rue Florida. Puis après 2001, c'est l'explosion des foires « artisanales » et de la vente ambulante dans les rues, les trains et les gares (Constitución, Once, Retiro)[13], ainsi que celle des petits « boulots » (*manteros*, *cuidacoches*, *trapitos*, *puesteros*), aujourd'hui la cible de la politique de « nettoyage » de l'espace public de l'actuel maire de la ville[14].

Une compétition accrue pour l'espace central

Mais à partir de 2004, la reprise économique fulgurante, dopée par le tourisme et par le *boom* immobilier, redouble l'attractivité de la ville-centre et la demande d'une offre abordable de logements à laquelle ni l'État ni encore moins le marché n'apportent de réponse. La décentralisation, en

12 La population des *villas* et *asentamientos* pour l'ensemble de la métropole est estimée à 2 millions en 2010.

13 *La Nación*, « La venta callejera se adueña de la ciudad », 05/03/2004.

14 Mauricio Macri, élu en 2007 et réélu en 2012 a réintroduit la figure juridique du maraudage (*merodeo y acecho*). Les opérations de « nettoyage » ont été menées par l'Unité de Contrôle de l'Espace Public (UCEP) créée en octobre 2008, pour « maintenir l'espace public libre d'usurpateurs » au nom du respect du « bon usage de l'espace public ».

1994, du Fonds national de logement (Fonavi) qui avait été depuis sa création en 1972 le promoteur des grands ensembles, et la privatisation de la Banque Hypothécaire (1997), détenue aujourd'hui par l'un des grands groupes de la promotion immobilière[15], IRSA, ont réduit les capacités des organismes publics à produire du logement social pour les travailleurs (catégories dites C et D +).

En contrepoint, les secteurs d'activités les plus dynamiques et les filières immobilières prestigieuses ont alors commencé à se disputer l'accès au foncier. Sans rentrer dans les détails du fonctionnement du secteur immobilier, il convient de signaler que le *boom* post-crise a renchéri les prix du sol dans toute la ville. À la différence de Mexico, ces filières, en l'absence de crédits destinés aux couches moyennes basses, se concentrent sur le segment A et B+, celui des classes aisées et du résidentiel « somptueux », selon la terminologie de la profession. Dans un climat de méfiance généralisée envers les établissements bancaires après l'épisode du *corralito*[16], l'immobilier résidentiel est devenu une valeur refuge, d'autant plus attractif que les baux de location, souvent de courte durée et destinés aux touristes, sont affichés en dollars. Les travaux de Baer (2011) ont analysé la vitalité de l'activité immobilière de ces dix dernières années et sa concentration géographique. Dès 2003, l'activité redémarre, stimulée dans l'immédiat après-crise par les faibles coûts du foncier et de la main d'œuvre. L'argent du soja et des flux touristiques importants a ainsi entretenu le *boom* immobilier et encouragé indirectement l'augmentation du foncier dans l'ensemble de l'espace métropolitain. Entre 2004 et 2006, 15 millions de m^2 sont mis sur le marché dans la métropole dont la moitié pour la seule ville de Buenos Aires. Par ailleurs, à la différence des années 1990 où l'investissement s'était dirigé vers l'immobilier de bureaux et commercial, 72 % des placements concernent l'immobilier résidentiel (dont plus de 40 % est destiné au très haut de gamme). Aucune politique foncière ni fiscale n'encadre l'envolée de l'immobilier qui approfondit encore l'écart du prix du m^2 entre le Nord où s'édifient les tours – Palermo, Caballito, Belgrano, Villa Urquiza, Nuñez – et le Sud, y compris dans les quartiers qui connaissent un début de gentrification (La Boca, Barracas, Parque Patricios).

À partir de 2005, l'effort consenti par les ménages est en constante augmentation en raison de l'effet de ciseaux entre le prix des logements – à

[15] L'État conserve 43 % des actions mais la présidence du Directoire a en revanche été accordée aux promoteurs privés, et en premier lieu au plus grand actionnaire du BHN, IRSÀ avec 29,8 % des actions.

[16] Le *corralito* est le nom qui a été donné au gel des avoirs bancaires décrété par le gouvernement de La Rúa en décembre 2001, ce qui a précipité la crise politique et institutionnelle.

l'achat et à la location – et les revenus[17]. Après une décennie de croissance et de recul de la pauvreté – mais non des inégalités qui se creusent –, le logement reste le besoin le plus pressant pour les classes populaires, ainsi que pour une partie des classes moyennes qui n'ont pas accès au marché. Le dernier recensement (2010) évalue à 342 842 le nombre de logements vides (soit 24 % des 1 425 840 unités d'habitation) et fait apparaître la brèche criante entre une offre vacante – le plus souvent dans les tours *premium* nouvellement construites dans l'Est et le Nord de la ville, notamment à Puerto Madero et à Palermo Viejo – et une demande insolvable qui ne cesse de croître.

Les manifestations de la crise du logement dans la ville-centre

Selon les différentes sources, le nombre de « mal-logés » est évalué à presque un demi-million d'habitants (soit 17 % de la population) (Di Virgilio, Rodriguez, 2013). Le terme « mal-logé » recouvre un univers très hétérogène et des formes variées de vulnérabilité. La carte des « Occupations de terre, des bidonvilles, des cités de transit, des immeubles occupés, des quartiers municipaux et grands ensembles » établie par la *Sindicatura General de la Ciudad*[18] en 2007, souligne la diversité des formes résidentielles englobées sous l'étiquette « logement populaire », et rappelle la responsabilité de l'acteur étatique dans sa construction et sa localisation. Elle identifie sur le territoire de la Ville Autonome de Buenos Aires plusieurs objets d'action publique (grands ensembles, cités de transit, *villas miseria*, etc.). Sont ainsi définies les catégories susceptibles de recevoir une aide de la puissance publique de celles qui sont rejetées dans le domaine de l'illégalité et de l'illégitimité, et qui relèvent de la justice et de la police. Ce travail de catégorisation nous intéresse dans la mesure où la construction de ces typologies et de ces périmètres est un préalable à l'action publique et un facteur essentiel de sa régulation.

Il fait apparaître les villas « historiques » comme objet prioritaire d'action publique. Toutes situées dans le sud de la ville, à l'exception de la Villa 31/31bis[19], elles forment un vaste cordon de misère dans le Sud-ouest de la ville, depuis Barracas jusqu'à Lugano, sous haute

17 Ceci s'est traduit par une augmentation du nombre des locataires qui passent de 22 % des ménages en 2001 à 30 % en 2010.

18 La Sindicatura General créée par la Constitution de la CABA de 1996 (art. 133) exerce une activité de contrôle similaire aux fonctions de la Cour des comptes en France.

19 www.buenosaires.gob.ar/.../villa_31_y_31_bis.pdf. La croissance de la villa 31/31bis – qui a vu sa population doubler depuis 2001 – a été fortement alimentée par la migration des provinces du nord et des pays limitrophes (Paraguayens, 23,9 %, des Boliviens, 16,6 %, et des Péruviens, 9,8 %).

surveillance[20]. La crise du logement s'y est traduite par un doublement de la population entre 2001 et 2010 (163 587 hab.). Elles se sont densifiées et verticalisées. Un marché « informel » très actif de la location de pièces s'y est développé, traduisant ainsi la difficulté, voire l'impossibilité pour les classes populaires et les migrants des pays limitrophes d'accéder à un logement « digne ». Cette situation s'est aggravée au rythme des expulsions des immeubles occupés et de la transformation des hôtels meublés en *hosteling* pour touristes. 40 % des habitants des *villas* sont désormais des locataires qui ne peuvent plus espérer construire la *casita in situ.* Sans aucun doute, pour les nouveaux venus, la *villa miseria* reste la « porte d'entrée dans la ville », mais elle rejette les plus pauvres qui ne peuvent plus supporter l'augmentation vertigineuse des loyers (multipliés par 8 entre 2007 et 2011). Ces populations occupent à leur tour les espaces proches de la *villa* (création de la Villa 31 bis, à côté de la Villa 31) ou les interstices de la ville (places, squares, emprises ferroviaires, bâtiments industriels désaffectés).

Plus que jamais, la puissance publique est confrontée aux nouvelles formes de précarité (*sin techo* (sans-abri), *okupas* (squatteurs), *hotelados* (habitants des hôtels meublés)[21] qui font sortir les pauvres de leur « espace légitime », le sud où les politiques de logement social les avaient traditionnellement cantonnés. À côté des immeubles squattés et des entrepôts désaffectés, les petites occupations se sont « enkystées » dans des zones de haute valeur foncière (villa Rodrigo Bueno, proche de Puerto Madero ou encore à Chacarita), le plus souvent sur des terrains publics. Le nombre des NAU (*nuevos asentamientos urbanos*) – le terme fait son apparition sous la plume de la *Defensoría del Pueblo* de la CABA en 2006 – est allé croissant, à mesure que la crise du logement s'intensifiait. Le rapport de la *Defensoría* publié en 2007 dénombre 2 500 propriétés occupées par des familles dans le sud de la ville, mais aussi dans les quartiers de classes moyennes ou en voie de gentrification de Palermo Viejo, de Villa Crespo, de Colegiales ou encore de Paternal[22].

---

[20] Par un décrêt présidentiel de juillet 2010 a été lancé le Plan *Cinturón Sur* qui s'est traduit par le déploiement de gendarmes et militaires (2 500) dans la zone sud, de La Boca à Villa Soldati « pour récupérer l'espace public et la liberté de circuler sans peur » (déclaration de N. Garré, ministre de la Sécurité). Le ministère a été créé, en décembre 2010, après l'occupation du parc Indoamericano.

[21] Dès 1985, la mairie met en place des formes d'hébergement provisoire dans les hôtels ; mais en 2001, le gouvernement décide de mettre fin à cette politique en donnant une indemnité globale pour que les populations quittent les hôtels, sans leur proposer de solution pérenne.

[22] Entretien avec Silvia Pennella, responsable du logement à la Defensoria del Pueblo de la CABA, Buenos Aires, septembre 2008.

En bref, le diagnostic de la *Sindicatura* interroge la manière dont le curseur entre légal et illégal est placé. Dans ce sens, l'entrée par la gouvernance présente l'avantage d'aborder cette problématique tant dans ses aspects généalogiques (le rapport entre les temps politiques et les différentes réponses apportées) que dans la dimension plus contemporaine du traitement de la crise du logement populaire.

La gouvernance du logement à Buenos Aires : schizophrénie publique et juridicisation

En conclusion de son étude sur les transformations du quartier de l'Abasto, Carman (2006) qualifie de « schizophrénes » les rapports établis entre le gouvernement de la Ville et les formes nouvelles de précarité résidentielle. En effet, la politique de la ville oscille entre tolérance et répression, au gré des mobilisations populaires, des pressions des ONG qui les soutiennent et des alternances politiques, au niveau local et national. Il ne s'agit pas ici de faire une étude sectorielle des politiques de logement mais de tenter de comprendre le décalage entre les garanties constitutionnelles et l'aggravation de la situation. En effet, depuis les années 1990, la brèche existante entre la reconnaissance de droits – dans un mouvement généralisé à l'Amérique latine – et les réponses apportées à la crise par le gouvernement est frappante. D'un côté, on observe des avancées liées à une action législative « progressiste » qui s'inscrit en rupture avec la politique d'éradication antérieure et qui coïncide avec l'élection de l'Assemblée Constituante (1996), en phase avec les mouvements sociaux. De l'autre, s'affirme une gouvernance « punitive », au mieux « attentiste » et « assistancielle » où les expulsions accompagnent le *boom* immobilier. Sans aucun doute, la victoire de la droite aux élections de 2007 a aggravé la situation, mais cette tension et ces contradictions ont parcouru l'ensemble de la période.

De l'éradication à l'urbanisation : le registre des droits de l'Homme

Au sortir de la dictature, la ville a été confrontée au repeuplement des bidonvilles, mais aussi à la multiplication des occupations d'immeubles (*tomas de casa*). Elles ont été promues par une myriade de petits groupes de familles à la recherche d'un logement, de manière invisible et dispersée, mais aussi par des groupes militants. Dans ce panorama effervescent et éclaté, le Mouvement des occupants et des locataires (MOI) a été central, en inscrivant sur l'agenda politique la question du droit au logement et du droit à la ville. Ses mots d'ordre « Pour la construction d'une ville démocratique », « Occuper les immeubles, Prendre la parole » ou « Briser les cadenas »[23] ont largement diffusé l'idée du « droit » à occuper les immeubles vacants. Ces occupations, tolérées dans un premier temps, font dès le début des années 1990 l'objet de poursuites judiciaires.

L'autonomie (1994) marque un tournant majeur. En reconnaissant le droit au logement (art. 31), la Constitution de la ville (1996) a déplacé la question des occupations du registre pénal vers celui des droits de l'Homme. Les réformateurs – proches ou issus des organisations urbaines – qui avaient dénoncé la ville néo-libérale et ses « artefacts » (quartiers fermés dans une périphérie paupérisée et tours de luxe dans le nord de la ville, *shopping centers*) ont dominé la nouvelle assemblée législative locale[24]. Leur action s'est inscrite dans la longue histoire des luttes initiées dans les années 1960 par le péronisme chrétien, les curés *villeros* (Prévôt-Schapira, 1999) et le mouvement des droits de l'homme. Dans une volonté de rupture avec le passé, l'Assemblée a voté le principe de l'urbanisation *in situ* des *villas miseria* (loi 148), mettant ainsi fin à la politique d'éradication qui avait été celle des militaires. L'obligation d'urbanisation a été par la suite élargie à tous les quartiers en situation critique (caractérisés par l'absence d'infrastructures, l'irrégularité du foncier et la précarité des conditions de vie). Tout citoyen peut donc exiger l'effectivité du droit au logement auprès du juge, qui en est le garant et qui peut sanctionner le gouvernement de la ville en cas de manquement à cette obligation.

Dans cette nouvelle scène politique, l'Assemblée législative et la *Defensoría del Pueblo* de la CABA se sont affirmées comme des acteurs centraux. Créée en 1996 sur le modèle de l'ombudsman (médiateur de la République), avec pour mission d'assurer la protection et la promotion des droits garantis par la Constitution de la Ville, la *Defensoría del pueblo* recueille les plaintes des habitants et instruit les dossiers. Cette entité a eu un rôle stratégique pour rendre publique la gravité de la situation, tout comme la Commission du Logement de l'Assemblée législative[25] qui, dans un climat de crise aiguë fait voter en 2004, la « loi d'urgence du logement » suspendant pour trois ans les expulsions des immeubles et des terrains appartenant au gouvernement de la Ville et de la Nation.

L'action de ces deux institutions s'articule au mouvement des droits de l'homme. La convergence entre les mobilisations pour l'accès au logement

---

23 « *Tomar edificios, tomar palabra* », « *Romper candados* ».

24 L'aménagement des docks de Puerto Madero dans la décennie ménémiste a incarné ce modèle.

25 Entretien avec Facundo Di Filippo, député de l'ARI, président de la commission logement, Buenos Aires, septembre 2008.

et les associations de défense des droits de l'Homme a pris racine lors de la période de la dictature et de la transition à la démocratie. C'est le cas de l'influent Centre d'études juridiques et sociales (CELS)[26], né pendant la dictature (1979), et de l'antenne argentine de l'organisation internationale Cohre (*Center on Housing Right Evictions*)[27], qui s'est établi dans le pays en 1994. Ces ONG organisées en réseau, fortement liées aux mondes de la recherche, du militantisme et de la politique, fournissent des expertises et s'appuient sur les textes internationaux pour défendre devant les tribunaux les droits des citoyens. Leurs actions font jurisprudence, dans une bataille juridique de plus en plus ardue (Royo, 2011). Ces nouveaux acteurs sont le fer de lance de la bataille politique, mais aussi judiciaire, pour exiger le respect de l'article 31 de la Constitution, en confrontation avec le gouvernement de la ville et tout particulièrement l'institution en charge du logement social.

L'Institut du Logement de la Ville : une gestion au cas par cas et placée sous le signe de l'urgence

La CMV (Commission municipale du logement) a été créée en 1967 pour piloter les programmes de logement destinés « aux habitants à bas revenus de la ville de Buenos Aires ». Depuis ses débuts, l'histoire de la Commission municipale du logement a été étroitement liée à la politique autoritaire d'éradication des bidonvilles (*villas miseria*). Elle l'a conduite à construire des cités de transit (*Núcleos Habitacionales Transitorios*) et des grands ensembles (*monoblocks*) pour y reloger les *villeros*, sur des terrains situés dans le sud de la ville ou dans le *Conurbano*. Héritier de ce passé sinistre, l'IVC souffre d'un déficit de légitimité auprès des habitants des *villas*.

Enorme machine bureaucratique traversée par des intérêts corporatistes et partisans, son bilan est contesté et fait l'objet de critiques récurrentes. On lui reproche le manque de lisibilité de sa stratégie de résorption du déficit de logement et le manque de continuité des dispositifs mis en place à cet effet. La sous-exécution des budgets[28] et le retard des programmes de construction sont des problèmes désormais chroniques, sans compter l'état d'abandon des grands ensembles dont elle est le gestionnaire et dont la régularisation des titres de propriété se heurte à la complexité du statut des occupants.

---

26 http://www.cels.org.ar/home/index.php

27 http://www.cohre.org/regions/argentina

28 Selon l'Association argentine du budget et de l'administration financière publique (ASAP), 50,6 % seulement des crédits destinés au logement ont été consommés au 4e trimestre 2010, contre 66 % l'année antérieure.

Les raisons d'un tel blocage sont multiples. Les relations conflictuelles avec les organisations de sans-logis et de mal-logés, la prégnance du réflexe de « l'urgence », entretenue par la gravité de la crise de 2001 et par la difficulté à résorber ses effets, ainsi que le changement fréquent des directeurs généraux et des priorités fragmentent l'action publique et font de chaque intervention une situation à part. « Il n'y a pas de politique d'État pour le logement ; cela veut dire qu'il n'y a aucune vision à moyen terme, aucune continuité dans les programmes, aucun consensus ni discussion sur ce que pourrait être une politique… »[29]. Cette déclaration d'un ancien directeur de l'IVC souligne les tensions, les tergiversations et les conflits autour de la question des « mal-logés », tant au niveau national qu'à l'échelle de la ville de Buenos Aires. Les entretiens auprès des directeurs successifs de la CMV/IVC confirment cette vision[30]. Le cas par cas et l'intervention d'urgence apparaissent ainsi comme les deux traits les plus caractéristiques de la « régulation » des conflits liés au logement dans la capitale argentine. Mais à défaut de combler les déficits, ces modalités de gestion ont fait de l'IVC un dispositif essentiel pour l'accès au logement, dans une relation très conflictuelle avec les mouvements urbains, aujourd'hui très éclatés et divisés.

Qui sont les bénéficiaires de la politique de la CMV ? Doit-on associer les habitants à la définition des politiques ? Qui construit : les organisations et/ou les entreprises ? Les divergences de conceptions au sein même de la mouvance « progressiste », entre deux modes d'intervention et deux styles de gestion, l'une plus politique, proche des organisations et l'autre plus technicienne et « dépolitisée » traversent la période. De fait, ces deux modes d'action – formalisés souvent par les termes anglo-saxons de *bottom up* et de *top down* – se sont succédé dans le temps.

En pleine crise, sous la pression des mouvements sociaux, une loi a été votée en 2000 pour financer des coopératives de logement et trouver une solution au nombre croissant des personnes prises en charge dans les hôtels meublés. En permettant l'octroi d'un crédit pour l'achat de terrains ou d'immeubles vacants à des groupes organisés, le programme de coopératives autogérées (PAV) récupérait les expériences et le savoir-faire des mouvements et des organisations qui depuis plus de 30 ans défendent l'idée de la « production sociale de l'habitat », en donnant l'initiative aux habitants mobilisés pour « refaire la ville sur la ville ».

---

[29] Entretien avec Ernesto Selzer, directeur de l'IVC de mars 2002 à 2006, Buenos Aires, septembre 2008.

[30] Entretiens avec Eduardo Jozami, directeur de CMV de 2000 à mars 2002 ; Ernesto Selzer, directeur de l'IVC de mars 2002 à 2005 ; Claudio Fredin de 2006 à 2007 ; Omar Abboud, 2008-2010.

Mais passée la crise, le pouvoir a pris ses distances vis-à-vis d'une gestion qu'il dénonce comme « clientéliste et démagogique », noyautée par les organisations militantes. Le nouveau directeur, un ingénieur issu du monde de l'entreprise, hostile aux solutions « alternatives », admirateur du modèle *viviendista* chilien, durcit les conditions d'accès au PAV et paralyse la construction[31]. De telle sorte, que même si certains projets ont eu un caractère exemplaire – comme le complexe des 364 logements de Monteagudo construit en réponse au Mouvement territorial de libération (MTL) –, sur les 13 terrains et 110 immeubles acquis par des coopératives, seul 7 projets ont été finalisés, entre 2002-2007.

En 2003, le remaniement politico-administratif de la CMV qui prend le nom d'IVC (*Instituto de la Vivienda*) entérine la reprise en main de l'institution par l'exécutif local. Il est aussi contemporain de la renationalisation de la question du logement. L'injection de fonds, à partir de 2004, par le Plan fédéral de logement (PFV) dans tout le pays s'est traduite dans la capitale par la relance de politique de l'offre. L'IVC renoue avec la construction de grands ensembles par des entreprises du BTP. Dans la tradition des années 1970, la demande est canalisée par les structures syndicales et mutualistes. Cependant, l'exécution du PFV s'est ici heurtée à des contraintes plus fortes en matière de normes environnementales que dans le *Conurbano* ainsi qu'à la rareté et cherté du foncier (absence de grandes parcelles) et à la violence des conflits que la gouvernance du logement a contribué largement à produire (Otsuni, 2009).

De fait, la partie la plus importante du budget du PFV a été consacrée au programme d'urbanisation des *villas miseria*[32], en vertu de l'application de la loi 148 d'amélioration des conditions d'habitat *in situ*, selon la technique de l'*esponjamiento*. Cette technique, qui implique de racheter des terrains proches du bidonville pour y reloger les habitants déplacés par l'ouverture de rues. Ces opérations délicates se sont avérées difficiles à mener en raison des tensions existantes autour des enjeux fonciers et des relations de méfiance entre IVC et les groupes de demandeurs de logement. Elles restent marquées par le poids des héritages et le sceau du conflit.

La victoire de la droite libérale de Macri sur les péronistes divisés, aux élections de 2007, entraîne le démantèlement de l'Institut. Dès lors, les compétences de l'IVC se réduisent à quelques rares programmes de logement et à la gestion toujours problématique de son parc de *monoblocks*. En revanche, l'urbanisation des *villas* est transférée à la Corporación Sur, une agence municipale créée en 2000 pour redynamiser les quartiers

[31] Entretien avec Ernesto Selzer, Buenos Aires, septembre 2008.

[32] PRIT : *Programa de Radicación*, *Integración* y Transformación de *Villas* y Núcleos Habitacionales Transitorios mis en place en 2001.

populaires du sud de la *Ciudad Autónoma*. Celle-ci rompt avec les politiques de l'équipe précédente jugées « démagogiques et trop coûteuses, sources de conflits multiples ». L'*esponjamiento* est déclaré ne plus correspondre à la situation actuelle, en raison de « la venue des familles paraguayennes, boliviennes » qui ne sont pas prises en compte dans les recensements et qui au nom du regroupement familial font valoir leur « droit au logement ». Le programme PRO-SUR Habitat qui prétend s'inspirer du modèle brésilien *Favela Bairro*, se contente d'ouvrir des rues et de régulariser les titres de propriété, quand cela est possible, pour stopper la dérive de la « favelisation », toujours brandie dans le discours sécuritaire des nouvelles autorités[33]. Seul le budget de l'UGIS, unité de gestion et d'intervention sociale dédiée aux politiques assistancielles, a connu une augmentation significative pour financer des aides ponctuelles et encourager les sans-abri (*personas en situación de calle)* à repartir dans leur province ou à acquérir une « baraque » dans le *Conurbano*. On en revient à la vieille antienne de « bouter les pauvres hors les murs ».

La gouvernance à l'épreuve du territoire : *vecinos, villeros et okupas*

Toutes les politiques que nous venons d'évoquer nous ramènent vers le Sud. C'est là que se concentrent les programmes et les conflits en raison de la forte territorialisation de la crise du logement, opposant sans-logis et mal-logés à l'État, mais aussi les différents quartiers entre eux, dans une mise en concurrence de leur légitimité et de leur meilleur droit à une réponse rapide à leur demande.

Le dispositif spatial du Sud

L'espace est un des ingrédients majeurs dans les formes et la nature des conflits qui se sont multipliés dans le Sud de la ville au cours des dix dernières années. Les politiques erratiques de l'IVC s'inscrivent dans un dispositif spatial et politique particulièrement sensible et vulnérable qui résulte de la cristallisation des desseins successifs et souvent contradictoires des autorités qui ont gouverné la Nation et la Ville. Les promesses péronistes des années cinquante et soixante (*Los Perales*), les cicatrices béantes de l'interlude militaire (les *villas* et les expropriations) et les manifestations des grandes inégalités de la décennie libérale sont visibles sur un même espace, le Sud rongé par la pauvreté.

33 « Le slogan un 'logement digne' est maintenant un mot d'ordre trompeur », Entretien avec Omar Aboud, président de la Corporación Sur (2008-2009), Buenos Aires, septembre 2009.

Ici, la trame urbaine *porteña* aux vertus « égalitaires » fait place à une mosaïque d'espaces « vacants » ou « orphelins », d'immenses parcs mal entretenus et convoités par les populations en quête d'un lieu pour vivre – comme l'a rappelé l'épisode du parc Indoamericano en décembre 2010, d'entrepôts et d'emprises ferroviaires, d'espaces résidentiels collectifs dégradés et d'habitat précaire. L'imbrication des différents types de logements populaires dans le Sud de la ville contribue à durcir les luttes pour gagner une place dans la ville et à y rester. *Monoblocks*, *villas miseria*, quartiers de petites maisons ouvrières forment des territoires fortement organisés par de puissants codes spatiaux d'entrée et de filtrage (Lussault, 2009). Les « frontières » ne sont pas des murs comme dans les urbanisations fermées, mais des grilles autour des nouveaux édifices, des barrières urbaines dressées par les voies de chemin de fer et les grandes avenues ou encore les parcs et les terrains de sport qui forment des sortes de glacis entre les différents types d'habitat. À l'intérieur de ces frontières s'inscrivent des formes de contrôle social et politique et des identités territoriales exacerbées par le déclassement des années 1990 et la dérive sécuritaire des politiques actuelles où expulsions et hébergements transitoires prennent le pas sur la production de logement. Chaque quartier ainsi produit représente un objet spatial relativement autonome et une communauté sociale spécifique. Dans leurs mobilisations, les habitants font appel à une légitimité qui puise dans le rappel des circonstances historiques de la création de leur quartier, de l'histoire de leurs luttes et des difficultés de la vie quotidienne.

Le PFV est venu renforcer le modèle ségrégatif historique qui sépare le Nord du Sud. Sur les 5 000 logements qui ont été construits à Buenos Aires entre 2004 et 2010 (sur les 11 000 initialement prévus), les trois quarts se situent dans le Sud-Est de la ville (Lugano, Parque Avellaneda, Bajo Flores). De même, alors que les organisations sociales qui avaient défendu le PAV avaient mis en avant la nécessité de préserver l'hétérogénéité du peuplement des quartiers comme un facteur essentiel de la « ville démocratique », tous les terrains des coopératives de logement, ou presque, s'y concentrent (Verger, 2012). Cependant, les opérations de « redynamisation du sud » (recyclage des vieux bâtiments industriels et le développement du tourisme) ont amorcé dans les années 1990 dans les quartiers de la Boca et de Parque Patricio un début de processus de gentrification qui y renchérit le prix du sol (Herzer, 2008). Ce processus est, aujourd'hui, amplifié par les projets de l'actuel gouvernement d'y décentraliser une partie de l'administration municipale, réduisant de plus en plus « l'espace légitime des pauvres » aux quartiers de Lugano et Soldati, épicentre des conflits.

Vecinos, villeros, okupas

La concentration des nouveaux logements réactive la demande, suscite des attentes et attise les conflits dans le « Sud ». Ici, les formes de régulation publiques et la défense du droit au logement viennent « ricocher » (Melé, 2012) sur la manière dont localement les *vecinos* (les voisins) pensent le droit mais aussi ce qui est juste et acceptable.

À Buenos Aires, le terme « *vecino* » qui désigne un habitant d'un quartier (*barrio*), est une catégorie classificatoire à la fois civique et morale. Depuis l'apparition des bidonvilles, l'opposition entre *villa* et *barrio* structure l'imaginaire politique et les représentations sociales. Le *villero* (habitant des bidonvilles) est perçu comme la négation même du *vecino*, propriétaire et citoyen. Mais, c'est une catégorie reprise quotidiennement par la presse dont s'emparent aujourd'hui tous les habitants. La conception du « voisin » qui avait fait la force des quartiers et de l'urbanité *porteña* nourrit aujourd'hui les conflits, dans le sens où elle alimente l'idée que la proximité donne des droits sur l'environnement proche, que ce soit pour bloquer les projets de logement social et veiller au bon voisinage ou pour exiger d'en être les bénéficiaires, par la voie judiciaire et/ou l'action directe.

Une autre catégorie – celle des *okupas* – qui s'est imposée ces dernières années est venue complexifier cette opposition binaire entre *vecinos* et *villeros*. Elle reflète la situation de tensions extrêmes sur le logement et l'apparition de nouveaux répertoires d'action et d'une plus grande visibilité de la crise. Ce terme, venu d'Espagne pour désigner les squats militants dans les villes espagnoles des années 1980, est aujourd'hui très largement repris par la presse pour nommer à la fois les occupants (*intrusados*) des immeubles vides, les prises de terre (*tomas de tierra*) dont la plus spectaculaire a été celle du parc Indoamericano en décembre 2010, et également ceux qui occupent de manière pacifique ou violente les nouveaux logements sociaux avant même qu'ils ne soient attribués aux bénéficiaires. *Okupa* est en somme en passe de devenir un terme générique qualifiant les diverses formes « illégales » pour les classes populaires d'occuper une place dans la ville.

Il n'est pas question ici de faire une analyse exhaustive des conflits qui ont égrené l'histoire de ces dix dernières. Ils ont été nombreux. Dans leur diversité, nous distinguerons deux « idéaux-type » : d'une part, les conflits de proximité liés à l'emplacement des programmes de logement du PFV qui expriment la volonté des voisins de réguler les usages et de marquer la distance entre « Établis et *Outsiders* » (Elias & Scottson, 1965) ; d'autre part, les conflits liés à la compétition entre groupes de « voisins » pour l'accès aux ressources spatiales « proches ». Dans tous les cas, ces conflits sont fortement politisés, plus encore dans le climat d'effervescence protestataire de l'après 2001.

Casa Amarilla. Conflits d'usage, conflit de voisinage

Les controverses autour de l'usage des 12 hectares du terrain de la Casa Amarilla (La Boca) acquis par la municipalité en 1981 sont emblématiques de l'acuité de la question foncière, mais aussi de l'exacerbation des conflits d'usage et de voisinage et de leur juridicisation. Lorsque l'IVC annonce, en 2004, sans concertation, la construction de 1 231 logements sur le terrain de la Casa Amarilla, les « voisins » se regroupent immédiatement dans le « Mouvement de voisins pour la Renaissance de l'embouchure du Riachuelo »[34] pour s'y opposer, au nom de la défense de l'un des rares espaces verts du quartier. Sans aucun doute, derrière les « voisins » et l'argument environnemental se profile un ensemble très hétérogène, un acteur multiforme qui masque les intérêts très divers et souvent divergents, entre les petits agents immobiliers de la Boca qui veulent profiter du PFV pour valoriser leur parcelle, les écologistes appuyés par Greenpeace, et les partisans du recyclage des vieux immeubles pour développer des projets de coopératives autogérées.

Ceux-ci font un recours en justice, ce qui entraîne en 2006 la suspension du projet pour non-respect des procédures d'études d'impact environnemental exigées par la Constitution. Cependant, le plan d'urgence voté la même année par l'assemblée législative pour construire des logements dans les parcelles vacantes de la trame urbaine du quartier, comme le demandaient les « voisins », fait long feu lorsque l'alternance politique de 2007 rebat les cartes.

Le projet du gouvernement PRO (*Propuesta Republicana*) de vendre une partie des terrains de la Casa Amarilla au Club Boca Junior (dont le nouveau maire n'est autre que l'ancien président) fait entrer en scène un acteur « dormant », l'« Association civile de la Casa Amarilla » constituée en 2004 par un groupe de pré-adjudicataires des logements sociaux[35]. Proche de l'ancienne administration kirchnériste et du syndicat des employés municipaux principaux bénéficiaires du projet, l'association porte l'affaire, à son tour, devant les tribunaux qui intiment l'ordre à l'IVC et aux autorités de la ville d'utiliser le terrain aux fins prévues : celles de la construction de logements sociaux. Après 8 années de procédure et de controverses, un accord est passé entre les deux parti(e)s pour la construction de 438 logements.

---

34 *Movimiento Vecinal para el Resurgimiento de la Boca del Riachuelo.*

35 Entretien avec Diego Andrés Basualdo, président de l'Association civile Casa Amarilla, Buenos Aires, septembre 2008.

Ces péripéties judiciaires témoignent de l'avancée de la participation citoyenne qui s'inscrit dans un processus ouvert par les assemblées de quartier de 2001 et de la capacité des habitants de s'organiser pour porter sur la scène publique les controverses foncières et environnementales, mais aussi du pouvoir des juges et *in fine* la permanence des arrangements politiques. Le mouvement de voisins est débouté et délégitimé par l'anathème de nymbisme, voire de xénophobie lancé alors par le promoteur du projet, l'ancien directeur de l'IVC contre les « voisins ». Selon lui, ceux-ci auraient refusé de voir s'ériger à leur porte « un Fuerte Apache », métaphore pour désigner les *monoblocks* toujours considérés dans l'imaginaire *porteño* comme des « *villas* en hauteur »[36]. Cette interprétation ne laisse pas de surprendre. De manière générale, l'institution se montre perméable au discours des « voisins » et à leur rejet d'une certaine forme de « mixité » qui est, à bien des égards, assumé par l'Institution comme le démontre ses modes d'agir et son fonctionnement.

Bajo Flores : droit au logement ou marchandise politique ?

Mais tout autant, les conflits résultent de la compétition entre les « voisins » des grands ensembles et des bidonvilles pour l'accès aux nouveaux programmes de logements sociaux. Ces conflits sont dans une très large mesure liés ou amplifiés par le fonctionnement même de l'IVC et de ses pratiques. La perméabilité de l'institution à la pression des voisins, l'absence de règles claires dans l'attribution des logements neufs notamment lors de l'urbanisation des villas, le retard dans l'exécution des programmes, le poids du syndicat des employés municipaux, la corruption, la fragilité institutionnelle : tous ces traits activent la conflictualité et le recours à la violence, dans un contexte de très forte concurrence entre des bénéficiaires potentiels, sans cesse ballottés entre des guichets de l'IVC, trompés et méfiants, las de promesses non tenues. La situation de crise est telle que chaque tentative de régler un problème en soulève un autre, dans un périmètre qui est une véritable poudrière en raison de la poursuite des expulsions[37] et du gonflement de la population des *villas*, dont les habitants eux aussi se revendiquent *vecinos* et veulent faire valoir leur droit sur leur espace proche.

Les conflits qui ont éclaté dans la zone de Bajo Flores, entre 2006 et 2007, autour de l'attribution des nouveaux logements construits dans le cadre du programme d'urbanisation des villas illustrent ce cas de figure. L'opération d'*esponjamiento* s'insère dans un dispositif

---

36 Entretien avec Ernesto Selzer, Buenos Aires, septembre 2008.

37 L'Unité de contrôle de l'espace Public (UCEP) a procédé à 444 expulsions de « squatteurs » en 2009, avant sa dissolution après de multiples dénonciations par des organisations de défense des droits de l'Homme.

territorial particulièrement sensible qui met en contact d'une part, les habitants de la Villa 1-11-14, l'une des plus peuplées du Sud, et d'autre part, ceux des duplex de Rivadavia I, construits dans les années 1960 pour reloger des *villeros*. Depuis quatre générations, ces logements connaissent un état de surpeuplement et de dégradation avancée des bâtiments. En 2006, par deux fois, les logements sont pris d'assaut, détruits, saccagés. Les « voisins » s'accusent mutuellement. Mais, un an plus tard, en période d'élections municipales, à la veille de la clôture des listes, l'édifice est de nouveau occupé par les habitants des duplex qui revendiquent l'antériorité de leur droit sur les *villeros*. « Nous, les habitants du quartier de Rivadavia, avons défendu ces terrains pour y construire des logements et maintenant nous en sommes écartés. Au début, ce devait être pour les fils et petits-fils des « anciens habitants du quartier », mais finalement les maisons sont allées à des gens qui n'avaient pas les mêmes droits que nous »[38].

Rumeurs, retards, imbroglios fonciers, mais aussi xénophobie déclenchent la colère des habitants qui occupent et exigent pour évacuer les lieux qu'ils soient recensés, afin d'être sur la liste des futurs adjudicataires. Qui fait le recensement ? Qui contrôle les attributions ? La « violence » – comme dans le cas du saccage des tours des logements de Bajo Flores –, donne de la visibilité à l'impéritie de la politique de logement dans la ville de Buenos Aires, et met aussi en lumière le rôle central du *puntero*[39], intermédiaire entre la population et le gouvernement. En dépit de la volonté du gouvernement de la ville de mettre en place, en 1998, des élections démocratiques pour élire les représentants des habitants des *villas* (*delegados*), les partis politiques, tous sans exception, continuent à entretenir des relations « incestueuses » avec les *punteros*. Ce sont eux qui ont la haute main sur les registres du recensement, de telle sorte que la population a pris l'habitude de faire valoir ses droits non pas auprès des institutions en charge de la question mais auprès du *puntero*, l'intermédiaire politique qui a accès aux ressources[40].

38 *Página 12,* « Viviendas ocupadas y conflicto en la zona del Bajo Flores porteño », 15 avril 2007 ; Entretien avec Claudio Freidin, directeur de l'IVC de 2005 à 2007, Buenos Aires, septembre 2009.

39 Depuis le début du siècle dernier, les partis politiques ont une présence forte dans les quartiers pour y gagner des voix. Le personnage du *puntero* est un personnage essentiel car il est l'intermédiaire entre les autorités, les institutions et les habitants. Les *punteros* ont tous des parrains politiques. Les espaces populaires sont fortement traversés par les conflits politiques qui ont été activés par les politiques sociales « territorialisées ».

40 « Le président de la *junta vecinal* (*el puntero*) prélevait la dîme (*cobrava*) sur toutes les entreprises de service que les services sociaux de la CMV envoyaient dans la villa », Entretien avec Juan Vitale, employé de la CMV entre 2000 et 2002, Buenos Aires, septembre 2009.

La production d'épisodes de violence collective est un mode d'action des *leaders* pour conserver leurs pouvoirs sur les quartiers et les ressources qui y sont associées et empêcher les autorités d'intervenir dans la *villa*. Ces « producteurs de violence » logés au sein même des partis politiques promeuvent les invasions de logements pour asseoir leur emprise. Comme le signale Javier Auyero (2007), ces rapports révèlent la force des interactions entre l'*establishment* politique, les activistes de base et la police.

Conclusion

La séquence politique tumultueuse ouverte par la crise institutionnelle de 2001 n'est toujours pas fermée en Argentine. Buenos Aires est régulièrement secouée par de violents conflits pour défendre une place dans la ville. La grande visibilité du « politique » dans la capitale argentine rend plus apparentes des situations conflictuelles communes à l'ensemble du continent. L'analyse des conflits autour du logement éclaire ainsi un certain nombre d'évolutions caractéristiques des formes contemporaines de gouvernance des villes latino-américaines : la tension entre légitimité et légalité, et la frontière poreuse entre légal et illégal (Duhau et Giglia, 2008).

Le recours aux tribunaux a pu apparaître au début de cette période comme un moyen de déminer les conflits, en les canalisant dans des procédures formelles et pacifiques, ainsi qu'en « dépolitisant » leur résolution. Pourtant, le droit apparaît aujourd'hui comme un domaine particulièrement contesté en raison des contradictions de corpus normatifs produits par des acteurs institutionnels concurrents, et de la sensibilité de la jurisprudence aux interventions de l'acteur populaire. La tension entre légitimité et légalité est le premier facteur d'évolution des « règles du jeu urbain » (Bourdin *et al.*, 2006). Aux yeux des mouvements urbains, l'occupation est source de droits sur le terrain occupé. Les mobilisations et les conflits qui s'ensuivent ont comme objectif l'actualisation de ces droits et leur validation définitive. Les procédures de régularisation assurent ce passage entre ce qui est légitime (l'occupation) et ce qui est désormais légal. La « *radicación* » des *villas* témoigne que ce processus est toujours à l'œuvre à Buenos Aires. On observe que la création de nouveaux droits se poursuit maintenant par l'affirmation d'un lien entre l'occupation d'un lieu et un droit de regard sur le devenir des parcelles attenantes. Cette revendication n'est d'ailleurs pas le monopole du mouvement des occupants « illégaux », mais est largement partagée par des associations de *vecinos* et de propriétaires. Elle explique aussi la réussite de l'écologie politique au sein du mouvement urbain. La thématique de l'environnement permet de déplacer le débat du terrain défavorable du droit de propriété à celui encore flexible de la nouvelle législation environnementale. Cette stratégie de contournement et de sélection des registres juridiques est encore plus apparente dans le cas des mobilisations animées par les associations de défense des droits de l'homme. En Argentine comme dans le reste de l'Amérique latine, de nombreuses équipes de juristes se sont attachées à étendre la conception locale des droits de l'Homme, une fois la transition politique achevée. Le recours à ce *corpus* juridique universaliste a ainsi permis de débloquer un certain nombre de conflits, en mettant l'acteur public face à ses contradictions et en lui demandant d'agir en accord avec ses engagements préalables. Dans ce contexte nouveau, la judiciarisation des conflits apparaît comme une alternative pertinente pour des mouvements souvent épuisés par des années de mobilisations infructueuses. Elle n'a pas pour autant simplifié la géographie des conflits de la capitale argentine. D'une part, la voie des tribunaux est aussi ouverte à l'acteur public, qui ne se prive pas de l'utiliser pour défendre le droit de propriété contre la légitimité informelle des *okupas*. D'autre part, la mise en compétition des différents registres juridiques pose le problème de leur champ d'application et de leur préséance. Quel droit l'emporte dans les conflits urbains ? Le droit « humain » à un logement digne des occupants illégaux ? Le droit à la propriété du propriétaire originel de la parcelle ? Ou le droit des voisins à veiller sur l'usage final de leur environnement ? Cette situation débouche ainsi sur un traitement au cas-par-cas des conflits résidentiels, et sur une jurisprudence contradictoire, souvent dépendante de la personnalité des juges chargés de chaque affaire.

Les catégories et les découpages qui structurent la « politique du logement » à Buenos Aires sont tout aussi malléables et sont l'enjeu de la confrontation entre acteurs publics et acteurs sociaux. La définition de la frontière entre légalité et illégalité est au centre des conflits sur le logement. Le pouvoir des autorités publiques se manifeste par un certain nombre d'actes en apparence administratifs, mais en fait essentiels pour le jeu politique local : le recensement des bénéficiaires éventuels des programmes étatiques, la délimitation des périmètres d'intervention d'institutions comme l'IVC ou la Corporación Sur, ou la classification des formes diverses d'habitat informel de la ville. Dans une situation de pénurie durable, l'intégration ou l'exclusion de ces dispositifs est un puissant levier d'encadrement des mouvements urbains par les différentes composantes de l'appareil d'État. Cette mécanique perverse entretient d'ailleurs le déficit de logements, en encourageant la temporisation afin de maintenir les rapports clientélistes de subordination. Toutefois, les groupes organisés de sans-logis et de mal-logés ne se contentent pas d'être les victimes passives de ces dispositifs. Leurs mobilisations ont comme objectif de faire pression sur l'acteur public pour déplacer le curseur entre légalité et illégalité. Elles ont comme cible l'activité de catégorisation de l'État : selon quels critères définir l'allocation des rares aides au logement ? Comment échapper à l'appellation précaire de « nuevo asentamiento urbano », pour bénéficier de la classification désormais protectrice de « villa » ? Les pratiques courantes du coup de force, de l'invasion et de la violence sont ainsi une tentative de dégripper ce mécanisme en introduisant de l'urgence dans des conflits désormais chroniques. Néanmoins, les marges d'action du mouvement urbain se réduisent comme peau de chagrin, au rythme de l'avancée du front immobilier dans les espaces longtemps réservés au logement populaire. Le Sud de Buenos Aires avait été un espace de tolérance pour les formes informelles et/ou illégales d'habitat populaire. Celles-ci sont désormais concurrencées par des usages légaux de l'espace, et notamment par l'extension de l'activité immobilière vers les quartiers touristiques et résidentiels de San Telmo, de La Boca et de Barracas. Il convient en effet de rappeler que les conflits urbains étudiés ont lieu dans une métropole engagée dans la mondialisation. Le dynamisme de l'activité immobilière répond de plus en plus à une demande internationale. Les niches les plus porteuses lui sont ainsi destinées : hôtellerie classique, appart-hôtels et tours *premium* pour investisseurs étrangers. Si l'implantation de ce type d'investissement est sélective et concentrée dans une poignée de sites (Palermo, Puerto Madero), ses impacts se font sentir sur l'ensemble de la métropole, contribuent à une revalorisation du foncier et éveillent de nouvelles convoitises pour le contrôle et l'appropriation du territoire métropolitain. À Buenos Aires comme dans les autres capitales latino-américaines, la réponse à cette dernière question – qui s'approprie l'espace – est plus que jamais le principal enjeu de la gouvernance métropolitaine.

Références bibliographiques

Aboy, R., « El 'derecho a la vivienda'. Opiniones y demandas sociales en el primer peronismo », in *Desarrollo Económico*, Vol. 44, n° 174, Jul-Sep. 2004, p. 289-306.

Auyero, J., *La zona gris : violencia colectiva y política partidaria en la Argentina contemporánea*, Buenos Aires, Siglo Veintiuno Editores, 2007.

Baer, L., *El mercado de suelo formal de la ciudad de Buenos Aires en su contexto metropolitano. Dinámicas de precios de terrenos, desarrollo inmobiliario y acceso a la vivienda en la década de dos mil*, Buenos Aires, Tesis de doctorado, Facultad de Filosofía y Letras, UBA, 2011.

Bourdin, A., Lefeuvre M.-P., Melé, P. (dir.), *Les règles du jeu urbain. Entre droit et confiance*, Paris, Descartes et Cie, 2006.

Carman, M., *Las trampas de la cultura*, Buenos Aires, Editorial Païdos, 2006.

Carré, M.-N., *Trier et récupérer à Buenos Aires*, Master 2, ENS-Lyon, 2008.

Centro de Estudios para el Desarrollo Económico Metropolitano, *Situación del mercado inmobiliario en la Ciudad de Buenos Aires. Características de la oferta de unidades residenciales y no residenciales*, Buenos Aires, CEDEM, Cuadernos de Trabajo n° 10, 2009, 80 p.

Clichevsky, N., Prévôt-Schapira, M.-F., Schneier, G., *Loteos populares, sector inmobiliario y gestión local en Buenos Aires*, Buenos Aires, Cuadernos del CEUR, 1990.

Defensoria del Pueblo de la Ciudad de Buenos Aires, *Informe sobre los desalojos y la crisis de la vivienda en Buenos Aires*, Buenos Aires, 2007, 45 p.

Del Río, J.-P., *Política de vivienda y acceso a la ciudad. Las tierras y los proyectos urbanos en el Conurbano Bonaerense*, Infohábitat-UNGS, Mimeo, 2009, 20 p.

Di Virgilio, M.-M., Rodriguez, M.-C., « Buenos Aires, una ciudad sin techo », *Voces en El Fenix*, año 4, n° 22, Marzo 2013, p. 98-104.

Di Virgilio, M.-M., *Trayectorias residenciales y estrategias residenciales de sectores populares y medios en Buenos Aires*, Buenos Aires, Tesis para acceder al grado de doctor en Ciencias Sociales, UBA, 2007.

Duhau, E., Giglia, A., (eds), *Las reglas del desorden. Habitar la metropóli*, Mexico, Siglo XXI, 2008.

Elias, N., Scotson, J.-L, *Logiques de l'exclusion. Enquête sociologique au cœur des problèmes d'une communauté* (1965), Paris, Fayard, 1997.

Herzer, H. (org.), *Con el corazón mirando al Sur. Transformaciones en el Sur de la Ciudad*, Buenos Aires, Espacio Editorial, 2008.

Lussault, M., *De la lutte des classes à la lutte des places*, Paris, Grasset, 2009.

Melé, P., « Pour une géographie des conflits urbains de proximité en Amérique latine », *Géocarrefour*, Vol. 87/1, 2012, p. 3-12.

Oszlak, O., *Merecer la ciudad. Los pobres y el derecho al espacio urbano*, Buenos Aires, Humanitas-Cedes, 1991.

Otsuni, F., Políticas habitacionales y escenarios locales. Aproximaciones a la implementación del programa federal de construcción de vivienda en la Ciudad de Buenos Aires, Buenos Aires, tesis de maestría, UBA, 2009.

Prévôt-Schapira, M.-F., « Buenos Aires, mondialisation et nouvel ordre politique », *Hérodote*, n° 101, 2001/2, p. 122-152.

Prévôt-Schapira, M.-F., « From Utopia to Pragmatism : The Heritage of Basismo in Local Government in the Greater Buenos Aires Region », *Bulletin of Latin American Research*, Vol. 18, No. 2, Special Issue : Social Movements and Religious Change (Apr., 1999), p. 227-239.

Prévôt-Schapira, M.-F., « La cuestión de la vivienda social en Buenos Aires y México. Lógicas institucionales y trayectorias metropolitanas », in Alba, C., Labazée, L. (coord.), *Metropolización, transformaciones mercantiles y gobernanza en los países emergentes. Las grandes ciudades en las mutaciones del comercio mundial*, México, El Colegio de México/Instituto de Investigaciones para el Desarrollo (IRD), (à paraître).

Privitellio, L., Romero, L.-A., « Organizaciones de la sociedad civil, tradiciones cívicas y cultura política democrática : el caso de Buenos Aires, 1912-1976 », Mar del Plata, *Revista de Historia*, año 1, n° 1, 2005, http://www.unsam.edu.ar/escuelas/politica/centro_historia_politica/material/privitelio.pdf

Royo, L., Las políticas de vivienda en la ciudad de Buenos Aires desde la perspectiva de los derechos humanos, Mimeo, 2011, www.derhuman.jus.gov.ar/conti/.../royo_mesa_2.pdf

Sabatini, F., Brain, I., « La segregación, los guetos y la integración social urbana : mitos y claves », *Revista EURE*, n° 103, 2008, p. 5-29.

Sindicatura General de la Ciudad, *Diagnóstico Institucional : Asentamientos Precarios, Villas, NHT, Inmuebles intrusados, Barrios Municipales y Complejos habitacionales*, Buenos Aires, Informe Especial UPE, n° 3, Sindicatura de la Ciudad, Mimeo, 2007, 85 p.

Smith, N. « Toward a theory of Gentrification. A Back to the City, Movement by Capital, not People », *Journal of the American Planning Association*, Vol. 45, Issue 4, 1979, p. 538-548.

Verbitsky, B., *Villa miseria, también es América*, Buenos Aires, Kraft, 1957.

Verger, P., *Une politique publique sous tension. Les incertitudes du* Programa de Autogestión para la Vivienda *(PAV) à Buenos Aires*, Paris, Master 2R, octobre 2012.

Lutte des places : Manifestation des habitants contre les expulsions et pour l'urbanisation de la Villa 31bis (projet de loi 2913). Les manifestants portent un drapeau aux couleurs de l'Argentine et des peuples indigènes. Cliché : Pablo Vitale, 23/04/2009

Monoblocks du grand ensemble Comandante Luis Piedrabuena (quartier de Lugano) construit lors de la seconde étape 1975/1980 pour reloger les habitants de la villa 15 connue sous le nom de *Ciudad Occulta*, dans le cadre du Plan Alboradora d'éradication des villas de emergencia. Cliché : Pablo Vitale, 19/09/2011

**Boom immobilier à Palermo Hollywood. Les tours jumelles Mirabalia.
Début de la construction des tours jumelles Mirabilia, avec le panneau d'information qui présente le projet de 45 étages (130 m de hauteur) avec amenities dans une zone en voie de gentrification.
Cliché, Serge Schwartzmann, 14/08/2006**

Trouver une place dans la ville. Nouveau bidonville (NAU)
Pedro Mendoza, sous les piliers de l'autoroute La Plata –Buenos Aires, dans le quartier de la Boca. Cliché Pablo Vitale, 18/12/2009

Coopérative autogérée EMETELE -Monteagudo (Parque Patricios) dans le cadre de la loi de 341 construite par le Movimiento territorial Liberación (MTL). Les 360 logements ont été inaugurés en 2007. Cliché : La Teja, el blog de la vivienda popular, http://lateja.wordpress.com/

Deuxième partie

Globalisation et construction métropolitaine

Mexico : de la ville moderne à la ville en cours de dé-modernisation

Catherine Bidou-Zachariasen

IRISSO Paris Dauphine UMR 7170

Le propos de cet article est d'analyser les implications du processus de métropolisation qui a marqué la ville de Mexico, couramment admise au rang de « ville globale ». Cette dimension post-moderne que l'agglomération est censée avoir acquise sera interrogée à la lumière de son parcours historique récent. Pour ce faire, nous nous proposons d'exposer l'évolution de la ville au cours des dernières décennies à partir d'une grille de lecture d'inspiration régulationniste, la métropolisation étant considérée comme la traduction spatiale de la globalisation des économies et des mutations des systèmes productifs (Bourdeau-Lepage *et al.*, 2011).

On périodisera de la façon suivante : la période du « fordisme périphérique » des années 1950 aux années 1980, le tournant libéral des années 1980-1990, puis Mexico ville globale du 21e, mais également métropole en cours de dé-modernisation.

L'intérêt de cette approche est d'essayer de tenir à la fois l'évolution urbaine proprement dite, l'évolution de sa structure productive et de sa structure sociale, rapportant l'une à l'autre.

Nous rappellerons les grandes caractéristiques de la structure productive de ces différentes périodes et de ses effets sur la forme de la ville. Mais nous prendrons aussi en considération la question du logement social et de la façon dont elle se pose dans chaque période, car elle est un bon analyseur des changements de paradigmes urbains.

Le développement de la ville moderne

La zone urbaine de Mexico[1] a connu dans la deuxième partie du 20e siècle une croissance sans précédent de sa surface bâtie et de sa population[2], essentiellement alimentée par les migrations en provenance des zones rurales. Dès les années 1940-1950 le développement industriel de la ville avait attiré des vagues de plus en plus importantes de migrants originaires de régions rurales surpeuplées et très pauvres. Elle était devenue une grande ville industrielle[3]. Dans les décennies 1950 à 1970 le modèle de développement qui prévalait dans le pays a été assez justement désigné sous le terme de « fordisme périphérique » (Lipietz, 1984) : produire en interne pour une consommation en interne. On désignait aussi ce modèle de production : « substitution aux importations ». Pour intégrer cette nouvelle main-d'œuvre dans cette structure productive de type industriel, il allait falloir la loger, ou qu'elle trouve à se loger. Pour les pouvoirs publics la question du logement avait représenté une question cruciale.

Dans les premières décennies de la forte croissance urbaine, les premières vagues de migrants sont venues réinvestir l'habitat ancien dégradé du centre-ville historique, délaissé par ses anciens habitants puis divisés en pièces unifamiliales (*vecindades*).

Mais cette formule d'accueil fut rapidement saturée (d'autant plus que des réglementations comme la « congelación de renta[4] » en 1948 participèrent de la dégradation des conditions d'habitat). Une deuxième modalité de logement pour les nouveaux arrivants en ville a consisté en l'invasion de terrains en périphérie urbaine et l'autoconstruction.

Cette forme d'accès au sol urbain que représente l'auto-construction progressive, sur des terrains envahis illégalement, est demeurée dominante durant des décennies, pour les groupes sociaux exclus du marché formel. Au cours des années les pouvoirs publics allaient progressivement

---

1 Désignée sous le sigle ZMVM, la *Zona metropolitana del Valle de México* est composée du Distrito Federal (DF) de Mexico, la capitale nationale, divisé en 16 arrondissements (*delegaciones*), noyau central de l'aire urbaine, et 27 communes (*municipios*) de l'état de Mexico et 2 de l'État de Hidalgo. Chaque entité administrative a ses propres lois, normes et plans d'urbanisme, ce qui complique sa gouvernance (Pradilla Cobos, 2005 ; Duhau, 2006). Le DF a un gouvernement dirigé par la gauche, l'état de Mexico par la droite.

2 La population de l'agglomération a été multipliée par 10 entre 1940 et 2006, passant d'un peu moins de 2 millions d'habitants à un peu moins de 20 millions, tandis que la surface urbanisée était multipliée par 13 passant de 117 km^2 à 1 500 km^2.

3 Ce qui ne signifie pas que le secteur industriel avait pu absorber l'ensemble de ces migrants qui furent nombreux à développer des activités informelles telles le commerce ambulant (Monnet, 2006, 2007) très présent au demeurant dans toutes les grandes villes d'Amérique latine.

4 Le blocage des loyers.

régulariser ce type d'habitat à travers la viabilisation des voies qui s'étaient créées, la reconnaissance de propriété aux habitants constructeurs, etc. La reconnaissance par l'État du « droit de propriété » des occupants, représenta à l'époque une importante ouverture vers la « ville moderne » dont ils pouvaient en tant qu'habitants réguliers profiter des services publics, les libérant des liens de soumission avec les « *leaders* communautaires » (Azuela, 1995). C'est ainsi que des pans entiers d'« habitat consolidé », constitué de cette façon dans les années 1960-1970, se sont progressivement intégrés au reste de la ville. On citera en exemple le *municipio* de Nezahualcoyotl à l'est de la ville, qui fut l'un des plus gros quartiers d'habitat spontané, bâti sur un ancien lac desséché, et que rien ne distingue plus aujourd'hui des quartiers populaires traditionnels.

Si une majeure partie de l'intégration résidentielle des migrants s'est faite par l'invasion de terres et l'autoconstruction, les pouvoirs publics ont abordé la question du logement à travers différents types de politiques plus volontaristes. À l'instar des pays connaissant des régimes d'accumulation fordiste, si ce n'est à la même échelle, le Mexique a vu dans ces années-là se développer l'intervention publique dans le secteur du logement. Des organismes publics (fédéraux ou municipaux) furent créés à cette fin, pour les différents types de ménages (salariés du privé, du public, travailleurs indépendants, etc.) ainsi que différents types de formule d'habitat proposé (*vivienda terminada, vivienda progressiva, terreno con servicios*, etc.). Des institutions comme Infonavit (collecteurs des fonds des entreprises pour leurs salariés) ou Fovisste (pour les employés du public) en furent des principaux acteurs, signifiant la dimension d'inspiration fordiste du modèle de développement qui prévalait alors.

Le premier grand ensemble social (« multifamiliar » Miguel Alemán de 1 080 logements) a été construit à la fin des années 1940 au sud de la ville. D'autres grands ensembles, (entre 900 et 12 000 logements) de ce type furent édifiés jusque dans les années 1970. Le plus connu Nonoalco-Tlatelolco de 12 000 logements, remplaçant une zone centrale de logements insalubres qui fut expropriée. Cet ensemble a été partiellement détruit lors du tremblement de terre de 1985.

Des terrains centraux furent aussi récupérés pour du logement social en 1986-87 (après le séisme). À cette période furent édifiées de véritables villes dans la ville, la plus représentative étant sans doute l'ensemble El Rosario, situé à la limite du DF et du *municipio* de Tlalnepantla (nord-ouest du DF). C'est d'ailleurs dans ces périphéries Nord (ouest et est) que furent édifiés la majorité des « grands ensembles » de cette époque, marqués par l'influence des expériences européennes et les propositions de Le Corbusier. Les logements y ont été la plupart du temps proposés en accession à la propriété.

De façon générale, selon la tradition corporatiste qui caractérisait les relations entre l'État et la société civile, les demandes de logements ne pouvaient se faire individuellement mais par l'intermédiaire d'un leader social. Ce modèle facilita l'accès au logement de familles très pauvres, mais entretint aussi des pratiques de corruption et de spéculation de la part d'un certain n'ombre d'acteurs impliqués dans le processus.

Même s'il s'est développé de façon importante à Mexico[5], en comparaison d'autres pays d'Amérique latine, le logement social proprement dit de cette période n'a couvert qu'une part limitée des besoins. À la fin des années 1980, il représentait dans les 10 % à 15 % du parc (Tomas, 1995) – tandis que les quartiers d'habitat spontané et consolidé en représentaient 60 %. Mais le modèle d'intervention publique que ce secteur a représenté a été symboliquement plus important que son développement effectif.

On peut estimer qu'au tournant des années 1980, Mexico était devenue une grande ville moderne qui était parvenue à intégrer, dans le logement et dans le travail, des millions de migrants ruraux. L'éducation primaire était généralisée, l'éducation secondaire et supérieure concernait une part importante des ménages de l'agglomération. Les services publics en général constituaient des secteurs d'activité en expansion. Durant ces décennies de nombreux équipements publics de santé et d'éducation virent le jour. Un système de transport moderne de métro avait été construit à la fin des années 1960, qui couvrait alors une part importante de l'agglomération. Le réseau de transports publics commençait cependant à devenir trop restreint pour une métropole si étendue.

Pour une part croissante de la population, l'informalité dans le logement puis dans le travail semblait ne devoir représenter qu'une étape. Un des indicateurs les plus marquants de ce processus de modernisation était qu'à cette date le salariat intégrait une part croissante de la population active – plus de 80 % – (Pacheco 2004, 2006). Les fréquents itinéraires de mobilité sociale ascendante, que de nombreux travaux ont souligné (Cortés, Escobar Latrapi, 2005 ; Zamorano Villareal, 2007), représentent un autre indicateur de ce processus de modernisation de Mexico durant cette période.

De la ville moderne à la ville globale

L'Amérique latine a connu dans les années 1980 une crise de la dette externe qui eut des effets profonds sur les économies et sociétés de ces pays. Au Mexique des réformes structurelles très radicales, exigées par les organismes internationaux (FMI, Banque mondiale, etc.) furent mises en œuvre. Le pays s'est ouvert aux marchés mondiaux.

5 Infonavit en trente ans a procuré un logement à plus de 1,5 million de familles.

« Le marché du travail a été dérégulé, le secteur financier libéralisé, les réformes agraires et foncières stoppées, les protections douanières démantelées, les entreprises publiques privatisées, les salaires et les transferts sociaux réduits. La mondialisation de l'économie mexicaine n'est pas « tombée du ciel », elle s'est faite sous la pression des acteurs globaux mais a aussi correspondu à des choix stratégiques des élites politiques et économiques mexicaines » (Parnreiter, 2002). Cet auteur reconnaît qu'un certain nombre d'indicateurs ont été d'ailleurs positifs comme les investissements étrangers. Mais la croissance du PIB global s'est avérée plus lente que lors de la période de substitution aux importations, tandis que le PIB par habitant stagnait.

Parmi les grandes villes mexicaines, la ville de Mexico elle a été la plus affectée par cette crise et l'ouverture du pays à l'économie mondiale. Leurs répercussions marquèrent profondément la sphère productive, la structure de l'emploi, mais aussi la forme de la ville. De nombreuses entreprises industrielles, prises dans la tourmente de la concurrence mondiale, fermèrent leur porte et libèrent du terrain pour la construction immobilière dont purent bénéficier de grands groupes nationaux mais aussi étrangers. Le tremblement de terre de 1985 détruisant une partie du centre, accéléra cette reconversion urbaine et multiplia les opportunités d'immobilier de prestige et de bureaux.

Si l'aire urbaine de Mexico a connu à partir de ces années-là, une désindustrialisation continue libérant de nombreux terrains, c'est aussi des terrains jusqu'alors laissés en déshérence (de type décharge) qui furent encore récupérés pour la promotion immobilière. Celui-ci devenait un secteur économique en pleine expansion. La ville accueillait de plus en plus de sièges sociaux de grandes firmes implantées internationalement (mexicaines et étrangères).

La reconversion tertiaire de la ville se lit à travers la montée des secteurs dits « avancés » que constituent la finance, les assurances, la publicité, les nouvelles technologies, les services juridiques, etc., mais aussi à travers l'apparition d'imposants bâtiments de grande hauteur dans certains secteurs du centre mais aussi dans des « *subcentros* », périphériques ou péricentraux, quartiers d'affaires et de résidences de luxe que rien ne distingue de leurs homologues d'autres villes globales.

Des centres tertiaires avec des tours ultra-modernes et des centres commerciaux somptueux sont érigés dans des zones périphériques. Le quartier de Santa Fe, véritable « enclave globale » (Perez Negrete, 2009) à une vingtaine de kilomètres à l'ouest de la ville, a été imaginé par ses concepteurs pour illustrer la nouvelle articulation du pays et de la ville à l'économie mondiale. Ce quartier, qui constitue une véritable ville audelà de la ville, abrite dans ses tours à l'architecture dernière génération, les activités de haute technologie et les services avancés qui caractérisent les villes globales. Les résidents et collaborateurs de ces activités locales ont à leur disposition les hôtels et restaurants les plus luxueux, les *shopping centers* offrant toute la diversité des produits de luxe, les clubs de sports et de loisirs qui n'ont rien à envier à leurs homologues nord-américains, des universités privées de très haut niveau, etc.

Des systèmes autoroutiers relient ces îlots post-modernes entre eux et aux quartiers résidentiels qui s'étendent dans les périphéries les plus lointains, organisant la ville selon une forme de plus en plus « insulaire » (Duhau, Giglia, 2012). Ces nouveaux quartiers d'affaires fonctionnellement plus reliés à un extérieur mondial que régional, témoignent dans leur extraterritorialité de l'appartenance de la ville de Mexico au réseau des « villes globales ».

Qu'est-ce qu'une « ville globale » ?

En 1991 Saskia Sassen publie *La Ville globale* (Éditions Descartes et Cie, 1996). Elle y analyse la façon dont la nouvelle économie, liée à la montée des services hyperspécialisés, ou services avancés, a transformé certaines grandes agglomérations qui sont désormais plus arrimées à l'extérieur et au mondial qu'à leurs arrière-pays, comme pouvaient l'être les villes de la période industrielle. Ces villes fonctionnent en réseaux, entre elles et au niveau mondial. La thèse de Saskia Sassen concernant les villes globales était qu'elles avaient tendance à générer des structures sociales dualistes, car ces villes abritaient de plus en plus de ménages et d'individus très éduqués et aux revenus très élevés, mais en même temps des masses de petits travailleurs manuels (*sweat workers*) de services peu qualifiés. Cette thèse de la dualisation a souvent été critiquée et des auteurs ont montré que pour des villes comme Londres ou Paris, la structure sociale n'était pas allée vers le dualisme (Préteceille, 1995 ; Hamnett, 1995).

Si au début des années 1990, date de parution du livre, Sassen ne repérait encore que quelques villes globales, dont 3 « vraies » (New York, Londres, Tokyo) et deux autres aux profils approchant (Paris, São Paulo), la liste s'est allongée depuis. Il existe différents systèmes de classification hiérarchique. Sassen (1991) et Taylor (1995), partent du même point de départ : la production de services avancés est le meilleur moyen de saisir le niveau de globalité d'une ville.

Les chercheurs du GaWC[6] (*Globalization and World Cities Study Group and Network* – Département de géographie – Université de Loughborough) ont adopté une méthode fondée sur les localisations d'un panel de firmes opérant dans le secteur de services supérieurs (avancés). Elles ont été sélectionnées pour leur place de *leaders* à l'échelle mondiale dans quatre domaines : publicité (*advertising*), finance (*banking*), services

6 http://www.lboro.ac.uk/gawc/

juridiques (*legal services*), expertise comptable et audit (*accountancy*). Les chercheurs (J.V. Beaverstock, R.G. Smith et P.J. Taylor) considèrent qu'une ville est globale si ces quatre branches d'activité y sont bien représentées (siège social ou succursales principales). Les villes sont ensuite classées, pour chacun des quatre domaines. À partir de ce classement, le GaWC a attribué une note, sur une échelle de 1 à 12 (maximum), et a réparti les villes dans différentes catégories d'après la note obtenue.

Parmi les 122 villes étudiées, 55 font partie des trois premières catégories identifiées par les chercheurs : 10 villes dans la catégorie alpha, 10 également dans la catégorie bêta et 35 dans la catégorie gamma.

Villes mondiales alpha (note de 10 à 12)	12 – Londres, Paris, New York, Tokyo 10 – Chicago, Francfort, Hong Kong, Los Angeles, Milan, Singapour
Villes mondiales bêta (note de 7 à 9)	9 – San Francisco, Sydney, Toronto, Zurich 8 – Bruxelles, Madrid, Mexico, São Paulo 7 – Moscou, Séoul
Villes mondiales gamma (note de 4 à 6)	6 – Amsterdam, Boston, Caracas, Dallas, Dusseldorf, Genève, Houston, Djakarta, Johannesburg, Melbourne, Osaka, Prague, Santiago, Taipei, Washington 5 – Bangkok, Beijing, Montréal, Rome, Stockholm, Varsovie 4 – Atlanta, Barcelona, Berlin, Buenos Aires, Budapest, Copenhague, Hambourg, Istanbul, Kuala Lumpur, Manille, Miami, Minneapolis, Munich, Shanghai

Selon Parnreiter (2002), Mexico est la 1re ville latino-américaine parmi les villes globales car elle est centre de services dans les 4 secteurs de services avancés (publicité, banque, services juridiques, expertise comptable et audit). São Paulo, l'est dans seulement 3 secteurs (publicité, banque, services juridiques).

Vers un « logement social de marché » ou l'illusion de la « modernité »

La transition économique de la ville vers la globalisation, la tertiarisation et le recul de l'intervention publique, allaient avoir une certaine répercussion dans l'évolution du secteur des politiques publiques en charge du logement social.

À partir des années 1990 et dans le grand mouvement d'ouverture et de libéralisation de l'économie, les organismes publics de logement populaire ont progressivement abandonné le rôle qui avait été le leur, devenant de simples opérateurs financiers et ne servant plus qu'à faciliter l'obtention de crédits pour les familles candidates. Pour la ville de Mexico, cette politique allait à l'encontre des politiques urbaines menées précédemment et qui prétendaient redensifier la zone centrale afin de contenir l'étalement urbain (politique désignée sous le vocable de « Bando 2 »[7]). Cette nouvelle politique, surtout impulsée au niveau national, a comme fondement la production massive de logements individuels « terminés » (Paquette Vassali, Yescas Sanchez, 2009).

Ce sont désormais les entreprises privées de construction (le plus souvent des grands groupes) qui prennent en charge toutes les étapes de la production de ce type de logement social, depuis l'achat du terrain, sa viabilisation, jusqu'à la construction. La nouvelle forme urbaine prédominante est celle de l'ensemble urbain de grande taille, sous forme de vastes lotissements constitués de très nombreuses petites maisons, répétées à l'identique selon un tracé viaire monotone, sur des terrains les moins chers et donc très périphériques. L'étalement urbain extrême qui caractérise ce type d'urbanisme est à l'opposé des recommandations des organismes internationaux invitant à la recherche de durabilité en matière d'urbanisme mais aussi des intentions affichées des politiques urbaines au niveau fédéral[8]. Ces nouveaux quartiers d'habitat populaire se sont en effet développés particulièrement dans la partie de l'agglomération située dans l'état de Mexico – qui n'appartient pas au même bord politique que le District Fédéral – où les pouvoirs publics se sont montrés moins exigeants en matière d'occupation du sol.

Les offres de logement de ce type sont cependant réservées aux seuls ménages estimés en état de rembourser et ne concerneront que les revenus supérieurs à 4 ou 5 salaires minimum Le « logement social de marché » concerne désormais des ménages rendus solvables par des aides publiques, mais laisse de côté la population la plus pauvre.

Ces quartiers peuvent donner l'illusion à leurs habitants d'accéder à un type d'habitat rappelant celui des classes moyennes, avec pour certains des murs d'enceinte et des portions de rues fermées, des petits jardins privés (Rodriguez Chumillas, 2006). Mais la liaison avec les zones fonctionnelles de la vie quotidienne (travail, commerces, administrations, etc.) sera pour eux beaucoup plus problématique

7 La politique du *Bando 2* avait pour objectif la redensifation des quatre arrondissements (*delegaciones*) du centre historique dont la population diminuait depuis des décennies et où le bâti était très détérioré. Des financements et autorisations de construction furent attribuées à des opérations programmées dans l'hypercentre, tandis que dans les autres arrondissements du District Fédéral (DF) tous les nouveaux programmes furent bloqués, ce qui participa à l'extension urbaine vers les périphéries et à l'étalement urbain (Paquette Vassili ; Sanchez, 2009). Cette politique de redensification du centre historique n'aboutit d'ailleurs pas aux résultats escomptés.

8 cf. Conavi (Comisión Nacional de Vivienda), Programa nacional de vivienda 2007-2012 : Hacia un desarrollo habitacional sustentable (www.cmic.org/.../vivienda/doc.../PNV_2007-2012).

car ils sont moins motorisés et les transports publics sont inexistants. Les temps de trajets pour le travail, souvent effectués en taxis collectifs et/ou minibus privés, sont extrêmes. Leurs coûts de revient sont aussi élevés. Le problème des transports est le corolaire de l'étalement urbain[9] et renforce les inégalités socio-spatiales.

La forme très stéréotypée de ces nouveaux ensembles urbains a parfois évolué au bout de quelques années. Les pertes d'emploi affectant des salariés réguliers comme la difficulté de faire face aux échéances de remboursement peuvent avoir contraint les familles à la recherche de nouvelles ressources financières. C'est ainsi que l'on voit fréquemment, ici un garage transformé en petit commerce, ou là le rez-de-chaussée d'une petite maison en salon de coiffure, tandis que pour compenser la surface d'habitation perdue on aura surélevé l'habitation, enfreignant tous les règlements de copropriété et d'urbanisme. Progressivement les habitants se réapproprient cette forme urbaine, en y réintégrant des opportunités d'économie informelle[10]. Cette évolution n'est pas sans rappeler celle des quartiers auto-construits de la période précédente, où les habitants rajoutaient des pièces complémentaires et développaient des activités économiques dans leur espace résidentiel (Duhau, Jacquin, 2008). Et alors que la ville informelle telle qu'elle s'était développée dans la deuxième partie du 20e siècle avait eu tendance à se normaliser en intégrant la « ville moderne », la portion la plus récente de l'agglomération que représentent ces quartiers périphériques de « logement social de marché » a retrouvé certaines formes « pré-modernes » qui la ramènent des décennies en arrière.

Tertiarisation, dé-salarisation et montée de l'informalité

Les traits majeurs de l'évolution économique de la métropole de Mexico et de la structure d'emploi, depuis la fin des années 1980 et les politiques dites d'ajustement structurel entamées dans les mêmes années sont :

- l'insertion économique dans la globalisation (avec croissance du secteur des services dits avancés – banques, assurances, TIC,

9 Cf. Coulomb, R., « Mobilités à México, quelques interrogations à partir de données récentes », intervention à « *Mégapoles, transport et mobilités* », le 22-07-2009. Le métro, dont la lente expansion depuis 20 ans s'est limitée à la ville centrale, ne concerne plus que 5 % des trajets motorisés quotidiens en 2007, contre 20 % en 1986. Les trajets en voiture concernent 29 % de ces trajets. Les 2/3 des habitants de la mégapole restent exclus de la ville « légale » des infrastructures, des équipements et des marchés de l'emploi formel (et informel) concentrés dans la zone centrale (texte PDF sur www.crevilles.org).

10 Visite à San Buenaventura avec M. F. Schapira (octobre 2011), quartier de 20 000 logements sur la commune d'Ixtapaluca, à l'extrême-est de l'agglomération, à plus de trente kilomètres du centre.

publicité, etc., mais aussi de secteurs moins avancés, comme la contrefaçon, le narcotrafic, etc.)

- la désindustrialisation et son corollaire la tertiarisation
- la désalarisation
- la désaffiliation sociale (ou *desincorporación*) à partir des deux phénomènes précédents qui correspond à la sortie du modèle du « fordisme périphérique » (et même si l'affiliation n'avait pas été un processus accompli)
- l'hétérogénéisation du marché du travail qui s'exprime par le renforcement de l'économie et du travail informels.

La montée du tertiaire liée mécaniquement à la chute du secteur industriel dans l'agglomération aurait pu correspondre à une modernisation de sa structure productive et de son emploi. Il n'en a rien été. Elle n'a pas été accompagnée de politiques publiques de reconversion vers une économie tertiaire. Les pouvoirs publics n'ont fait que soutenir l'accaparement des terrains libérés par la désindustrialisation par de grands groupes privés pour l'édification de centres commerciaux, bureaux, et résidences, en dehors de toute planification urbaine ou de programme urbanistique.

La désindustrialisation de l'agglomération s'est accompagnée d'une dé-salarialisation de la population active[11], que l'on peut analyser en termes de « démantèlement du rapport salarial fordiste » (Saiag, 2011). Cette chute du salariat qui s'est poursuivie dans la première décennie du XXIe siècle est en effet allée de pair avec une désaffiliation sociale et une forte croissante des emplois informels et des « auto-emplois ». Les emplois industriels sont passés de 40 % des emplois dans les années 1970 à 18 % en 2003 (Pacheco, 2004). Les emplois publics ont diminué, malgré une montée générale des emplois dans les services. Le secteur informel et le statut d'indépendant servent de refuge à la baisse du salariat qui s'est en outre précarisé.

La petite et moyenne industrie n'a pas eu les moyens humains ni financiers pour se reconvertir et se défendre dans le nouveau contexte d'économie ouverte. Les entreprises de types *maquilas* d'exportation s'étaient déplacées vers les frontières, les coûts d'agglomération (prix du foncier, rareté de l'eau, montée de la pollution, etc.) accélérant, comme dans le cas de beaucoup de grandes villes mondiales, la désindustrialisation. Mais contrairement à ce qui se passa dans de nombreuses villes modernes, la

---

[11] Le salariat qui progressait depuis 30 ans passe de 82 % de la population active de Mexico à 65 % entre 1979 et 1998 (Paccheco 2004) et contrairement à ce qui s'est passé dans les grandes villes des pays dits « du Nord », où il n'a pas régressé même s'il s'est précarisé.

reconversion vers l'économie tertiaire ne s'accomplit que dans certains secteurs liés à l'économie mondiale. Pourtant la ville de Mexico bénéficiait d'éléments qui auraient pu faciliter cette reconversion comme des universités et des centres de recherche, une population relativement éduquée, etc. (Pradilla Cobos, 2006).

La croissance du secteur des services s'est faite dans l'agglomération de Mexico de façon très polarisée. Elle a été engagée dans le secteur formel et moderne des entreprises financières et bancaires, dans les services spécialisés aux entreprises, dans le grand commerce et l'hôtellerie haut de gamme. Mais c'est majoritairement dans le secteur populaire qu'elle s'est développée (micro-entreprises, ambulantage, etc.), et selon un mode informel – même si l'informalité atteint aussi les grandes entreprises liées à l'économie mondiale. Ainsi la spécialisation tertiaire de l'économie métropolitaine, qui pouvait être interprétée au début comme un signe de modernisation, a acquis au cours des ans une dimension négative, qui s'exprime à travers l'appauvrissement d'une grande partie de sa population active ne bénéficiant plus d'aucune règlementation de la législation du travail, d'aucune assurance sociale.

Cette période des vingt dernières années s'est caractérisée pour la ville de Mexico par la montée en flèche du travail informel, la précarité, la flexibilité et la baisse l'emploi stable qui garantissait l'accès à la santé, l'éduction, les loisirs, etc. Une montée du travail des femmes, dans des conditions de grande précarité, mais aussi du travail des enfants a été soulignée ; 65 % de la population de la ville de Mexico peut être considérée comme pauvre (Ziccardi, 2004).

L'extension du secteur informel populaire se traduit encore par sa diversification. L'informel est devenu « une forme de vie » (Pacheco, 2004) alors qu'avant les années quatre-vingt, il représentait plutôt une étape – pour les migrants arrivant en ville – avant d'intégrer le secteur formel, « l'informel a maintenant un rôle plus social que productif » dans le sens où il est devenu une véritable « éponge à l'emploi » absorbant la chute de l'emploi dans le secteur formel. Il est devenu un « outil d'adaptation aux politiques d'ajustement structurel » (Lautier, 2004).

La proportion de l'emploi informel est plus élevée dans la ville de Mexico que dans la moyenne nationale et la mobilité sociale n'est plus qu'une « illusion » (Molina, Sanchez, 1999). L'informel concerne, selon ces auteurs, la moitié des emplois de la ville de Mexico (mais les deux tiers des nouveaux emplois créés). Cette montée de l'informel se traduit aussi par une prolifération des « petites unités économiques » (moins de 5 personnes) qui concernent environ 50 % de la population active. Dans ce nouveau paysage de l'emploi 46 % des ménages sont exclus de toute protection sociale.

Conclusion

Pendant la période du « fordisme périphérique », le modèle qui inspirait les acteurs publics de la métropole-capitale mexicaine et vers lequel il s'agissait de tendre, était construit autour de la stabilisation de l'emploi et de l'intégration sociale à travers le salariat et l'habitat formel ou régularisé.

Dans la dernière période, depuis l'inflexion néolibérale des années 1980, la dérégulation du marché du travail qui s'exprime dans la dé-salaristion et la montée du travail informel, semble, dans les représentations dominantes, comme aller dans le sens de l'Histoire. Le logement social à financement et administration publics apparaît aussi dans certains discours comme un modèle « dépassé ».

Mais l'informalité comme alternative à la dé-salarisation et à la fin du rapport salarial fordiste, mobilise la plupart du temps l'espace résidentiel (petit commerce à la maison, production domestique fabriquée à la maison, avec mise au travail des différents membres de la famille, y compris les enfants) engage une marchandisation, c'est-à-dire une « colonisation », des espaces et des temps de la vie quotidienne. Ce retour à la production dans l'espace domestique, où toute la famille est mobilisée, durant des horaires extensibles et pour des gains non garantis, correspond à une véritable régression historique.

Et alors que la régularisation des quartiers d'habitat spontané comme l'évolution des systèmes de normes et règles entourant le travail avaient semblé ouvrir les portes au modèle de la « ville moderne », l'informalisation rampante qui menace les quartiers modernes les plus récents d'habitat populaire, marque l'avènement d'une nouvelle forme urbaine.

C'est ce processus régressif de colonisation des espaces de vie domestique et de recours à la main d'œuvre familiale que nous désignons par l'expression de dé-modernisation. Rappelons que la mise en place d'une séparation entre les espaces de travail et les espaces de vie domestique – dans des espaces affectés, au sein d'ateliers et d'usines – ainsi que la mise en place d'horaires et de salaires garantis, avaient été obtenus en Europe à la suite de longues luttes sociales comme celles par exemple des ouvriers du textile en France, au 19e siècle[12].

La question à se poser : est-ce que l'ouverture à la mondialisation qui marque nettement la métropole, dans sa forme urbaine, comme dans le développement de certains secteurs économiques, va inéluctablement avec cette régression sociale ? Certainement pas.

[12] Cf. la révolte des Canuts à Lyon dans les années 1830.

Mais le système urbain de la métropole de Mexico fonctionne néanmoins aujourd'hui autour de ce principe de tendance à la confusion croissante des sphères de la production et de la reproduction qui caractérise ce processus de dé-modernisation.

Références bibliographiques

Azuel, A., « La propriété, le logement et le droit », *Annales de la Recherche Urbaine*, n° 66, 1995, p. 5-12.

Bourdeau-Lepage, L., Gaschet, F., Lacour, C., Puissant, S., « La métropolisation 15 ans après », *Cahiers du GREThA*, n° 13, 2011, p. 2-41.

Cortés, F., Escobar Latapi, A., « Movilidad social intergeneracional en el México urbano », *Revista de la CEPAL* n° 85, abril 2005, p. 15-40.

Duhau, E., Jacquin, C., « Les nouveaux ensembles de logement géants de Mexico, nouvelles formes de l'habitat social, cadres de vie et reformulations par les habitants », *Autrepart*, n° 3, 2008, p. 169-185.

Duhau, E., Giglia, A., « De la ville moderne aux micro-ordres de la ville insulaire. Les espaces publics contemporains à Mexico », *Espaces et Sociétés* n° 150, 2012, p. 15-30.

Hamnett, C., « Les changements socio-économiques à Londres, croissance des catégories tertiaires qualifiées ou polarisation », *Sociétés contemporaines* n° 22-23, juin/septembre 1995, p. 15-32.

Lautier, B., *L'économie informelle dans le tiers-monde*, Paris, Édition de la Découverte, Collection Repères, 2004.

Lipietz, A., « Le fordisme périphérique étranglé par le monétarisme central », *L'Actualité économique*, vol. 60, n° 1, 1984, p. 72-94.

Molina Ludy, V., Sanchez Saldana, K., « El fin de la ilusión, movilidad social en la Ciudad de México », *Revista Nueva Antropología*, junio, vol. XVI, n° 55, 1999, p. 43-55.

Monnet, J., « L'ambulantage, représentations du commerce ambulant ou informel et métropolisation », *Cybergeo* n° 355, octobre 2006 (ww.cybergeo.fr).

Monnet, J., « Le commerce de rue, ambulant ou informel et ses rapports avec la métropolisation : une ébauche de modélisation », *Autrepart*, n° 39/3, 2006, p. 93-109.

Pacheco Gómez Muñoz, M. E., *Ciudad de México, heterogénea y desigual, un estudio sobre el mercado de trabajo*, El colegio de México A. C., 2004, 246 p.

Pacheco Gómez Muñoz, M. E., « Informality : problem or simply a reality ? » *Urban Age Mexico City Conference*, 23-25 february 2006, www.urban-age.net.

Paquette Vassali, C., Yescas Sanchez, M., « Producción masiva de vivienda en la Ciudad de México : dos políticas en debate », *Centro-H*, n° 3, abril 2009, p. 15-26.

Parnreiter, C., « Mexico City : The making of a global city », in Sassen S. *Global Networks, Linked Cities*, NY, London, Routledge, 2002, p. 145-182.

Perez Negrete, M., « Santa-Fe, ¿Cómo se materializa la utopía de la transformación urbana ? », *Iberoforum*, vol. IV, n° 7, enero-junio 2009, p. 3-47.

Préteceille, E., « Division sociale de l'espace et globalisation », *Sociétés contemporaines*, n° 22-23, juin/septembre 1995, p. 33-68.

Pradilla Cobos, E., « Zona Metroplina del Valle de México, Megaciudad sin proyecto », *Ciudades*, n° 9, 2006, p. 83-102.

Rodríguez Chumillas, I., « Vivienda social latino-americana : la clonación del paisaje de la exclusión », *ACE*, vol. 1, n° 2, octubre 2006, p. 20-55.

Saiag, H, « Les pratiques financières des milieux populaires de Rosario (Argentine) à l'aune du démantèlement du rapport salarial fordiste », *Revue française de socio-économie* n° 8, 2011-2, p. 9-30.

Sassen, S., *The Global City : New York, London, Tokyo*, Paris, Descartes et Compagnie, 1996, [Princeton University Press, 1991].

Taylor, P.J., « World Cities and Territorial States : The Rise and Fall of their Mutuality », in Knox, Paul L. et Taylor, P.J. (eds.), *World Cities in a World-System*, Cambridge University Press, 1995, p. 48-62.

Tomas, F., « Tous propriétaires », *Annales de la Recherche Urbaine*, n° 66, 1995, p. 72-80.

Zamorano Villareal, C., « Los hijos de la modernidad : mobilidad social, vivienda y producción del espacio en la Ciudad de México », *Alteridades*, ano 17, n° 34, julio-diciembre 2007, p. 75-91.

Ziccardi, A., « Políticas de inclusión social de la Ciudad de México », Universidad Nacional de México (UNAM), 2004, www.biblioteca.clacso.edu.ar/ar/libros/.../16zicca.pdf.

Essor de l'économie populaire face à l'économie globale

Effets spatiaux à São Paulo[1]

Marina Regitz Montenegro

Docteure en Géographie, Universidade de São Paulo

L'analyse des dynamiques actuelles de l'économie populaire dans le centre de São Paulo et des relations qu'elle entretient avec le pouvoir public, renvoie à plusieurs réflexions. D'une part, il s'agit d'une zone tout spécialement porteuse des transformations récentes de l'univers du travail et de la consommation des classes populaires urbaines. Elle concentre en effet la plus grande densité d'emplois et la plus forte consommation de la métropole de São Paulo. D'autre part, le centre de la ville constitue le principal foyer de politiques publiques dites de « revitalisation », ce qui ne manque pas d'affecter les formes de dynamisme de toute l'économie populaire qui s'y trouve.

Nous nous proposons dans ce contexte, de discuter d'abord quelques changements récents dans les modes de consommation de la population de bas revenus telle qu'elle est prise en compte au Brésil, pour approfondir ensuite nos réflexions sur le travail et les perspectives de consommation des classes populaires à São Paulo, surtout dans le centre de la ville. On questionnera ensuite les relations établies entre l'État et les tenants de l'économie populaire dans ce même centre, considérant qu'elles relèvent d'une politique publique spécifique. Une attention particulière sera portée au rapport de force qui s'établit entre des agents aux pouvoirs d'influence inégaux sur les politiques urbaines. On identifiera les différents artifices juridiques et politiques impliqués dans ce rapport, ainsi que les privilèges et les dommages causés par un projet qui approfondit la situation oligopoliste de la ville. Et enfin, on tentera de s'enquérir d'un véritable projet de ville et de la nature de la gouvernance qui s'y pratique.

---

1 Traduction du portugais par Hélène Rivière d'Arc.

Transformations récentes dans les modes de consommation des classes populaires urbaines des grandes métropoles brésiliennes

Dans les dernières années, l'urbanisation a avancé au Brésil et les indicateurs de pauvreté ont baissé. La population urbaine est passée de 55,9 % en 1970 à 84 % des habitants en 2010, année au cours de laquelle on comptait déjà quinze villes de plus de un million d'habitants (IBGE, 2010). Une concentration croissante de la population dans les régions métropolitaines, constitue un autre processus remarquable. En 1991, 34,8 % de la population brésilienne résidait dans les régions métropolitaines, 36,2 % en 2010 (IBGE, 2010, *Observatório das Metrópoles*, 2011).

Urbanisation et métropolisation se conjuguent avec une réduction relative de la pauvreté dans le pays, ce qu'indiquent nombre de recherches. Il faut cependant faire attention au contenu des discours qui l'affirment. On soutient par exemple que pendant les dernières cinq années, près de 20 millions de Brésiliens seraient passés des classes D et E à la classe C[2]. Au-delà du caractère marchand que supposent ces désignations, le changement de « classe » résulte en grande partie de l'effet « augmentation du salaire minimum » pendant la dernière décennie. Il est passé de 151 *reais* en 2000 à 686 aujourd'hui (janvier 2013) (DIEESE). Sans oublier cependant que le salaire minimum en cours en 2011, soit 545 *reais* était loin du minimum nécessaire de 2 255 *reais* préconisé pour répondre aux besoins de base dans le pays (DIEESE, 2011)[3].

La réduction relative de la pauvreté découle aussi de l'impact des politiques fédérales de transfert de revenu, parmi lesquelles se détache le Programme *Bolsa Família* dont bénéficient 13 millions de familles (MDS, 2012). Les montants payés par le Gouvernement varient de 20 à 200 *reais* par mois et sont fonction du revenu mensuel familial et par tête et du nombre d'enfants d'adolescents et de jeunes[4]. Cet avantage représente un élément nouveau dans le budget d'une part importante de la population pauvre du pays et dans ses possibilités de consommation.

Par ailleurs, tandis que la pauvreté diminuait dans les zones rurales, elle est devenue un phénomène urbain et métropolitain. Au début de la

---

2 Selon la Fondation Getúlio Vargas, la classe C correspond à la couche de la population dont le revenu mensuel se situe entre 1064 *reais* (415 euros) et 4591 *reais* (1790 euros), la classe D est celle dont le revenu mensuel est entre 768 *reais* (300 euros) et 1064 ; et les revenus de la classe E sont au-dessous de 768 *reais*. Les classes À et B ont un revenu mensuel supérieur à 4591 *reais* (*Banco Central do Brasil*, 2012).

3 Ces valeurs équivalent à 58,6, 211,7 et 876,1 euros respectivement (*Banco Central do Brasil*, 2012).

4 Ces valeurs équivalent à 8,59 et 78,8 euros respectivement (*Banco Central do Brasil*, 2012).

décennie 1990, les strates rural, urbain et métropolitain concentraient respectivement 24,3 %, 44,5 % et 31 % de la pauvreté du pays. Après deux décennies, on remarque une forte réduction de la pauvreté dans les zones rurales et son augmentation dans les zones urbaines : en 2009, les strates rural, urbain et métropolitain en concentraient respectivement 15,5 %, 48,6 % et 35,9 % (IBGE/PNAD *in* Rocha, 2009)[5]. Il convient alors de faire ressortir les effets des politiques de transfert du revenu sur la réduction de la pauvreté dans les zones rurales, une fois que les avantages du programme *Bolsa Familia* ont été orientés en majorité vers les communes peu peuplées des régions Nord et Nord-Est, qui coïncident pour une grande part avec les zones rurales.

L'agglomération croissante de la population dans les grandes villes a ainsi été accompagnée par la concentration de la pauvreté dans les métropoles. Cependant, cette même population métropolitaine qui s'appauvrit a participé de façon continue à un type de consommation moderne. Les classes populaires se trouvent aujourd'hui de plus en plus intégrées au marché de la consommation, tout en adoptant des stratégies diverses pour s'approvisionner en produits de première nécessité, mais aussi en biens durables et non durables. L'on constate actuellement non seulement une multiplication des demandes mais aussi des pratiques de consommation. Les dynamismes de l'économie des pauvres deviennent de plus en plus complexes ; il faut avoir en vue la formation de ce *scenario* paradoxal au sein duquel l'expansion de la consommation parmi les couches de bas revenus va de pair avec l'avancée de l'appauvrissement dans les grandes villes.

L'augmentation de l'offre de crédit (Silveira, 2009 ; Sciré, 2009) exerce un rôle central dans cette expansion de la consommation des couches populaires mais elle s'accompagne d'une forte avancée de l'endettement et de l'insolvabilité. En conséquence, la reproduction de la pauvreté a lieu aujourd'hui dans des termes nouveaux supposant en même temps, un réaménagement des dynamiques de l'économie populaire.

L'augmentation récente de la consommation dans les couches inférieures de revenus, peut être reliée à un ensemble de facteurs divers (Torres *et al.*, 2006 ; Montenegro, 2011), parmi lesquels on relève : le rôle des politiques fédérales de transfert de revenus, une moindre variation dans la structure des prix, le réajustement de la valeur du salaire minimum, la réduction de la taille de la famille dans le pays, la participation croissante des femmes dans le marché du travail et une plus grande offre de crédits. Dans ce vaste ensemble de facteurs, celui qui exerce la plus

[5] Au début des années 2000, 33 % de la population brésilienne était concentrée dans onze métropoles, dont 80 % des domiciles se trouvent être des habitations précaires ou des *favelas* (Maricato, 2006).

grande influence est l'augmentation de l'offre de crédits. Sur la période 1997/2007, le volume d'attribution de crédit personnel est passé de 50 milliards de *reais* (30 milliards d'euros) à plus de 222 (140 milliards d'euros) en valeur constante. L'augmentation de la quantité de cartes de crédit (crédit, de débit et d'achat immédiat) tout au long de la dernière décennie en est un indicateur révélateur : entre 2000 et 2010, le nombre de cartes a crû de 520 %, passant de 119 millions à 628 millions d'unités (ABEC, 2010).

Cette expansion récente du nombre de cartes concerne spécialement la population de bas revenus : en 1998, à peine 10 % de la population ayant un revenu individuel mensuel entre 200 et 500 *reais* possédaient une carte ; en 2004, le taux atteignait 25 % (Provar, 2007). Si l'on considère la population dont le revenu atteint jusqu'à 1500 *reais*, la croissance est encore plus progressive : en 2003, elle possédait 26 millions des 45 millions de cartes utilisées dans le pays, et 61 millions sur les 104 en 2007. Par cette « créditisation » de la population de bas revenus, les grands groupes financiers semblent avoir pris en compte « la nécessité de débureaucratiser le crédit » étant donné que la rigidité et la quantité requise d'exigences pour accéder aux cartes et aux emprunts se réduisent à mesure qu'augmente le coût de l'argent (Silveira, 2009).

L'augmentation de l'endettement et de l'insolvabilité compose le revers de ce *scenario*. Actuellement, près de 83 millions de brésiliens possèdent des dettes sur des comptes spéciaux et des cartes de crédit auprès de sociétés financières (agences de crédit personnel) (Serasa, 2010), un nombre qui correspond à 52 % de la population économiquement active (PEA). Entre janvier 2009 et juillet 2012, le volume de dettes auprès des entreprises financières, non financières et par le biais des cartes de crédit, a augmenté de 160 % (Serasa, 2012). Le volume d'insolvabilité pour l'obtention du crédit personnel représente un autre indicateur révélateur : en 2007, il y avait près de 11 millions d'insolvables dans le pays (*Banco Central do Brasil*/Inepad, 2008).

On peut d'ailleurs vérifier que la « créditisation » englobe une partie de la population qui souvent n'a pas les moyens de s'acquitter de ses dettes, tout en tendant en même temps à s'endetter de plus en plus.

Ainsi semble se confirmer la lecture de Bauman (2007) pour qui le phénomène général de l'augmentation des concessions de crédit vise à inculquer la pratique de la dette non payée comme stratégie de vie, ou bien encore transformer le « vivre à crédit » en habitude.

Par ailleurs, l'amplification de l'accès à certains biens de consommation durable (téléphone, réfrigérateur, machine à laver, télévision, radio, etc.) parmi la population pauvre métropolitaine pendant les dernières années, coïncide précisément avec la progression de la « créditisation » de la population brésilienne. Dans les dix régions métropolitaines, on a observé par exemple que, chez les familles pauvres (revenus par tête de moins de ½ salaire minimum), l'accès à un frigidaire est passé de 69 % en 1995 à 88 % en 2004, tandis que l'accès à une machine à laver avait augmenté de 8 à 18 % (Torres *et al.*, 2006). Si l'on prend en considération le total des domiciles du pays, on voit qu'en 2009, près de 94 % des foyers possèdent des frigidaires, 98,4 % des cuisinières et 95,7 % des télévisions (IBGE, PNAD, 2009).

Cependant, la demande des classes populaires s'étend à une gamme de plus en plus vaste de produits, comme les vêtements, les appareils électroniques, les cosmétiques, ainsi qu'à une diversité de services. Ces demandes nouvelles sont dirigées tant vers les petits commerces typiques de l'économie pauvre que vers les grands réseaux de distribution, comme le montre l'exemple de São Paulo.

Pauvreté et dynamiques de consommation populaire à São Paulo

Les transformations récentes dans l'univers de la consommation populaire méritent d'être tout particulièrement analysées à São Paulo, la ville la plus peuplée et la principale métropole du Brésil. Centre financier, elle se distingue aussi comme localisation du siège et des filiales des plus grandes entreprises nationales et internationales, comme complexe technologique et comme pôle national de tourisme d'affaires et d'événements.

Cette modernisation, cependant, se double d'une expansion de la pauvreté, conformément au phénomène d'« involution métropolitaine » distingué par Milton Santos (1994). La dernière décennie, comme on l'a dit précédemment, a connu une augmentation significative de la proportion de familles pauvres (au revenu par tête de moins d'un salaire minimum) dans toutes les régions métropolitaines du pays. C'est cependant à São Paulo que cette augmentation fut la plus intense : la pauvreté y a plus que doublé au cours de cette période. Ainsi, le contingent de pauvres associés à de multiples formes de travail et les multiples formes de travail qu'ils accomplissent continuent de s'étendre.

Pourtant cette pauvreté n'est pas imperméable aux transformations récentes de la consommation signalées précédemment. Les nouvelles dynamiques impliquent une intense reconfiguration des stratégies de travail et des modes de consommation. Des petites affaires, des entreprises moyennes et de grandes corporations participent activement, directement ou indirectement, à ce processus et à l'accès au crédit que vivent actuellement les pauvres. En suivant la proposition théorique de Santos (1975), aussi bien les petites affaires du circuit inférieur que les entreprises du circuit supérieur sont engagées dans ce processus.

D'une part, les petites activités du circuit inférieur – micro-commerces, ateliers de réparation et même vendeurs ambulants – s'efforcent de répondre à l'augmentation de la demande, en diversifiant les services et l'offre de produits, souvent inspirés de ceux qui sont distribués par les grandes entreprises, au moyen d'une rénovation constante d'une division du travail « imitative » (Santos, 1996). En incorporant certains objets techniques modernes à leurs activités, par une adaptation créative aux usages et aux connections de la période actuelle, les petites entreprises peu capitalisées développent toute une gamme d'instruments avec lesquels ils travaillent. Il en est de même de l'éventail des services et des produits qu'ils offrent, tentant ainsi de garantir et d'étendre leur part de marché (Montenegro, 2011).

Par ailleurs, on distingue toujours un circuit supérieur commandé par de grands groupes financiers et commerciaux, de plus en plus intéressés par le créneau du marché populaire représenté par les classes C, D et E, traditionnelles clientes du circuit inférieur (Silveira, 2009).

En visant l'insertion de la population de bas revenu dans le marché consommateur, on a créé la « créditiarisation » des pauvres, au sein même du circuit supérieur de l'économie. Il convient de relier ce phénomène à la consolidation des finances, variable clef des quinze dernières années, liée à la multiplication des produits financiers et à la financiarisation des groupes industriels (Arroyo, 2009). Au moyen de formes complexes d'organisation, se créent aujourd'hui au Brésil, diverses associations entre grandes chaînes commerciales, de distribution, des banques et leurs institutions de crédit à la personne (Silveira, 2009 ; Lopes dos Santos, 2007).

Les grands groupes n'ont pas seulement bénéficié de la possibilité de créer et d'inciter la demande grâce à une publicité très sophistiquée, mais ils ont été favorisés par une stratégie de financiarisation et d'endettement des consommateurs potentiels. D'où la prolifération d'une série d'articles et de services offerts par les grandes entreprises orientés spécialement vers les segments aux bas revenus, auxquels sont offerts des formes de paiement parcellisées, associées à des taux d'intérêt extrêmement élevés.

Cependant au-delà de la seule financiarisation, les grandes entreprises adoptent aussi une stratégie de diversification de leurs topologies pour atteindre les consommateurs aux bas revenus. Nombre d'institutions financières de crédits à la personne prolifèrent aujourd'hui dans la zone centrale de São Paulo. Selon Silveira (2009), toutes les institutions financières de crédit à la personne ont étendu leur action à des quantités d'établissements, de clients, de services et de prêts tout au long de la dernière décennie. Dans le centre de São Paulo, les agences se trouvent surtout dans des rues d'intenses flux piétonniers comme les rues

São Bento et *Barão de Itapetinga* où les estimations pointent un flux de 10 à 20 000 personnes par heure (PMSP, 2002). C'est là que circule une grande partie de la population pauvre qui consomme et travaille dans le centre, autrement dit, c'est là que se concentre le marché potentiel visé par les institutions financières de crédit à la personne et par les réseaux de vente au détail.

En plus du centre historique, les grandes entreprises tentent également de s'introduire dans des zones de la ville jusqu'alors considérées comme inintéressantes par les plus grandes d'entre elles. Il ne s'agit pas seulement d'institutions financières mais aussi de grands magasins de produits électro-ménagers qui ont adopté des stratégies de localisation de leurs filiales dans de nouvelles centralités populaires comme le *Largo Treze de Maio* à *Santo Amaro*, le *Largo de Pinheiros* et *Itaquera*, cherchant par-là à profiter de la circulation intense que ces lieux connaissent.

À São Paulo, on note aussi l'installation de grands temples de la consommation, comme des *shopping centers*, des supermarchés, des hypermarchés, des boutiques et des services fonctionnant sous le régime de franchise, destinés aux quartiers les plus périphériques de la ville (Sciré, 2009) où se trouvent les pauvres et encore des *stocks* de terrains. De fait, le circuit supérieur a avancé sur les localisations du tissu urbain inférieur, à l'intérieur du tissu urbain, valorisant ces espaces tout en dérangeant les clichés attachés à l'existence de ce dernier. Ce processus implique en conséquence une diversification des pratiques d'achat des pauvres qui tendent à se répartir entre l'offre des grands réseaux globaux qui sont aujourd'hui présents dans certains quartiers périphériques et le petit commerce. Soulignons que cette diversification des pratiques de consommation et de diffusion spatiale des grands réseaux commerciaux coexiste avec la multiplication des petits et micro-commerces dans d'autres métropoles latino-américaines, à l'instar de México (Duhau, Giglia, 2007). On soulignera aussi que la consommation de la population pauvre dans les grands réseaux provoque des perturbations dans leur économie lorsqu'une partie des produits qui constituent sa demande est soustraite et qu'elle perd des parts de marché au profit du circuit supérieur. Ainsi sont rénovées les formes de canalisation de l'épargne populaire, là aussi au profit du circuit supérieur.

Face à cette invasion progressive du marché par les grandes entreprises, on se demandera donc : que reste-t-il pour alimenter le circuit inférieur ? Autrement dit, quels sont les types de services et de commerces qui continuent d'être consommés par la population de bas revenus dans les petites affaires ? Quelles sont les zones de São Paulo où les agents de l'économie populaire continuent d'être densément présents, atteignant une part de marché qui permette à cette dernière de garantir sa survie ? À partir d'un regard sur le centre de São Paulo, nous allons maintenant discuter ces questions.

Le centre de São Paulo, espace où s'expriment les nouvelles dynamiques qui mêlent le travail et la consommation populaire

Les activités les plus variées du circuit inférieur de l'économie sont présentes de façon capillaire dans le tissu urbain de São Paulo. Petits commerces, ateliers de réparation, petits stands de vente, vendeurs ambulants etc. sont présents partout. Même si c'est de façon plus éparpillée dans les quartiers périphériques et plus dense dans le centre-ville.

Ces dernières années la dévalorisation du centre historique combinée à l'émergence de nouvelles centralités dans la ville a supposé un réaménagement de ses usages (Frugoli, 2000 ; Feldman, 2010). Jusqu'aux années 1970, les externalités concentrées dans le centre représentaient une véritable économie d'agglomération pour les grandes entreprises. Quand les exigences d'infrastructures modernes et de fluidité ne sont plus parvenues à s'y concrétiser, de nouvelles centralités ont émergé. Les équipements construits pendant les décennies 1940 et 1950, époque de la verticalisation du centre (Souza, 1994), n'ont plus répondu à l'attente d'une demande de la part des corporations, symbolisée par l'apparition des « immeubles intelligents ». Les activités du secteur tertiaire qualifié (financier, juridique, consulting, publicité, informatique, immobilier, etc.) se sont d'abord concentrées dans l'Avenue *Paulista* puis à partir de 1980, dans ce que l'on appelle le « vecteur sud-ouest », soit les alentours des avenues *Engenheiro Carlos Berrini*, *Nações Unidas* et *Brigadeiro Faria Lima* (Frugoli, 2000). La consolidation de ce « vecteur sud-ouest », en tant que nouvelle centralité hégémonique à São Paulo, a bénéficié d'importants investissements publics destinés à la modernisation de son infrastructure (Fix, 2007).

En même temps, le centre ancien connaissait une dévalorisation qui avait été précédée par la valorisation des morceaux de ville mentionnés précédemment. Comme l'a écrit Harvey (1985), la recherche de nouvelles formes de capital fixe, plus productives et plus rentables a tendance à accélérer la dévalorisation du capital figé dans le milieu construit. La dépréciation de la valeur des immeubles commerciaux et résidentiels localisés dans le centre de la ville et la détérioration des infrastructures de certaines zones centrales, illustre bien la remarque d'Harvey.

Pendant les dernières années, on voit s'accélérer les changements de profil des occupations concentrées dans le centre, caractérisé par une multiplication d'activités peu capitalisées et d'« appauvrissement » de la population (Comin, 2005). Il en résulte une concentration des activités du circuit inférieur qui se maintiennent dans la zone centrale. Malgré quelques tentatives de requalification[6] (Rivière d'Arc, 2003, Montenegro, 2008), l'occupation du centre par les activités de l'économie populaire s'intensifie.

Comme l'ont déjà montré plusieurs travaux (Comin, 2005 ; Rolnik *et al.*, 2005 ; José, 2010), les districts de la sous-préfecture *Sé*[7] conservent leur caractère de principale centralité populaire de São Paulo. Malgré l'appauvrissement, la dévalorisation et la dispersion des entreprises et des emplois dans la région métropolitaine, le centre reste le lieu principal d'activités économiques (Feldman, 2010). Y sont concentrés 16,6 % des 3,3 millions d'emplois du municipe ; de même que 15 % des 234 000 établissements (Sempla/PMSP, 2009). Bien que leur niveau de capitalisation soit divers, ce sont les petites entreprises peu capitalisées qui prédominent. Ainsi le centre de São Paulo constitue-t-il une scène intéressante où se croisent les processus qui mélangent travail et consommation populaire, où coexistent travailleurs et consommateurs, chacun doté de niveaux variés de capitalisation, de relations de concurrence, de complémentarité et de subordination.

Bien que ces petites affaires aient tendance à se concentrer dans les parties les plus dévalorisées du tissu urbain, elles ont besoin d'une échelle *minima* de marché qui leur permette de subsister. C'est pour cela qu'elles préfèrent s'installer dans les lieux centraux, surtout dans les points de concentration de la consommation populaire, ou « centralité périphérique » (Rolnik *et al.*, 2005). La possibilité de garantir l'accès au marché et de bénéficier d'externalités, peut représenter des chances de garantie d'un revenu et de survie de l'activité. Il est cependant évident que seule une petite partie des agents peu capitalisés parvient à se fixer dans des localisations centrales. Leurs petites affaires, dans l'ensemble,

6 Depuis les années 1990, différentes initiatives se sont succédées dans ce sens. Conduites d'abord par l'Association *Viva o Centro*, à partir des années 2000, les politiques de requalification ont concerné les administrations municipales. Pendant les années 1990, l'Association *Viva o Centro* a promu le projet « *Luz Cultura* », qui a abouti à la rénovation des édifices de la Pinacothèque de l'état de São Paulo et de la gare *Júlio Prestes*. Pendant la gestion de Marta Suplicy (2001-2004), le programme « Reconstruire le Centre », nommé ensuite « Action Centre » visait la récupération du caractère public du centre et l'augmentation des habitations sociales. Ses résultats sont restés très en-dessous des prévisions. Les gestions des maires José Serra et Gilberto Kassab (2005-2006 et 2007-2011) ont pris une certaine distance avec ces préoccupations sociales en priorisant la « sécurité » et la restauration de certains immeubles comme le Théâtre Municipal. Cependant, le principal programme de ces gestions fut le Projet *Nova Luz*.

7 Administrativement, le municipe de São Paulo est divisé en trente et une sous-préfectures, chacune d'elles étant composée de districts, dans lesquels s'insèrent à leur tour les quartiers. Le centre correspond, selon les classifications administratives, aux huit districts de la sous-préfecture *Sé*.

se trouvent dans les sous-espaces les moins valorisés des zones centrales, en marge des voies principales et parfois dans les espaces détériorés des zones de grande circulation. Cependant, même en ces lieux, les valeurs de location des immeubles sont relativement élevées pour le niveau de capitalisation du circuit inférieur. Mais elles sont compensées par la grande quantité de personnes qui circulent et qui constituent un marché actif.

Localisé entre les districts de *República* et de *Santa Cecília*, le quartier de *Santa Ifigênia* constitue une sous-zone du centre de São Paulo particulièrement porteuse de cette dynamique. Spécialisé dans le commerce et les services électroniques, il abrite des entreprises de tailles variées et de niveaux de capitalisation très divers parmi lesquelles prévalent les petites. En 2009, il y avait près de 5 000 établissements commerciaux dont 90 % étaient très petits.

Tandis que la principale rue du quartier, la rue *Santa Ifigênia* est occupée par des entreprises plus capitalisées, les petites affaires se trouvent surtout dans les rues parallèles et transversales telles les rue *Timbiras* et *dos Andradas* où les immeubles sont détériorés et bon marché. On peut même vérifier, et c'est intéressant, qu'au cours des dernières années, les propriétaires des plus grands immeubles ont fractionné leurs rez-de-chaussée en galerie de *box* alignés, loués à des commerçants divers. Cette pratique lucrative entraîne une reconfiguration du paysage commercial du quartier et une intense concurrence entre les commerçants pour l'accès aux box les plus proches des trottoirs. Mais le coût de leur location est aussi plus élevé que celui des fonds de galerie. D'ailleurs le coût de ces postes inclut parfois non seulement le loyer mais diverses dépenses à la limite de la légalité et de l'illégalité (Freire da Silva, 2009).

Les petites affaires peu capitalisées situées dans cette zone centrale de la ville, se consacrent à des tâches liées à la branche des articles électroniques – assemblage et réparation –, au commerce des produits de seconde main et produits appelés « en l'état » (c'est-à-dire cassés), ainsi qu'à des tâches de petits services. Parmi ces activités, on remarque par exemple la vente et la remise en état d'articles informatiques, de téléphones, d'appareils de photo, de vidéo, de musique, la vente de carte SIM de téléphone portable pour dix *reais* (quatre euros), *web* cafés, achat, vente et assistance technique de jeux vidéo, petites affaires de vente, échange et réparation d'articles neufs et/ou usagés, recharge de cartouches, vente d'antennes de télé, de clefs USB, réparation de moniteurs etc.

L'incorporation des technologies d'information dans les populations de bas revenus, aussi bien comme instrument de travail que comme objets de consommation est particulièrement visible dans cette partie de la ville. La créativité issue du contact avec ces technologies produit de nouveaux usages mais aussi de nouvelles tâches, envahissant la division du travail de l'économie pauvre qui cherche à garder son marché et à l'élargir. C'est une réadaptation des tâches entreprises par les petites affaires qui prétendent participer d'une part de l'expansion de la consommation d'articles modernes et d'autre part, réagir à l'avancée des grandes entreprises sur cette part du marché.

D'une façon générale, la concurrence croissante pour attirer les populations de bas niveaux de revenus a poussé les petites affaires à diversifier les activités réalisées dans la ville de São Paulo. Les combinaisons de tâches qui n'ont apparemment aucun lien entre elles sont présentes dans les zones spécialisées comme le quartier de *Santa Ifigênia*. Ainsi, les petits commerces d'articles de téléphone vendent des bijoux et les ateliers de conversion de *VHS* en *DVD* vendent des biscuits ou des cosmétiques. Elles peuvent venir d'initiatives individuelles ou d'associations entre parents et amis qui, en raison de difficultés financières, se voient accorder des petites parties des locaux ou auxquels sont sous-traités certains menus travaux. C'est bien la concentration des activités dans la zone centrale qui semble être le facteur d'installation essentiel (Montenegro, 2011). Argument supplémentaire : la majorité des travailleurs et des commerçants de *Santa Ifigênia* n'habite pas le centre de São Paulo mais les quartiers périphériques des zones est et sud ou parfois d'autres communes de la région métropolitaine.

La diversification des modes de paiement offerts aux clients, avec l'adoption de terminaux électroniques (pour les cartes de crédit et de débit) et la réalisation de publicités variées constituent d'autres indicateurs de l'intense transformation qui envahit l'économie populaire aujourd'hui. Le paiement à crédit classique se fait en revanche rare dans le centre de la ville, beaucoup plus qu'en périphérie où il reste une caractéristique typique du petit commerce. Ainsi les petits commerces doivent-ils diversifier leurs stratégies ou leurs formes de réaction face à l'oligopolisation de l'économie et de la ville, dont le centre est devenu emblématique de la revitalisation de l'économie urbaine. Une revitalisation urbaine menée par le pouvoir public municipal qui a affecté profondément les conditions d'existence et de résistance de l'économie populaire.

Relations entre l'État et l'économie populaire dans le centre de São Paulo : le caractère emblématique du programme Nova Luz

Les petites affaires de *Santa Ifigênia* sont actuellement menacées de perdre leur place pourtant consolidée par leur rôle de point de référence nationale et aussi car elles se trouvent justement dans l'espace clé de revitalisation nationale promu par la mairie de São Paulo. Une revitalisation symbolisée par les projets *Nova Luz* et Concession Urbanistique qui expriment au plus haut point les relations entre pouvoir public et économie populaire dans la ville.

Le programme *Nova Luz* vise à revitaliser la zone stigmatisée sous le nom de « *Cracolândia* » qui englobe *Santa Ifigênia* et *Luz*. Financé par des partenariats public-privé, il comprend la rénovation et la conservation de deux millions de m^2 avec comme base la définition d'un périmètre d'avantages fiscaux et un périmètre d'utilité publique. Selon la mairie, les objectifs du programme *Nova Luz* visent à consolider le contrôle du quartier par l'administration publique, à trouver des incitations à la participation d'entrepreneurs privés pour produire de l'immobilier, pour rénover et enfin pour développer des activités tertiaires relevant des technologies de l'information. Furent alors appliquées successivement depuis 2005 des lois, des décrets et des résolutions qui établissent les avantages fiscaux et qui déclarent d'utilité publique quelques espaces passibles de désappropriation. Fut également réalisé un inventaire des immeubles classés « édifices précaires », utilisés pour des activités au champ d'intervention local, présentes seulement à cause des bas coûts de location et qui deviendraient par ailleurs, « passibles de transformations » (Emurb, 2009). À partir de cet inventaire, on définirait les immeubles à préserver ou à démolir.

Le pouvoir public a commencé une série de désappropriations et de démolitions d'immeubles considérés comme inadéquats dans les îlots pilotes du projet : 30 % devraient être démolis. Un contrôle fiscal systématique a eu lieu incluant la fermeture de certains petits établissements, la saisie de marchandises et des emprisonnements. Ces pratiques mettent en évidence la façon que l'État, en stimulant sélectivement certaines activités et en établissant les usages du sol, valorise inégalement le tissu urbain, tout comme le travail (Santos, 1994).

Le programme *Nova Luz* vise en réalité à attirer les grandes entreprises des branches de l'immobilier et des technologies de l'information qui doivent tirer l'économie de l'avant. Par le biais des stimulants fiscaux, la mairie prétend transformer le profil des entreprises localisées dans cet espace en privilégiant les plus capitalisées au détriment de celles qui y sont. Cependant, à *Santa Ifigênia*, coexistent des firmes de toutes les tailles qui devraient constituer la priorité d'action du pouvoir public, du fait qu'elles ont une grande capacité d'offre de travail.

Alors que le programme *Nova Luz* avait été approuvé en 2005, son impact effectif n'a pas encore eu lieu. Il y a cependant eu une accélération en ce sens, grâce à l'approbation en 2009 du Projet de Concession Urbanistique sur le périmètre du programme. Son instrument juridique suppose la possibilité pour la mairie de transférer à l'initiative privée le droit de désapproprier les immeubles pour la construction de nouveaux quartiers, de « revitaliser les zones dégradées » et même de construire des équipements d'intérêts publics.

La concession urbanistique finit par autoriser ainsi la « tertiarisation » de zones pour l'initiative privée au moyen d'une sorte d'enchères de parties de la ville (Ferreira, 2009). Cet instrument juridique permet alors que l'initiative privée négocie directement avec les propriétaires et spécule avec la vente des biens. La mesure permet aussi que l'urbanisation soit de plus en plus dessinée en fonction des intérêts du marché et non des intérêts sociaux. Avec l'adoption d'instruments de cette nature, on écarte les espaces de construction d'une gestion plus démocratique de la ville, autrement dit d'une gouvernance qui inclut des agents aux intérêts divers.

Il faut souligner que l'approbation de la Concession Urbanistique est déjà prévue dans d'autres parties de la ville définies comme « aires d'intervention ». Pour Ferreira (2009), la mairie de São Paulo, lorsqu'elle s'appuie sur cet instrument, abdique de sa prérogative de planifier la ville, surtout là où sont présents des intérêts supposés viser un marché immobilier. Elle la repasse à des groupes privés dont l'intérêt n'est évidemment pas public. Après l'approbation de la Concession Urbanistique concernant le périmètre du programme *Nova Luz*, fut réalisé un appel d'offre pour l'élaboration d'un plan dont les lignes directrices visaient la revitalisation. Le projet du consorcium vainqueur[8] prétend promouvoir l'usage mixte de la circonscription et des interventions sur 50 000 m^2 de zones résidentielles ainsi que 300 000 m^2 de zones commerciales. Il fut ouvert à la consultation publique pendant deux mois seulement. Selon la mairie de São Paulo, ce procédé a garanti « la participation de la société civile, des personnes qui vivent et travaillent dans ce quartier ainsi que des spécialistes » dans le déroulement du processus (PMSP, 2011). Un nouvel appel d'offre est actuellement en cours pour désigner les entreprises qui exécuteront le plan. Le groupe vainqueur obtiendra le droit de désapproprier ou d'acheter les immeubles, de démolir et reconstruire le quartier, et ensuite de revendre les immeubles avec un profit. En contrepartie, il devra restaurer les immeubles classés et faire des travaux dans les espaces publics.

Le pouvoir public attribué aux grands groupes par le biais de Concession Urbanistique ressemble à un véritable scénario de privatisation du territoire urbain, de la gestion de la ville et de l'activité économique. Cela, à partir du moment où les firmes hégémoniques « prennent la place des institutions gouvernementales [...], imposant leurs règles à tous les citoyens. Au moyen de cette invasion déplacée, la vie sociale est illégalement régulée en fonction des intérêts privés » (Santos, 1987, p. 22).

---

[8] Le projet du *consortium* vainqueur est formé par les entreprises *Concremat Engnharia, Cia. City, Aecom* et *Fundação Getúlio Vargas*.

La Concession urbanistique est en train de susciter une série de critiques et de réactions depuis son approbation. Les premières d'entre elles résident surtout dans le fait que le texte approuvé a désobéi au Statut de la Ville en n'explicitant pas l'obligation d'un conseil de gestion pour accompagner ce qui serait fait dans la zone concédée. Des questions posées notamment par l'Institut *Polis* portent également sur le fait que le projet serait invivable juridiquement. En effet, souligne-t-il, il n'est pas passé par l'analyse des instances mises en place par le Plan Directeur de São Paulo, comme le Conseil municipal de Politique urbaine et la Chambre technique de législation urbanistique. Pour la *Coordenadoria do Núcleo de Habitação e Urbanismo da Defensoria Pública do Estado de* São Paulo, le projet serait inconstitutionnel puisque l'instrument de la concession n'existe pas pour les travaux publics mais seulement pour les services (*Câmara do Município de* São Paulo, 2010). D'autres critiques affirment aussi que l'approbation conjointe de la Concession Urbanistique et du programme *Nova Luz* devrait bénéficier au secteur immobilier, auquel l'administration 2007-2012 était étroitement liée (*Correio da Cidadania*, 2010).

Craignant la disparition des emplois et un comportement « prédateur » de la part des entreprises du marché immobilier qui pourront désormais désapproprier leurs immeubles, les commerçants du quartier ont fortement réagi. Des instances comme le conseil de gestion de la *ZEIS* 3 de *Nova Luz*, l'Association des commerçants de *Santa Ifigenia* (ASCI) et le Syndicat des commerçants de détail de matériel électrique et d'appareils domestiques de l'état de São Paulo ont alors exercé un rôle important dans cette résistance. Soulignons que le projet *Nova Luz* a été suspendu quatre fois par la Justice, mettant en cause les actions promues par la *Defensoria Pública* qui prétend de son côté qu'a manqué la participation populaire dans la conduite du projet et que les habitants et les commerçants n'ont pas été consultés.

On peut ainsi mettre une fois de plus en évidence le caractère excluant des diverses orientations de la politique urbaine à São Paulo. Quant aux dénonciations d'inconstitutionnalité du projet conduites par l'Association des commerçants de *Santa Ifigênia* (ASCI), elles sont aussi en cours de traitement par la Justice de São Paulo.

Malgré cette mobilisation opposée au projet, la mairie a commencé une série d'opérations hygiénistes pour préparer la concession aux groupes privés. Réalisées par la Police Militaire, des opérations de dispersion d'usagers de *crack* et de combat au trafic, ont fait monter le climat de tension dans cet espace du centre de São Paulo. Ces opérations extrêmement violentes visent à expulser une population vulnérable et socialement marginalisée qui se réunit là. Cela constitue une véritable politique d'« hygiénisation » dans le périmètre du projet, destinée à garantir les intérêts du secteur privé dans cette enchère spatiale promue par la Concession urbanistique.

On peut constater ainsi qu'il n'y a pas de la part de la mairie de valorisation ni de préoccupation pour l'économie existante, en particulier pour ceux qui en sont les acteurs, les petits établissements au bas niveau d'organisation et de capital. De fait, ils n'apparaissent que parmi les points qui contribuent à identifier les immeubles classés comme passibles de « transformations » ou de « désappropriation » ou encore parmi les « actions coordonnées de fermeture ».

À partir d'une classification extrêmement arbitraire de l'usage du sol, le programme *Nova Luz* vise, par conséquent, à changer toute l'activité économique d'une partie de la ville sans prendre en compte la richesse de la vie de relations qui la caractérise et les différents types d'acteurs qui y coexistent. Une initiative de plus du pouvoir public où « l'expérience vécue et la connaissance accumulée ne semblent avoir aucun sens dans l'information des nouvelles procédures » (Maricato, 2000, p. 151).

L'instrument juridique de concession urbanistique contient en réalité un rapport de force très inégal dans lequel le Pouvoir, engagé à la fois dans les pouvoirs public et judiciaire, privilégie ouvertement les grandes entreprises comme ses principaux partenaires. Il s'agit en l'occurrence des grandes entreprises de technologie de l'information et du secteur immoblier comme *Concremat Engnharia, Cia. City*, la *Aecom, IBM Brazil Ltda, TMS Call Center S/A, Bravo Telecomunicações Ltda* et *Bracor Empreendimentos imobiliários Ltda.* Pour les acteurs moins puissants, qui ont moins de pouvoir de négociation avec l'État, il ne reste que l'imposition de l'expulsion, de la désappropriation et de la déstructuration de leur activité économique. Ou encore la répression qui confond la pauvreté et les formes de travail qui lui correspondent avec la criminalité (Bauman, 2005). C'est ainsi que l'on avance explicitement vers un usage de plus en plus corporatiste du territoire, par l'approfondissement de la condition oligopoliste de la ville (Silveira, 2007).

Conclusion

Les nouvelles dynamiques de consommation et d'économe populaire analysées ci-dessus s'articulent de différentes manières dans le centre de São Paulo. D'un côté, les petites affaires les moins capitalisées doivent faire face à l'oligopolisation de l'économie de la ville conduite par de grandes entreprises qui entament les parts de marché traditionnelles du circuit inférieur. De l'autre, les agents de l'économie populaire doivent aussi faire face aux projets du pouvoir public, très excluants, qui ne les intègrent pas comme agents économiques. L'analyse du projet *Nova Luz* illustre spécialement bien ce processus.

Confrontés à ce *scenario*, on peut se demander : face à quel type de projet de ville sommes-nous ? Ou encore : quel est ce type de gouvernance ? Autrement dit, d'un côté, la conception de la gouvernance pourrait renvoyer dans une certaine mesure à une plus grande participation des acteurs de la société civile dans les processus de décision et de gestion des villes. D'un autre côté, la gouvernance, comme le suggère l'analyse de la politique urbaine à São Paulo, doit être comprise plutôt comme un moyen que s'approprient certains intérêts particuliers. Dans ce dernier cas, nous sommes plus proches de la conception de la gouvernance proposée par Kazancigil (2005) : un modèle de gestion des questions publiques dont le traitement ne devrait en rien se différencier de celui des affaires privées. Ce modèle de régulation urbaine est présent dans d'autres métropoles latino-américaines, comme à México (Alba, 2009), où les administrations municipales dites « progressistes » n'incorporent pas les demandes des groupes sociaux défavorisés dans la perspective d'une gestion vraiment participative et moins excluante.

À l'époque actuelle, se dessine un *scenario* de plus en plus favorable aux décisions privées dans la vie urbaine (De Mattos, 2006), dans la mesure où les grandes entreprises non seulement élargissent leur pouvoir d'organisation du territoire aux échelles nationale et internationale, mais aussi à l'aménagement interne des villes.

Références bibliographiques

Alba, C., « Los líderes y las organizaciones de ambulantes en la ciudad de México », *Seminário Internacional Metropolización, transformaciones mercantiles y gobernanza en los países emergentes*, México, 1-3 juin 2009.

Arroyo, M., « A globalização pensada a partir do espaço geográfico », in Mendonça, F., Lowen-Sahr, C. et Silva, M. (orgs.), *Espaço e Tempo. Complexidade e desafios do pensar e do fazer geográfico*, Curitiba, Ademadan, 2009, p. 479-496.

Bauman, Z., *Work, consumerism and the new poor*, New York, Open University Press, 2005, 131 p.

Bauman, Z., *Vida de consumo*, Madri, Fondo de Cultura Económica, 2007, 205 p.

Comin, A., « Diagnósticos, Oportunidades e Diretrizes de Ação », in EMURB, Prefeitura do Município de São Paulo, *Caminhos para o Centro : Estratégias de desenvolvimento para a região central de São Paulo*, São Paulo, CEBRAP, CEM, 2005, p. 1-30.

De Mattos, C., « Modernización capitalista y transformación metropolitana en América Latina : cinco tendencias constitutivas », in Lemos, A., Arroyo, M. et Silveira, M. (orgs.), *América Latina : cidade, campo e turismo*, São Paulo, CLACSO/Universidade de São Paulo, 2006, p. 41-75.

Duhau, E., Giglia, A., « Nuevas centralidades y prácticas de consumo en la Ciudad de México : del microcomercio al hipermercado », *Revista Eure*, n° 98, vol. XXXIII, Santiago, 2007, p. 77-95.

Empresa Municipal de Urbanização (EMURB), Prefeitura do Município de São Paulo, *Plano Urbanístico Nova Luz. Programa de Requalificação Urbana*, São Paulo, 2008, 50 p.

Empresa Municipal de Urbanização (EMURB), Prefeitura do Município de São Paulo, *Nova Luz. Programa de Requalificação Urbana*, São Paulo, 2009, 75 p.

Feldman, S., « Mutações na centralidade da metrópole paulistana : da centralidade hierarquizada à centralidade difusa e polivalente », *XI Seminario Internacional de la Red Iberoamericana de Investigadores sobre Globalización y Territorio (RII)*, Mendoza, 26-30 octobre 2010.

Ferreira, J., « Vende-se São Paulo », *Correio da Cidadania*, São Paulo, avril 2009, 2 p.

Freire da Silva, C., « La débrouille : le commerce informel des camelots », in Cabanes, R., Georges, I. (dir.), *São Paulo : la ville d'en bas*, Paris, L'Harmattan, 2009, p. 45-56.

Fix, M., *São Paulo cidade global : fundamentos financeiros de uma miragem*, São Paulo, Boitempo, 2007, 191 p.

Frúgoli, H., *Centralidade em São Paulo*, São Paulo, Cortez, 2000, 255 p.

Harvey, D., *The urbanization of capital*, Baltimore, The John Hopkins University Press, 1985.

Instituto Brasileiro de Geografia e Estatística (IBGE), *Censo Demográfico*, Rio de Janeiro, FIBGE, 2010.

José, B., *A popularização do centro de São Paulo : um estudo das transformações ocorridas nos últimos 20 anos*, São Paulo, Tese (Doutorado em Arquitetura e Urbanismo) – Faculdade de Arquitetura e Urbanismo da Universidade de São Paulo, 2010.

Kazangicil, A., « La gouvernance et la souveraneité de l'État », in Hermet, G., Kazangicil, A. et Prud'homme J. F. (dir.), *La gouvernance : un concept et ses applications*, Paris, Éditions Karthala, 2005, p. 49-66.

Lopes dos Santos, K., *Uma financeirização da pobreza ? O sistema financeiro e sua capilaridade no circuito inferior da economia urbana na cidade de São Paulo*, São Paulo, Trabalho de Graduação, Departamento de Geografia da Faculdade de Filosofia, Letras e Ciências Humanas da Universidade de São Paulo, 2007.

Maricato, E., « As idéias fora do lugar e o lugar fora das idéias. Planejamento urbano no Brasil », in Arantes, O., Vainer, C. et Maricato, E. (dir.), *A cidade do pensamento único. Desmanchando consensos*, Petrópolis, Editora Vozes, 2000, p. 121-188.

Montenegro, M., « Les politiques de requalification et les différentes formes de résistance liées au travail et à l'habitation parmi les classes populaires dans le centre-ville », in Rivière d'Arc, H. (dir.), *Centres de ville durables en Amérique latine. Exorciser les précarités ?*, Paris, Éditions de l'IHEAL, 2008, p. 159-178.

Montenegro, M., *Globalização, trabalho e pobreza no Brasil metropolitano. O circuito inferior da economia urbana em São Paulo, Brasília, Fortaleza e Belém*, São Paulo, Tese (Doutorado em Geografia Humana) – Faculdade de Filosofia, Letras e Ciências Humanas, Universidade de São Paulo, 2011.

Observatório das Metrópoles, *As Metrópoles no Censo 2010 : novas tendências ?*, Rio de Janeiro, 2011, 12 p.

Rivière d'Arc, H., « Requalifier le XXe siècle : projet pour le centre-ville de São Paulo », in Bidou-Zachariasen, C., Hiernaux-Nicolas, D. et Rivière d'Arc, H. (dir.), *Retours en ville : des processus de « gentrification » urbaine aux politiques de « revitalisation » des centres*, Paris, Descartes & Cie, 2003, p. 241-268.

Rocha, S., *Série de dados e tabulações. Linhas de pobreza e de indigência*, Rio de Janeiro, Instituto de Estudos do Trabalho e Sociedade (IETS), 2009.

Rolnik, R., « Dinâmicas dos subespaços da área central de São Paulo », in EMURB, Prefeitura do Município de São Paulo, *Caminhos para o Centro : Estratégias de desenvolvimento para a região central de São Paulo*, São Paulo, CEBRAP, CEM, 2005, p. 123-158.

Santos, M., *L'espace partagé. Les deux circuits de l'économie urbaine des pays sous-développés*, Paris, M.-Th. Génin, Librairies Techniques, 1975, 359 p.

Santos, M., *O Espaço do cidadão*, São Paulo, Studio Nobel, 1987, 142 p.

Santos, M., *Por uma economia política da cidade*, São Paulo, Hucitec, 1994, 145 p.

Santos, M., *A natureza do espaço : Técnica e tempo. Razão e emoção*, São Paulo, Hucitec, 1996, 309 p.

Sciré, C., Consumo popular, fluxos globais : práticas, articulações e artefatos na interface entre a riqueza e a pobreza, São Paulo, Dissertação (Mestrado em Sociologia), Faculdade de Filosofia, Letras e Ciências Humanas, Universidade de São Paulo, 2009.

Silveira, M., « Metrópolis brasileñas : un análisis de los circuitos de la economía urbana », *Revista Eure*, n° 100, vol. XXXIII, Santiago, 2007, p. 77-95.

Silveira, M., « Finanças, Consumo e Circuitos da Economia Urbana na Cidade de São Paulo », *Caderno CRH*, n° 55, vol. 22, 2009, p. 65-76.

Torres, H., Bichir, R., Carpim, T., « Uma pobreza diferente ? », *Novos Estudos Cebrap*, São Paulo, n° 74, 2006, p. 17-22.

Sites consultés

Associação Brasileira das Empresas de Cartões de Crédito e Serviços (ABECS) (www.abecs.org.br/consulté le 15/03/2010)

Banco Central do Brasil (www.bcb.gov.br/consulté le 07/09/2012)

Departamento Intersindical de Estatísticas e Estudos Sócioeconômicos (DIEESE) (sis.dieese.org.br/consulté le 20/09/2011)

Instituto Brasileiro de Geografia e Estatística (IBGE) (www.ibge.gov.br/consulté le 10/08/2011)

Observatório das Metrópoles (www.observatoriodasmetropoles.net/consulté le 20/09/2011)

Prefeitura do Município de São Paulo (www.prefeitura.sp.gov.br/consulté le 10/09/2009)

Programa de Administração do Varejo (Provar) (www.provar.org/accès le 15/09/2011)

Secretaria Municipal de Planejamento, Orçamento e Gestão do Município de São Paulo (SEMPLA) (sempla.prefeitura.sp.gov.br/consulté le 20/06/2011)

Serasa (www.serasaexperian.com.br/consulté le 07/09/2012)

Ministério do Desenvolvimento Social e Combate à Fome (www.mds.gov.br/ consulté le 07/09/2012)/consulté le 18/11/2010)

Câmara do Município de São Paulo (www.camara.sp.gov.br/ consulté le 18/11/2010)

Globalisation et construction métropolitaine

São Paulo et Mexico vus d'hélicoptère

Christian Azaïs

Université de Picardie Jules Verne (Amiens)
et Irisso Université de Paris Dauphine

Le ciel de São Paulo, plus encore que celui de Mexico, est le lieu d'un ballet incessant d'hélicoptères. Symbole pour une frange de la population de l'inscription de ces deux métropoles dans la globalisation, l'utilisation des hélicoptères est source de tensions entre les utilisateurs, les professionnels du secteur et les associations de défense des riverains, inquiets pour leur sécurité et soucieux de leur bien-être.

Le trafic d'hélicoptères a la particularité de se dérouler dans le cadre d'une régulation aéronautique nationale et internationale contraignante, laissant de ce fait peu de marges au contournement des normes. Soumis à de forts impératifs de sécurité, les institutions impliquées dans cette activité édictent des principes rigoureux que tous doivent respecter sous peine de voir leur permis d'exploitation cassé. Or, à y regarder de plus près, des entorses se produisent ; elles sont nécessaires pour que l'activité puisse se dérouler et se développer correctement et elles sont aussi le fruit d'une activité en plein essor, qui est passée ces dernières années par des changements notoires. Toutes ces transformations dévoilent les enjeux d'une gouvernance métropolitaine en construction.

Ainsi, sommes-nous en présence d'une activité qui illustre les deux axes centraux du programme Metraljeux, la globalisation et la gouvernance. C'est pour cette raison qu'elle a été choisie comme terrain d'enquête. Elle imprime à la métropole une marque de modernité et l'inscrit d'emblée dans le concert des « villes globales », mais aussi elle dévoile, au niveau local, les interactions et différends entre les divers partenaires impliqués.

Dans un premier temps, je qualifierai la globalisation en reprenant certaines assertions déjà développées (Azaïs, 2010a), mais en insistant à présent sur leur pertinence pour qualifier la construction métropolitaine. J'insisterai sur le double mouvement, d'uniformisation et de différenciation. Ces deux processus seront illustrés par l'analyse de la construction des normes qui régissent la profession de pilote d'hélicoptère. Je m'intéresserai à la façon dont elles se construisent dans les deux univers nationaux en montrant qu'il s'agit d'un processus, mouvant et dynamique, qui dévoile de multiples enjeux repérables chez les protagonistes impliqués et qui renseignent, à sa manière, sur le fonctionnement de la métropole, lieu d'expression d'intérêts divers. Cette contribution complète les deux autres contributions de cette partie de l'ouvrage consacrée à la globalisation et la construction métropolitaine. L'article de Catherine Bidou traite à la fois de l'inscription de Mexico et de son inclusion au rang de « ville globale », mais aussi de la « dé-modernisation » qui l'affecte depuis quelques années. En outre, elle fait le contrepoint à la contribution de Marina Regitz Montenegro, qui porte sur la consommation des classes populaires urbaines et les transformations récentes de l'univers du travail dans la métropole. Plus encore, c'est la façon dont les acteurs s'approprient l'espace métropolitain qui retient son attention, ce qui est en parfait accord avec le propos développé ici. L'articulation avec l'ensemble de l'ouvrage se fait par le biais de la compréhension des logiques institutionnelles à l'œuvre, par le biais du recours à la notion d'« arrangements institutionnels », que j'expliciterai.

Quelques considérations sur la globalisation

La globalisation ne peut se comprendre qu'à partir du double processus d'uniformisation et de différenciation. Elle traduit une dynamique d'interdépendances multi-scalaires et multi-niveau – social, économique et politique –, qui ne néglige pas la sphère locale, bien au contraire. D'aucuns considèrent qu'elle s'adresse à la concurrence marchande et qu'elle est une caractéristique des économies mondiales dont elles ne peuvent s'extraire (Berger, 2006), interprétation trop statique et ne laissant pas la place à des logiques autres que la logique économique. La globalisation ne reflète pas uniquement la transnationalisation des relations économiques et non économiques, elle implique l'émergence de types de structures nouvelles et de processus concomitants (Mayntz, 1998 : 8). D'autres assimilent la globalisation à l'hyper-mobilité, mettant l'accent sur la dimension spatiale et l'importance des réseaux de communication ; ainsi, les problèmes liés à la distance seraient érodés (Sassen, 2002). En fait, elle transforme les échelles de régulation spatiale et socio-économique (Swyngedouw, 2000), sans toutefois que la dimension locale ne soit écornée. De nature politique, elle encourage les interactions *glocales* et les interdépendances. Global et local ne sont pas contradictoires, le *glocal* incluant les deux dimensions. Il ne s'agit pas non plus d'une relation *win-win* ni d'une relation *win-lose ;* ses conséquences affectent la façon dont les groupes agissent, interagissent ou assimilent les transformations en cours. Des outils appropriés sont nécessaires pour prendre en compte ses répercussions sur les différentes sphères de la vie en société. Parmi eux, la notion de « point de vue » (Assayag, 2005) s'avère fort utile car elle permet de capter sous différents prismes les phénomènes sociaux et dès lors d'en dévoiler les logiques. Elle servira dans la compréhension de la profession émergente de pilote d'hélicoptère. Selon cet anthropologue, de par son caractère universalisant, la globalisation recouvre une « diversité croissante », ce qui conforte l'idée d'un double processus d'uniformisation (*standardisation*, en anglais) et de différenciation. La globalisation est donc un composé de « processus contradictoires qui avancent dans de multiples directions et de diverses façons » (Assayag, 2005 : 271). On est loin de l'idée d'un rouleau-compresseur qui aplanirait tout sur son passage.

Trois grands courants expliquent la globalisation : les « hyperglobalistes », les « transformationnistes » et les « sceptiques » (Held *et al.*, 1999 : 10). Pour les premiers, la globalisation serait l'aube d'un nouvel âge (Ohmae, 1990), qui émerge de l'érosion de la toute-puissance de l'État-nation, considéré comme obsolète face à l'omniprésence de la technologie et du capitalisme pour conduire l'économie mondiale. Cette acception n'est pas soutenable. Les « transformationnalistes », quant à eux, soutiennent que l'interconnexion a atteint un degré jamais atteint auparavant. Le pouvoir de l'État-nation a diminué, certes, et la globalisation est un agencement de l'influence de l'État et de politique mondiale. Elle converge à la fois dans l'intégration et la fragmentation des espaces intermédiaires (Held *et al.*, 2000). Pour les « sceptiques », les États et les marchés persistent (Hirst, Thompson, 1999). Ils promeuvent un mouvement dual d'internationalisation et de régionalisation, mais la souveraineté de l'État est intacte et la Nation souveraine. Plus récemment, Giraud (2012, 2007) souligne la centralité de l'État-nation, véhicule essentiel de toute forme d'organisation mondiale mais aussi de captation de son déclin. Néanmoins, la globalisation reste un défi pour l'État et la nation. « La globalisation [...] souligne les processus par lesquels les États nationaux souverains sont traversés par des acteurs transnationaux aux visées variables de pouvoir, d'orientations, d'identités et de réseaux » (Beck, 2000b : 101). Dans un écrit antérieur, Giraud pointait les trois traits principaux de la globalisation : « En premier lieu, elle renvoie à la transformation des rapports de pouvoir des principaux acteurs intervenant au sein même des systèmes politiques nationaux. [...] la globalisation est également associée au renforcement de la diffusion internationale de nouvelles idées, modèles d'action, cadres de référence. [...] Enfin, la globalisation renvoie à une série de nouvelles régulations politiques qui sont l'expression d'une action collective internationale »

(Giraud, 2005 : 106-107, 113). Autrement dit, elle a un impact sur différentes échelles de l'arène politique et illustre le jeu entrecroisé des interdépendances entre instances de décision multi-niveau, ce qu'illustrent à la fois l'activité liée à l'usage des hélicoptères et la profession de pilote d'hélicoptère.

Ainsi, les effets de la globalisation sont-ils indissociables de la sphère locale. Dans le cas présent, l'uniformisation se rapporte à l'édiction de normes promulguées par les agences internationales et notamment l'OACI (Organisation de l'aviation civile internationale), que tous les pays doivent suivre. Or, il est un deuxième aspect de la globalisation, la différenciation, encore plus prégnant que le premier, qui s'inscrit en faux par rapport à l'idée d'une globalisation qui soumettrait *urbi et orbi* tous les acteurs aux mêmes règles. La différenciation renvoie aux pratiques des acteurs locaux et aux arrangements rendus nécessaires par une législation internationale contraignante et pas toujours adaptée aux réalités locales. D'une certaine manière, la globalisation dévoile des enjeux inhérents à cette activité et, ce faisant, elle éclaire d'un regard nouveau le deuxième axe de Metraljeux, la gouvernance.

La globalisation fait écho à des conditions matérielles objectives propres aux deux métropoles, par exemple, ici, les difficultés de se déplacer, mais aussi à des conditions subjectives, identitaires, de représentation de soi et de sa ville, en l'occurrence la présence à São Paulo d'une classe de nantis, représentants d'une classe « globale », identifiable comme membre de la « service class » (Bidou-Zachariasen, 2000), qui consomme ce service et se déplace en hélicoptère comme d'autres utilisent leur voiture. Ces derniers aspects renvoient aux pratiques des acteurs et participent de la construction métropolitaine.

Face aux mesures de dérégulation imposées par les institutions internationales lors de la mise en place des plans d'ajustement structurel, dès les années 1980, les États n'ont pas réagi uniformément. Même si le Mexique et le Brésil n'en ont pas été exemptés, la dérégulation n'a pas produit des effets identiques partout, preuve que le processus de différenciation était à l'œuvre. Elle a eu le mérite de mettre à jour des failles dans le système, dont ont cherché à tirer profit les acteurs publics et privés. Dans les deux métropoles, l'usage de l'hélicoptère est différent. À São Paulo, l'usage exponentiel des hélicoptères ces dernières années a été le motif de différends entre usagers et riverains, alors qu'à Mexico, du fait d'un recours moins prégnant à ce type de déplacement dans la ville, les tiraillements prennent une tournure institutionnelle et se manifestent entre les instances gouvernementales à propos de la reconnaissance des permis. Malgré les accidents récemment survenus, il n'est pas encore fait état de brouille entre usagers et riverains. Au Brésil, les tensions se focalisent principalement sur le transfert de compétences du domaine militaire au civil – ce sont celles que je mettrai en exergue dans cette contribution – ; au Mexique, elles se révèlent dans les rapports entre la *Secretaría* (ministère) de l'Éducation publique et la DGAC (Direction générale de l'aviation civile), autrement dit, les tensions se situent entre les sphères publique et privée.

Pour illustrer la construction métropolitaine et ce faisant la gouvernance, à partir du prisme de ce secteur professionnel, je recourrai à la notion d'« arrangements institutionnels » en ce qu'elle permet de lire les tensions et de se pencher sur la forme de leur règlement. Les « arrangements institutionnels » se rapportent à deux des *formes de gouvernance* énoncées dans l'introduction de cet ouvrage, le type « réglementaire » et la forme floue, mouvante, pas forcément illégale dans le cas présent, mais en phase d'élaboration. En effet, à la différence des activités illégales, le caractère nébuleux de la situation évoquée ici tient davantage à ce que l'on a affaire à des normes en construction, à un cadre juridique nouveau non encore pleinement défini. Toutefois, il arrive que les pratiques frôlent l'infraction, comme le montre le comptage des heures de vol pour les pilotes non encore confirmés ou lorsque des pilotes, notamment mexicains, qui se rendent aux États-Unis pour effectuer des stages de formation, par ailleurs indispensables à l'exercice de leur profession, sont victimes de suspicion quant à la réalité et au sérieux de ces formations effectuées à l'étranger. Un troisième cas de figure concerne l'apparition de pilotes clandestins sur le marché, i.e. de pilotes qui acceptent de voler à des prix inférieurs à ceux pratiqués et dans des conditions de sécurité que leurs collègues « officiels » décrient. Un dernier exemple, mais sur lequel je n'ai aucune information fidédigne, même s'il est clair que cette catégorie de professionnels existe, fait état de pilotes d'hélicoptère travaillant pour les narcotrafiquants. Ainsi, assiste-t-on à des contournements de la loi relevant de procédures plus ou moins frauduleuses.

Comprendre la façon dont se construisent les normes, leur agencement revient à affirmer que les institutions ne sont pas sédimentées une fois pour toutes, mais qu'elles sont le fruit d'avancées, de reculs, d'atermoiements, de négociations jusqu'à ce que l'une des deux parties l'emporte ou qu'un accord soit trouvé. Telle est l'acception de la gouvernance défendue dans ce texte, *i.e.* dans sa qualité de mode de régulation et d'expression des rapports entre acteurs sociaux, mais aussi entre eux et les pouvoirs publics (cf. introduction générale de l'ouvrage). L'environnement institutionnel des pilotes d'hélicoptère est la toile de fonds de cette étude.

La forme floue, mouvante de la gouvernance sera analysée ici sous l'angle de ce que j'appellerai la « zone grise » institutionnelle ; elle complète l'appréhension de la gouvernance, en ce qu'elle est la face cachée de phénomènes, que d'aucuns ont qualifiée de « tectonique » (Lacour, 1993, à propos des territoires), qui peuvent à tout moment surgir ou pas et qui restent alors dans les soubassements jusqu'à ce que des conditions propices conduisent à leur avènement. Fruit de pratiques des acteurs, pas toujours réglementées, elle permet à certaines actions de se concrétiser et dès lors participe au fonctionnement de l'ensemble. Elle est l'expression d'une dynamique multiscalaire.

Prendre en compte ces deux facettes de la gouvernance, tout en ayant présent à l'esprit l'impact possible de la globalisation, constitue le propos général de cet article. L'objectif est de saisir la teneur des enjeux que les actions entreprises représentent pour les acteurs concernés. C'est aussi une façon de se pencher sur les dynamiques local/global sans toutefois cantonner la gouvernance à l'échelle locale et la globalisation à l'échelle globale ou privilégier une dimension au détriment de l'autre.

Le cadre général de l'étude étant posé, dans un premier temps, je dresserai un tableau du contexte de la profession dans les deux univers retenus, afin de repérer les architectures institutionnelles propres à l'activité, tout en soulignant leurs similitudes et dissemblances. Leur examen couvre plusieurs échelles, internationale, nationale et locale. Fort de ce cadre de référence, dans une deuxième partie, je montrerai en quoi les pratiques repérées chez les acteurs de la profession participent de la dynamique métropolitaine. Je fais l'hypothèse que malgré le peu de représentativité numérique des pilotes d'hélicoptère au sein de la population économiquement active dans les deux métropoles, ce segment n'en constitue pas moins une porte d'entrée pour comprendre ce que Catherine Bidou (*supra*) qualifie de « ville moderne » et de « ville globalisée » dans son travail sur Mexico en opposition à l'architecture du « circuit inférieur de l'économie », développée par Marina Regitz Montenegro.

Les pratiques relèvent de deux ordres. Elles sont à la fois le fait d'acteurs collectifs, comme les syndicats ou associations professionnelles, et leur action débouche peu ou prou sur une institutionnalisation de la profession, soit elles s'apparentent à ce que je qualifierai de « zone grise institutionnelle ». Ces dernières font référence à des mécanismes informels, considérés comme non encore institutionnalisés ou qui ne le seront jamais, soit parce qu'ils permettent à la « machine » de fonctionner, soit parce qu'ils tomberont en désuétude avant toute sédimentation. Ils éclairent le brouillage des frontières entre des situations déjà réglementées et d'autres qui ne le sont pas et expriment le caractère mouvant de ces mêmes frontières. Leur prise en compte aidera à dévoiler les agencements, les interdépendances entre acteurs liés à la profession. Ainsi, la discussion sur la gouvernance dans ses deux volets, de gouvernance réglementaire et de gouvernance brouillée ou floue prendra-t-elle corps.

Le contexte de la profession : éléments de comparaison entre São Paulo et Mexico

Quelques éléments pour rappeler l'histoire récente de la profession. Appartenant à une profession en pleine croissance au Brésil, moins « sous les feux de la rampe » à Mexico, les pilotes d'hélicoptère et les professionnels du secteur opèrent dans un environnement institutionnel à la fois strict et mouvant.

Dans le cas brésilien, les changements institutionnels en cours, comme le glissement des prérogatives du secteur militaire au secteur civil, produisent des dissensions et des brèches qu'occupent les acteurs de la profession. Une fois ces espaces occupés, le cadre institutionnel antérieur est modifié, mais les clivages entre les membres de la profession, qu'ils soient civils militaires ou civils, tardent à s'estomper.

Au Mexique, le partage des compétences entre militaires et civils est plus net qu'au Brésil, car il y est plus ancien. Toutefois, les arrangements institutionnels, qui font suite à des revendications émanant des pilotes eux-mêmes, débouchent sur des dissensions entre membres de deux ministères différents. Des solutions de compromis sont recherchées, leur issue dépendra du pouvoir respectif des forces en présence.

Pourquoi s'intéresser à cette profession ? À l'origine, le choix de cette profession a tenu à deux raisons principales : São Paulo et Mexico, deux métropoles aux dynamiques comparables, connaissent sur le plan du trafic d'hélicoptères des trajectoires différenciées[1]. L'engouement croissant pour cette forme de déplacement, source en outre de désaccords entre les usagers, les autorités – municipales et autres – et les habitants de São Paulo méritait que l'on s'y attarde. La deuxième raison de ce choix repose sur l'aspect symbolique de cette profession par rapport à la globalisation. La profession est devenue emblématique de l'inscription de São Paulo au rang de ville « globale ». La comparaison avec Mexico posait la question des motifs d'un usage nettement moindre des hélicoptères alors que les conditions de trafic n'y sont pas bien meilleures qu'à São Paulo. L'une des hypothèses pour expliquer un tel écart est celle d'une architecture institutionnelle différente entre les deux métropoles qui ont un rapport au politique plus cadré dans le cas mexicain que dans le cas brésilien. La présence d'un syndicat puissant au Mexique et sa quasi absence au Brésil symbolisent un rapport au politique différencié.

---

1 Il n'existait au début du programme Metraljeux (2007) qu'un seul écrit à ma connaissance au Mexique (Delgado, 1998 : 154-156) sur le transport en hélicoptère dans la ville et aucun travail académique sur ce type de transport à São Paulo, alors que les médias locaux ne se privent pas pour en faire la une.

São Paulo vit une explosion ces dernières années du mouvement d'hélicoptères dans son ciel, ce qui est loin d'être le cas à Mexico, pourtant comparable du point de vue de la taille et de son poids économique. En effet, les déplacements en hélicoptère se justifieraient pleinement dans les deux métropoles, tellement les conditions de la circulation à São Paulo sont « chaotiques », pour reprendre le propos d'un ancien secrétaire municipal de la planification. *A priori* tout aux niveaux macro – taille de la métropole, conditions socio-économiques relativement similaires, présence d'une classe consommatrice de produits de luxe[2], inscription dans la globalisation – et micro – embouteillages monstrueux, système de transport collectif insuffisant même s'il est incomparablement meilleur à Mexico qu'à São Paulo – semblait converger pour que l'usage de l'hélicoptère dans ces deux villes se ressemble.

Or, il n'en est rien. Le ciel des deux métropoles est pommelé de quelques différences.

Selon un pilote travaillant dans une filiale d'un constructeur d'hélicoptères à Mexico, l'une des raisons pour lesquelles la présence des hélicoptères est moindre dans le ciel de Mexico est d'ordre technique et liée à l'altitude. São Paulo est à 800 m. d'altitude, Mexico à 2 300, l'air moins dense y rend le décollage des petits appareils – c'est-à-dire le type d'appareil fréquemment utilisé par des directeurs d'entreprises ou des particuliers pour leurs loisirs – quasiment infaisable si ce n'est risqué. Un réseau de métro nettement moins développé qu'à Mexico rend aléatoire tout déplacement en automobile[3], même si les usagers des transports en commun ne se déplacent pas en hélicoptère, le contraire étant aussi vrai. São Paulo est la 2e ville au monde en termes de déplacements en hélicoptères et de flotte d'appareils après New York. L'utilisation des hélicoptères est évoquée au Brésil pour des raisons de sécurité (peur des rapts), mais davantage, selon les propres usagers, pour le gain de temps et d'argent qu'il représente (l'hélicoptère est davantage vu comme un investissement que comme un coût) Il ne faut pas non plus oublier le statut que

2 Mexico serait la 4e ville au monde en termes de consommation de produits de luxe, loin devant São Paulo (Saliba F., *Le Mexique, nouvel eldorado*, http://www.strategies.fr/etudes-tendances/dossiers/107993/104501W/le-mexique-nouvel-eldorado.html, consulté le 24 octobre 2012).

3 Et ce malgré la présence sur certains parcours de voies réservées aux bus. Une étude récente sur le parc automobile brésilien l'atteste. À São Paulo, la métropole la plus peuplée, on compte 8,2 millions de véhicules (17,8 % du parc national). Entre 2001 et 2011, l'augmentation a été de 68,7 %, ce qui correspond à un accroissement de plus de 3,4 millions d'unités en termes absolus. Pendant ce temps, le parc automobile brésilien doublait quasiment (+ 90 %) http://observatoriodasmetropoles.net/index.php?option=com_k2&view=item&id=386%3Amobilidade-urbana-brasil-e-aop%C3%A7%C3%A3o-pelo-transporte-individual&Itemid=164&lang=pt, consulté le 4 octobre 2012.

donne à son utilisateur le fait d'utiliser ce moyen de déplacement[4]. Il en va dès lors de son sentiment d'appartenir à une élite.

L'examen du cadre institutionnel de la profession éclaire la teneur de la gouvernance « réglementaire », par l'analyse des régulations sur laquelle se construit la profession.

La forme réglementaire de la gouvernance

Par « « gouvernance réglementaire », j'entends le cadre d'exercice de la profession, qui sert de toile de fonds à l'analyse des effets de la déréglementation de cette même profession, plus forte au Brésil qu'au Mexique. Elle éclaire certains aspects des rapports de pouvoir entre institutions fédérales, de l'état fédéré et municipales et est une manière d'illustrer les deux acceptions de la gouvernance retenues et, ce faisant, les logiques institutionnelles.

Au niveau international, l'OACI est l'organe de référence pour le secteur de l'aviation dans le monde. Elle édicte des normes qui s'appliquent *urbi et orbi* au secteur de l'aviation et *a fortiori* à celui des hélicoptères. Son champ de compétences est très large et les institutions aériennes nationales doivent se soumettre aux règles qu'elle édicte. Il en est de même des niveaux infranationaux.

Au Brésil, la profession de pilotes d'hélicoptère a été récemment le théâtre de tiraillements entre instances militaires et civiles. Aux exigences du ministère de la Défense et plus particulièrement de la Direction du commandement de l'aéronautique (*Comando da Aeronáutica*), chargée d'édicter les règles du trafic d'hélicoptères, sont venues se rajouter celles de l'ANAC (Agence nationale de l'aviation civile), dépositaire encore incomplète de « l'autorisation des monopoles d'exercice » (Boussard *et al.*, 2010 : 164),

---

4 La presse locale regorge d'anecdotes sur l'utilisation de plus en plus répandue des hélicoptères : la fiancée pour se rendre à son mariage, l'entrepreneur qui, pour satisfaire une petite faim de pizza alors qu'il est en week-end dans sa maison du bord de mer, demande à son pilote d'aller lui en chercher une à São Paulo, ou alors cette personne qui envoie son chien en hélicoptère chez le vétérinaire, car il avait malencontreusement avalé la nourriture destinée au gardien de sa maison à la plage… Ces anecdotes sont symptomatiques de la place croissante qu'occupent les hélicoptères dans le quotidien de la métropole et dans les médias (cf. ce reportage dans une chaîne de télévision brésilienne sur l'engouement pour la carrière de pilotes d'hélicoptère et la demande croissante adressée aux écoles de formation http://videos.band.com.br/Exibir/Serie-aumenta-procura-por-cursos-de-pilotagem-de-helicopter/ee6ade9957557537304512340a19e7c1?channel=587, consulté le 23 septembre 2012. Dernièrement, des signes d'une utilisation accrue des hélicoptères sont perceptibles à Mexico. Le *crash* d'un hélicoptère dans le quartier de Coyoacán, le 21 octobre 2011, a porté de l'eau au moulin des détracteurs de la formation des pilotes, tenue par certains – et même par le responsable du département chargé de répertorier les accidents d'avion et d'hélicoptères – comme responsable des nombreux accidents répertoriés.

qui fixe les limites de la profession. Depuis la fin 2010, l'ANAC assure le suivi et le contrôle de la formation des pilotes ; elle organise les tests que tout pilote est tenu de réussir chaque année pour pouvoir piloter les appareils sur lesquels il prétend voler – détermination de l'OACI. Comme l'agence n'a pas parmi ses cadres des pilotes capables de faire passer les épreuves pratiques aux candidats, elle est contrainte de faire appel à des professionnels reconnus pour leur expérience, civils et militaires, ce qui renforce chez ces derniers le sentiment de frustration du fait d'avoir été dépossédés d'une attribution préalablement détenue et reconnue.

Aux militaires incombe la régulation du trafic d'hélicoptères, notamment au-dessus de l'« aire contrôlée », zone de l'espace aérien autour de l'aéroport de Congonhas, dans le centre de São Paulo, qui concentre le plus d'héliponts[5] (hélistations), au monde. Ce quadrilatère de 100 km^2, délimité par les autorités aéroportuaires pour réguler le trafic aérien, fait de São Paulo la seule ville à avoir un contrôleur aérien pour les hélicoptères, placé sous l'autorité du Service de Contrôle du Trafic Aérien, lui-même dépendant du SRPV-SP (Service régional de protection des vols de São Paulo), organisme du ministère de l'Aéronautique.

Les militaires brésiliens ne sont pas prêts de se défaire de cette prérogative, eux qui ont dû abandonner une partie de leurs compétences aux civils. Ainsi, mesure graduelle depuis 2005, la passation des pouvoirs des militaires aux civils rencontre encore des résistances et est source de tensions dans la façon dont s'agencent, se complètent ou s'opposent les divers acteurs impliqués.

Au Mexique, l'activité relève majoritairement du domaine civil, même si en termes de sécurité les militaires ont leur mot à dire, en partie en fonction des conditions politiques particulières (guerre contre le narcotrafic) dans lesquelles le pays se trouve depuis quelques années. À Mexico, le secteur dédié aux avions et aux hélicoptères à l'aéroport est soumis à des règles de contrôle strictes et est placé sous la surveillance de l'Armée et de la Police.

À l'instar de ce qui s'est passé dans nombre de secteurs – eau, électricité, télécommunications, etc. – le Brésil a remplacé, en 2005, une institution de droit public, en l'occurrence le DAC (Département de l'aviation civile), par une agence de droit privé, l'ANAC, censée réguler l'activité

[5] Au Canada, l'hélipont est la plateforme *offshore*. Au Brésil, il se situe sur le toit d'un immeuble. L'héliport, quant à lui, présente sensiblement les mêmes services qu'un aéroport et se trouve dans une zone réservée à l'atterrissage, le décollage, la manutention, l'embarquement et la réception des passagers et pilotes. Il en existe 4 à São Paulo : deux sont des entreprises privées, les deux autres fonctionnent l'un à côté d'une base militaire au nord de la ville (Campo de Marte) et l'autre à l'aéroport du centre-ville, Congonhas. En français, la terminologie fait état d'« hélistation » pour désigner l'hélipont. Je garderai le terme brésilien francisé.

aéronautique. Le transfert de compétences des militaires du DAC vers l'ANAC devait se réaliser en cinq ans ; il ne s'est pas fait sans encombre. Seules les exigences en matière de sécurité, thème sur lequel les institutions internationales (l'OACI, notamment) sont inflexibles, restent aux mains des militaires, le Decea (Département de contrôle de l'espace aérien) en a l'attribution. Le passage du flambeau a ouvert des brèches dans l'édifice ; les temporalités des diverses institutions, les manières de travailler des acteurs n'étant pas les mêmes, des dysfonctionnements ont vu le jour. Par ailleurs, comme les autorités de l'ANAC ont dû faire face à un marché en plein essor et que plusieurs situations n'étaient pas encore réglementées, il leur a fallu improviser et émettre des directives qui n'étaient pas toujours suivies à la lettre ou qui demandaient un certain temps d'adaptation de la part des personnes devant les appliquer.

Signe des réticences des militaires à abandonner une parcelle de leurs prérogatives, plusieurs pilotes interrogés se sont plaints de la mauvaise volonté des militaires de former les cadres fraîchement arrivés dans cette nouvelle institution. Ce genre de récrimination émane aussi des cadres de l'Agence qui n'avaient pas la maîtrise de tous les éléments pour assurer la relève quand, au bout de cinq ans (en 2010), ainsi qu'il était stipulé, ils devaient remplacer les militaires. Ces derniers avaient le choix entre embrasser une carrière civile au sein de l'ANAC et perdre leur statut de militaire ou retourner dans leur corps d'origine. Plusieurs d'entre eux ont attendu de pouvoir prendre leur retraite dans l'Armée pour ensuite s'engager dans une trajectoire civile. Je ne saurais dire combien de personnes ont été concernées jusqu'à présent par cela.

Aujourd'hui, des voix s'élèvent chez les pilotes ou des ex-militaires de l'Armée de l'air pour déplorer que les nouveaux cadres de l'ANAC, recrutés par concours, ont une connaissance moindre du terrain qu'eux. Ce sentiment s'est exacerbé depuis la création du SAC[6] (Secrétariat de l'aviation civile), en mars 2011. Ce Secrétariat civil, dont le secrétaire a rang de ministre d'État, va chapeauter l'Infraero[7], l'ANAC, toutes deux antérieurement sous la tutelle du ministère de la Défense, et le Conseil de l'aviation civile. Dès lors, l'ANAC se voit amputée de plusieurs de ses prérogatives, parmi lesquelles le pouvoir de désappropriation de terrains pour la construction et l'extension des aéroports, la gestion des ressources des aérodromes et la responsabilité des études sur les transports aérien et intermodal. Selon le discours officiel, ces mesures visent

6 http://g1.globo.com/politica/noticia/2011/03/entenda-o-que-muda-com-criacao-da-secretaria-de-aviacao-civil.html, consulté le 28 juillet 2011.

7 Entreprise publique fédérale chargée de l'infrastructure aéroportuaire, responsable de la construction des aéroports et de leur exploitation industrielle et commerciale http://www.infraero.gov.br/index.php/br/a-empresa/estatuto-da-empresa.html, consulté le 21 septembre 2011 (cf. p. 1, capítulo 2).

à pallier l'inadéquation des infrastructures aéroportuaires brésiliennes face aux échéances de la Coupe du monde de *football* (2014) et des Jeux Olympiques (2016), qui vont exiger une mobilisation de tous les professionnels, y compris des pilotes d'hélicoptère qui auront en charge la sécurité publique et celle des services aux privés (réglementation des transferts de personnes en hélicoptère par les pilotes des compagnies privées, par les pilotes des taxis aériens, la force publique, etc.). Elles visent en fait à terme à préparer la privatisation des aéroports et le passage de prérogatives du secteur militaire au civil. Ainsi, le Decea, organisation subordonnée aujourd'hui au ministère de la Défense et au Commandement de l'Aéronautique, devrait à terme passer sous contrôle civil. Le fait que le concours de recrutement de contrôleurs du trafic aérien soit désormais ouvert aux civils et non plus exclusivement aux militaires en est un des indices.

Tout un arsenal de normes institutionnalisées par la loi, pour certaines édictées au niveau international, mettent en relief des « arrangements institutionnels » multiscalaires. Les normes en construction dévoilent des codes, des habitudes qui se sont cristallisées ou pas en institutions, leur nature pouvant être formelle ou informelle. Produits de la sédimentation de normes, les institutions sont le fruit de tensions et les révèlent.

Bien que se référant à un type de norme particulier, les normes d'emploi, les propos de Giraud et Lechevalier sont éclairants : « Les normes d'emploi rendent compte, pour une période donnée, des compromis issus des rapports de force politiques qui informent un ensemble de pratiques et de cadres cognitifs de l'interaction sociale » (Giraud et Lechevalier, 2012 : 294). Si la norme est là pour régler un conflit, elle renvoie à la lutte pour l'hégémonie dans la construction de la réalité sociale. Dans leur dimension de socialisation, les normes influencent les identités et les pratiques des acteurs. Elles sont la traduction sous la forme de règles des compromis politiques dominants (*id.*). « La contestation des normes prend la forme d'un nouveau registre discursif, qui modifie le rôle et l'identité des acteurs pertinents et promeut des réagencements institutionnels » (*id.* : 295). Ainsi, « le changement des normes est-il susceptible d'intervenir lorsque, sous l'effet des évolutions de la réalité sociale ...], leur faculté à contraindre les comportements et à arbitrer les conflits est remise en cause ou, plus encore, lorsque le contenu même de la norme est controversé » (*id.* : 294). Au Brésil et au Mexique, malgré la prégnance de la législation internationale, l'institutionnalisation de la profession est en cours, ce qui corrobore l'idée de normes comme processus.

Pour analyser le passage des compétences du secteur militaire au secteur civil, une étude approfondie des documents portant sur ce transfert s'imposerait. Bien qu'*a priori* elle soit fort intéressante, car elle dévoilerait les tractations entre ces instances, elle n'a pas encore été faite et dépasse le cadre de cet article. Pour résumer, le Brésil est passé d'une situation qui ne demandait pas une réglementation contraignante du trafic aérien d'hélicoptères – principalement du fait d'une utilisation marginale au-dessus de la ville de ce moyen de transport, l'on pouvait encore se contenter de le mettre sous l'unique tutelle des militaires – à une situation où, du fait d'une explosion ces dernières années du nombre d'hélicoptères et d'un transfert de compétences des militaires aux civils qui doivent dès lors se partager le pouvoir, une nouvelle réglementation s'impose, ce qui conduit à s'interroger sur la teneur de la concertation entre les forces en présence.

Au Brésil, le transfert des compétences du ministère de la Défense à l'ANAC fait courir un risque de technicisation au groupe professionnel, i.e. d'être trop arcbouté sur le respect *stricto sensu* de la loi au détriment de la fluidité créatrice que confère l'expérience. Un phénomène similaire se produit au Mexique, les propos d'un pilote et ceux d'un assesseur juridique parlent d'eux-mêmes… l'un dévoilant une malléabilité que l'autre n'a pas :

> « Je pense que les anciens connaissaient davantage l'aviation, tu trouves à la DGAC beaucoup d'ingénieurs aéronautiques qui ne connaissent pas, qui n'ont pas de contact direct avec l'aviation, qui s'en tiennent à ce que la FAA (*Federal Aviation Administration*[8]) dit. Si la FAA approuve, alors c'est bon. Si tu veux demander une autorisation pour quelque chose qui n'est pas écrit, ils ont peur de signer. Et on vole quand même. On le fait comme des pirates, car rien ni personne ne l'autorise, mais c'est par méconnaissance de leur part » (pilote civil)[9]
>
> et
>
> « Tout est parfaitement stipulé par la loi et par écrit, ce qui ne laisse aucune marge d'interprétation possible. Tous les pilotes respectent la loi à la lettre » (assesseur du département juridique de la DGAC mexicaine).

Peu de cadres et techniciens nouvellement arrivés à la DGAC sont des pilotes à la base, ce qui les rend plus arrimés aux statuts. Ce jeune assesseur n'a pas hésité en entretien à déclarer qu'aucune entorse n'était faite au règlement, alors que plusieurs de ses collègues davantage expérimentés – qu'ils soient pilotes ou pas – « avoueront » sans tergiverser qu'ils le contournent, affirmant que ce n'est qu'en agissant de façon pragmatique et en s'adaptant que le système peut fonctionner, ce que sait tout spécialiste en fonctionnement des organisations.

Ces exemples témoignent de tensions entre les membres du groupe professionnel ; les normes, censées « régler un conflit », participent de

---

8 Institution du ministère des Transports étatsunien.

9 Pour ne pas alourdir la présentation, en annexe se situe le cadre des entretiens réalisés au Brésil, au Mexique et aussi en France.

façon contradictoire ou paradoxale à la construction de la profession qui se fait au coup par coup.

Les pressions proviennent de l'intérieur et de l'extérieur de la profession. Dans le cas étudié, la superposition de normes émane de trois échelons, international, militaire et civil et, dans ce dernier cas, les normes peuvent être publiques ou privées ; elles peuvent être en conflit avec les intérêts des usagers ou des professionnels du secteur. Les moyens de régulation en divergeront d'autant.

Parmi les acteurs contribuant à la gouvernance réglementaire, les syndicats et une association professionnelle occupent une place notoire.

Les acteurs de la gouvernance réglementaire : syndicat et association professionnelle

L'Armée n'est pas la seule institution à avoir un impact sur la profession, le syndicat joue un rôle aussi. Au Brésil, chaque catégorie de professionnels est représentée par un syndicat, le SNA (Syndicat national des aéronautes) pour le personnel navigant, le SINA (Syndicat national aéroportuaire) pour le personnel au sol et le Syndicat national des aviateurs pour les autres. Au Mexique, la ASPA (*Asociación de pilotos aviadores de México*) défend les intérêts du groupe professionnel, i.e. des trois catégories susmentionnées. Le poids des instances syndicales est différent au Brésil et au Mexique, nettement plus marqué et en lien organique avec le pouvoir en place dans ce dernier pays (Azaïs, 2014). En effet, le Mexique a fait du syndicat l'un des piliers majeurs de son architecture institutionnelle. La relation étroite entre le parti au pouvoir pendant 70 ans, le PRI (Partido revolucionario institucional) – revenu aux commandes de l'État le 1er décembre 2012 – et la CTM (Confederación de los trabajadores mexicanos) n'a pas été entamée par la détérioration de la situation des travailleurs à certaines époques. Longtemps qualifié de « syndicalisme captif » (Benassar, 1994), le syndicalisme mexicain, à l'instar de son homologue brésilien, qualifié alors de *sindicalismo pelego* (jaune) pendant les premières années de la dictature militaire (1964-1985), a été marqué par son allégeance envers les gouvernements en place. Les choses ont évolué, l'émergence de syndicats autonomes, comme la UNT – Unión nacional de trabajadores, présente lors de l'assemblée générale et annuelle de la ASPA en juillet 2010[10], atteste d'une démarche combative de plusieurs catégories de travailleurs, parmi lesquels les pilotes et le personnel navigant.

---

[10] Assemblée à laquelle j'ai été convié et à laquelle étaient présents toutes les catégories professionnelles (pilotes, personnel navigant, délégués syndicaux, représentants de la OACI et d'autres institutions internationales, etc.).

La mention du syndicat est nettement plus présente dans les entretiens au Mexique qu'au Brésil. Rarement il y est fait référence, si ce n'est pour souligner son manque de pouvoir. Par ailleurs, la plupart des personnes du milieu professionnel interrogées au Brésil ignoraient son existence et citaient l'association professionnelle, Abraphe – Associação brasileira dos pilotos de helicóptero. Au Mexique, la ASPA, qui fonctionne comme un syndicat, revenait constamment dans les entretiens au titre d'institution incontournable.

Sur le plan syndical, au Mexique, la ASPA protège la catégorie et confère une identité professionnelle forte au groupe. Au Brésil, le SNA ne connaît pas le même engouement que son homonyme mexicain chez les pilotes d'hélicoptère. En outre, il n'est pas rare que des pilotes préfèrent s'affilier à un autre syndicat. Ainsi, faire partie du même syndicat que son patron tout comme être enregistré[11] sous une autre profession – chauffeur, employé de banque ou même employé domestique – est légion commune pour les pilotes, qui trouvent cela normal. L'appartenance à des organisations collectives de défense des intérêts professionnels, alors que ces intérêts ne sont pas toujours compatibles, participe de la zone grise et du flou concernant le groupe professionnel, ce que l'on peut assimiler aussi à des « compromis précaires », dans le sens où « les règles sont le fruit de négociations et de compromis nécessairement précaires […] ce que la négociation a fait, elle peut aussi le défaire » (Lallement, 2007 : 500-501). En l'occurrence, les règles en vigueur sont dictées par la législation internationale et en raison de la spécificité du métier, nul ne peut s'improviser pilote d'hélicoptère du jour au lendemain.

Pour certains pilotes brésiliens, le syndicat est un vrai repoussoir « il ne fait rien et ne nous défend pas » (pilote *offshore*, i.e. celui qui va sur les plateformes de pétrole), raison pour laquelle nombre de pilotes interrogés disent trouver en l'Abraphe – Associação brasileira dos pilotos de helicóptero, une meilleure défense de leurs intérêts qu'auprès du syndicat, alors qu'elle ne prend part ni aux négociations salariales ni aux questions liées au travail. Malgré la forte augmentation du trafic aérien (+ 22 % en un an sur l'année 2010 au Brésil), plus forte encore pour les hélicoptères, les pilotes disent ne pas sentir la nécessité de s'adresser au syndicat pour les protéger. Selon le président du syndicat, le vent pourrait tourner si jamais menaçait le danger d'un émiettement de la profession, chacun luttant pour préserver son statut et ses avantages.

Il ressort de ces lignes que, même pour une activité professionnelle aussi normée que l'est et que doit l'être la navigation aérienne pour des raisons de sécurité, le cadre institutionnel réglementaire n'est pas suffisant

[11] L'enregistrement auquel il est fait référence est l'inscription sur la *Carteira de trabalho* du poste de travail occupé par le travailleur, sorte de passeport où sont consignés tous ses emplois, ce qui permet de retracer sa trajectoire professionnelle.

à lui seul pour décrire la richesse des interactions entre les acteurs de cette même activité. Ainsi, la consolidation de la profession renvoie-t-elle à deux ordres différents. L'un, de nature institutionnelle, qui nous intéresse ici, met en relief les tiraillements entre militaires et civils au Brésil, entre civils au Mexique. Elle explique les arrangements institutionnels propres à des arènes de pouvoir en voie de stabilisation ou qui font encore l'objet de négociations. En cela le propos contribue à étayer l'appréhension de la gouvernance. L'autre, examiné à partir du cas particulier des pilotes d'hélicoptère, fait appel à l'ancrage de la profession dans un univers institutionnel instable ou en construction. C'est là que se situe l'entendement de la zone grise institutionnelle, illustrative de la deuxième acception de la gouvernance, dans sa forme floue et brouillée.

La bataille qui s'est nouée récemment au Mexique autour de la profession de pilote d'hélicoptère est symptomatique des tensions qui prévalent dans la construction des normes et leur capacité à s'imposer. Elles s'expriment par le truchement des tractations et négociations entre institutions et professionnels mais aussi entre les institutions elles-mêmes, laissant entrevoir une zone grise, sous forme d'entorses faites à la loi ou de pratiques qui s'immiscent dans les interstices de la loi.

Tous ces éléments illustrent la forme « réglementaire », institutionnelle de la gouvernance. Leur simple évocation ne saurait être complète sans la prise en compte de la seconde acception de la gouvernance, à savoir sa forme floue et brouillée. Je pars de la simple constatation que tout processus présente deux volets, l'un formel (ou qui tend à l'être), l'autre informel, qualifié ici de flou ou brouillé, illustratif de la zone grise, des interstices, lieux potentiels de production de normes.

La forme floue et brouillée de la gouvernance : l'émergence d'une zone grise institutionnelle

Cette forme particulière de la gouvernance n'est pas étrangère à la précédente et la complète. Elle renforce l'idée selon laquelle la gouvernance procède de processus complexes et parfois contradictoires, signalant des enjeux différenciés de la part d'acteurs qui n'ont pas toujours des intérêts convergents. Elle se traduit, dans le cas présent, par la présence d'une zone grise institutionnelle. Par analogie au monde des couleurs, la forme réglementaire serait blanche, la forme anomique serait noire (ou l'inverse) et la forme brouillée serait la grise, i.e. l'intermédiaire, dont les frontières sont mouvantes. Cette partition, censée compléter la lecture de la gouvernance, repose sur les enseignements du travail de terrain.

La zone grise institutionnelle se définit par rapport aux frontières instituées. Elle ne peut se comprendre que dans leurs dynamiques ; elle est ponctuée par des déconstructions et des recompositions, par des interactions non réglementées qui mettent en évidence l'importance des brèches.

Ainsi, permet-elle de saisir les inflexions et les dynamiques dans des situations jusqu'alors tenues pour stables et consolidées. Une telle approche conduit à porter un regard nouveau sur les rapports de forces, les négociations et autres médiations qui agissent aux frontières et les font bouger.

L'architecture institutionnelle de la profession, en phase de réaménagement au Mexique et au Brésil, laisse planer des zones d'ombre qui recouvrent plusieurs situations. Elles concernent tour à tour les dispositifs d'accès à la profession, son exercice ainsi que des aspects relevant de la conjoncture particulière dans laquelle se trouvent les deux pays et les deux villes ; elles illustrent la construction métropolitaine.

La perspective choisie dans ce texte fait la part belle aux dynamiques de régulation que sont censés enrichir les arrangements institutionnels ; elles renvoient aux configurations dans lesquelles se trouvent les acteurs sociaux. De ce fait, la notion d'« arrangement institutionnel » est compatible avec l'idée de construction de normes en tant que processus. L'écueil à éviter est que, sous prétexte de donner à voir une unité, plus pensée que réelle, soient gommées ou amoindries les disparités inhérentes à la profession en question. Unité vis-à-vis de l'extérieur, diversité en interne. Des clivages existent au sein du groupe professionnel entre ceux qui sont passés par l'Armée et ceux dont la carrière s'est déroulée dans le civil. Considérés par les employeurs comme étant bien formés, les ex-militaires trouvent plus aisément un emploi que les jeunes pilotes civils. Mais, la pénurie actuelle de pilotes d'hélicoptère à São Paulo a tendance à émousser les divergences entre ces deux types de pilotes.

La zone grise institutionnelle

Par zone grise institutionnelle, j'entends les brèches laissées par la législation, soit parce que la norme est en construction ou pas appliquée, soit parce que l'informalité convient aux partenaires et permet au système de fonctionner. Elle œuvre à plusieurs niveaux. J'en choisirai deux : ceux qui concernent les rapports entre l'administration municipale et les professionnels du secteur et ceux qui portent sur les différends entre ces derniers et une association de défense de l'environnement urbain, à São Paulo. À Mexico, l'exemple choisi traite du rapport entre deux administrations ministérielles à propos de la reconnaissance de qualification des pilotes d'hélicoptère.

À São Paulo, l'administration municipale a maille à partir avec les acteurs liés au trafic d'hélicoptères. Je prendrai pour exemple ses démêlés avec les promoteurs immobiliers et les infractions à la législation sur l'occupation du sol. De nombreux héliponts sont en service, bien que n'ayant pas d'existence juridique auprès de la mairie, soit parce qu'ils ne respectent pas les normes de sécurité (éloignement minimum entre un hélipont et un autre), soit tout simplement parce qu'ils n'ont pas été déclarés, Pour l'autorité municipale ils sont clandestins. L'hélipont est un argument commercial utilisé par les promoteurs immobiliers pour vendre les appartements, sans que soit forcément garantie *a posteriori* la possibilité effective de l'utiliser si la construction subit un embargo et que les plans doivent être modifiés.

Le deuxième exemple porte sur les rapports tumultueux entre les professionnels du secteur, les responsables de l'ONG *Défendez São Paulo* (*Defenda São Paulo*) et l'assemblée législative municipale. La loi municipale n° 15003/2009 qui régit le fonctionnement des héliponts à São Paulo, élaborée par un conseiller municipal du parti d'opposition au maire, quelque peu impulsée par les consultations et réunions de travail avec les membres de l'ONG, prévoyait de limiter de façon stricte le survol de la ville par les hélicoptères. L'enjeu était de rester attentif à l'impact sur l'environnement sur les plans acoustique et de sécurité. Cette loi a soulevé un tollé de la part des propriétaires de taxis aériens qui mettent en avant le taux très faible d'accidents d'hélicoptères dans la métropole et se disent voués à disparaître si jamais elle entrait en vigueur[12]. Le texte a été partiellement vidé de sa substance par décret municipal, en 2010. Les entrepreneurs du secteur ont gagné la partie.

À Mexico, la zone grise institutionnelle renvoie à la dynamique de régulation du groupe professionnel. L'objectif est de faire ressortir les bricolages inhérents à la profession et d'en dégager la zone grise qui pointe les contradictions d'une profession à la fois inscrite dans un cadre réglementaire à la fois contraignant et flexible.

S'agissant de la profession de pilote d'hélicoptère, la zone grise est pensée en référence à une norme, considérée comme résultat de compromis issus de négociations, de conventions collectives, d'accords passés entre les acteurs. Éphémères ou pas, ces accords sont soumis à des dynamiques évolutives ou involutives, ils ne sont pas immuables. C'est de ces changements qu'émerge la zone grise ; elle traduit les déviations par rapport à une norme qui a été une référence à un moment et ne l'est désormais plus. Par exemple, elle peut s'exprimer dans un changement de statut, qui de protégé ne devient plus protégé du tout ou le devient moins, ce qui n'est pas sans rappeler que les conditions d'exercice d'une profession varient en fonction des évolutions institutionnelles et lui sont intimement liées. Selon leur poids, la profession aura toute latitude pour être exercée ou pas, ce qui en l'occurrence pourrait se traduire par une

---

[12] http://www.youtube.com/watch?v=UIw2fftZSnY, consulté le 8 novembre 2011.

interdiction de survoler certaines zones urbaines, voire de se poser sur les édifices, ce qui est la situation à Paris, où le survol de la capitale par les hélicoptères est limité à une infime quantité de professionnels (armée, police, sécurité civile, hôpitaux).

La zone grise se traduit dans la façon qu'ont les professionnels liés au secteur de s'approprier ou de contourner la loi. Elle n'est pas spécifique au Mexique ou au Brésil. En effet, selon une résolution internationale, dictée en grande partie par les compagnies d'assurance, ne peut prétendre à la qualification de pilote que celui ou celle qui aura volé un certain nombre d'heures, en général 500. En outre, le pilote doit chaque année se soumettre à une remise à niveau théorique et pratique sur l'appareil qu'il prétend piloter. Cette disposition est indispensable à la revalidation de son permis.

Les législations du travail brésilienne et mexicaine diffèrent, cela s'exprime dans les exigences officielles concernant l'exercice d'un métier. Ainsi, le cas mexicain est-il plus symptomatique de la zone grise de l'emploi que le brésilien, dans le sens où un flou s'est installé dans le rapport à la loi à propos de la reconnaissance professionnelle des pilotes par les autorités administratives. Au Brésil, le flou tient plus à une question de prise de repères des civils envers les militaires, depuis la création de l'ANAC et de la SAC.

La zone grise, en l'occurrence de l'emploi, se retrouve dans ce que le Mexique entend sous le vocable « professionnel » (*profesionista*). Pour le devenir, tout individu doit passer par les fourches caudines de la Direction des Professions du ministère de l'Éducation publique (Secretaría de educación pública – SEP), seule habilitée à octroyer la carte professionnelle (*cédula profesional*) à celui qui possède un titre (*título*), *i.e.* un diplôme, certifiant qu'il a effectivement suivi une formation et qu'il est qualifié pour exercer cette profession. La *cédula* s'obtient après l'enregistrement du titre auprès du ministère de l'Éducation publique et donne le titre de « professionnel » au travailleur. Toutes les professions sont soumises à ce régime. Comme l'exprimait clairement l'un des responsables de la SEP, « le titre dit que j'ai étudié et la *cédula* me donne le droit de travailler », ce qui pour les pilotes d'hélicoptère s'énoncerait : « le permis atteste que j'ai la qualification pour voler et la *cédula* que je suis en règle administrativement pour piloter ».

Une disposition de la constitution mexicaine stipule que tout pilote aviateur a besoin d'une *cédula* professionnelle pour pouvoir exercer la carrière. Or, pour être pilote, le permis suffisait, l'administration fermait les yeux sur la détention ou pas de la *cédula*. Ce flou a duré jusqu'au début des années 2000 pour les pilotes d'hélicoptère. Il a fallu toutefois attendre la publication d'un règlement, en 2004, octroyant deux années supplémentaires aux pilotes pour régulariser leur situation. Comme en 2006 les pilotes n'avaient toujours pas entrepris les démarches nécessaires auprès de la SEP, le délai a été prolongé de trois ans. Depuis le 1er septembre 2009, cette exigence est devenue incontournable et aucun pilote ne peut revalider sa licence (*licencia*) sans *cédula*. Un service spécifique de la DGAC mexicaine, la *Sub-Diretoría de Licencias*, est habilité à valider les demandes des pilotes, sur la base de la présentation d'un certificat attestant qu'ils ont bien suivi la formation requise (théorique et pratique, *i.e.* le nombre d'heures de vol).

Cette résolution est elle-même productrice de zone grise. En effet, la loi mexicaine détermine que l'obtention de la *cédula* par tout professionnel exige un enseignement d'au moins 1 500 heures. Ce règlement du ministère de l'Éducation s'applique aussi aux pilotes malgré leur situation particulière. En effet, pour devenir pilote commercial le candidat doit avoir suivi un enseignement technique et avoir volé un certain nombre d'heures[13]. L'écart entre les 180-200 heures et les 1 500 heures ouvre la voie à toute sorte d'abus, ce qui éclaire l'un des aspects de la zone grise. Le fait de soumettre les pilotes d'hélicoptère au même traitement que tout autre professionnel incite à enfreindre la règle.

L'écart pour arriver au nombre d'heures requis maintient le pilote dans le statut précaire de co-pilote ou de stagiaire et limite ses possibilités d'indépendance. Cette situation est courante dans l'aviation et ne concerne pas que les pilotes d'hélicoptère mexicains ou brésiliens[14].

Au Brésil, l'écart entre les heures exigées et la pratique est moindre qu'au Mexique, pourtant des entorses ont lieu. En effet, si 100 heures sont nécessaires pour devenir pilote commercial, ce n'est qu'à partir de 500 heures que les compagnies d'assurance acceptent d'assurer les appareils. En deçà des 500 heures la prime d'assurance grimpe et invalide toute possibilité pour le pilote de trouver un emploi autre que comme co-pilote ou stagiaire. La différence entre les 100 et les 500 heures est comblée de diverses manières. Soit, en devenant instructeur auprès de personnes qui apprennent à piloter, soit en étant co-pilote ou, dans le pire des cas, en effectuant des heures d'administration ou de manutention le plus souvent gratuitement pour le compte de l'entreprise qui l'accueille et là, en état d'alerte permanente, il attend qu'un pilote lui propose de l'accompagner lors d'un déplacement. La comptabilisation de ces heures de vol n'obéit pas toujours à une règle fixe. Parfois, c'est la moitié des heures

13 Elle est de 100 heures au Brésil, varie entre 100 et 130 heures au Canada et atteint de 180 à 200 heures au Mexique, ce qui en soi est la preuve d'arrangements institutionnels de la part de chaque pays.

14 Pour exemple, ce pilote d'avion devant payer les heures de vol effectuées pour le compte d'une compagnie qui, non seulement l'employait sans rétribuer ses heures de travail, mais exigeait de lui qu'il paie ses heures de vol.

qui sont comptabilisées, parfois moins, parfois davantage. L'Abraphe propose d'en considérer la moitié ; jusqu'à présent le syndicat ne s'est pas manifesté. Une telle mesure réduirait dans le temps la dépendance des co-pilotes et des stagiaires qui n'ont pas encore atteint le seuil fixé par les compagnies d'assurance. Ce seuil est flexible, il dépend du type d'opération que le pilote est amené à effectuer, moindre pour les « reporters aériens »[15], plus élevé pour les pilotes *offshore*, même si là aussi la loi de l'offre et de la demande joue à plein. En cas de manque de pilotes, les compagnies d'assurance mais aussi les compagnies de taxi aérien ont tendance à baisser leurs exigences. Elles changent leur fusil d'épaule et font l'inverse si la conjoncture n'est pas tout à fait favorable[16]. Ces fluctuations ont un impact sur les salaires. Le salaire du co-pilote, de l'instructeur ou du stagiaire est la moitié de celui du pilote à part entière. La zone grise entre les 100 ou 180 heures et les 500 heures ou plus a pour effet de reculer le moment où ces professionnels arriveront à s'affranchir de cette dépendance, puisqu'après avoir dépensé environ € 40 000 pour obtenir le titre de « pilote commercial », il devra se contenter de salaires bas ou de pas de salaire du tout jusqu'à atteindre les 500 heures fatidiques.

Avant septembre 2009, au Mexique, même si le pilote n'avait pas accompli 1 500 heures de pratique professionnelle, il obtenait son permis si sa ou ses licences étai(en)t à jour, la SEP n'intervenant pas. Désormais, seuls les pilotes ayant plus de 1 500 heures de vol reçoivent automatiquement la *cédula*, ce qui suppose un niveau de qualification élevé. Les autres doivent suivre un complément de formation dans les matières portant sur l'environnement professionnel, car d'après la SEP ils n'ont pas encore l'expérience suffisante. Nombre de pilotes rechignent à se soumettre à cette nouvelle exigence, prétextant que personne ne leur demandera jamais de présenter ce document administratif qu'est la *cédula*. Le bras de fer entre la DGAC et la SEP est pour l'heure favorable à cette dernière, car les pilotes demandent à être reconnus comme détenteurs d'un niveau universitaire, alors que leur formation n'est pas de niveau universitaire. Les pilotes ont aussi gagné, grâce à l'intervention de leur syndicat, mais une autre pomme de discorde est venue s'ajouter au tableau, montrant que la norme est encore fluctuante. Comment un candidat qui a son permis de pilote commercial et qui a donc volé

---

15 Il s'agit des pilotes qui accompagnent les journalistes lors de leurs reportages pour des radios ou des télévisions.

16 La Petrobrás, entreprise publique brésilienne de recherche, d'extraction, de raffinage, de transport et de vente de pétrole, exige des taxis aériens qu'elle sous-traite pour ses opérations *offshore* que les pilotes aient au moins 700 heures de vol. Ce chiffre, variable selon la conjoncture, rend encore plus flexibles les conditions de travail des pilotes d'hélicoptère ou même leur interdit momentanément l'accès à ce type d'opération. Ils sont alors obligés de se rabattre sur d'autres contrats de travail moins rémunérateurs et plus précaires.

entre 180 et 200 heures peut-il faire pour atteindre les 1 500 heures ? En volant, certes, mais la porte est ouverte à l'expression de formes de flexibilité pour des professionnels qualifiés. Pour pallier cela, la SEP et la DGAC ont convenu que le pilote se soumette à un examen professionnel théorique et pratique, à l'issue duquel le titre professionnel lui sera accordé. Néanmoins, l'écart entre le nombre d'heures est trop grand pour ne pas être contourné, il pousse le pilote à se faire reconnaître des heures sans les avoir accomplies. Cette pratique alimente en retour la suspicion à l'égard d'attestations émises par des écoles étatsuniennes où les pilotes mexicains se rendent fréquemment pour obtenir leur qualification sans avoir suivi la totalité des heures inscrites sur le papier.

Conciliante avec les pilotes, la SEP a accepté qu'un pilote puisse voler six mois sans *cédula ;* elle lui fournit une autorisation provisoire, « il vient ici et je lui donne sa *cédula* pour 6 mois, mais s'il arrive avec ses papiers en ordre alors là je la lui donne sa *cédula* »[17]. Cette situation durera le temps des négociations entre les différentes institutions impliquées. Plus de cinq ans se sont écoulés entre la date du 1er règlement et son application plus ou moins stricte.

Les critiques vont bon train à l'endroit de cette « nouvelle »[18] exigence : « La *cédula* ne donne pas une professionnalisation, ce qui intéresse le pilote c'est la *capacitación* (*i.e.* de savoir piloter un appareil), personne ne va lui demander sa *cédula*... » (pilote spécialisé dans le reportage photographique aérien). Un autre pilote s'exclamera : « D'où vient la nécessité de cette *cédula ?* Un truc bureaucratique... », qui ne garantit pas que le pilote soit apte à faire face à toutes les situations. Jusque-là, le pilote sans *cédula* n'était pas considéré comme « professionnel ». Cette conquête obtenue grâce au syndicat n'empêche pas ce même pilote de trouver étrange qu'un pilote qui n'a dans les faits qu'un niveau de technicien cherche à être considéré comme universitaire. Nombre de pilotes avouent ne pas se sentir touchés par la mesure car :

> « ce qu'on me demande, c'est la licence (permis)... c'est que ça qui intéresse le pilote et l'employeur. La compagnie d'assurance veut voir qui va piloter et rien de plus et je ne pense pas que ça change quelque chose avec la *cédula.* La compagnie d'assurance ne l'a jamais demandée. Cela ne s'est passé qu'avec les pilotes, pas avec d'autres professions » (le même pilote mexicain spécialisé dans le reportage photographique aérien).

---

17 L'auteur de l'entretien rajoutait « pour 1 an ou 2 », ce qui revient à dire que la *cédula* doit aussi être renouvelée. Si au cours des années précédentes le pilote n'a pas fait valider sa licence, il ne pourra se présenter auprès de la SEP pour obtenir ce document.

18 Cela fait 40 ans que le *Colegio de pilotos* (sorte de syndicat des pilotes) tente de faire reconnaître les pilotes comme techniciens de niveau supérieur.

Son jugement envers ses collègues est assez sévère, chose récurrente dans le monde des pilotes d'hélicoptère au Mexique : « La professionnalisation des pilotes d'hélicoptères au Mexique, c'est une professionnalisation sur le papier ; cela ne veut pas dire qu'il n'y ait pas de bons pilotes, mais c'est par la pratique qu'ils le deviennent ».

Le responsable du service de contrôle des accidents aériens n'est pas tendre non plus avec les pilotes et impute à un déficit de formation le nombre élevé d'accidents d'hélicoptères. Nombre de pilotes ne se sont eux-mêmes pas privés pour dénoncer la faible préparation de leurs collègues. Le manque d'école officielle, le fait qu'il n'existe que très peu d'écoles mexicaines privées ou que les aéroclubs n'aient pas le nombre d'hélicoptères nécessaires pour leur entraînement – tout ne pouvant se faire sur simulateur et encore faut-il posséder les équipements nécessaires – obligent les pilotes à se rendre aux États-Unis ou au Canada pour (re)valider leur permis chaque année. Pour lutter contre la suspicion ambiante, le gouvernement a décidé de réactiver une ancienne école publique que toute la profession appréciait mais qui a périclité. L'école en question, le CIAC – Centre international d'entraînement de l'aviation civile (*Centro internacional de adestramiento de aviación civil*) – avait l'aval de l'OACI. J'ignore encore pour quelle raison, les pilotes ont voulu en terminer avec cette école publique professionnalisante. Réduit aujourd'hui à peau de chagrin, le CIAC n'offre plus que quelques cours et n'est plus cité comme référence.

La non application d'une loi votée au préalable par l'autorité municipale car elle est contraire à des intérêts privés au Brésil, l'établissement de normes quasiment impossibles à respecter tant elles sont peu adaptées à la réalité mexicaine et l'absence de lieux de formation, alors que les exigences internationales en la matière sont contraignantes, alimentent la zone grise institutionnelle de cette profession. Cette zone grise institutionnelle exprime l'intrication des liens qui unissent les différents protagonistes impliqués dans la mise en place de normes qui contemplent à la fois les intérêts des professionnels du secteur, les usagers, l'autorité municipale, les syndicats et associations professionnelles. Cette complexité, illustrative de la gouvernance, se double de la nécessité de prendre en compte dans le cas présent, les normes internationales, auxquelles les acteurs métropolitains ne peuvent se soustraire sous peine de voir leur sécurité mise à mal.

Conclusion

Partant de l'idée selon laquelle « l'inscription dans un seul contenant social [...] suffit toujours moins à justifier ou à expliquer des formes d'interactions sociales » (Giraud, 2012), l'exemple de l'utilisation des hélicoptères et de la profession de pilote d'hélicoptère dans deux métropoles latino-américaines, Mexico et São Paulo, a été le point de départ de l'analyse de la globalisation et de deux modalités de la gouvernance, la gouvernance réglementaire et la gouvernance floue ou brouillée, en les replaçant dans leur environnement institutionnel et sociétal. En toile de fond du propos, les deux processus constitutifs de la globalisation, l'uniformisation et la différenciation. Il s'est alors agi de dresser le tableau des interactions entre variables institutionnelles et acteurs pour rendre compte de la pluralité des ordres. Le choix du secteur aéronautique, secteur fortement réglementé, soumis à des règles internationales strictes devait offrir un cadre étanche exempt de toute fissure et illustrer pleinement la standardisation des procédures à l'échelle internationale. Or, alors que l'enveloppe devrait être rigide, des brèches dévoilent l'émergence d'une zone grise, typique des processus de différenciation. La zone grise est le fruit d'une institutionnalisation des normes encore incomplète ou alors d'une trop grande rigidité et, face à un environnement mutant, des adaptations sont nécessaires. Dès lors, pour que le système fonctionne les acteurs sont obligés d'inventer ou d'interpréter des dispositifs légaux. Leur respect *stricto sensu* conduirait à des blocages.

Le secteur des hélicoptères au Brésil et au Mexique est le théâtre de recompositions qui engagent de multiples partenaires et qui mobilisent ceux qui « font » la métropole. L'accent a été mis sur les rapports entre militaires et civils au Brésil, suite à la création d'une agence de régulation, et ce qui devait se faire en toute tranquillité a donné lieu à des résistances, propres à tout dispositif de transfert de compétences. Au Mexique, l'achoppement entre les protagonistes a porté sur l'obtention d'un permis de piloter et la volonté du ministère de l'Éducation publique d'uniformiser les règles d'obtention des titres à tous les professionnels. Or, les pilotes d'hélicoptère sont dans des situations qui rendent difficile l'application de la norme à leur catégorie.

Ces deux exemples renseignent sur la « polycentralité des formes de régulation du social et du politique » (Tallard *et al.*, 2000 : 18) dans lesquelles les individus, les institutions mais aussi les métropoles évoluent. Par là même, ils illustrent les deux volets de la gouvernance retenus, la gouvernance réglementaire et la gouvernance floue, brouillée, mettant en lumière le fait que la construction des normes se fait au cas par cas et relève de processus évolutifs et involutifs, que la notion d'arrangement institutionnel est censée traduire. Le but était d'identifier les acteurs qui, au Brésil et au Mexique, participent de la construction des normes propres au secteur et, ce faisant, à la métropole.

Dans une perspective qui dépasse le cadre de la profession, cette contribution, en pointant les brèches laissées par une législation sans cesse élaborée, montre comment des individus contournent la loi, se l'approprient voire commettent des infractions. Ainsi, la frontière entre ce qui est réglementaire et ce qui est « flou, brouillé », est qualifiée de « zone grise ». Les arrangements institutionnels en disent long sur les jeux de pouvoir, les tiraillements entre les acteurs en lice. Ils permettent de souligner la façon dont s'agencent ou se coordonnent les divers protagonistes concernés, de mettre l'accent sur les atermoiements, les bricolages, les tensions dont la compréhension et l'analyse s'avèrent centrales pour saisir la dynamique métropolitaine dans un environnement institutionnel à la fois fortement formalisé en raison des contraintes internationales mais aussi laxiste ou tout du moins accommodant, notamment en ce qui concerne l'exercice de la profession.

Par ces lignes, je pense avoir contribué à illustrer les deux processus constitutifs de la globalisation, l'uniformisation et la différenciation, ainsi qu'à me démarquer d'une approche de la gouvernance en termes de *best practices*, qui a le défaut d'escamoter à cause de la normativité de l'expression la richesse des interactions entre institutions et acteurs sociaux, qui participent de la construction métropolitaine.

Références bibliographiques

Azaïs, Ch., Entrées « Travail » et « Syndicalisme », *Dictionnaire des Amériques*, in Bertrand, M., Blanquer, J.-M., Coppolani, A., Vagnoux, I. (dir.), Paris, Robert Laffont, collection Bouquins, 2014, à paraître.

Azaïs, Ch., « Introduction : Labour and Employment in a Globalising World », in Azaïs, Ch. (ed.), *Labour and Employment in a Globalising World : Autonomy, collectives and political dilemmas*, Bruxelles, P.I.E. Peter Lang, 2010a, p. 11-29.

Azaïs, Ch., « Pilotos de helicópteros em São Paulo : o assalariamento entre 'céu aberto' e 'nevoeiro' », *Sociologias*, Porto Alegre, UFRGS, vol. 12, n° 25, out-nov-dez., 2010b, p. 102-124, http://socialsciences.scielo.org/scielo.php?script=sci_serial&pid=1517-4522&nrm=iso&rep=&lng=en.

Azaïs, Ch., Carleial, L., « Mercados de trabalho e hibridização : uniformidades e diferenças entre França e Brasil », in Cappellin, P., Azaïs, Ch. (dir.) *Globalização e Trabalho : perspectiva comparativa entre Norte e Sul*, Caderno CRH, Salvador, Universidade Federal da Bahia (Brésil), vol. 20, n° 51, set./dez., 2007, p. 401-417.

Azaïs, Ch., « Formes de travail, hybridation et dynamique territoriale », *Revue d'économie régionale et urbaine*, ADICUEER, 2003, 3, 2003, p. 379-394.

Benassar, B., « Le syndicalisme latino-américain fils de l'immigration européenne » in J. Sagnes (dir.), *Histoire du syndicalisme dans le monde – des origines à nos jours*, Toulouse, Privat, 1994, p. 79-94.

Bidou-Zachariasen, C., « À propos de la *service class* : les classes moyennes dans la sociologie britannique », *Revue française de sociologie*, 41, 4, 2000, p. 777-796.

Boussard, V., Demazière, D., Milburn, Ph., *L'injonction au professionnalisme – Analyses d'une dynamique plurielle*, Rennes, Presses Universitaires de Rennes, 2010.

Delgado, J., *Ciudad-Región y transporte en el México central. Un largo camino de rupturas y continuidades*, Mexico, UNAM, Plaza y Valdés, Colección Ciudad y Región, 1998.

Demazière, D., Gadéa, C. (dir.), *Sociologie des groupes professionnels. Acquis récents et nouveaux défis*, Paris, La Découverte, 2009.

Giraud, O., « Quelle issue au dilemme comparatif à l'heure de la globalisation ? Dans les pas de Clifford Geertz sur la voie de la comparaison des cas les plus contrastés », *Critique internationale*, Presses de Sciences Politiques, n° 57, 2012/4, p. 89-110 http://www.cairn.info/revue-critique-internationale-2012-4-page-89.htm.

Giraud, O., « A globalização vista do Norte e do Sul –quais os seus mecanismos sociais ? », in Azaïs, Ch., Cappellin, P. (org.), *Globalização e Trabalho : perspectiva comparativa entre Norte e Sul*, Caderno CRH, Salvador, Universidade Federal da Bahia (Brésil), vol. 20, n° 51, set./dez., 2007, p. 389-399.

Giraud, O., « Nation et globalisation : mécanismes de constitution des espaces politiques pertinents et comparaisons internationales », in Barbier, J.-C. et Letablier M.-T. (dir.), *Politiques sociales. Enjeux méthodologiques et épistémologiques des comparaisons internationales*, Bruxelles, P.I.E. Peter Lang, 2005, p. 95-215.

Giraud, O., Lechevalier, A., « L'évolution des modèles allemand et français d'emploi depuis quinze ans. Des segmentations différenciées », in Dupré, M., Giraud, O., Lallement, M. (dir.), *Trajectoire des modèles nationaux. État, démocratie et travail en France et en Allemagne*, Bruxelles, P.I.E. Peter Lang, 2012, p. 291-321.

Lacour, C., « La tectonique des territoires : entre éclatement et intégration », in Dupuy, C., Gilly, J.-P. (dir.), *Industrie et Territoires en France*, Paris, La Documentation Française, 1993.

Lallement, M., *Le travail une sociologie contemporaine*, Paris, Gallimard, Folio Essais, 2007.

Tallard, M., Théret, B., Uri, D. (dir.), *Innovations institutionnelles et territoires*, Paris, L'Harmattan, coll. Logiques politiques, 2000.

Les entretiens

Au Brésil, la recherche a été menée principalement à São Paulo, mais aussi à Rio de Janeiro et à Brasília, au cours de trois périodes d'environ deux mois chacune (décembre-janvier 2008/2009 ; juillet-août 2009 et juillet-août 2011) et d'une dizaine de jours en février 2010, ce qui a permis de parfaire des entretiens réalisés auparavant. À Mexico, les entretiens ont couvert deux périodes : juillet-août 2010 et décembre 2011-janvier 2012. Au total, plus d'une quarantaine d'entretiens non directifs ont été menés par l'auteur, en portugais, en espagnol et en français. Chacun a duré en moyenne 2 heures, certains 3,voire 4. La méthode de la « boule de neige » a été privilégiée : un premier informateur en indique un autre et ainsi de suite jusqu'à tisser un réseau de contacts. Avec le temps, la confiance des interlocuteurs s'est accrue, ce qui a rendu plus aisé l'établissement de nouveaux contacts.

Toutes les catégories de pilotes ont été considérées : des pilotes *executivos* (*i.e.* salariés privés travaillant pour le compte d'un employeur), des pilotes *offshore* qui vont sur les plateformes pétrolières, parmi lesquels 2 femmes, des instructrices et instructeurs, des *reporters aériens*, des pilotes militaires[19] et du corps des pompiers[20]. Outre les pilotes, des usagers, des responsables de l'administration aérienne, des civils, des militaires, des techniciens, des directeurs de l'ANAC à Rio de Janeiro (Agence nationale de l'aviation civile), deux présidents en exercice de l'Abraphe et son directeur du Marketing et des Opérations, lui-même pilote dans une entreprise, le directeur de la sécurité et des affaires internationales du Syndicat national des aéronautes (SNA), la présidente de l'ONG *Defenda São Paulo* (*Défendez São Paulo*[21]) et une professeure de droit fort active au sein de cette organisation, un ex-secrétaire de la planification de la mairie et des urbanistes de la ville.

À Mexico, une dizaine de pilotes (tous des hommes), la directrice et un de ses assesseurs du département juridique de la DGAC et divers responsables, du Seneam (Services à la Navigation dans l'espace aérien mexicain), du Département des Licences et du Contrôle des accidents aériens ont été rencontrés. L'exemple mexicain a dévoilé des « lézardes et bricolages »

19 De la Polícia Militar (PM) à Brasília et à São Paulo, notamment auprès du responsable du Groupement aérien de São Paulo. Tout comme leurs collègues du corps des pompiers, les pilotes de la PM sont engagés dans la sécurité civile, i.e. la sauvegarde des personnes et des biens.

20 À Brasília. Pour une explication détaillée des différentes catégories de pilotes (Auteur, 2010).

21 Sa mission est de préserver la qualité de vie à São Paulo, agglomération qui compte avec sa banlieue près de 20 millions d'habitants.

propres à la zone grise de la profession, sur lesquelles je reviendrai pour illustrer le second aspect de la gouvernance.

Ces entretiens ont été complétés en France par cinq autres de pilotes ou d'ex-pilotes, civils et militaires ; ils ont permis de recadrer dans le contexte international la perception de la profession au Brésil et au Mexique.

Appareil survolant la région de la Marginal de Pinheiros, à São Paulo, fin 2010. Photo prise par Marcio Jumpei

Troisième partie

Jeux de pouvoir au quotidien

Les vendeurs ambulants à Mexico et à São Paulo face à la réhabilitation des centres historiques*

Carlos ALBA & Carlos FREIRE

El Colegio de México
et
Doctorant en Sociologie – Universidade de São Paulo

Introduction

Cet article a pour objet la comparaison des interactions entre les commerçants informels et les autorités de deux métropoles latino-américaines dans le contexte des processus successifs de réagencement de l'espace urbain. À partir des années 1980, l'expansion massive des ventes de marchandises sur la voie publique répondant à la crise économique, au chômage et au manque de lieux de vente, a coincidé dans le temps et s'est heurtée à la volonté croissante des autorités locales d'entreprendre des programmes de rénovation ou de revitalisation des centres historiques des villes alors que celles-ci tendaient à la ségrégation et la fragmentation. Cette décision surgit de la constatation que, depuis le début de la seconde moitié du 20e siècle, les villes latino-américaines vivent un processus de perte de population, d'appauvrissement, de taudification et de chûte des investissements publics et privés, accompagné d'une insécurité et d'une violence croissantes liées à la vente et à la consommation de drogue. En même temps, la qualité de vie s'est détériorée, du fait de la contamination atmosphérique, du bruit, des difficultés de la circulation pour les véhicules et les piétons, du manque d'espaces verts et de stationnements.

---

* Édité par Marielle Pepin-Lehalleur. Traduit par Christian Azaïs, Marielle Pepin-Lehalleur et Hélène Rivière d'Arc.

Le choix d'intervenir dans les centres des villes n'est pas nouveau. Il suffit de se rappeler les transformations opérées à Mexico par les Libéraux vers le milieu du 19e siècle ou les actions entreprises pendant la dictature de Porfirio Díaz dans les premières années du 20e siècle, pour des motifs hygiénistes ou pour célébrer le centennaire de l'Indépendance. Cependant dans la période récente, c'est un intérêt différent que vise la revitalisation du centre. En 1990, est créé le Fidéicommis du Centre historique de la ville de Mexico, un organisme mixte, tout d'abord, qui devient public en 2001 et qui se pose en interface entre particuliers et autorités pour promouvoir et coordonner l'exécution d'actions, de travaux et de services qui favorisent la récupération, la protection et la conservation du centre historique. Les actions se concentrent alors dans le couloir touristique et financier qui va de la grand-place dite *Zócalo*, vers le parc de l'Alameda Central plus à l'ouest. Au long de cet axe, une quantité importante d'immeubles ont été achetés, en particulier par l'homme d'affaires Carlos Slim, pour transformer en appartements résidentiels pour classe moyenne les étages supérieurs jusqu'alors laissés vides ou utilisés comme entrepôts. Il s'agit à proprement parler d'une « gentrification ». D'autres investissements privés se sont concentrés sur des immeubles d'habitation (Puerta Alameda) et des hôtels (Hilton, auparavant Sheraton), alors que les investissement publics se portaient sur quelques édifices (ministère des Affaires étrangères) et surtout sur les rues et réseaux de drainage, l'éclairage public, les façades des immeubles et la sécurité. Ces travaux publics d'infrastructure, d'abord limités à la partie occidentale du périmètre A du Centre historique durant le mandat de Andrés López Obrador, ont été prolongés vers l'est par son successeur Marcelo Ebrard (2006-2012). Des projets et des travaux de construction importants de logements sociaux ont été réalisés par des entrepreneurs privés comme SARE et Casa GEO, et dans une faible mesure par l'Institut de l'habitat de la ville de Mexico (INVI). Très rarement localisés dans le Centre lui-même, ils sont répartis dans les colonies populaires qui le bordent, telles la Doctores et la Guerrero (Paquette, 2006). Enfin quelques projets conçus par les institutions publiques pour promouvoir « un développement durable » du centre soutenu au long terme sur la base de la coexistence des classes moyennes et des secteurs populaires concernent tout juste une minorité de groupes ethniques indiens qui peuvent s'organiser dans le cadre de la société civile : les danseurs dits « Aztèques » et des artisans. Ces interventions dans le Centre historique affectent les intérêts des quelque vingt mille marchands ambulants qui, depuis trois décennies, avaient trouvé dans ce lieu une alternative de survie face au manque d'emplois formels.

Dans le cas du Brésil, la volonté d'intervenir dans les centres urbains se manifeste depuis la création de l'Institut du patrimoine historique et artistique national en 1937, en pleine dictature de Getúlio Vargas, dans un effort pour instaurer un « nouveau Brésil » (Jatahy Pesavento, 2006). À São Paulo, le centre reflète la modernisation intense et continue qu'a vécue la ville entre les 19e et 20e siècles et la diversité architecturale et urbanistique, caractéristique de l'entre-deux siècles qui en est la marque. À cette période où l'économie pauliste dépendait des exportations de café, le centre s'est construit autour des rues São Bento, Direita et XV de novembro, dans le district Sé. Il ne ressemble donc en rien aux centres des villes au passé colonial dont le riche héritage patrimonial nourrit la vocation touristique, comme Salvador ou Recife (Bitoun, 2009 ; Rebotier, 2009). Le centre de São Paulo était un lieu de consommation, d'affaires et de commerce fréquenté par les élites qui déclina dans les années soixante et devint populaire, tandis que les entreprises cherchaient de nouveaux lieux d'implantation, en particulier dans les nouvelles centralités de la zone appelée Vecteur Sud-ouest de la métropole. D'abord, le long de l'Avenue Paulista où se localisèrent les activités financières, juridiques et commerciales, puis, à partir des années quatre-vingt, autour de l'Avenue Berrini et de la *Marginal* Pinheiro. Ce transfert répondait au coût exorbitant de la modernisation de l'espace construit dans le centre, face à l'évaluation moindre du sol urbain et à la consolidation d'une infrastructure plus moderne dans le secteur sud-ouest (Montenegro, 2009). La dégradation de l'équipement urbain du centre historique s'est alors accentuée et sa valeur immobilière a décliné malgré les investissements publics et la concentration des services et des emplois (Montenegro, 2009). Le centre s'est ainsi transformé en une zone très différenciée et diversifiée en termes sociaux et culturels, et ses espaces publics accueillirent de plus en plus d'activités informelles, dont le commerce ambulant. Selon les calculs de la mairie il y avait près de huit mille vendeurs ambulants en 2005, dont 80 % exerçaient sans autorisation (Montenegro, 2009). Cette coexistence d'occupations formelles et informelles a conduit certains analystes à qualifier cet espace de « centralité périphérique »[1]. Bien que l'emploi formel ait notablement diminué (dans les années quatre-vingt, le centre perd près de cent mille emplois), les secteurs populaires ont créé une multitude d'emplois dans le commerce et les services et moins dans l'industrie. Finalement, cet espace représente une des principales centralités du commerce, des services, du divertissement et de l'emploi de la région métropolitaine de São Paulo, surtout pour la population qui vit dans les secteurs nord et est de la capitale.

Face à la dégradation de l'équipement urbain et à l'ouverture d'un nouveau cycle de délocalisation d'entreprises, de nouveaux intérêts se sont manifestés : l'association *Viva o Centro* (Vive le Centre), regroupant les entrepreneurs engagés localement dans les services et le commerce et

1 Rolnik *et al.*, 2005, cité par Montenegro, 2009 : 174.

des institutions privées et publiques, s'est créée en 1991 pour exercer des pressions sur le pouvoir public pour que des entreprises comme la Bourse des Valeurs et les Bourses du Commerce et des Produits à terme se maintiennent au centre. Dans ce cadre, la Banque de Boston dont le Président a été le président de *Viva o Centro* a joué un rôle important. Du discours de la « revitalisation » on est passé à celui de la « requalification » du centre, des rénovations ponctuelles ont été entreprises ainsi que le recyclage d'immeubles inclus dans le projet *Luz cultural*, réalisé conjointement par l'association Viva o Centro et les trois niveaux de gouvernement. Au titre de leur action on compte la transformation de la Pinacothèque de l'état de São Paulo et de la Gare Júlio Prestes, devenue le siège de l'Orchestre symphonique de l'état. Le Marché municipal est lui aussi transformé avec des activités culturelles (Frúgoli Jr., 2006), et plus tard apparaît le mouvement ProCentro pendant la gestion du maire Maluf (1993-1996). Dans tous ces projets appuyés par Viva o Centro, il est entendu que les vendeurs ambulants doivent être écartés du centre-ville. Ils en sont expulsés durant l'administration de Pitta (1997-2000) au cours de l'« Opération Dignité », vers des lieux sans circulation piétonne, ce qui équivaut, comme le remarque Frúgoli, à une sorte d'exclusion territoriale momentannée. Peu avant le passage au 21e siècle, de nouveaux acteurs entrent en scène dans le centre de São Paulo, les *Sans-toit* qui, organisés en six mouvements[2] au moins, envahissent des immeubles et des terrains et mettent l'habitat social au premier plan de la question urbaine. Ainsi le centre de São Paulo se convertit en un espace de dispute entre divers acteurs économiques et sociaux.

Avec l'arrivée de Marta Suplicy (Parti des Travailleurs, PT) au gouvernement de la ville, un nouveau programme de requalification urbaine à l'intention des secteurs populaires qui vivent en conditions précaires dans le centre est lancé en 2001. Ce projet, appuyé financièrement par la Banque interaméricaine de développement (BID), a pour but de récupérer le sens public de l'espace central, d'élargir et d'améliorer le logement social par le biais du programme *Morar no Centro* (Vivre dans le centre), de diversifier les fonctions et de créer des instruments de gestion collective. Cependant les résultats obtenus sont très limités. Sous cette administration naît le mouvement *O Centro Vivo* (le Centre vivant) qui promeut l'idée que les secteurs populaires jouent un rôle central dans la recherche de la mixité.

Le mandat partagé par José Serra (Parti de la social-démocratie brésilienne, PSDB, 2005-2008) et Gilberto Kassab (Parti social

[2] Movimento de Moradia da Região Central, Movimento de Moradia no Centro, Movimento de Sem–Teto no Centro, Movimento do Trabalhadores Sem-Teto, União de Movimentos de Moradia, Frente de Luta pela Moradia.

démocratique, PSD, 2009-2012) consacre une alliance de partis qui adopte la position inverse. Les autorités reviennent à une politique hygiéniste qui cherche surtout à accroître la surveillance et la sécurité dans le centre (installation de caméras de video en divers lieux) et à réduire l'espace occupé par les secteurs populaires, avec lesquels elles soutiennent plusieurs affrontements, depuis les commerçants ambulants jusqu'aux Sans-toit, en passant par les éboueurs informels. Sous cette administration, divers projets centrent leurs interventions sur plusieurs places, immeubles et rues. Des places sont réaménagées, quelques immeubles historiques restaurés. On cherche à réordonner et rénover l'espace et la structure de plusieurs rues commerçantes. Cette administration cherche aussi à attirer de nouveaux investissements de technologie de pointe vers le centre. Le projet de plus grande envergure de cette administration est Nova Luz, orienté vers la « requalification » d'une partie du quartier Luz (Montenegro, 2009).

L'évolution des centres de São Paulo et de Mexico illustre les intérêts contradictoires dont ils ont fait l'objet. Outre les premiers projets de nature patrimonialiste et culturelle qui s'y sont développés, Hélène Rivière d'Arc nous rappelle que l'intérêt porté au « retour en ville » et aux centres anciens, a également une composante sociale et politique qui revendique le droit à la ville. Les autorités publiques sont souvent tributaires de ces mobilisations sociales qui aspirent à revaloriser les centres ; leur mot-clé est la « mixité » sociale et spatiale. Un autre courant, encore, qui cherche à peser sur le traitement des centres considère qu'au temps de la globalisation, ces espaces urbains sont soumis à un processus contradictoire de paupérisation et gentrification, et réclament des actions pour résoudre les problèmes de réhabilitation, lutter contre la pauvreté et en faveur du développement durable (Rivière d'Arc, 2006). Les centres dégradés de São Paulo (Frúgoli Jr., 2006) et de Mexico dont les fonctions centrales et les pouvoirs qui les soutiennent ont fui vers d'autres espaces dans les années cinquante et soixante, ont attiré l'attention d'acteurs situés aux antipodes de la pyramide sociale. Certains, qui appartiennent aux élites économiques, souhaitent profiter des programmes de réhabilitation urbaine pour développer leurs affaires. D'autres, situés dans les secteurs populaires, ont occupé les rues de ces centres pour les transformer en espaces de vente.

Dans les diverses parties de cet article, nous nous pencherons sur cette deuxième catégorie d'acteurs et sur leurs relations avec les autorités de la ville. Qui sont, en termes sociaux et économiques, ces marchands ambulants installés dans les centres historiques ? Comment réussissent-ils à défendre leurs intérêts face aux politiques publiques qui cherchent à les déloger et les installer ailleurs ? Quelles mesures ont pris les pouvoirs publics pour réguler l'espace urbain dans les centres des villes ? Guidés par ces questions, nous nous proposons de comparer la situation des deux plus grandes métropoles d'Amérique latine.

Dans une démarche diachronique et synchronique basée sur l'observation, des entretiens et des enquêtes réalisées dans les deux villes – l'une après l'autre – nous montrerons les régularités et les singularités de ces processus.

La première partie retrace l'arrivée et les circonstances variables de la présence des vendeurs ambulants. Elle situe les principaux lieux de vente dans les zones centrales et dessine le profil des camelots. La deuxième aborde la question des organisations des vendeurs dans chacune des villes, leur histoire et leurs formes d'organisation. Dans la troisième, on analysera les relations que les organisations entretiennent avec les autorités, les conflits et les arrangements, ainsi que les tentatives des gouvernements pour éloigner les vendeurs ambulants et ce qui en résulte. En conclusion, nous développerons une analyse comparative de ces processus à Mexico et à São Paulo.

Qui sont les marchands ambulants ?

Les marchands ambulants du centre historique de la ville de Mexico[3]

Alors même que la place et les fonctions du commerce dans l'économie et dans la vie quotidienne ont bien changé depuis les époques lointaines de la colonie espagnole (1519-1821), son implantation au cœur de la ville capitale a toujours été un enjeu urbain et politique essentiel. Il en est de même dans la ville moderne du 20e siècle et des premières années du 21e. Alors que le marché central d'alimentation, La Merced, et le réseau des circuits de distribution au consommateur qui s'y approvisionnent ont été déplacés non sans mal vers une zone plus périphérique en 1982 (la *Central de abastos* a recréé sa centralité dans l'arrondissement d'Iztapalapa, à l'Est), la vente directe de vêtements, d'objets personnels et ménagers, de jouets, puis d'articles électriques et électroniques plus sophistiqués mais à bas prix continue d'attirer et de retenir sa clientèle populaire dans les rues du centre historique de Mexico.

On peut distinguer cinq zones principales de concentration et relative spécialisation du commerce ambulant, où nous avons mené notre enquête.

---

3 L'information sur les vendeurs ambulants du centre historique de Mexico provient d'une enquête réalisée en 2007 par Pascal Labazée et Carlos Alba auprès de 507 ambulants appartenant à cinq organisations qui opèrent dans chacune de ces zones principales.

1) Dans l'ancien quartier de Tepito, situé à cinq cents mètres au nord de la place centrale du *Zócalo*, d'innombrables vendeurs travaillent dans la rue, près du marché. Leurs marchandises sont très variées mais les vêtements, chaussures, bijouterie de pacotille, disques et vidéos prédominent. Les commerçants de Tepito représentent la moitié de notre échantillon ; 2) Mixcalco est une zone commerciale spécialisée en tissus et vêtements, à cinq cents mètres à l'est du *Zócalo ;* 3) La rue de Pino Suárez arrive au Zócalo depuis le Sud et offre tout type de produits ; 4) Le parc de l'Alameda Central, à cinq cents mètres vers l'Ouest, est au cœur de la partie restaurée du centre de la ville. On y vend principalement des aliments et des sodas mais aussi de l'artisanat, de la musique et des films ; 5) De nombreux vendeurs se sont regroupés auprès de la station de métro Zapata, hors du Centre historique, dans la Colonia Del Valle qui appartient à l'arrondissement Benito Juárez. Cette zone de classe moyenne aisée bénéficie des scores de développement humain les plus élevés du pays, en raison de son haut niveau d'homogénéité.

Carte 1. *Lieux de vente des commerçants ambulants dans le Périmètre « A » Centre historique de la ville de Mexico, 2007.*

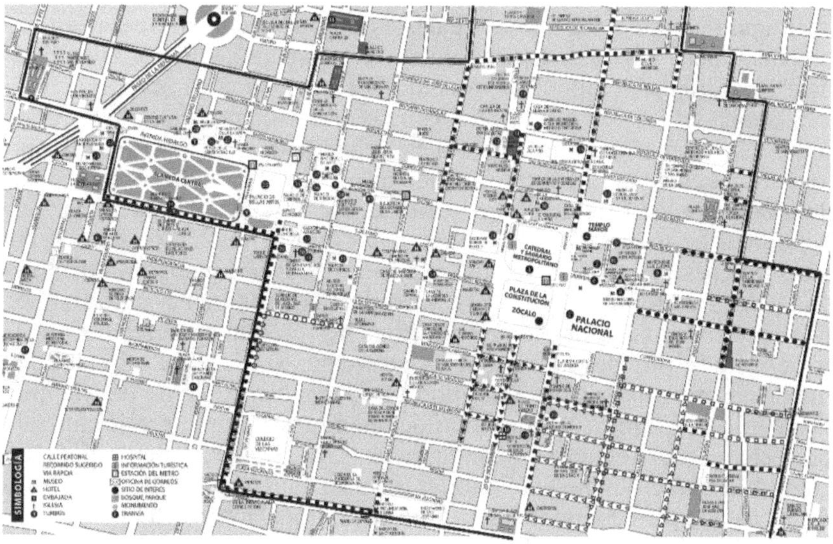

Sources : données de l'enquête.

Les propriétaires des étals sont majoritairement des femmes

Près de la moitié (46 %) des étals du Centre historique et de Tepito appartiennent à des femmes, une proportion très importante si on la compare à celle des femmes chefs d'entreprise au Mexique, secteur dans lequel la ségrégation par sexe est plus forte que pour l'ensemble du marché du travail. En effet, elles n'occupent dans ce secteur que 16 % des postes alors que les femmes représentent 23 % de la force de travail au Mexique (Zabludowsky, 2001).

Dans le cas des femmes propriétaires de leur stand dans la rue, les raisons de leur arrivée en ce lieu sont très diverses mais elles ont toutes un rapport avec la pauvreté, le manque d'emploi dans d'autres branches et le besoin de trouver une occupation compatible avec leurs obligations domestiques.

Les rues du centre-ville, pleines de piétons et accessibles à l'immense population de consommateurs, offrent une alternative de travail pour les femmes, qu'elles y soient forcées par le besoin ou qu'elles la choisissent pour ses avantages. Les femmes qui optent pour monter leur propre entreprise (Serna, 2001) ou qui se lancent dans la vente dans la rue partagent les mêmes raisons : besoin de mieux organiser leur temps de travail à la maison et en dehors, manque de possibilités d'ascension quand elles sont employées et, une raison partagée avec toutes celles qui cherchent du travail : la crise, sensible dans les communes rurales comme dans la capitale (Arias, 2001).

La participation des femmes dans les activités économiques n'est pas un phénomène nouveau. Elle a toujours été essentielle mais « invisible » dans le cadre des relations hiérarchiques. Depuis la crise économique de 1982, mettant en cause les activités masculines, dans les villages et en ville, les femmes ont été contraintes de chercher leur gagne-pain, surtout les veuves, célibataires, abandonnées, au statut plus fragile mais dont la quête est reconnue plus légitime que celle des femmes mariées. Nombre d'entre elles, poussées à assumer le rôle de chef de famille par leurs proches et la communauté, sont ainsi arrivées à monter un petit négoce, dans la confection et dans le commerce ambulant, en particulier. L'irruption soudaine des femmes mexicaines et latinoaméricaines sur le marché du travail, dans les années quatre-vingt, sur fond de crise, les distingue des processus d'incorporation à l'oeuvre dans les pays développés. Dans les campagnes, l'émigration des hommes a joué un rôle puissant pour charger les femmes de conduire les travaux, alors qu'en ville, c'est surtout la chute des revenus qui les a mises au travail et de préférence dans des activités commerciales qu'elles pratiquaient traditionnellement. Les situations de déséquilibre familial, veuvage, divorce et abandon, sont l'autre grande raison de travail puisque la moitié des femmes propriétaires de leur carriole sont mariées ou en union libre, alors que l'autre moitié se répartit entre toutes les autres situations évoquées.

Il faut souligner que le tiers des femmes marchandes ambulantes sont célibataires mais que 87 % d'entre elles ont des enfants à charge, ce qui les mettrait dans l'impossibilité de se plier à des horaires fixes. Une femme sur cinq qui travaillent dans la rue (17,6 %) est divorcée, veuve ou séparée, mais elle est aussi souvent chargée d'enfants. Au total, 74 % des marchandes ambulantes non mariées assurent la subsistance de (leurs) enfants.

Le fait de vivre à Mexico procure un certain avantage aux femmes par rapport à celles qui résident dans les petites localités : meilleur accès à la scolarité, aux services publics, à l'information, à la connaissance des déplacements et possibilités de travail, à un espace de socialisation, de loisirs et de formation de réseaux sociaux qui les aident à capitaliser les apprentissages de la migration, à résoudre leurs problèmes familiaux et à redéfinir leur rôle. C'est cet ensemble de facteurs joints à la force sociale des femmes et à leur expérience de lutte pour la survie dans les rues qui explique l'importance et le nombre des femmes qui assument des positions de dirigeantes dans les associations de commerçants ambulants dans la ville de Mexico, une caractéristique qu'on ne retrouve pas dans d'autres villes du pays ni ailleurs en Amérique latine.

Il existe une correspondance arithmétique entre le nombre des femmes propriétaires d'un étal dans le centre historique, qui en détiennent la moitié, et celui des organisations de marchands conduits par des femmes, qui en dirigent aussi la moitié. Mais parmi les soixante-neuf organisations enregistrées, les organisations les plus puissantes et les plus anciennes sont conduites par des femmes depuis plusieurs décennies.

Les vendeurs ambulants sont plus jeunes que la moyenne des travailleurs

La plupart des vendeurs ambulants sont jeunes. Un cinquième a moins de 25 ans, presque la moitié en a moins de 35, les trois-quarts ont de 18 à 45 ans et un quart seulement dépasse cet âge. Ceci montre que c'est la population la plus jeune qui a recours à la vente dans la rue comme alternative au chômage.

La plupart d'entre eux débute très tôt : selon notre enquête, neuf sur dix ont commencé à travailler avant 20 ans, six sur dix avant 15 ans et le quart (24 %) dans leur enfance, avant 10 ans.

Ce début précoce dans le travail dans la rue est un effet de la pauvreté mais il montre aussi la force de la tradition entretenue par les familles de commerçants. On peut distinguer au moins deux groupes parmi les enfants et adolescents qui participent au monde de la vente ambulante : ceux qui accompagnent leurs parents et ceux qui vivent seuls dans la rue. Chez les vendeurs de rue, l'expérience des enfants est très prisée, pour sa contribution aux revenus familiaux des plus pauvres et dans tous les cas, pour sa valeur pédagogique.

Des logements de plus en plus périphériques

Un rapport à l'espace fondamental différencie les commerçants ambulants de Mexico vivant au début du 20e siècle et au début du 21e. Les premiers vivaient majoritairement dans le centre, dans des *cuartos de vecindad*[4], ou dans des logements temporaires proches des lieux de vente, eux-mêmes localisés à proximité des marchés et autres lieux d'affluence (Barbosa Cruz, 2008). Les transformations urbaines du centre historique au cours du siècle ont conduit à son dépeuplement progressif et à des tentatives récentes pour le redensifier (Paquette, 2006 : 107-125) tandis que la taille de la ville et le coût du foncier poussaient les classes populaires à vivre en périphérie, surtout vers l'Est. D'après nos questionnaires, trois-quarts des propriétaires d'étals vivent dans le District fédéral et un quart dans les communes de l'état de Mexico. Près de la moitié des habitants du District fédéral logent à Tepito tandis que les autres se partagent (en ordre décroissant) entre les arrondissements de Cuauhtémoc (centre historique), Álvaro Obregón, Venustiano Carranza (proche du centre historique), Benito Juárez, Iztapalapa y Gustavo Madero. Dans l'état de Mexico, ils vivent surtout dans les communes d'Ecatepec, Netzahualcóyotl et Chalco.

Le commerce ambulant, une tradition familiale

Plus des deux tiers des pères et une proportion plus forte encore des mères des vendeurs de rue ont eux-mêmes exercé le commerce informel. L'origine sociale des pères est très modeste. Après le commerce, leurs activités ont été celles des services les plus élémentaires, puis l'agriculture et enfin, l'emploi comme ouvriers. Pour les mères, la proportion de celles qui se consacraient à la vente informelle était encore plus élevée, et bien moindres les activités liées à l'agriculture. Mais presque la moitié des mères n'avaient pas d'activité rémunérée et se consacraient au foyer, et très peu d'entre elles travaillaient dans les services de base, qui incluent le travail domestique rémunéré. Ceci réaffirme l'existence d'un changement d'activités pour une part importante de la nouvelle génération des femmes, qui se sont vu obligées d'entrer sur le marché du travail par le biais de l'informalité : elles ne pouvaient ou ne voulaient plus rester au foyer dans la situation de précarité que leur offraient les chefs de familles.

Le commerce ambulant est une activité qui se perpétue au sein des familles. Dans 39 % des cas, les propriétaires d'étals ont des frères dans la profession. C'est même l'activité dans laquelle se trouvent le plus de membres de leur fratrie, suivie de la tenue du foyer (qui concerne

[4] Les *cuartos de vecindad*, très nombreux dans le centre de Mexico jusqu'aux années quatre-vingt, étaient des chambres individuelles donnant sur une cour commune où se trouvaient réunis les services sanitaires d'usage collectif.

sans doute leurs sœurs), puis les services élémentaires et enfin, le travail en usine.

Bien que l'entrée dans l'activité rencontre peu d'obstacles, elle requiert l'acquisition d'un savoir qui est d'abord fourni par les parents. Ça a été le cas pour les deux tiers des commerçants.

Le capital économique nécessaire est peu élevé, l'investissement se réduit à la structure métallique que l'on monte et démonte tous les jours et à des marchandises (vêtements, chaussures, disques, vidéos, bijouterie de pacotille, etc.) dont le montant tourne autour de 2 000 pesos (160 dollars, ce qu'un migrant mexicain pourrait gagner en trois ou quatre jours aux États-Unis). Mais il faut disposer de l'accès politique au lieu de vente, dispensé par le leader, et d'un minimum de savoir-faire : où, à qui et comment acheter, comment négocier les prix, et persuader, en cas de besoin. Tout ce qu'apporte l'expérience du travail aux côtés de la famille.

Ces familles sont peu nombreuses, selon les critères mexicains. Un commerçant sur cinq, surtout parmi les plus jeunes, n'a pas d'enfant. Un sur quatre en a deux et cela représente la fréquence la plus haute ; puis viennent ceux qui ont trois enfants, puis un seul, et enfin les familles de quatre, six enfants, ou plus.

L'ancrage citadin des camelots actuels, fils de migrants

Contrairement à l'idée établie que les vendeurs ambulants sont des migrants venus de la province, notre enquête montre que la plupart sont originaires de la ville de Mexico. Deux sur trois sont nés dans le District fédéral et presque deux sur dix dans la périphérie. C'est-à-dire que plus des trois-quarts sont citadins, nés dans la capitale ou dans les communes limitrophes où l'on trouve les grandes concentrations urbaines que sont Nezahualcóyotl et Chalc ou les zones urbaines et industrielles d'Ecatepec et de Tlalnepantla. Bien loin sur la liste des fréquences arrivent les commerçants nés dans les états de Puebla ou d'Oaxaca, puis de Michoacán, Veracruz et Hidalgo. Très peu viennent des états pauvres du Sud et du Sud-Est et presque aucun de ceux du Nord.

On peut en conclure que l'origine des commerçants ambulants actuels est similaire à celle des autres habitants de la ville, que les nouveaux arrivés proviennent des mêmes régions pauvres qui l'entourent et qu'à défaut d'emplois bien rémunérés, les uns comme les autres ont opté pour le commerce sur la voie publique.

L'origine des parents dessine un autre paysage et souligne le poids de la migration dans les années précédentes. Un père sur trois et 40 % des mères sont natifs du District fédéral. La plupart des autres viennent des communes urbaines de l'état de Mexico qui sont incluses dans l'agglomération. Et enfin un grand nombre fait partie des flux migratoires qui ont alimenté la croissance de la capitale dans les années 1950 à 1970 en provenance des états ou régions pauvres de Oaxaca, Michoacán, Puebla et Veracruz. Déjà à cette époque, les états plus éloignés de la métropole et ceux du nord du pays, plus prospères, restaient étrangers à cette dynamique.

La scolarité

L'origine modeste des commerçants et de leurs familles est encore confirmée par leurs niveaux de scolarité. Parmi leurs parents, qu'il s'agisse des pères ou des mères, 1/10 sait juste lire et écrire, moins de la moitié a pu terminer l'école primaire et 13 % a étudié au collège, sans toujours conclure. Au-delà, les hommes ont eu plus de possibilités d'étudier, 17 % d'entre eux ont suivi des cours à l'université, contre 3 % chez les femmes.

Le niveau scolaire des camelots actuels se répartit en trois tiers, entre ceux qui ont terminé le primaire, le secondaire ou le baccalauréat général ou technique. Quelques-uns, rares, n'ont pas été à l'école mais savent lire et écrire, il s'agit généralement de personnes âgées, venues des régions les plus pauvres, souvent d'origine indienne : Nahuas, Mazahuas, Otomis, Mixtèques, Zapotèques, Triques. À l'autre extrémité, rares sont ceux qui sont parvenus à l'université mais parmi ceux-là, 6 % ont fait des études d'avocat, ingénieur, médecin, comptable, sans avoir toujours décroché le diplôme final.

Alors qu'ils avaient formellement conclu leurs études, mais ne trouvaient pas d'emploi satisfaisant, plusieurs commerçants ont choisi de revenir à la vente sur la voie publique ou de s'y lancer. C'est ainsi que plusieurs des conseillers des dirigeants des associations de commerçants ont fait des études à l'Université nationale (UNAM) ou au Politécnico (Université polytechnique). Nous avons connu un avocat qui vend des piments, rue Roldán, et offre son assistance à d'autres commerçants dans leurs problèmes légaux ; des ingénieurs en système informatique travaillant pour des vendeurs de la Place de la Technologie qui ont juste atteint le niveau secondaire et offrent des équipements et des programmes informatiques ; des experts-comptables qui vendent des jus de fruits pressés, des diplômés en administration qui vendent des vêtements ou des chaussures. Parvenir à l'université est ce dont rêvent les commerçants pour leurs enfants mais la réalité n'y est pas propice : les parents ne peuvent pas s'occuper de leurs enfants quand ils sont petits, et en plus ceux-ci sont capables de gagner de l'argent très tôt, ce qui les dissuade d'étudier. Plus grands, ils doivent souvent abandonner leurs études pour aider la famille, surtout les filles dont on attend davantage dans les tâches domestiques et qui se sont longtemps heurtées au niveau butoir de la fin de l'école primaire, par décision familiale ou à cause de grossesses précoces, sans compter leur goût pour le commerce. Le niveau moyen des études scolaires est donc plus bas pour les femmes que pour les hommes et reflète les désavantages sociaux, culturels et économiques qu'elles subissent. Le tiers des femmes enquêtées ont atteint la fin du cycle primaire et ont dû en rester là, alors que le tiers des hommes ont achevé les années de collège. On observe aussi une plus forte proportion d'hommes ayant poursuivi des études vers l'équivalent d'un baccalauréat technique.

Les ethnies indiennes et le commerce informel

Les Indiens ont de tout temps été présents au cœur de la ville. Malgré la destruction des édifices anciens, la mise à jour de ce que fut le Templo Mayor et de beaucoup d'autres témoignages historiques de la vie des Aztèques rappelle que la capitale nationale s'est construite sur Tenochtitlan. Malgré leurs efforts, les autorités coloniales n'ont jamais vraiment réussi à séparer les villages et quartiers indiens de ceux des Espagnols (Gruzinsky, 2004) et leur interdépendance a perduré au cours des siècles au travers des relations de travail et du ravitaillement de la ville en légumes, en fruits et en fleurs depuis Xochimilco. Dans les années 1960, les femmes otomies et mazahuas surnommées les *Marías* ont participé aux vagues migratoires qui ont transformé Mexico en mégalopole. Les Indiens qui n'ont pas été absorbés dans la ville par l'inclusion de leurs villages dans l'expansion urbaine y ont été attirés avec l'espoir d'y gagner leur vie ; leur présence croissante dans le centre historique, signe de leur pauvreté, y est perçue comme un symbole de sa détérioration économique et spatiale. Cependant, dans le contexte de la réhabilitation en cours, ils se trouvent pris dans une tension entre leur qualité d'habitants généralement logés dans les *vecindades* et leur activité de commerçants ambulants. Perraudin (2009) a montré les diverses stratégies qu'ils déploient pour se maintenir dans le centre. La première consiste à modifier leurs pratiques et leur discours et à mettre en avant leur identité ethnique et culturelle de façon à s'identifier à une image valorisée des Indiens. Pour cela, il leur arrive d'abandonner la vente de produits importés au profit d'objets artisanaux, ils reprennent leurs vêtements traditionnels, parlent ostensiblement dans leur langue et l'enseignent à leurs enfants, en quête d'une meilleure acceptation par les autorités et par le public. Leurs représentants prétendent faire reconnaître leur légitimité en parlant de la valeur de leur culture, de leur tradition et de la continuité de leur activité qu'ils ont été les premiers à développer dans le Centre Historique. Ils cherchent même à lier leur spécificité culturelle à sa réhabilitation en disant – comme l'exprime un informateur de Perraudin (*id.* : 70) « qu'on prétend sauver le centre, sauver le patrimoine, alors que la culture ce n'est pas les pierres, c'est nous, les Indiens ». Un discours qu'elle interprète comme le « renversement du stigmate » grâce auquel une identité discriminée et naturalisée que l'on a dissimulée est revendiquée comme une affirmation culturelle assumée (Wieviorka, 2000). Mais bien que des arrangements favorables soient fréquemment trouvés avec les autorités locales, ils sont circonstanciels et personnalisés, et jamais définitifs. Aucun accord ou projet ne peut être établi et garanti pour le futur, chacun pouvant être modifié ou refusé par un nouveau fonctionnaire ou par l'administration suivante. Une autre stratégie est celle de la mobilité en essayant d'échapper au contrôle des inspecteurs et de la police par un déplacement constant et la vente aux automobilistes (*torear*), et l'allongement du temps de travail en offrant ses marchandises jusque tard le soir. Une troisième stratégie repose sur l'adhésion aux grandes organisations de vendeurs ambulants, qui permet de s'assurer un lieu de vente mais implique de payer une contribution aux *leaders*. Nous avons pu constater que les vendeurs indiens sont ceux qui gagnent le moins : en 2007, leurs ventes tournaient aux environs de cinq cents pesos par semaine, soit près de cinquante dollars. Les *leaders*, qui en sont conscients, exigent un paiement moindre. D'autres stratégies d'insertion par le travail ont été étudiées par Pepin-Lehalleur. L'une d'elles est l'élaboration et la vente d'aliments dans la rue en dehors du centre historique, basées sur le travail individuel et familial (Pepin-Lehalleur, 2009).

Les résultats de l'enquête montrent que 14 % des commerçants ambulants parlent une langue autre que l'espagnol. Il s'agit majoritairement de l'une des 62 langues indiennes répertoriées au Mexique (8,3 %), suivie de l'anglais (5,7 %) et d'autres langues (1 %). Les langues indiennes correspondent à celles qu'on parle dans les régions d'origine des migrants : le nahuatl pour les régions de Puebla, Veracruz et Hidalgo, l'otomi et le mazahua pour ceux qui proviennent de l'État de Mexico et en particulier de certains villages comme San Antonio Pueblo Nuevo, le mixtèque, le zapotèque et le triqui pour les migrants originaires de Oaxaca. Le taux de pratique d'une langue indienne est ici légèrement supérieur à l'ensemble du District fédéral (7 %). Il existe dans la ville plusieurs associations organisées par ethnies, avec leurs propres systèmes d'action et de prises de décisions correspondant à leurs us et coutumes (Oehmichen, 2005 ; Perraudin, 2009). D'autres groupes indiens se trouvent mieux défendus en adhérant aux grandes organisations de commerçants ambulants ; enfin, ceux qu'étudie Pepin-Lehalleur, par exemple, préfèrent se débrouiller seuls avec les autorités administratives.

Les vendeurs ambulants de la ville de São Paulo

Les vendeurs ambulants représentent un aspect historique de la ville de São Paulo, lié à l'urbanisation. Depuis longtemps, ils marquent leur présence dans les rues à travers la figure du colporteur (*mascate*), associée aux immigrants syro-libanais qui, dès la fin du 19e siècle, vendaient des produits de porte en porte. De cette époque-là datent les premiers conflits avec les autorités publiques, perceptibles dans les premières actions de réglementation du commerce dès 1898 (Pamplona, 2004). Cependant, il faudra attendre les années 1970 pour voir apparaître un débat autour du terme « informel ». Un processus d'expansion urbaine rapide avec l'arrivée de nombreux migrants venus du *Nordeste* du pays ; un développement accéléré de l'industrie grâce aux politiques de substitution des importations, principalement dans la période du « miracle économique » des années 1970 en pleine dictature civile et militaire (1964-1985). Toutefois, ceux qui arrivaient en ville ne trouvaient pas leur place sur le marché du travail salarié formel et le tissu urbain augmentait sans que les services de base ne suivent.

Au début, l'informalité était caractérisée par cet écart dans la relation entre urbanisation, industrialisation et travail salarié formel. L'acception du terme, large, incluait le travail d'auto-construction du domicile, réalisé pendant les heures de repos des travailleurs et le week-end, provoquant l'extension de la périphérie. Parallèlement, des services aussi divers que les ateliers de mécaniciens, les réparateurs de pneus, les manicures, les coiffeurs ou le commerce ambulant se déploient, employant des salariés sans carte de travail. Dans un contexte où le travail salarié formel n'a jamais réussi à être la norme générale, le travail informel a été considéré comme la permanence d'activités traditionnelles caractérisées par une faible séparation entre le capital et le travail (Furtado, 1968). Il a été vu aussi comme faisant partie des stratégies de survie d'une masse marginale non absorbée par les processus hégémoniques de l'économie (Nun, 1969) ou encore comme la symbiose qui marquerait la spécificité de l'accumulation capitaliste à la périphérie du système où le traditionnel et le moderne, le formel et l'informel s'auto-alimentent (Oliveira, 1972).

Selon Goldfard Costa (1989), avant cette époque les ambulants s'installaient principalement grâce au « commerce de pas-de-porte » autour des marchés et lieux de services publics, d'écoles et d'usines, surtout dans le centre-ville. Ils vendaient des fruits, des légumes, du poisson dans les quartiers plus distants de la périphérie, non approvisionnés par un réseau de magasins. Selon l'auteure, à partir du début des années 1970, les produits et services deviennent de plus en plus diversifiés, ce qui reflète d'une certaine façon le miracle économique. Ainsi, apparaissent des articles pour automobiles comme des flanelles, des triangles, des antivols et des extincteurs vendus aux feux rouges et aux croisements ou alors des articles ménagers et en plastique vendus sur les trottoirs. La présence notable de vendeurs ambulants dans la ville a eu lieu à partir des années 1980 ; elle a correspondu aux premiers signaux de ralentissement de la croissance économique, de la baisse des emplois dans l'industrie et au moment de la redémocratisation du pays. Depuis lors, le commerce ambulant est devenu visible du fait de son installation dans des espaces publics de grande circulation de piétons comme les terminus d'autobus, le métro, les hôpitaux et les espaces commerciaux du centre et de quelques sous-centres de la ville. La dispute pour l'espace et la revendication de légitimité d'exercer son travail dans la rue sont devenues un thème récurrent des dynamiques urbaines et l'un des points fondamentaux du conflit entre ambulants et le pouvoir public, marqué des manifestations de vendeurs et par des cas de corruption/extorsion compromettant des agents du pouvoir public. Les accusations de détérioration de l'espace lancées par les associations de commerçants et par les agents du marché immobilier ont été légion. Par ailleurs, le travail informel de nombreux vendeurs de rue joue un rôle important dans la stratégie de distribution commerciale de marchandises dont la provenance est extrêmement variée. À partir de 1992, les produits du Sud-Est asiatique distribués dans les galeries à bas prix allaient permettre aux individus de devenir des petits commerçants sans les obliger à immobiliser de grandes quantités de capitaux. Sur les trottoirs, divers circuits de distributeurs et de producteurs se croisent, depuis les petits producteurs de fond de jardin, en passant par de grandes entreprises nationales et des entrepreneurs importateurs qui vendent fréquemment des articles piratés ou issus de la contrebande. Parfois, l'occupation des espaces dans la rue passe par la négociation avec les fournisseurs qui arrivent à contrôler directement les lieux du commerce ambulant. Ainsi, le commerce informel des ambulants est-il devenu un élément constitutif de la « mondialisation par le bas » (Portes, 1997 ; Tarrius, 2002 ; Mathews *et al.*, 2012) dans la ville de São Paulo. Le contrôle et la répression du commerce des marchandises irrégulières sont le deuxième volet du conflit avec les autorités de l'État.

Dans plusieurs lieux de la ville les vendeurs ambulants sont concentrés : dans la rue José Paulino, dans le quartier du Bom Retiro, dans la rue Teodoro Sampaio à Pinheiros, dans la rue 12 de outubro à Lapa, au Largo 13 de Maio à Santo Amaro, mais aussi dans les quartiers de Penha, Guaianazes, São Miguel, Santana, Jabaquara, entre autres. Cependant, ces dernières années des changements dans cette dynamique urbaine laissent percevoir une réduction sensible de la présence des vendeurs de rue dans la ville. Si à partir des années 1980 le commerce ambulant croît, il atteint son apogée entre la fin des années 1990 et le milieu des années 2000. Depuis l'on assiste à une diminution relative de son espace en raison de l'action des pouvoirs publics qui a conduit soit au retrait total des camelots soit à une restructuration de leur façon de travailler, comme dans le centre historique de la Praça da Sé et de la Praça da República et dans les rues Direita, São Bento, 15 de novembro, Barão de Itapetininga et 24 de maio.

Carte 2. *Vendeurs ambulants et galeries commerciales dans le centre-ville de São Paulo.*

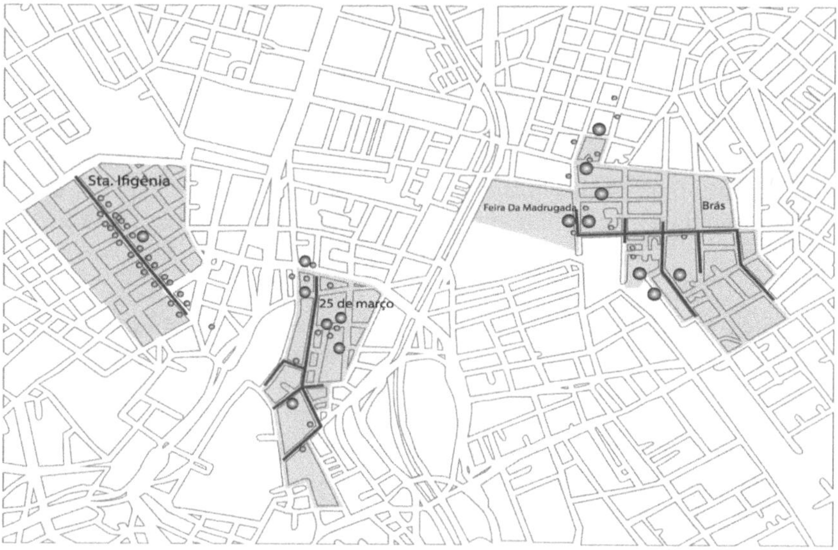

Légende :

● ● Galeries commerciales

——— Aires de concentration du commerce ambulant

La région du Brás, dans le centre élargi, est l'une des principales références pour le commerce ambulant ; historiquement, elle a abrité le plus grand nombre de camelots de la ville. Il s'agit du premier pôle industriel de São Paulo et actuellement du principal centre de production et de distribution d'articles de confection du pays.

Situé au carrefour des deux principales lignes de train de la ville et d'une ligne de métro, à la station Brás, le quartier se caractérise par une forte présence d'immigrants qui ont contribué à la formation même du quartier. Aujourd'hui, ce sont les Boliviens qui se détachent ; ils habitent et travaillent dans les ateliers de couture, mais opèrent aussi dans le commerce ambulant où ils distribuent des articles de leur propre confection. L'attrait pour les ambulants du Brás résidait au début dans le flux important d'ouvriers et d'ouvrières entre les usines et la gare ferroviaire. Avec la restructuration productive et la teneur qu'a prise le commerce dans le quartier aujourd'hui, l'intérêt principal repose maintenant sur les *sacoleiros* et le « tourisme des *sacoleiros* », qui se développe à partir des petits commerçants d'autres parties de la ville, de l'état et du pays. Ils viennent là acheter pour ensuite revendre.

Les « foires du petit matin » en sont un bel exemple. De lundi à samedi, de 2 heures du matin jusqu'à 7 heures, les vendeurs ambulants se disputent les clients ; les ventes se font principalement en gros. La foire la plus importante comprend entre 5 000 et 7 000 étals. Ils forment de véritables labyrinthes de couloirs étroits où s'amoncellent des marchandises de tout type et au travers desquels les clients circulent, bardés de leurs sacs d'achats énormes. Ainsi, toute la région de la station Brás, en passant par le Largo da Concórdia et par les rues Firmino Whitaker, Maria Marcolina, Müller jusqu'à la rue Oriente, est occupée par le commerce ambulant. Actuellement, nombre d'anciens hangars désaffectés des usines sont transformés en galeries commerciales, divisées en de multiples petits boxes.

La région de la rue 25 de março, tout comme le Brás, est l'un des principaux centres de commerce ambulant de São Paulo. Dans la première, les ambulants vendent principalement des confections ; dans la seconde, ce sont des articles importés, issus parfois de la contrebande et de la piraterie : des sacs, des parfums, des tennis, des jouets, des bijoux, CD, DVD, etc. Les ambulants vendent au détail ce que les magasins du même endroit fournissent en gros. Située dans le centre, la rue 25 de março commence près d'un des principaux terminus de bus de la ville, dans le Parc Dom Pedro II, et s'étend sur un peu plus d'un km jusqu'à l'avenue Senador Queiroz, près du marché municipal. Dans cette région se trouvent les galeries commerciales où viennent s'approvisionner une bonne partie des vendeurs ambulants de toute la ville. Depuis le début du 20e siècle, des Syrio-libanais se sont installés dans cette région pour y vendre des produits importés et principalement des tissus. À partir du milieu des années 1980 et des années 1990, l'immigration chinoise domine. Il s'agit d'un centre traditionnel de commerce populaire où, selon des informations de la mairie de São Paulo, près de 400 000 personnes circulent quotidiennement mais, à l'approche des dates les plus importantes pour le commerce, ce mouvement atteint facilement le million de personnes.

Finalement, la région de la rue Santa Ifigênia, dans le centre aussi, proche de la rue 25 de março, commence sur la place de l'église du même nom et se termine 800 mètres plus loin, dans l'avenue Duque de Caxias, autour de la gare Júlio Prestes et de la salle de concerts São Paulo. Il s'agit d'un lieu de diffusion et de consommation des technologies de l'information les plus avancées, où l'on trouve des composants d'ordinateurs et une grande diversité d'équipements électroniques vendus dans de nombreuses galeries. La présence d'immigrants chinois et libanais y est importante ; ils se sont installés pour la plupart après l'ouverture économique de 1992, provenant de Ciudad del Este au Paraguay. Dans ce lieu, alors que les magasins commercialisent du *hardware* et des produits électro-électroniques, les vendeurs ambulants distribuent des *softwares* pirates, des jeux pirates, des télécommandes, des piles, des batteries, des clés USB et des accessoires pour appareils électro-électroniques.

Ces régions sont significatives pour la discussion sur le commerce ambulant dans la ville en raison de la grande concentration de vendeurs et parce qu'il s'agit de lieux de distribution de marchandises qui attirent de nombreux revendeurs, mais surtout car elles ont été choisies comme *régions prioritaires* pour les politiques de contrôle de la gestion actuelle de la mairie de São Paulo. Actuellement, le Brás, les rues Santa Ifigênia et 25 de março sont le lieu de toutes les attentions des *politiques de revitalisation urbaine*[5]. Depuis le début des années 1990, des initiatives visent à transformer les formes d'utilisation et d'occupation dans la région centrale, surtout après la création de l'Association Viva o Centro. En accord avec d'autres associations de commerçants locaux[6] (principalement l'Association des commerçants du Brás – Alobras (Associação dos Lojistas do Brás), l'Union des commerçants de la 25 de Março – Univinco (União dos Lojistas da 25 de Março) et la Chambre des dirigeants commerçants de Santa Ifigênia – CDL Santa Ifigênia (Câmara dos Dirigentes lojistas), ils dénoncent le commerce ambulant comme facteur de détérioration et exigent son déplacement comme mesure de revalorisation de l'espace. Cependant, ces centres traditionnels du commerce populaires connaissent un fort dynamisme, fondé en grande partie sur le commerce de gros qui attire un flux constant et massif de petits revendeurs à la recherche de bonnes affaires, dans une dynamique qui dépasse amplement le périmètre local avec une influence régionale, nationale et internationale.

Marché du travail et profil des vendeurs ambulants à São Paulo

Les années 2000 ont été marquées par l'amélioration des indicateurs économiques et la diminution des taux de chômage et l'augmentation de l'emploi formel. Cela a parfois été utilisé comme justificatif pour combattre le commerce ambulant. En effet, pendant la dernière décennie, le marché du travail de la région métropolitaine de São Paulo s'est caractérisé par une tendance à la croissance du travail formel et la diminution relative du travail informel. Avant cela, pendant une période de 13 années, de 1989 à 2002, les emplois salariés avec la carte de travail signée par l'employeur (document que officialise le lien de travail salarié) ont diminué de 12,8 points entre la population occupée de la Région métropolitaine de São Paulo (RMSP), passant de 53 % à

[5] En ce sens, on remarque trois projets d'interventions urbaines dans la région : Nova Luz, Novo Parque Dom Pedro II et le Circuit des Achats, outre d'autres interventions ponctuelles qui visent à transformer l'utilisation et l'occupation du sol dans cette région centrale de la ville.

[6] Il existe aussi la Chambre des Dirigeants de Magasins de la Santa Ifigênia – CDL Santa Ifigênia.

40,2 % du total des occupés. Les travailleurs informels représentaient respectivement 29,7 % et 42,2 % de la population occupée[7]. Ce n'est qu'à partir de 2003 que cette tendance à la croissance de l'informalité se renverse ; en 2011, le travail salarié avec carte passe à 51,7 % et le travail informel descend à 33 % de la population occupée. Toutefois, en termes absolus les deux segments ont crû au cours de la dernière décennie en raison de l'expansion de la population occupée dans la RMSP, même si le secteur informel s'est maintenu à un niveau quasiment stable pendant la période. Le graphique ci-dessous illustre l'évolution de la distribution des occupés entre salariés avec carte de travail et travail informel.

Graphique 1. *Distribution de la population occupées parmi les salariés avec carte de travail et travailleurs informels de la RMSP.*

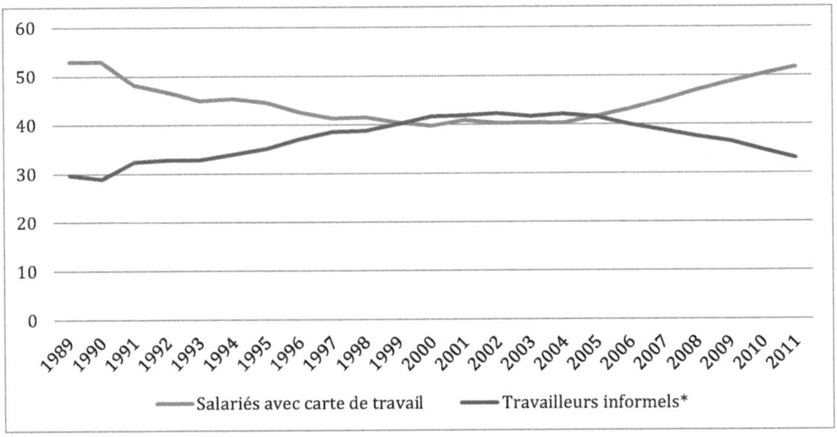

Élaboré à partir de l'Enquête Emploi et Chômage – PED – 1989-2011 – Convênio Seade-Dieese, « Estimations à partir de la somme des salariés sans carte, autonomes et employés domestiques ».

Les estimations sur le nombre de vendeurs ambulants à São Paulo indiquent aussi une tendance à la baisse au cours de la dernière décennie. En prenant comme base les informations de l'Enquête Emploi et

7 Source : SEP. Convênio Seade-Dieese. Pesquisa de Emprego e Desemprego – PED. Le travail informel n'est pas une catégorie statistique, les chiffres présentés ici sont le résultat de la somme des salariés sans carte, autonomes et employés domestiques. Il convient de souligner que, depuis 2009, le gouvernement fédéral a ratifié une loi pour faciliter la formalisation des autonomes à partir de la réduction des impôts et du nombre de documents nécessaires avec la création de la figure juridique du Micro-entrepreneur individuel (MEI).

Chômage – PED[8], à partir de la catégorie commerce sur la voie publique, les estimations indiquent la présence de 119 000 commerçants de rue dans la RMSP en 2011. C'est le chiffre le plus bas de toute la série historique depuis sa création en 1999. À l'époque, l'estimation était de 161 000 personnes. Ensuite, la présence de commerçants de rue a eu tendance à croître jusqu'en 2004, quand elle a atteint le seul le plus élevé (estimation de 206 000 personnes). À partir de là, les chiffres diminuent peu à peu. Les données présentées par João Batista Pamplona (2010) en prenant pour base les tables spéciales de la PED, montrent que quasiment deux tiers des commerçants de rue de la RMSP travaillent dans la capitale. En 2009, les estimations s'élevaient à 100 000 personnes à peine dans la ville de São Paulo. Selon Pamplona, l'écart dans le taux de chômage est un élément important pour déterminer la présence de vendeurs ambulants dans les rues de São Paulo. Il considère que dans la première moitié de la décennie 2000, alors que le taux moyen de chômage était de 18,6 %, la proportion de commerçants de rue était en moyenne de 2,4 % du total des occupés. Dans la seconde moitié de la décennie la moyenne du taux de chômage était de 14,9 %, la proportion de commerçants de rue est tombée à 2 %, de telle façon que le commerce de rue représenterait une espèce de pare chocs du marché du travail (Pamplona, 2010). Cependant, si le chômage peut être un facteur important d'entrée dans le commerce ambulant, la réduction du chômage n'implique pas nécessairement la sortie des rues. Certaines caractéristiques spécifiques de la dynamique du commerce ambulant ne reflètent pas que le comportement du marché du travail.

Ainsi, la chute brutale entre 2010 et 2011 est étonnante : selon les données de la PED, le nombre de personnes travaillant dans la rue a diminué de 41 000 individus. Dans ce cas particulier, l'oscillation est principalement le fruit des politiques de répression du commerce ambulant mises en place par la mairie de São Paulo. En fonction de l'époque de l'année, de grandes oscillations dans la concentration des ambulants se produisent, notamment en décembre, ce qui atteste que nombre de vendeurs ambulants sont des vendeurs saisonniers. De grandes variations dans la disposition des vendeurs ambulants dans les rues de la ville ont lieu en raison des actions répressives de la mairie. Depuis décembre 2009, à partir de l'action conjointe de la mairie et du gouvernement de l'état de São Paulo, l'on a assisté à la multiplication des contrôles et à une fiscalisation accrue de la part de la police militaire. Ces mesures ont eu un net impact sur la diminution de la présence de camelots dans les principaux centres

[8] Il s'agit d'une enquête mensuelle par échantillon de ménage réalisée en partenariat entre la Fondation Seade (organe statistique du Gouvernement de l'état de São Paulo) et le Département intersyndical d'études statistiques et socio-économiques (Dieese).

commerciaux de la ville. Dans de nombreux endroits, le jour, ne restent que les ambulants qui ont le droit de travailler (i.e. ceux qui possèdent le terme de permis d'utilisation, TPU) ; la mairie n'a pas hésité à casser de nombreuses licences, même parmi ceux qui possèdent le TPU : sur les 20 000 existantes il n'en reste plus que 4 200 pour toute la ville[9].

Le profil des commerçants ambulants de São Paulo

L'examen du profil des commerçants de rue de São Paulo montre qu'il s'agit majoritairement d'hommes (66,9 % contre 33,1 % de femmes) impliqués dans le commerce de rue en 2009. Cette proportion a peu varié au cours des dix années précédentes. La participation masculine chez les ambulants est plus élevée que pour l'ensemble des occupés de la ville (54 % d'hommes et 46 % de femmes pour la même année de référence). En outre, plus de la moitié des vendeurs ambulants sont chefs de famille (53,8 %), les conjoints sont 20,9 % et les enfants 18 %.

En ce qui concerne l'âge des commerçants de rue, 49,9 % ont plus de 40 ans ; 34,9 % auraient entre 25 et 39 ans. Ces données contrastent fortement avec le profil général de la population occupée de la ville, bien plus jeune que les ambulants : 38,6 % ont plus de 40 ans, 42,5 % entre 25 et 39 ans et 16,9 % entre 18 et 24 ans. La série de données relatives à la période 1999 à 2009 révèle une tendance accentuée au vieillissement de l'ensemble des commerçants de rue, phénomène différent de ce que l'on observe pour l'ensemble des occupés. En 1999, 41,2 % des commerçants de rue avaient plus de 40 ans (8,7 % de moins qu'en 2009), 35,3 % entre 25 et 39 ans (0,4 % de plus qu'en 2009) et 15,5 % entre 18 et 24 ans (depuis 2005 l'échantillon ne permet pas la désagrégation pour cette classe d'âge pour le commerce de rue). Cela montre qu'il y a peu d'entrée de jeunes dans le commerce de rue ces dernières années, que peu d'enfants des ambulants suivent le métier de leurs parents ou que les jeunes ont une participation au commerce de rue plus saisonnière et pas comme occupation principale, de telle façon à être moins saillants dans l'enquête de la PED. Ces contrastes indiquent un faible renouveau parmi les commerçants de rue ces dix dernières années et qu'une grande partie des personnes qui travaillent dans les lieux publics aujourd'hui exerce cette occupation depuis de longues années.

D'après les données de la PED présentées par Pamplona, 49,3 % des commerçants de rue n'avaient pas terminé le collège, soit moins de 8 années d'étude et 30,9 % avaient suivi l'enseignement moyen en partie, soit plus que 8 ans d'étude. Aucune désagrégation ne permet d'en savoir davantage sur l'analphabétisme ou l'enseignement supérieur dans cette série de données.

---

9 Je reviendrai sur ce point dans le paragraphe « Les organisations des ambulants et la gestion de l'espace urbain ».

L'on peut avancer toutefois que ce profil de scolarisation des commerçants de rue contraste avec celui de la population active de la ville : 23,7 % n'ont pas terminé le collège et 64,3 % n'ont pas terminé l'enseignement moyen. La différence est de 25,6 points dans la proportion des moins scolarisés et de 33,4 parmi les plus scolarisés. Alors que le total de la population active a augmenté, la participation de ceux qui ont plus de 8 années d'étude est passée de 49,1 % en 1999 à 64,3 % en 2009 (+ 15,2 points) ; chez les ambulants, ce même degré d'instruction n'a augmenté que de 4,7 points, passant de 26,2 % à 30,9 % au cours de la même période. Ceci indique que l'on entre dans le commerce de rue avec une scolarité faible et que l'augmentation du degré d'instruction chez les ambulants au cours des dernières années n'a pas accompagné le profil général de la population active dans la ville.

Les commerçants de rue se déclarent en majorité blancs (60,8 %), bien que la participation des non blancs (39,2 %) soit plus grande que pour le reste de la population occupée (65,5 % de blancs et 34,5 % de non blancs). La majorité d'entre eux est née dans la région Sud-Est du pays (54,3 %) et ne serait pas migrante. Toutefois, il y a davantage de migrants chez les commerçants de rue que dans le total de la population occupée : 39,4 % sont nés dans la région Nordeste du pays contre 28,3 % de la même région sur le total des occupés. Le mouvement migratoire du Nordeste vers São Paulo a joué un rôle important dans l'urbanisation de la ville et la constitution de son marché du travail. Il a diminué considérablement au cours de la décennie 2000 et nombre de migrants sont retournés chez eux au cours de la période. 45,5 % des commerçants de rue résident dans la RMSP depuis 40 ans. L'on note aussi la présence croissante d'étrangers parmi les vendeurs ambulants, ce que ne dévoilent pas encore les données de la PED, surtout dans la région centrale. Il s'agit principalement de Boliviens dans la région du Brás ; après le travail dans les ateliers de couture, le travail dans le commerce ambulant est leur seconde activité, dans ce cas ils vendent la production de leurs ateliers. Des Péruviens et des Paraguayens officient dans la région de la rue 25 de março.

La rémunération moyenne réelle des commerçants de rue tourne autour de R$ 654 en 2008[10], équivalente à 1,6 salaire minimum par mois, alors qu'elle atteignait 1 328 réais pour le total des occupés. Ainsi, les ambulants gagnent en moyenne un peu moins de la moitié du revenu total des occupés. Selon une publication plus récente de la Street Net[11], le rendement moyen des vendeurs ambulants de São Paulo en 2011 serait

[10] Valeur moyenne mensuelle des revenus dans l'année, en déduisant l'inflation de la période.

[11] Étude réalisée par la StreetNet Internacional sur le profil des vendeurs ambulants dans les villes-sièges de la Coupe du monde de 2014. Disponible sur : http://apublica.org/2012/04/copa-nao-e-para-pobre-os-ambulantes-zonas-de-exclusao-da-fifa/

de R$ 790. Toutefois, certains ont un revenu plus élevé que d'autres segments de la population active avec le même niveau de scolarité, principalement pour ceux qui travaillent dans les lieux les plus valorisés et occupent les meilleurs points de vente. Itikawa, architecte urbaniste, a rencontré dans le centre de la ville en 2006 des ambulants dont les revenus mensuels tournent autour de R$ 3 000,00 à R$ 5 000,00 (Fukimoto Itikawa, 2006). Les montants varient beaucoup selon le type de marchandise et le lieu de travail, de telle sorte que la région centrale de la ville est le lieu de dispute et de conflits pour l'occupation des lieux.

Statuts dans l'occupation

77,1 % des vendeurs ambulants sont autonomes et à peine 14,2 % salariés. En 2008, 43,7 % des commerçants de rue travaillaient dans des baraques et 26,4 % n'avaient pas d'installations fixes. Ces derniers, connus comme *siris*, transportent avec eux leurs marchandises et connaissent une condition de travail plus instable, parfois ils ne travaillent que de manière saisonnière, les premiers dépendent de l'obtention d'un point de vente et doivent négocier les conditions d'entrée sur le marché. Plus de la moitié travaille seul (51,9 %), environ 1/5 travaille avec des membres de la famille ou des associés (19,3 %) et quasiment la même proportion travaille avec 1 à 5 employés (19,7 %). La grande majorité ne cotise pas à la Sécurité sociale (86,4 %).

88,8 % habitent dans la commune de São Paulo, selon la PED. Aucune information n'est disponible quant à leur distribution dans la ville, s'il existe un modèle défini, en termes de local d'activité et de logement, ils habitent aussi bien dans les périphéries les plus distantes que dans les plus proches. Nombre d'entre eux habitent et travaillent dans le centre, sur des terrains ou dans les zones les moins valorisées. Certains de leurs *leaders* participent activement aux mouvements organisés de logement dans la région Centre.

L'on peut en déduire quelques caractéristiques générales du profil des vendeurs ambulants. Il s'agit de personnes qui rencontrent des difficultés d'insertion sur le marché du travail. Plus âgés que la moyenne de la population active, ils possèdent un niveau de scolarité moindre, leurs revenus moyens sont bien plus faibles et ils travaillent depuis fort longtemps dans le métier. Ces éléments rendent difficile toute insertion autre sur le marché du travail, même dans les moments où la croissance économique et l'amélioration des indicateurs d'emploi pourraient le laisser supposer.

Les organisations des vendeurs ambulants

Les organisations des vendeurs des rues à Mexico

On trouve la trace de l'origine des organisations des vendeurs de rues dans les premières associations qui défendaient leurs intérêts collectifs dans les années 1920 et 1930 du 20e siècle. Elles le faisaient au moyen de lettres signées par des groupes de quelques dizaines de vendeurs qui se présentaient sous une identité commune, en tant que « femmes veuves de la Révolution », « parents de combattants morts pour la Révolution », « victimes du chômage à cause de la crise économique que connaît la ville », « corporation des commerçants en ferraille », « vendeurs à l'angle du marché de San Cosme », « victimes de la corruption du même gendarme » (Barbosa Cruz, 2008 : 256-257). Selon cet auteur, les regroupements par type de marchandise furent cooptés par le régime corporatiste dès les années trente. Le cas de l'Union des vendeurs, crieurs et distributeurs de journaux du District fédéral, en janvier 1923, illustre la façon dont le gouvernement résolut de tirer parti de la fonction double qu'assumait cette organisation : la distribution efficace de la presse et la capacité d'accepter ou de refuser que tel numéro particulier soit réparti (Aguilar, Terrazas, 1996). D'où l'intérêt de l'incorporer au nouvel ordre et de s'assurer un contrôle réel de l'information et de l'opinion en concluant avec ses dirigeants des accords mutuellement avantageux. Ceci explique que la première activité réglementée pour les travailleurs de la rue fut en 1916 celle des vendeurs de journaux à la criée. Barbosa Cruz (2008) indique que ces organisations naissantes furent incorporées à la CROM (Confédération régionale ouvrière mexicaine) au cours des décennies suivantes et qu'elles obtiendraient le pouvoir de placer leurs affiliés sur les meilleurs points de vente de la ville. Cependant, à leurs débuts, les formes de défense collective étaient encore hésitantes, soumises et dociles et les organisations adressaient de véritables suppliques au gouvernement.

Au fur et à mesure que la population s'accroissait sous l'effet de la migration rurale et de la concentration industrielle, le commerce ambulant s'étendit. Le Régent de la ville Uruchurtú (1952-1966) entreprit un large réaménagement urbain dont le volet commercial comprenait la construction de marchés de quartiers et l'obligation faite aux vendeurs ambulants de s'y tenir. Ceux qui se trouvaient en surnombre ou qui, estimant la vente en espace fermé peu profitable, préféraient rester dans la rue, furent d'abord poursuivis et réprimés. Puis, reconnaissant l'impossibilité de les supprimer, le gouvernement chercha à les contrôler et les utiliser dans sa politique corporatiste par leur intégration au Parti Révolutionnaire Institutionnel (PRI), au pouvoir de façon ininterrompue de 1929 à 2000. Les organisations de vendeurs ambulants s'étaient formées pour affronter les pressions du gouvernement. Très tôt il s'établit un échange de faveurs, le droit de vendre sur la voie publique contre l'appui électoral et la participation aux manifestations, campagnes et cérémonies diverses.

Les premières générations de *leaders* remontant à la première moitié du 20e siècle sont décédées. Deux générations nées dans la deuxième moitié du siècle coexistent actuellement. Les premières grandes dirigeantes,

Guillermina Rico, Martha Gutiérrez Rangel, Benita Chavarría, Teresa López et Alejandra Barrios se sont imposées à l'époque dorée du modèle de l'industrialisation par substitution d'importations qui a permis que l'économie croisse de façon accélérée dans la stabilité des prix et une inflation faible, depuis la moitié des années cinquante jusqu'à 1970. Ce qui n'a pas empêché, cependant, que les milliers de Mexicains migrant aux États-Unis se comptent désormais par millions et que l'emploi informel se multiplie dans les rues. Toutes ces dirigeantes ont commencé à vendre dans les années 1950 et 1960. A l'instar d'autres, elles ont refusé de travailler dans les marchés comme voulait l'imposer le Régent Uruchurtú car les ventes y étaient médiocres. Elles ont connu la chasse dans les rues et la prison, et ont forgé peu à peu leur rôle de *leaders* en entrant dans le système politique par la voie corporative offerte par la CNOP (Confédération nationale des organisations populaires) du PRI.

Si les acteurs principaux du système mexicain ont été les ouvriers et les paysans, incorporés à travers la CROM (Confédération régionale ouvrière mexicaine) puis la CTM (Confédération des travailleurs mexicains) qui en a pris la suite en 1936 et la CNC (Confédération nationale des paysans), les organisations de vendeurs ambulants et *tianguistas* (vendeurs dans les marchés mobiles hebdomadaires, à l'origine principalement alimentaires, les *tianguis*), d'abord marginalisées dans la CNOP, ont acquis une importance de plus en plus grande comme bases sociales à partir de 1982. La crise où a été jeté le pays puis les transformations profondes du contexte économique et commercial et le tournant pris par le régime politique, ont permis à ces organisations de jouer un rôle économique et politique important. L'organisation que dirigeait Guillermina Rico comptait plus de dix mille affiliés en 1995, et celle d'Alejandra Barrios près de huit mille en 2010.

En effet, la crise de la dette de 1982, les politiques d'ajustement, la restructuration productive, les politiques néolibérales et le manque d'alternatives d'emploi dans l'économie formelle ont transformé le commerce sur la voie publique en un phénomène de masse. Son expansion a pris une ampleur impressionnante pendant les années 1980. Sans même considérer les commerçants ambulants, les *tianguis* sont passés de 669 en 1985 à 1061 en 1991, et les étals dans les marchés couverts de 84 586 à 152 003 (Cross, 1966). Les vendeurs continuèrent à s'associer en des dizaines d'organisations dont certaines comptaient des milliers de membres, les plus importantes étant dirigées par des femmes. Grâce à leur particulière articulation avec le système politique, elles ont été capables d'exercer de fortes pressions sur le gouvernement pour la défense de leurs intérêts.

À l'époque du modèle de l'industrialisation par substitution des importations, la direction des organisations ouvrières, paysannes et populaires était très fortement concentrée. Il en était de même pour le commerce informel à Mexico, où on pouvait identifier les zones de contrôle sans partage des dirigeants, ainsi Ernesto Gómez et Miguel Galán dans le quartier de Tepito, et des dirigeantes : Guillermina Rico dans celui du marché de la Merced et de la partie orientale du Centre historique, Benita Chavarria dans la zone qui avait pour noyau la rue Pino Suárez, au sud du *Zócalo*, Martha Ramírez Rangel sur la rue de San Cosme et Alejandra Barrios dans les rues au nord du Centre historique et différentes parties de la ville. Tous ces dirigeants avaient construit leur pouvoir dans les années 1960 lors des luttes des commerçants qui ne trouvaient pas leur place dans les nouveaux marchés[12]. Leur reconnaissance était fondée sur la lutte contre la police. Le parti au gouvernement, le PRI, comprit l'avantage économique et politique que pouvait signifier l'appui de ces organisations nombreuses et actives et entreprit de les intégrer au parti, par la voie corporative. D'abord critiqué par le PRD, il sera plus tard imité par lui selon des modalités qui relèvent plutôt du clientélisme.

Mais, au milieu des années 1990, le gouvernement décida de donner un coup d'arrêt à l'expansion du commerce sur la voie publique. Le mouvement de Guillermina Rico était alors le plus puissant. Manuel Camacho, régent du gouvernement du District fédéral pendant la présidence de Salinas de Gortari, mit toute la pression sur la *leader* pour forcer les vendeurs de rue à quitter les rues et à s'installer dans trente-quatre places commerciales adaptées ou construites pour eux, lesquelles, pour diverses raisons, n'ont pas fonctionné. Peu après ce coup dur, l'organisation dut faire face à la mort de sa cheffe, le 4 septembre 1996.

Comme nous l'avons vu, les associations de vendeurs ambulants les plus importantes actives dans le Centre historique de Mexico ont été dirigées par des femmes, ce qui continue d'être un paradoxe dans le contexte d'une société traditionnelle. Comment pouvons-nous l'expliquer ? Il y a plusieurs raisons importantes. Tout d'abord, la forte présence des femmes dans le commerce informel, que les statistiques confirment. Il existe un lien étroit entre ce travail et la maternité, attesté, entre autres, par le nombre important de mères célibataires qui s'y consacrent et sont déterminées à combattre pour la défense de leurs intérêts. Elles cherchent à obtenir par cette activité une plus grande autonomie et plus de flexibilité dans leur emploi du temps pour concilier les fonctions de production et de reproduction domestique. Beaucoup d'entre elles y recourent parce qu'elles n'ont pas d'autres

[12] « Quand Uruchurtú nous a chassés de la rue, on nous a donné un local dans la grande travée de La Merced. Ils en ont donné un aussi à ma commère Guillermina et à Salvador, son mari. Ils ont été au marché. Le *leader* Montoya avait obtenu quelques places et il leur en a donné deux petites, aux portes 24 et 17 ou 18. Mais on ne vendait rien. Il n'y avait pas de vente, il a fallu repartir dans la rue et vendre au passage (*torear*). C'est comme ça qu'on a recommencé à sortir » Entretien avec XX, une des commères de Guillermina Rico, Mexico, 11 et 12 décembre 2008.

alternatives pour affronter la crise, l'insécurité et la précarité des familles monoparentales. En outre, les femmes déclarent qu'elles savent mieux que les hommes affronter la répression policière dans les combats de rue, en profitant de façon paradoxale de la culture macho qui prévaut dans la société mexicaine. Enfin, la conduction des associations par une femme a trouvé un modèle historique dans la longue domination par Guillermina Rico d'une organisation qui a, volontairement ou non, démultiplié les *leaderships* féminins et une forme de matriarcat à travers le Groupe des Commères.

L'organisation de Guillermina Rico, appelée l'Association des concessionnaires de l'ancienne Merced, a commencé comme un petit groupe dans les années 1960, s'est développée au cours des années 1970, a atteint son apogée dans les années 1980 et entamé sa chute entre 1993 et 1994, lorsque ses membres ont été contraints d'aller s'installer dans les centres commerciaux. La décadence a été exacerbée par la mort de la *leader* deux ans plus tard. Cette organisation était fondée sur des relations de « marrainage », en ce sens que le lien principal se nouait par le biais des mères (beaucoup d'entre elles, célibataires) et non au travers du couple. Guillermina Rico (comme d'autres représentants des marchands ambulants) était la marraine de centaines d'enfants et d'adolescents ; toute cérémonie sociale ou religieuse était bonne pour renforcer les relations et la solidarité. Ce système de parenté était tout aussi utile à la chef qu'aux membres de l'association : elle en tirait prestige et reconnaissance sociale, morale et politique ; ils y trouvaient le lien nécessaire pour obtenir emplacements de vente, emplois et conseils. Guillermina Rico était très sensible à la fragilité des mères célibataires et abandonnées, des prostituées, des vagabonds, des marginaux, des proscrits. Elle structura son organisation autour de femmes très proches et dévouées à elle, au travers desquelles elle pouvait garder le contrôle de tout l'ensemble. Ce premier cercle de déléguées, composé de 30 ou 40 femmes, et par extension les autres cercles plus larges qui en dépendaient, étaient reconnus dans le milieu des rues de Mexico comme le Groupe des commères. C'est à elles qu'incombaient les principales responsabilités de l'organisation. Ce système fondé sur les réseaux sociaux et les adhésions volontaires créa l'organisation des vendeurs de rue la plus puissante de la ville de Mexico.

La mort de la *leader* historique entraîna une crise de succession et des conflits politiques entre les différents groupes de vendeurs pour le contrôle des rues, sans la discipline imposée par Guillermina Rico. En outre, Alejandra Barrios, héritière politique et successeur naturelle du *leader* historique et son fils furent emprisonnés pendant plus d'un an, sous l'inculpation de violence de rue. Plusieurs commères de Guillermina, ou plus probablement de sa fille, en profitèrent pour s'émanciper. Non sans de violents conflits, elles quittèrent le PRI pour adhérer au PRD – Partido de la Revolución Democrática – et sont devenues à leur tour les responsables de diverses organisations.

À l'arrivée du PRD au gouvernement du District fédéral en 1997, il y avait treize organisations de vendeurs de rue ; dix ans plus tard, à la veille de la délocalisation effectuée par le chef du gouvernement Marcelo Ebrard, le 12 Octobre 2007, il y avait soixante-neuf. Comment expliquer cette prolifération d'organisations ? Aux raisons démographiques et économiques déjà exposées, touchant à l'expansion urbaine et au manque d'emplois, il faut ajouter des raisons politiques. Certains membres du nouveau parti au pouvoir dans la ville ont cherché à favoriser le déploiement des commerçants ambulants, pour des motifs idéologiques ou dans un but politique et électoral puisque le chef du gouvernement du District fédéral et les députés locaux sont désormais élus (depuis 1997). Le nombre des vendeurs dans le Centre historique est ainsi passé de 12 000 en 2000 à près de 20 000 en 2003. La décentralisation des fonctions du gouvernement local entre seize arrondissements s'est aussi traduite par la redistribution entre de nombreuses démarcations territoriales des procédures pour l'obtention de permis, et aussi pour la négociation de concessions et de tolérances. Le nouveau gouvernement a cherché à démanteler les organisations qui lui étaient contraires, dont celle de Guillermina Rico, que le PRI avait constitué en bastions politiques ; l'emprisonnement, à tort ou à raison, de dirigeants comme Alejandra Barrios (2003-2005) et son fils (1999-2001) a contribué au processus de fragmentation. Ce bouleversement des règles du jeu a facilité l'émergence de nouveaux *leaders* moins puissants et plus faciles à contrôler.

La deuxième génération de dirigeants des commerçants ambulants qui se déploie véritablement à la chaleur de ces évènements politiques appartient au monde né après 1982, dans le contexte de la restructuration économique, des ajustements de personnel dans les entreprises et de la libéralisation économique qui affecte les petites et moyennes entreprises industrielles du pays. La signature du Tlcan (Traité de libre commerce en Amérique du nord) a ouvert la porte à des produits mondialisés, par des circuits légaux et illégaux, en provenance des Etats-Unis d'abord, puis de plus en plus de Chine et d'autres pays du Sud-Est asiatique. La montée en volume de l'économie informelle ne s'accompagne pas forcément d'une plus grande capacité de pression des marchands ambulants et de leurs organisations.

Les affiliations politiques des vendeurs ambulants passent moins par l'idéologie que par le pragmatisme. S'ils étaient au PRI hier, ils peuvent appuyer le PRD aujourd'hui, ou changer encore de parti. Certains *leaders* disent que si le parti Action nationale (PAN) gagnait les élections locales à Mexico, ils considèreraient sérieusement la possibilité de négocier avec lui. Sur les 69 organisations des vendeurs de rue qui existent actuellement dans le Centre historique, sans compter celles de Tepito, nous avons pu en identifier 52 et faire des entretiens auprès de la plupart de leurs dirigeants.

Sur la base de leurs déclarations, nous pouvons affirmer que 39 soutiennent le PRD et 13 le PRI. Cependant, les organisations les plus grandes et les plus puissantes ont été au PRI. Les stratégies d'adaptation de leurs dirigeants, maintenant qu'ils sont dans l'opposition contre le gouvernement local conduit par le PRD, consistent à confier à leurs enfants qui adhèrent au PRD les responsabilités du *leadership*.

En tenant compte du fait que les dirigeants des organisations affiliées au PRI font formellement partie de la Confédération nationale des organisations populaires du PRI, nous pouvons dire que leur inscription politique est corporative. En revanche, les *leaders* des commerçants proches du PRD, qui a toujours été critique du corporatisme, entretiennent des liens personnalisés avec des figures politiques qui occupent différentes positions au sein du gouvernement local ou de l'administration, et appartiennent à l'un ou l'autre des courants au sein du PRD. En ce sens, nous considérons que leur rapport est de type clientéliste.

Les organisations des vendeurs ambulants de São Paulo

Les organisations des vendeurs ambulants dans la ville de São Paulo sont apparues avec la redémocratisation du pays dans les années 1980, elles ont accompagné l'expansion de l'associativisme qui a suivi la période de la dictature militaire. Elles répondaient à l'augmentation des conflits avec la mairie à propos de l'occupation des espaces publics à mesure que se développaient les grandes concentrations d'ambulants dans la ville. Avant cela, il existait déjà des associations de défense des ambulants, comme le mentionne Costa, (1989), mais ce qui attire l'attention est l'apparition de syndicats de camelots dans cette période, peut-être sous l'influence de l'importance que prend alors le mouvement syndical et du poids des anciens ouvriers des usines devenus vendeurs ambulants.

On note une forte division dans la ville, par rapport à l'action des syndicats et des associations qui revendiquent la représentation des vendeurs ambulants, chacun utilisant une manière spécifique d'action, ses alliances et ses bases de soutien. Alors que les associations travaillent localement dans la représentation des ambulants en accord avec leurs domaines de concentration dans la ville, les syndicats proposent une ligne d'action plus ample, regroupant des associations locales ou pas. Ainsi, les syndicats sont-ils plus largement représentatifs que ces dernières. De plus, ils sont plus articulés politiquement aux partis et aux centrales syndicales, entre autres entités. Chez les ambulants du centre de São Paulo, l'influence des syndicats a longtemps été dominante. Ils fonctionnent de façon particulière par rapport aux autres syndicats des catégories formelles d'activités que la législation syndicale brésilienne limite à un seul par commune pour chaque catégorie financée à partir d'une contribution obligatoire des travailleurs. Ainsi, jusqu'à quatre syndicats[13] ont revendiqué être les représentants des ambulants dans la ville, chacun ayant sa manière propre d'action et de financement.

Le premier syndicat d'ambulants de la ville, le Syndicat des Travailleurs de l'économie informelle (Sintein), est apparu pendant la gestion de Luíza Erundina (1989-1992) à la mairie de São Paulo. Il a été fondé par un groupe de 27 personnes qui réunissait les représentants d'ambulants de divers lieux de la ville, il était lié à la Centrale unique des travailleurs (CUT) et recevait l'influence du Parti des travailleurs (PT). L'objectif du syndicat était de représenter tous les segments de travailleurs de l'économie informelle, cependant le commerce ambulant a toujours été son champ d'action, autour de la revendication de régularisation de l'activité du commerce ambulant à São Paulo et pour en terminer avec les extorsions pratiquées par les agents du fisc de la mairie sur les camelots. À la même époque, la mairesse du PT Luíza Erundina (1989-1992), qui n'avait pas la majorité au Conseil général, cherchait à construire une base de soutien par l'intermédiaire des mouvements sociaux, elle comptait sur l'appui d'une partie des ambulants.

Il y a eu une large tentative d'organiser le commerce de rue, la mairesse a limogé les agents de recouvrement de l'impôt accusés de corruption et a tenté de régulariser l'occupation des espaces de la rue à travers la Loi 11 039 de 1991.

Cette loi établit les Commissions permanentes d'ambulants (CPA), formée des représentants des associations et des syndicats d'ambulants, représentants d'associations et syndicats de commerçants, d'agents publics des sous-mairies comme *forum* de négociation et d'organisation de l'occupation des points de commerce de rue. Elle établit aussi les TPU[14], comme condition pour l'occupation des espaces – permis qui vise à régulariser l'occupation des points dans la rue à partir de la concession d'un permis d'utilisation à titre précaire et onéreux : le terme doit être renouvelé annuellement et est soumis au paiement d'une taxe. À tout moment la mairie peut l'annuler. Les étals doivent être uniformisés, leurs dimensions limitées à 1 mètre, 1,20 m. En outre, les camelots doivent présenter une facture des marchandises à vendre.

[13] Le quatrième syndicat serait le Syndicat du commerce des vendeurs ambulants de São Paulo (Sincovasp). Il n'a pas été possible de le contacter. Il semblerait qu'il ait arrêté ses activités.

[14] La mairesse Luíza Erundina n'a finalement pas sanctionné la loi, car elle trouvait que les modifications au projet de loi de l'Assemblée législative municipale incluaient des critères relevant de préjugés. Ces critères établissaient l'ordre des priorités pour l'obtention de la concession : porteurs de handicaps, sexagénaires et ex-détenus.

Le Sintein a eu jusqu'à 20 000 associés, principalement dans le Brás, mais aussi à São Miguel, Jabaquara. Ils vendaient, entre autres, dans les trains et les métros. Le syndicat a eu une grande importance dans l'histoire politique récente de la ville dans la dénonciation qui a conduit à l'instauration d'une Commission parlementaire d'enquête (CPI) en 1999, connue comme la CPI de la Mafia des Pourboires. Des conseillers municipaux liés à la gestion des maires Paulo Maluf (1993-1996) et Celso Pitta (1997-2000), ainsi que des agents de recouvrement de l'impôt, ont été arrêtés pour avoir promu un système de recouvrement de pourboires auprès des ambulants.

Le second syndicat créé, le Syndicat des Autorisés sur les voies et dans les lieux publics de l'état de São Paulo (Sinpesp), a été fondé en 1995 avec l'objectif de représenter spécifiquement les vendeurs ambulants qui possédaient des TPU. Ce syndicat est lié à la Fédération du commerce de biens et services et tourisme de l'état de São Paulo (Fecomercio), institution au grand poids politique et économique qui réunit différents syndicats patronaux de commerçants. Son apparition a provoqué un antagonisme direct avec le Sintein qui, pendant la CPI de la Mafia des pourboires, l'accusait de commercialiser des TPU et de participer à la corruption en entretenant des liens étroits avec les conseillers municipaux accusés.

Actuellement, le Sinpes est présidé par un ancien métallurgiste, commerçant ambulant depuis 38 ans. Son commerce se situe dans la région sud de la ville, sur le Largo 13 de maio, depuis 1979. Affilié au PT, il a travaillé comme assesseur de la sous-mairie de Santo Amaro sous la mandature de Marta Suplicy. Le syndicat aurait entre 3 et 4 000 associés et ses lieux principaux d'action sont la région centrale de la ville, la rue 25 de Março et la région de Santo Amaro dans le sud de la ville, ainsi que dans la Lapa dans la rue 12 de outubro et du Bom Retiro dans la rue José Paulino. Selon le président du syndicat, l'action de la mairie dans la cassation des TPU des ambulants a eu un impact sur le syndicat. Seulement dans la région centrale de la ville, dans la sous-mairie de la Sé, il y aurait 1 244 TPU et seulement 584 ambulants le possèdent. Parmi eux seulement 74 TPU se trouvent dans la rue 25 de março et 2 000 ambulants n'ont aucun permis.

Le Syndicat des Camelots indépendants de São Paulo (Sindicisp) est né d'une scission au sein du Sintein, en 1999, peu après l'épisode de la CPI de la Mafia des pourboires. À cette époque, Afonso Camelô s'était fait connaître nationalement après avoir subi une tentative d'homicide alors qu'il venait de dénoncer ce qui avait donné origine à la CPI. À la suite d'une divergence avec les autres dirigeants du Sintein, il a fondé son propre syndicat affilié à la Force syndicale. Il a eu jusqu'à 7 000 associés, le Brás étant sa principale aire d'action. Les activités de ce syndicat se confondaient avec la figure de son fondateur. Candidat aux élections législatives, il n'a pas réussi à se faire élire. Entre une élection et l'autre, il a séjourné 6 mois en prison, accusé d'extorsion, de formation de bande, d'atteinte au patrimoine public, d'offense à l'autorité, de résistance à la prison et de menace à agent public.

Il a été l'un des précurseurs de la « foire du petit matin » à São Paulo. Celle-ci a commencé vers 2002 comme une foire dans la rue 25 de março, où les ambulants venaient s'approvisionner à l'aurore avant l'ouverture du commerce pour pouvoir revendre pendant la journée. Afonso Camelô a négocié avec la mairie sous la mandature de Marta Suplicy le transfert de cette foire vers la rue Oriente, dans le Brás, en 2004. Elle serait autorisée jusqu'à 8 h le matin pour ne pas faire concurrence au commerce établi. Il reviendrait au syndicat d'organiser l'occupation des emplacements, de garantir la sécurité et la propreté du local et de s'assurer qu'à 8 h les étals seraient démontés. Le syndicat touchait une taxe hebdomadaire pour l'occupation des emplacements et l'organisation des services. Cependant, le Sindicisp a perdu le contrôle de la région au moment de l'emprisonnement de son fondateur et d'autres groupes en ont assuré la domination. Depuis lors le syndicat cherchait à récupérer le contrôle de cet espace, en dévoilant une série de dénonciations de corruption. En décembre 2010, Afonso Camelô est assassiné dans le siège du syndicat. Les motifs possibles évoqués : la vengeance due aux diverses dénonciations qu'il avait faites et la dispute pour le contrôle du commerce ambulant.

La foire du petit matin est devenue un espace commercial hautement valorisé. Proche du début de la rue Oriente, où la foire est apparue, il existait un parking d'autocars des *sacoleiros*[15] qui se dirigent vers le Brás, dans un terrain public, le Pátio do Pari, administré par l'initiative privée, qui a abrité aussi la foire du matin. De nombreux petits producteurs de l'industrie de la confection ont commencé à utiliser cette foire comme stratégie de distribution de leurs produits ; à leur tour les excursions de commerçants ont commencé à arriver de plus en plus tôt pour y faire leurs achats. Le commerce de gros y prédomine. Là où stationnent les autocars, dans un espace public dont la gestion a été concédée à une entreprise privée, s'est ouvert un espace pour les étals ; on en compte de 5 à 7 000. Actuellement, les « foires du petit matin » du Brás représentent la plus grande concentration d'ambulants de São Paulo, surtout après l'intensification de la répression par la mairie, qui a obligé nombre de ceux qui avaient perdu leur place le jour à demander leur transfert la nuit.

Le commerce ambulant dans la région de Santa Ifigênia ne connaît pas l'influence des syndicats. Ici, ce sont les *leaderships* indépendants de l'association des Camelots de Santa Ifigênia qui officient. À la différence des autres espaces, les vendeurs ambulants de Santa Ifigênia n'ont plus de structure fixe de commerce, ils offrent les produits sur catalogue et vont

[15] Nom donné aux revendeurs (*sacola* = sac).

les chercher au fur et à mesure des demandes des clients. De nombreux ambulants présents dans la rue travaillent pour les commerçants dans les galeries ; ils essaient d'attirer les clients vers les établissements. On les appelle les rabatteurs. Ainsi, l'occupation des points de vente passe-t-elle parfois par l'offre de marchandises. Il n'y a aucun TPU dans cette région et les conflits pour les emplacements sont moindres. Le type de marchandise, de volume plus petit et d'une plus grande valeur ajoutée, est une raison de la différence des conflits autour de l'occupation de l'espace.

Commerce ambulant et gestion de l'espace urbain

Les organisations d'ambulants et la gestion de l'espace urbain à Mexico

Le commerce dit informel dans le centre de Mexico a augmenté tout au long du 20e siècle et jusqu'à aujourd'hui. Son expansion dépend de multiples facteurs démographiques, économiques et politiques, locaux, nationaux et internationaux. Rappelons que les acteurs politiques locaux, antérieurs et postérieurs à la Révolution, de même que les gouvernements récents du PRI et du PRD de la ville de Mexico, qui se déclarent implicitement ou explicitement héritiers de la Révolution, ont tenu des positions diverses vis-à-vis du commerce sur la voie publique. Ces dernières ont oscillé entre la tolérance et la répression selon les autorités au pouvoir. Elles ont également influencé les pics et les déclins du nombre de vendeurs.

Au-delà des différences, élites économiques et politiques utilisent les mêmes arguments dans leur tentative d'écarter les vendeurs ambulants du centre-ville. Ils représenteraient en effet l'immoralité, le manque d'hygiène, l'opposition au progrès et à la modernisation. Ils sont supposés créer des problèmes de circulation, un des principes fonctionnaliste d'un nouvel urbanisme inauguré au début du 20e siècle, par une société qui rêve d'automobile et une capitale nationale qui entre dans la modernité pendant la dictature de Porfirio Díaz, président de 1876 à 1910, avec une brève interruption occupée par le gouvernement d'un de ses allégeants. En cette année 1910 qui célèbre le centenaire de l'indépendance du Mexique (1810), on transforme et on élargit le Paseo de la Reforma ; on crée les *colonias* Roma, Condesa, Hipódromo et Cuauhtemoc. On commence la construction du Palais des Beaux-Arts (1904-1913) ; on détruit l'Hôpital des Tertiaires (du 17e siècle) pour ériger l'immeuble de la Poste (1902-1907). On construit le Casino Espagnol (1902), le Palais des Communications (1905-1911), l'immeuble des Chemins de Fer (1905), la prison (1905), la Banque du Mexique, la Chambre des Députés (1910). Et on détruit le Théâtre National, un des édifices les plus importants érigés au 19e siècle, pour ouvrir la rue 5 de Mayo.

Pendant le Porfiriat, des dispositions ont été prises afin de réglementer le commerce ambulant. Elles ont survécu à la chute du régime et constituent la base des règlements et des décrets correspondant aux gouvernements de Victoriano Huerta entre 1913 et 1914 et de Venustiano Carranza, à partir de 1915.

À l'époque révolutionnaire, on a continué de construire dans le style porfirien jusqu'aux années 1920. C'est ainsi que sont édifiés la Banque de Londres y México (1912-1913), le Théâtre Xicotencatl (aujourd'hui Théâtre de la Ville), l'immeuble High Life (1922), de l'architecte Silvio Contri, et l'immeuble des Pompiers et de la Police (1929), aujourd'hui Musée d'Art Populaire.

Face à cette vague modernisatrice symbolisée par cette série d'édifices, la présence de plus en plus visible des vendeurs ambulants qui s'installaient avec leurs baraques ou leurs marchandises et leurs étals improvisés dans les lieux de plus grande circulation, ne manquait pas de choquer. Soit aux abords des marchés ou de la gare de chemin de fer ainsi que sur les avenues. On les accusa d'interrompre la circulation des passants et des voitures et d'obstruer la vision des édifices, des entrées des rues et des magasins.

La majorité des vendeurs ambulants, tout au long du 20e siècle, n'enregistre pas ses activités auprès des autorités pour de multiples raisons, afin d'éviter le paiement des permis, les licences à renouveler chaque jour, et le paiement d'impôts.

Du début à la fin du siècle, a également perduré une contradiction flagrante dans l'attitude des autorités vis-à-vis des vendeurs. Dans une première période, elles ont autorisé leurs activités en fonction des ressources qu'elles pouvaient en obtenir mais récemment, c'est non seulement la ressource économique et le potentiel d'emplois qu'elle suppose, mais aussi l'allégeance politique et des appuis lors de manifestations et dans les urnes.

L'aspect en quelque sorte facultatif dans l'application des lois s'est maintenu comme une constante depuis le Porfiriat et les premiers gouvernements de la Révolution jusqu'à la fin du siècle, pendant les administrations du PRI et du PRD. Ainsi, les conclusions de Barbosa Cruz (2008 : 233) sur la première période – le début du 20e siècle – gardent leur validité lorsqu'il dit : « la norme était un outil facultatif pour les fonctionnaires qui retiraient ou concédaient des licences selon le moment et selon la capacité de pression des acteurs impliqués ».

Les arguments en faveur des vendeurs ont également perduré pendant toutes ces années, avec toutefois quelques nuances importantes. La situation de pauvreté et d'insécurité dans laquelle ils vivent et l'appel au gouvernement pour protéger ou du moins tolérer leurs activités, sont un argument récurrent. Cependant, depuis la chute du gouvernement porfiriste et avec l'arrivée du régime révolutionnaire, les vendeurs ambulants, avec l'aide des nouveaux « notaires » (ceux qu'on a appelé les « évangélistes ») de la place de Santo Domingo, introduisent les revendications, les idéaux et les aspirations de la Révolution, parmi lesquels le nationalisme et les mesures sociales, pour défendre leurs droits dans le champ de la vente. La tolérance des autorités vis-à-vis du commerce ambulant augmente depuis l'époque d'instabilité provoquée par la Révolution et par le manque d'emploi chronique dans les dernières décennies du 20e siècle.

Avec des va-et-vient, la tension et la contradiction entre un discours et des actions qui rejettent le commerce ambulant, continuent de se maintenir. Elles alternent avec un certain degré de tolérance et de négociation sur l'utilisation des voies publiques comme moyen de survie. Cette négociation est d'ailleurs approuvée par les autorités comme ressource de légitimation du régime politique à l'égard des masses. Elle permet d'entrevoir ce qui sera plus tard la voie clientéliste et corporatiste d'accès au système politique ; elle est utilisée aussi par les vendeurs pour accéder à l'emploi « à son compte » dans le centre-ville.

Au-delà de la tolérance et de la répression, il y a eu trois grandes tentatives de réaménagement du centre historique de Mexico. La première eut lieu pendant la régence d'Ernesto Urutchurtu (1952-1966), la seconde pendant le gouvernement de Manuel Camacho Solis et la présidence de Carlos Salinas de Gortari (1988-1994) et la troisième correspond à l'administration de Marcelo Ebrard (2006-2012).

Au début et à la fin du 20e siècle, on perçoit donc une capacité à négocier le droit au sol en profitant de l'ambiguïté du statut des vides urbains légaux, ce qui a permis aux autorités de tour niveau de jouir de grandes facilités pour attribuer des faveurs en échange de compensation économique ou d'appui politique. Aux deux moments extrêmes de la période que nous prenons en compte, les vendeurs doivent destiner une partie de leurs revenus au paiement de droits d'usage qui vont dans la bourse de fonctionnaires et de policiers.

La position du gouvernement de Mexico face au commerce « informel » : formalisation, bancarisation, fiscalisation

Le gouvernement de la ville de Mexico connaît très bien les commerçants, leurs organisations et leurs *leaders*. Il est à l'écoute de la rue car il est chargé de la contrôler. Il n'y a personne autant que les autorités pour savoir qui sont les commerçants, d'où ils viennent et où ils se déplacent. Celles qui gouvernent aujourd'hui les connaissent de surcroît parce qu'elles ont parlé et négocié avec eux depuis de nombreuses années quand, déjà du temps du PRI, elles étaient au gouvernement. Tous les *leaders* des organisations exhibent dans leurs locaux des photos où ils apparaissent au côté du chef du gouvernement.

L'Autorité du Centre historique[16] prévient que « le commerce informel a une longue et vieille tradition », mais que « [...] actuellement, il s'agit d'un vaste négoce et de réseaux logistiques, de commercialisation et de distribution qu'on ne comprend pas toujours ». À propos des produits, il convient d'ailleurs de rappeler certaines considérations émises par les uns et les autres, telles que celles-ci : « la marchandise provient d'Orient et on peut l'obtenir à des prix qui incitent les commerçants à l'acheter et à gagner sur sa vente au consommateur ». Autre considération : « ce sont des produits de mauvaise qualité parce qu'ils satisfont les besoins urgents des secteurs populaires, ceux qui sont en bas de la pyramide ». De plus, contrairement à l'idée que les marchandises asiatiques vendues dans la rue sont introduites par contrebande, on affirme que « l'importation de marchandises se fait de manière légale dans la plupart des cas, profitant des innumérables complexités de la loi sur les douanes ». Cependant, on reconnaît qu'« au moment de parvenir à l'étape de la distribution, les mesures incitatives accordées par le gouvernement afin de créer des commerces, sont si complexes qu'il est plus simple d'entrer dans l'économie informelle ». Pour renforcer cet argument selon une position proche de celle d'Hernando de Soto (1987), il est suggéré de consulter la publication de la Banque Mondiale *Doing business in Mexico* qui aide à conclure que la loi qui favorise les incitations est bel et bien perverse. Pour souligner cette perversité, il est expliqué que les actions du gouvernement et les importants flux d'argent qui sont en jeu, conduisent à augmenter la part des réseaux de marchandises informels qui opèrent selon d'autres lois (*cursivas nuestras*). Pour finir, on explique que « [...] le marché informel a ses propres lois et ses propres arrangements qui s'accomplissent *entre hommes*, ce que le Gouvernement ne comprend pas. C'est pourquoi, il est impossible d'établir des négociations si on ne comprend pas que tous les marchés ont leur rationalité et leurs règles ».

Pourquoi dans ce contexte, l'Autorité du Centre historique tente-t-elle de régler le problème ? La représentante de la ville de Mexico éclaircit son propos en disant que, pour beaucoup, résoudre le problème signifie retirer les ambulants de la rue et punir l'utilisation indiscriminée qu'ils font de la voie publique, autrement dit sa privatisation. Elle accepte que ce point est fondamental mais reconnaît aussi que s'en tenir à cela ne résout pas le problème. Le gouvernement local reconnaît pour sa part que ce dernier ne se limite pas à une relocalisation mais à une « formalisation ». Et ni la relocalisation physique, ni la concession d'immeubles pour vendre ne

16 L'Autorité du Centre Historique est une nouvelle charge créée par l'administration de Marcelo Ebrard, confiée à l'historienne Alejandra Moreno Toscano.

suffisent à la « formalisation ». Si l'on se situe dans la perspective du gouvernement, pour « formaliser » leurs commerces, les vendeurs ont besoin :

- de l'appui du gouvernement afin de pouvoir consolider leurs positions d'importateurs et distributeurs de marchandises car ils ne bénéficient d'aucuns des appuis accordés aux grands importateurs ;
- d'incitations pour ne pas retourner dans la rue et pour vendre dans les espaces qui leur auront été attribués. Mais dans ce dernier cas, il ne faut pas qu'ils restent sous la pression mais qu'ils restent parce qu'ils reçoivent des incitations.

Lesquelles se demande alors l'Autorité ?

D'abord les associations du centre historique ont besoin d'être reconnues car elles ont des réseaux très étendus, surtout en Chine. Ensuite, il faut accepter que les commerçants ne se limitent pas au rôle de revendeurs de marchandises de contrebande, mais participent d'organisations sociales d'avant-garde en matière de logistique, tout en manquant d'instruments financiers pour développer leurs activités. Ce sont aussi des organisations sophistiquées et capables de s'intégrer à l'économie formelle. Ce sont des groupements qui manipulent de grands flux financiers et qui créent des emplois ainsi qu'une assistance sociale pour des millions de travailleurs en dehors pour diverses raisons, de la Sécurité sociale formelle.

Dans la mesure où ces organisations seraient reconnues pour commercialiser et distribuer, l'Autorité souhaite que des appuis leur permettent d'accéder à part entière au système financier et bancaire. Elle soutient par ailleurs qu'elles ont besoin d'appuis juridiques. Sans l'exprimer de manière explicite, elle reconnaît qu'elles doivent payer des impôts. Il faut aussi créer des fonds de garantie qui opéreraient comme aval des commerçants, afin qu'ils puissent importer de manière légale, par le biais des grandes institutions financières. L'Autorité déclare qu'une économie qui n'est pas capable de donner des garanties à ses citoyens pour réaliser des opérations financières licites, renvoie au marché informel même ceux qui veulent s'intégrer dans le formel.

En conséquence, voilà la liste des souhaits qu'exprime l'Autorité :

- reconnaissance juridique des commerçants comme experts sur les marchés et les taxes afférentes ;
- intégration des commerçants informels dans l'économie formelle en consolidant leur participation comme chaînon permettant la naissance d'une nouvelle culture d'entreprise ;
- appuis nécessaires pour créer des liens avec les nouveaux fournisseurs légalement constitués qui n'opèrent pas au niveau international mais dont les produits sont de grande qualité ;

- assurance que ce nouveau schéma soit viable et permette la rentabilité du marché local ;
- « formalisation » des organisations commerciales existantes.

L'Autorité est convaincue que les ambitions des commerçants informels sont aussi légitimes que celles qui sont aujourd'hui à l'origine des grandes fortunes du pays. D'un point de vue technique, elle propose donc :

- la création d'un organigramme financier qui facilite les économies d'échelles et l'accumulation du capital ;
- la spécialisation des ventes sur les espaces commerciaux qui générerait un modèle nouveau et attractif pour le consommateur ;
- la consolidation d'un modèle architectural également attractif par son design ;
- la simplification des opérations ;
- la création d'un programme d'appui aux leaders, à travers le gouvernement du District Fédéral et NAFIN, destiné à garantir l'approvisionnement en marchandises ;
- la création d'un fonds de garantie qui permette aux commerçants de monter leur affaire, de la légaliser auprès des fournisseurs nationaux et étrangers ; l'objectif de ce fonds étant d'améliorer la qualité des marchandises en maintenant la qualité des prix ;
- le Fonds de Garantie permettra aux commerçants d'acheter directement les produits aux associations de producteurs et aux entreprises intermédiaires.

Tout cela devrait enfin faire en sorte que les commerçants informels entrent dans le marché formel de façon rentable et de façon que leur soient garantis de meilleurs revenus de manière transparente, ainsi que s'inverse la tendance à la multiplication des effets pervers.

Les organisations de marchands ambulants et la gestion urbaine à São Paulo

Les dernières gestions de la mairie de São Paulo, tout d'abord sous la mandature de José Serra puis celles de Gilberto Kassab[17] (2005/2008 et 2009/2012), représentants de l'alliance du Parti de la social-démocratie brésilienne (PSDB) et du Parti social démocratique (PSD), ont été profondément défavorables au commerce ambulant. Cette gestion ne s'est pas proposée, contrairement aux précédentes, de maintenir un canal de

[17] En 2006, José Serra a renoncé à la mairie pour être candidat au poste de gouverneur de l'état de São Paulo, il a été élu. Gilberto Kassab a assuré le gouvernement municipal et a été réélu en 2008 sous la bannière du PSD.

négociation avec les organisations de camelots et les traite d'organisations mafieuses[18]. Son comportement a été marqué par l'hygiénisme, en raison de son lien étroit avec l'association Vive le Centre et le marché immobilier. La mairie a essayé d'éloigner les ambulants des rues et places de la ville, au cours d'opérations ostensives de répression avec le concours de la police militaire de l'état (PM). Plusieurs TPU ont été cassés ou déplacés, aucun nouveau n'a été distribué : dans la région du Brás, des 1 370 permis, il n'en reste plus que 455. Le premier impact d'une telle politique de répression a été l'inflation sur le marché de la protection[19], résultant de *bakchichs*. Il est devenu plus onéreux de travailler dans la rue et le risque de confiscation des marchandises s'est accru.

En 2008, les vendeurs ambulants et les organes de presse ont enregistré des scènes de perception de pourboires de la part des agents de la sous-mairie de la Mooca, responsables de toute la région du Brás. Ils ont dénoncé l'affaire au ministère public et communiqué les images aux journaux télévisés. Le chef du cabinet a été arrêté et le sous-maire limogé. À partir de ce moment-là, le maire Gilberto Kassab a nommé des colonels réformés pour commander les sous-mairies, la première ayant été celle de la Mooca, un quartier de São Paulo. Depuis lors, on a assisté à une militarisation progressive de la gestion urbaine dans la ville. Actuellement, sur trente et une sous-mairies, trente sont sous le contrôle de colonels réformés de la PM qui ont des fonctions de sous-maire et de chef de cabinet. Ils sont en outre présents au sein du Secrétariat des transports, dans la Compagnie du génie du trafic (CET), dans le Secrétariat de Sécurité urbaine, dans la Défense civile, dans le Service d'ambulatoire et dans le Service funéraire. Ce sont au total 90 officiers de la PM dans des fonctions de commandement à la mairie de São Paulo.

En décembre 2009, la mairie a signé un accord inédit avec le gouvernement de l'état et la PM est intervenue directement dans la répression du commerce ambulant. L'accord passé entre ces diverses instances permet à un fonctionnaire de l'état (policier militaire) de cumuler la fonction et les attributions d'un pouvoir fiscal de la commune (agent de réviseur et Garde Civil Métropolitain – GCM). Ce type de « rallonge juridique » (Telles, 2011)[20] a été possible dans le cadre d'un programme du ministère de la Justice, de la Commission nationale de combat contre la piraterie, appelé « Ville libérée de la piraterie et du commerce illégal », par lequel

---

[18] Cf. reportage sur Andrea Matarazzo (PSDB), sous-maire de la Sé, région centrale de São Paulo, et coordinateur de sous-mairies pendant les gouvernements José Serra et Gilberto Kassab. Disponible sur : http://apublica.org/2011/03/andrea-matarazzo-o-capo-da-cidade-de-sao-paulo/

[19] Sur le marché de protection (*mercado de proteção*) (Misse, 1997).

[20] Artifices juridiques mobilisés pour justifier l'augmentation des contrôles répressifs (Telles, 2011).

la mairie s'engage à développer des actions et unir ses efforts pour lutter contre la piraterie. Une des lignes directrices du programme est l'action articulée entre les diverses instances du gouvernement pour le combat contre la piraterie. Ainsi, à partir de l'accord, la mairie délègue aux policiers militaires des attributions qui leur permettent d'empêcher le commerce sur certaines voies publiques pour ceux qui n'ont pas de TPU et de contrôler ceux qui ont l'autorisation.

Les policiers travaillent sous le régime d'heures supplémentaires et reçoivent de la mairie R$ 18 par heure pour combattre les camelots. Cette mesure fait aussi partie d'une politique de réglementation de l'heure supplémentaire pour les policiers, façon de diminuer les extras dans leurs heures de repos, le fameux « complément légal » ou « complément officiel ». La différence d'action des policiers par rapport à la GCM ou aux agents de fiscalisation tient à ce que ces derniers n'agissent que sur le contrôle de l'utilisation de l'espace, des marchandises, des étals, des immeubles, des biens publics, enfin sur tout ce qui porte sur les régulations administratives. La Police, quant à elle, agit sur le contrôle des conduites et a le pouvoir d'emprisonner. Le commandant général de la PM, Colonel Álvaro Camilo explique la différence lors d'un entretien à la presse :

« le camelot ne respectait pas le contrôleur du fisc et le garde civil métropolitain, les seuls capables de le verbaliser en cas d'infraction administrative, ce qui ne le terrorisait pas. Avec les PM la situation a changé, car le camelot sait que s'il affronte le policier, il peut être arrêté » (Estado de São Paulo – 14/06/2011 – « Le complément et les salaires des PM »).

Il n'y a eu aucun changement légal pour que la situation des ambulants change ; ce qui a changé ce sont les possibilités d'incrimination. Comme l'argumente Telles (2011 : 5), il s'agit du « pouvoir discrétionnaire dont disposent les forces de police dans les manières d'appliquer (ou pas) la loi ». Ce pouvoir discrétionnaire altère complètement les possibilités de résistances des vendeurs ambulants. Selon Hirata (2012), à partir de l'opération déléguée, les attributions du policier et du contrôleur sont additionnées à tel point qu'un simple policier en opération déléguée a plus de pouvoir que dans l'exercice routinier de ses fonctions.

La première application de l'opération déléguée s'est faite dans la rue 25 de março, principale concentration des vendeurs ambulants définie comme zone prioritaire, dans le cadre du Programme Ville libérée de la piraterie. L'opération déléguée va au-delà de la question de la piraterie, mais il est important de retracer les principes à l'origine de sa création. À peine 10 jours après l'instauration de l'opération, des baisses étaient annoncées dans les indices de petits délits dans la région de la 25 de março : vols de sacs, vols de portefeuilles, enfin des indicateurs de réduction de la criminalité qui ont été amplement divulgués pour montrer le succès de l'opération tout en criminalisant les commerçants de la rue. Si au début

250 PM ont été mis sur l'opération, 6 mois après leur nombre était de 4 000. Les sommes payées par la mairie représentaient plus que le salaire payé par le gouvernement de l'état aux PM.

L'impact sur le commerce de rue a été sensible, l'objectif étant de réduire notablement le nombre d'ambulants dans les principaux centres de commerce de São Paulo, comme la rue 25 de março, Santa Ifigênia et le Brás. Rappelons que le nombre d'occupés par le commerce de rue a chuté de plus de 41 000 entre 2010 et 2011. Cette réduction est perceptible et construite en même temps que le « complément légal » s'est répandu dans toute la ville et que ses horaires de fonctionnement se sont élargis.

Pendant un temps, la « foire du petit matin » de la rue Oriente a été l'unique refuge pour les camelots. Ils affluaient de divers endroits de la ville, à tel point que le mouvement était plus grand la nuit que le jour. À partir de 7 h du matin la police militaire organisait des « opérations ramassage » et vidaient les rues des vendeurs ambulants sans TPU. L'extension de l'opération déléguée le matin a provoqué de grandes manifestations d'ambulants en octobre 2011. Elle ne fut tolérée que dans les espaces fermés et dans les galeries, toute concentration d'ambulants qui travaillaient dans la rue était réprimée. Le premier jour, les manifestants ont renversé une voiture dans la rue Oriente, ils y ont mis le feu et empêché le commerce d'ouvrir ses portes. Ils ont fermé l'avenue de l'Estado. La police les a délogés. Le deuxième jour de protestation réunit 400 manifestants et 600 PM, entre troupe de choc, Rocam, ROTA et même la cavalerie[21]. À l'aurore, les policiers ont essayé de disperser une concentration plus grande de personnes et les ambulants traversaient le Brás de part en part, suivis par la police. Le troisième jour, les manifestations se sont faites plus rares et le nombre d'ambulants bien moindre que celui des policiers, mais un autobus et un magasin ont été brûlés.

Les ambulants qui avaient de meilleures conditions financières ont loué des emplacements dans les galeries et d'autres sont allés travailler comme vendeurs dans les boxes. Faisant suite à l'expansion de l'opération déléguée, le nombre de galeries s'est multiplié, les parkings, les ateliers de mécaniciens, quelques magasins, divers espaces ont été partagés en petits lieux de commerce pour répondre à la grande demande produite sur le marché immobilier par l'action de la police militaire. Tel est l'effet de cette pratique de répression : faire converger les vendeurs ambulants vers les espaces commerciaux privés ou administrés par l'initiative privée comme la « foire du petit matin » dans le Pátio do Pari. Alors qu'ils n'étaient plus tolérés dans la rue, ils ont trouvé des facilités de formalisation dans les galeries à travers la loi du Micro-entrepreneur individuel (MEI), une figure juridique à partir de laquelle des petits

---

21 Il s'agit de bataillons spéciaux de la Police militaire de São Paulo.

établissements dont le chiffre d'affaires ne dépasse pas les 60 000 *reais* annuels, bénéficient de moins d'impôts et sont moins sujets aux tracasseries administratives. Créée par le gouvernement fédéral en 2009, leur autorisation dépend des gouvernements municipaux. À cela il convient de rajouter les politiques de microcrédit comme le São Paulo Confia, banque publique municipale qui accorde de petits prêts comme incitation à l'entrepreneuriat. Les galeries sont devenues des espaces hautement valorisés, pas seulement en raison de la forte demande de ceux qui recherchent une alternative au commerce de rue, mais aussi en raison de la dynamique des revendeurs qui négocient ensemble de grandes quantités de marchandises. Les galeries étaient détestées par les ambulants, car leur logique de travail était justement l'occupation des lieux de passage pour le commerce de détail. Ainsi, des initiatives comme la construction de *shoppings* populaires, même avec l'appui de la mairie, avaient échoué en raison du faible nombre de clients[22]. Aujourd'hui, comme les *sacoleiros* recherchent les meilleures offres de produits dans ces centres commerciaux de São Paulo, les galeries sont devenues des espaces plus attractifs. Aussi, se multiplient-elles dans le centre de la ville, se substituant dans de nombreux cas au commerce traditionnel par la fragmentation des espaces pour une sous-location future.

La répression du commerce ambulant a eu un grand impact sur ses organisations. Elles se sont construites sur les disputes et négociations à propos de la légitimité du travail dans la rue. À mesure que cela n'était plus possible, elles ont été affaiblies. Le transfert vers les galeries transforme la lutte pour le droit au travail dans la négociation d'un contrat de location. Depuis la mort d'Afonso Camelô, le Sindcisp a participé activement aux manifestations d'octobre 2011, mais il a négocié l'occupation d'un ancien hangar d'une usine dans le Brás et a organisé sa propre galerie. Le Sinpesp s'occupe encore des ambulants qui possèdent le TPU dans la région de la rue 25 de março et de Santo Amaro, mais il ne s'implique pas dans la cause d'autres régions ou d'ambulants sans TPU. Un autre syndicat, le Syndicat des micro-entrepreneurs individuels (Sindmei – antérieurement l'association des travailleurs ambulants de São Paulo – Atasp), a été formé en 2011. Son objectif : acheminer les ambulants vers les galeries commerciales. Il essaie de se faire passer officiellement pour le représentant syndical des micro-entrepreneurs individuels à São Paulo ; cela lui permettrait de percevoir l'impôt syndical.

Actuellement, certains des anciens *leaders* du Sintein se sont regroupés dans l'association des camelots et ambulants du Brás, pendant qu'une autre partie a fondé un autre syndicat (Sindmicro), qui opère dans la

[22] Sur les tentatives antérieures de constitution de *shoppings* populaires (cf. Guerreiro, 2000).

région de Jabaquara. Tous deux font partie du Forum des ambulants de São Paulo, la plus large expression politique des camelots aujourd'hui. Ces regroupements se sont montés alors que la mairie essayait de décréter la cassation complète des TPU et même d'expulser les ambulants dont la situation était régulière. Ce syndicat concentre différentes organisations de commerçants de rue de divers endroits de la ville, qui ont l'autorisation d'occuper des emplacements commerciaux, à l'exception des ambulants de la rue 25 de março, sous l'influence du Sinpesp. Le Forum a été constitué avec l'appui du Centre Gaspar Garcia des Droits de l'homme, qui a donné son appui juridique pour que les ambulants avec TPU soient préservés par la justice et puissent continuer à travailler dans la rue. Ce format de forum représente quelque chose de nouveau pour les organisations d'ambulants et pourra avoir un rôle important dans les disputes politiques de gestion urbaine autour du commerce de rue.

Conclusion

Depuis la crise de la dette et de la stagnation économique, la présence des vendeurs ambulants, d'abord ponctuelle et localisée autour des marchés, à l'abord des terminaux de transport, des écoles ou des usines, se présente de façon massive dans certaines rues piétonnes très fréquentées, comme la rue 25 de março à São Paulo et la rue Corregidora à Mexico. La dynamique du marché populaire acquiert un tel élan que le commerce de gros commence à se développer dans les « foires de l'aube » au Brésil et les marchés de nuit au Mexique, comme celui de Tepito, le mercredi. Les deux villes offrent un lieu où se lancer dans une activité à son compte, et aussi, à São Paulo, où trouver de quoi se loger. L'attrait de ces possibilités de travail et de logement s'est heurté aux visées nouvelles des pouvoirs publics et du secteur privé décidés à rénover les centres, ce qui a généré des tensions, des conflits et des expulsions.

L'histoire du Brésil et du Mexique, de leurs systèmes politiques et de la conformation de leurs deux grandes villes offre une gamme de différences et des singularités. Le passé historique de la ville de Mexico se reflète dans une présence plus ancienne et nombreuse de la vente dans la rue. Bien que les marchands ambulants qui exercent actuellement ne soient, dans aucun des deux cas, majoritairement des migrants, le poids de la migration est plus fort à Sao Paulo où elle est composée majoritairement de Boliviens qui travaillent également dans la confection dans des ateliers clandestins (Freire, 2008). À Mexico, les fortes migrations rurales ont surtout eu lieu à la génération précédente et en provenance des régions pauvres et peu éloignées du centre, où vivaient d'importantes populations indiennes, alors que les Brésiliens d'origine rurale qui ont afflué à São Paulo venaient du lointain *Nordeste*.

Il semble que les vendeurs soient plus jeunes à Mexico et aient un bagage scolaire moindre, peut-être parce que São Paulo offre plus de possibilités d'emploi aux jeunes. Cela signifie que malgré la soupape d'échappement que représente la migration vers les États-Unis, l'offre de travail pour les jeunes Mexicains est plus restreinte et les salaires moins rémunérateurs que ceux du Brésil. Cela a certainement à voir avec la croissance économique plus forte que le Brésil a connue dans la dernière décennie et avec le fait que la crise des premières années du siècle y a eu un impact moins violent. Ces conditions se reflètent peut-être également dans la faible proportion de femmes dans le commerce informel à São Paulo. La vente sur la voie publique y a connu une forte baisse à partir de 2010, que l'on peut attribuer aux offres d'emploi dans d'autres secteurs, à l'augmentation du travail salarié et aux politiques répressives menées par les autorités de la ville contre cette activité[23].

Les vendeurs ambulants du Centre historique de Mexico ne trouvent pas à se loger à proximité et vivent généralement dans les quartiers périphériques de la ville, en particulier vers l'est, et à Chalco et Nezahualcóyotl. À São Paulo, on ne trouve pas une distribution très définie de l'habitat, mais il est probable que la plupart des vendeurs ambulants vivent également dans des lieux lointains, hors du centre.

Dans les deux villes, les marchands ambulants ont recours à des associations très bien organisées pour défendre leurs intérêts. À Mexico, elles sont plus nombreuses et plus anciennes qu'à São Paulo ; elles ont commencé à défendre collectivement les intérêts de leurs membres depuis les années 1920 et 1930, alors qu'au Brésil elles étaient interdites et réprimées par la dictature militaire, de sorte qu'elles sont nées dans les années 1980, au retour de la démocratie. À São Paulo, quatre grands syndicats regroupent la plupart des organisations des vendeurs et il existe environ 200 associations. Il reste à comprendre la nature de ces deux types d'organisations et les liens entre eux. Cela a donné aux organisations plus d'indépendance vis-à-vis de l'État dans la mesure où les syndicats étaient plus indépendants, tandis qu'au Mexique ils lui étaient depuis la naissance subordonnés, sur le mode corporatif, par leur intégration au parti au pouvoir (PRI) à travers la Confédération nationale des Organisations Populaires (CNOP). La relation est similaire avec le PRD depuis son arrivée au gouvernement du District fédéral (1997) ; la moitié des 69 organisations du centre historique ont alors adhéré au nouveau parti au pouvoir et entretiennent avec lui un rapport clientéliste, qui ne passe pas par l'incorporation à une instance mais par des relations personnalisées avec des membres du parti ou du gouvernement.

23 D'après Rita de Oliveira, la première dirigeante de vendeurs ambulants de São Paulo, le travail des femmes dans la rue était fortement stigmatisé avant 1980. Entretien de Carlos Freire et Carlos Alba Vega avec Rita de Oliveira, São Paulo, 1er juin 2010.

Une autre différence dans les relations entre les autorités et les commerçants ambulants concerne leur installation dans des centres commerciaux au Mexique et des galeries marchandes à São Paulo : à Mexico, qu'il soit dominé par le PRI ou par le PRD, le gouvernement a entrepris de construire des marchés couverts (dans les années 1960) ou d'acquérir des centres commerciaux pour y vendre des places (à la fin des années 1980), les louer ou les donner en concession (en 2007, gouvernement Ebrard) aux ambulants. En revanche, à São Paulo, en dehors d'une tentative d'intervention officielle qui a échoué, toutes les galeries ouvertes au commerce informel sont privées. Bien que ces galeries soient entre les mains de particuliers, les vendeurs sont regroupés en organisations, alors qu'au Mexique, il n'y en a que dans les locaux où intervient le gouvernement local et aucune dans les centres commerciaux que le secteur privé a construits en grand nombre.

L'expansion et la contraction du commerce ambulant dans les deux villes est le résultat des principales variables économiques, démographiques et sociales. Il se développe lorsque l'économie et les salaires relatifs diminuent. Toutefois, la régulation de la vente ambulante dans certaines zones urbaines est également liée à des facteurs politiques : certains gouvernements tolèrent l'occupation des espaces publics tels que les rues, les places et les jardins pour la vente de marchandises, pour des raisons idéologiques ou par engagement politique, alors que d'autres répriment sévèrement les vendeurs. Cela a certainement à voir avec les relations politiques qui lient les différents acteurs sociaux et les partis politiques, mais aussi avec la puissance et l'organisation des vendeurs et avec les styles personnels de gouvernement.

La plus longue histoire des organisations des vendeurs de rue de Mexico se reflète également dans la façon dont elles sont menées. Les *leaderships* durent plus longtemps à Mexico où l'on compte des dirigeants de la troisième génération, alors que tous les dirigeants de la rue de São Paulo appartiennent à la première génération[24].

La forte proportion de femmes dans le commerce ambulant à Mexico, plus qu'à São Paulo, se traduit aussi dans le nombre et l'importance des dirigeantes féminines. Même si à São Paulo aussi, quelques femmes ont été des pionnières dans les organisations de camelots, comme Rita de Oliveira ou Vania Maia, elles sont une minorité, tandis que les organisations les plus anciennes, nombreuses et puissantes de la ville de Mexico ont été et continuent d'être dirigées par des femmes comme Guillermina Rico, Benita Chavarria, Silvia Sanchez Rico, Martha Gutierrez Rangel, Alejandra Barrios et Maria Rosete.

---

[24] Entretiens de Carlos Freire et Carlos Alba Vega avec Vania, dirigeante de vendeurs ambulants de la rue Oriente, Brás, São Paulo, 20 février, 31 mai et 1er juin 2010.

Dans les deux villes, certains *leaders* jouissent d'une forte légitimité parmi les commerçants en raison de leurs racines dans l'espace qu'ils contrôlent, de l'identité qu'ils partagent avec le groupe social qu'ils représentent, de leur persistance face à l'adversité et au changement, de leur capacité à se battre pour la défense et l'expansion du territoire de vente face à des rivaux ou aux autorités, de leur pouvoir de négocier, de convaincre et d'entreprendre, et enfin de servir de lien entre les mondes du formel et de l'informel. Mais il y a aussi des dirigeants corrompus qui monopolisent la fonction d'intermédiation politique et qui font pression sur ceux qu'ils prétendent représenter[25].

De même, dans les deux villes les rues peuvent être le théâtre de conflits, de luttes et de violence. Au Mexique, nous avons distingué trois types de violence : la violence verticale ou légitime à laquelle l'État a recours pour punir et imposer l'ordre, la violence horizontale dont usent les marchands ambulants dans leurs luttes contre d'autres groupes ou organisations pour le contrôle de l'espace, et la violence par infiltration qu'exercent les groupes criminels qui s'introduisent dans les marchés populaires pour en tirer des rentes. Dans les deux villes, des vendeurs et des dirigeants ont trempé dans des affrontements et des crimes.

Les commerçants se distinguent aussi dans les deux villes par leurs pratiques culturelles et religieuses. On ne connaît pas, à São Paulo, les grandes fêtes et les festins collectifs par lesquels les organisations de vendeurs mexicains célèbrent leur saint patron – pour certains, la Vierge de la Miséricorde, et Saint Judas Thadeus pour d'autres – mais les camelots manifestent aussi, de façon plus discrète, leur reconnaissance envers Notre-Dame Aparecida, la patronne du Brésil. L'institution sociale de la marraine (dérivée du parrainage mais centrée sur la personne de la mère et non du couple) qui renforce les liens entre la dirigeante et les membres de son association au Mexique n'existe pas dans ce cadre au Brésil et se restreint à la sphère familiale. On ne trouve pas non plus, à São Paulo, ces grands pèlerinages de vendeurs qui se rendent chaque année avec images et couronnes du centre de la ville de Mexico à la Basilique de Guadalupe après le jour des Rois, à la fermeture de la grosse période de vente, pour rendre grâce à la Vierge de Guadalupe.

---

[25] Entretien de Carlos Freire et Carlos Alba Vega avec Alemão, *leader* de commerçants ambulants à Brás, São Paulo, 19 février, 31 mai et 1 juin 2010 ; entretien de Carlos Freire et Carlos Alba Vega avec Ricardo, *leader* de commerçants ambulants de la rue 25 de março, puis à Santa Ifigênia, São Paulo, São Paulo, juin 2009. Entretien de Carlos Freire et Carlos Alba Vega avec Sampaio ; *leader* du Syndicat des travailleurs de l'économie informelle (CUT), qui, d'après ses déclarations, regroupe dix-sept mille vendeurs ambulants sur les près de deux cent mille qui se trouveraient à São Paulo, São Paulo, juin 2009. Pour une analyse du profil de plusieurs représentants des camelots, consulter le travail de Carlos Freire da Silva (2009).

Références bibliographiques

Aguilar, G., Terrazas, A.C., *La prensa en la calle, los voceadores y la distribución de periódicos y revistas en México*, México, Grijalbo, 1996.

Arias, P., « Mujeres en los negocios y mujeres de negocios », in Dalia Barrera Bassols (eds.), *Empresarias y ejecutivas. Mujeres con poder*, México, El Colegio de México, 2001, 209 p.

Barbosa Cruz, M., *El trabajo en las calles : subsistencia y negociación política en la ciudad de México a comienzos del siglo XX*, 1ª ed., México, D.F., El Colegio de México, Centro de Estudios Históricos/Universidad Autónoma Metropolitana, Unidad Cuajimalpa, 2008, 301 p.

Bitoun, J., « Les délimitations du centre de Recife. Inertie, dynamique et logiques d'intervention », in Rivière d'Arc, H., *Centres de villes durables en Amérique latine. Exorciser les précarités ? Mexico – Mérida (Yucatán) – São Paulo Recife – Buenos Aires*, Paris, Éditions de l'IHEAL, 2009, p. 181-198.

Costa Goldfard, E.A., *Cordão, perfume barato : uma leitura do espaço do comércio ambulante na cidade de São Paulo*, São Paulo, Nova Stella, Editora da Universidade de São Paulo, 1989.

Freire da Silva, C., « La débrouille : le commerce informel des camelots », in Cabanes, R., Georges, I. (dir.), *São Paulo. La ville d'en bas*, Paris, L'Harmattan, 2009, p. 45-68.

Frúgoli Jr., H., « Intervention dans les espaces centraux des villes brésiliennes, le cas de São Paulo », in Rivière d'Arc, H. et Memoli, M. (dir.), *Le pari urbain en Amérique latine. Vivre dans le centre des villes*, Paris, Armand Colin, 2006, p. 133-147.

Fukimoto Itikawa, L., « Trabalho informal nos espaços públicos no centro de São Paulo : pensando parâmetros para políticas públicas », São Paulo, Tese de Doutorado em Estruturas Ambientais Urbanas, Faculdade de Arquitetura e Urbanismo, Universidade de São Paulo, 2006, disponible sur http://www.teses.usp.br/teses/disponiveis/16/16131/tde-03032010-154458

Furtado, C., *Subdesenvolvimento e estagnação na América Latina*, Rio de Janeiro, Editora Civilização Brasileira, 1968.

Guerreiro, A.A.D., Pop Center Brás – de comerciantes nas ruas a estabelecidos no comércio popular, São Paulo, Dissertação de Mestrado em Serviço Social, Pontifícia Universidade Católica, 2000.

Gruzinsky, S., *La ciudad de México : una historia*, México, FCE, 2004.

Hirata, D., « A produção das cidades securitárias : polícia e política », *Le Monde diplomatique*, Ano 5, n° 56, marzo 2012. Disponible sur : http://www.diplomatique.org.br/artigo.php?id=1123

Jatahy Pesavento, S., « Ville, Espace et temps : réflexions sur le patrimoine urbain au Brésil », in Rivière d'Arc, H., Memoli, M. (dir.), *Le pari urbain en Amérique latine. Vivre dans le centre des villes*, Paris, Armand Colin, 2006, p. 17-26.

Mathews, G., Lins Ribeiro, G., Alba Vega, C. (eds.), *Globalization from Below : The World's Other Economy*, London, Routledge, 2012.

Misse, M., « As ligações perigosas : mercado informal, ilegal, narcotráfico e violência no Rio », *Contemporaneidade e educação*, vol. 2, n° 1, 1997, p. 93-116.

Montenegro, M., « Les politiques de requalification et les différentes formes de résistance liés au travail et à l'habitation parmi les classes populaires dans le centre-ville », in Rivière d'Arc, H. (dir.), *Centres de villes durables en Amérique latine. Exorciser les précarités ? Mexico – Mérida (Yucatán) – São Paulo Recife – Buenos Aires*, Paris, Éditions de l'IHEAL, 2009, p. 159-178.

Nun, J., « Superpoblación relativa, ejército industrial de reserva y masa marginal », *Revista Latinoamericana de Sociologia*, vol. 5, n° 2, jul., 1969, p. 178-235.

Oehmichen Bazán, C., *Identidad, género y relaciones interétnicas : mazahuas en la ciudad de México*, México, Universidad Nacional Autónoma de México, Instituto de Investigaciones Antropológicas, Programa Universitario de Estudios de Género, 2005, primera edición, 2005, 437 p.

Oliveira, F. de, *A economia brasileira : crítica à razão dualista*, Estudos Cebrap 2, São Paulo, out. 1972, p. 3-82.

Pamplona, J.B., *A atividade informal do comércio de rua e a região central de São Paulo*, in Empresa Municipal de Urbanização (Emurb) (eds.), *Caminhos para o centro*, São Paulo, PMSP/Emurb/Cebrap, 2004, p. 307-337.

Pamplona, J.B., *O comércio de rua na Cidade de São Paulo : evolução recente, perfil e política de regulação*, Rio de Janeiro, BNDES, ANPEC, 2010, disponible sur http://www.bndes.gov.br/SiteBNDES/export/sites/default/bndes_pt/Galerias/Arquivos/produtos/download/PDE2009_PUCSP_Pamplona.pdf2010.

Paquette, C., « Des habitants pour le centre historique ? Mexico face à l'un des défis majeurs de la réhabilitation », in Rivière d'Arc, H., Memoli, M. (dir.), *Le pari urbain en Amérique latine. Vivre dans le centre des villes*, Paris, Armand Colin, 2006, p. 114-117.

Pepin-Lehalleur, M., « Apuestas del comercio callejero de comida en la Ciudad de México para familias populares », Communication, Séminaire *Metropolización, transformaciones mercantiles y gobernanza en los países emergentes. Las grandes ciudades en las mutaciones del comercio mundial*, México, El Colegio de México-IRD-Metraljeux, 2009.

Perraudin, A., « Les populations indiennes face aux transformations du centre historique : dimension sociale et culturelle du développement durable », in Rivière d'Arc, H. (dir.), *Centres de villes durables en Amérique latine. Exorciser les précarités ?*, Mexico – Mérida (Yucatán) – São Paulo Recife – Buenos Aires, Paris, Éditions de l'Iheal, 2005, p. 51-76.

Portes, A., *Globalization from below*, in Smith, W.P., Korczenwicz, R.P. (eds.), *Latin America in the World Economy*, Westport, CN, Greenwood Press, 1997.

Rebotier, J., « Pratiques et enjeux contradictoires des politiques publiques de requalification du centre-ville : entre la ville durable et la ville globale », in Rivière d'Arc, H., *Centres de villes durables en Amérique latine. Exorciser les précarités ? Mexico – Mérida (Yucatán) – São Paulo Recife – Buenos Aires*, Paris, Éditions de l'Iheal, 2009, p. 199-221.

Rolnik, R., Campos, Cándido Malta, Nakano, Kazuo, « Dinâmicas dos subespaços da área central de São Paulo », in *Caminhos para o centro : estratégias de desenvolvimento para a Região central de São Paulo*, EMURB, Prefeitura do Município de São Paulo, CEBRAP, CEM, 2005.

Reportage sur Andrea Matarazzo Disponible sur : http://apublica.org/2011/03/andrea-matarazzo-o-capo-da-cidade-de-sao-paulo/

Rivière d'Arc, H., Memoli, M. (dir.), *Le pari urbain en Amérique latine. Vivre dans le centre des villes*, Paris, Armand Colin, 2006.

Serna, G., « Empresarias y relaciones de género en dos ciudades de provincia », in Barrera Bassols, D. (ed.), *Empresarias y ejecutivas. Mujeres con poder*, México, El Colegio de México, 2001.

Tarrius, A., *La mondialisation par le bas. Les nouveaux nomades de l'économie souterraine*, Paris, Balland, 2002.

Telles, V. da Silva, « Fronteiras da lei em disputa », Cerisy-la-Salle, Mimeo, 2011.

Wieviorka, M., *La Différence*, Paris, Balland, 2000.

Zabludowsky, G., « Mujeres empresarias en México », in Barrera Bassols, D. (ed.), *Empresarias y ejecutivas. Mujeres con poder*, México, El Colegio de México, 2001, p. 33-87.

1. Pèlerinage des commercants ambulants à la Basilique de Guadalupe, à Mexico, photo prise par Carlos Alba en janvier 2013

2. Rue 25 de março, São Paulo, décembre 2010, photo prise par Carlos Freire

3. La Police Militaire réprime une manifestation des vendeurs ambulants à São Paulo, décembre 2011, photo prise par Carlos Freire

4. Foire du petit matin - Pátio do Pari, São Paulo, février 2010, photo prise par Carlos Alba

Derrière les hangars de l'aéroport de Mexico, la vie à Casitas

Arturo ALVARADO & Úrsula ALANÍS[1]

El Colegio de México
et
Universidad Autónoma Metropolitana – Unidad Azcapotzalco

Ce travail expose l'approche ethnographique et sociologique d'une communauté urbaine dont les modes de vie posent de sérieux défis à la gouvernance locale et illustrent certaines des difficultés que rencontrent les métropoles latino-américaines.

Le quartier étudié se caractérise à la fois par la mobilisation et les luttes de ses habitants pour accéder aux services de base et faire partie de la ville, et par la conformation d'un réseau d'activités irrégulières et illégales qui lui donne des traits bien particuliers et qui favorise le développement de groupes dédiés à des activités délictueuses. Pour expliquer sa création et son évolution, on fera appel aux accidents de l'histoire urbaine et aux efforts de planification entrepris pour y répondre, aux modes d'intégration des communautés à la grande ville et aux interactions entre le gouvernement et les habitants qui en sont les sujets.

Le texte propose ainsi d'aborder les enjeux de la gouvernance urbaine en termes d'intégration, d'inclusion et d'exclusion de certains groupes de citoyens à la ville, à travers les formes de leur participation à la gestion urbaine et à son gouvernement, et d'exposer les dynamiques qui se nouent entre activités urbaines licites et illicites, des pratiques que l'on retrouve dans d'autres métropoles latino-américaines et du reste du monde.

Casitas est un quartier de la ville de Mexico, né après le tremblement de terre de 1985 à l'abri de hangars désaffectés de l'aéroport international Benito Juárez. Cette installation provisoire a donné naissance à deux

[1] Édité et traduit par Marielle Pepin-Lehalleur.

cités distinguées par la suite sous les noms de Fiviport et Fraccionamiento Arenal Aeropuerto, ce dernier plus connu sous le nom de « Casitas » ou « petites maisons ». La majorité de sa population est originaire de Tepito, un quartier central de la ville connu pour son folklore urbain populaire et sa réputation de violence bravache, qui a beaucoup souffert du séisme. À cette époque, certains habitants vivaient du commerce sur la voie publique. Au cours des temps qui ont suivi, ce commerce s'est étendu à la vente de marchandises volées, y compris les armes à feu, et à d'autres activités telles que le vol dans les supermarchés et magasins, la prostitution, le vol à l'arraché et l'extorsion.

Les erreurs de la planification urbaine et l'état désastreux de l'infrastructure hydraulique dans la portion orientale de la ville ont fait de Casitas un lieu vulnérable aux inondations, dont elle a souffert, en particulier, en 2010. Aujourd'hui, Casitas est un territoire d'accès difficile du fait de sa localisation et parce que nul étranger au quartier ne peut y pénétrer seul. Une personne déambulant dans les rues est immédiatement signalée et suivie par les « faucons » (*halcones*), qui se préviennent mutuellement de tout comportement étrange de l'intrus qu'on identifie systématiquement à un policier. Un élément capital qui a produit et souligne la ségrégation communautaire de la colonie est le mur de deux mètres et demi qui la ceinture et la sépare des colonies limitrophes de Fiviport et des Troisième et Quatrième sections des Arenales. Comme si c'était une armure, le mur symbolise le rejet des quartiers voisins envers les habitants de ce territoire qu'ils décrivent comme « un nid de voleurs » (*ratas*). La mauvaise réputation de Casitas n'a pas surgi de façon gratuite. Des voisins y ont été agressés et poursuivis, de même que des chauffeurs de taxi et conducteurs de camions de livraison qui ont raconté leurs mésaventures et refusent d'y pénétrer à nouveau. La conception architecturale de la colonie n'y est pas étrangère : les petites maisons à deux étages accolées en enfilade le long de couloirs piétonniers obscurs font de Casitas un repaire idéal pour les malfaiteurs aux yeux des policiers et des habitants des alentours.

La colonie est aussi un bon exemple de la dynamique clientéliste des gouvernements du District fédéral. Vingt-sept ans après le tremblement de terre, Casitas reste un support électoral important pour les politiciens, représentants populaires et autres candidats de l'arrondissement (*delegación*) Venustiano Carranza. D'élection en élection, demandes et promesses portent sur l'équipement en services urbains, des promesses non tenues. En conséquence, ce sont les habitants eux-mêmes qui doivent entreprendre les démarches pour obtenir l'introduction des services, tels les transports publics que des représentants du quartier ont dû réclamer auprès du Secrétariat aux transports et à la voie publique (Setravi) du gouvernement du District fédéral.

Dans ces conditions, bon nombre des habitants de la Quatrième section des Arenales et de Casitas développent des activités criminelles. Une partie de ces dernières est dédiée à une activité déjà ancienne et fréquente à Mexico, le vol de marchandises dans les grandes surfaces, puis leur distribution et revente, connue sous le nom de *fardo*. Ce type de vol s'est énormément multiplié bien que le Code Pénal du District fédéral édicté en 1991 l'ait classé comme un délit grave, ce qui explique que l'activité se concentre surtout dans les états limitrophes de Mexico, Hidalgo et Morelos, ou proches comme Querétaro et Tlaxcala. Dans certains cas, les gérants et gardiens des supermarchés sont de connivence avec les *farderos*, et les laissent recourir à leurs stratagèmes en échange d'une fraction de leur butin.

Un autre acteur social très important à Casitas est représenté par les petits *dealers* de drogue, dont le chef, le *capo* du quartier s'est emparé de force de l'organisation des fêtes religieuses locales et surtout assure un emploi aux jeunes désœuvrés, ce qui lui vaut le respect craintif des familles.

Les personnes qui se consacrent aux activités illicites sont de tout âge et genre et certaines d'entre elles trainent une longue histoire de crimes et de séjours en prison. Mais la majorité est composée de jeunes ou très jeunes : la marmaille (*la muchachada*). La plupart d'entre eux ont un faible niveau de scolarité. Ils vivent dans des logements précaires et surpeuplés, consomment très tôt alcool et drogue et multiplient maternités et paternités précoces. Ils s'engagent souvent dans des activités instables et illégales comme la vente de drogue, le vol à l'étalage, l'agression et les vols dans la rue ou dans les transports en commun. La violence intrafamiliale marque l'expérience et le développement personnel et communautaire de ces jeunes qui rencontrent au sein des bandes un espace de socialisation et de défoulement ainsi que le sentiment d'appartenance dont ils ont besoin. Pour eux, l'école et le travail en bonne et due forme ne représentent pas la stabilité mais correspondent à des valeurs surfaites arborées par une société qui préconise de façon agressive que « pour être quelqu'un dans la vie, il faut étudier et s'échiner à travailler », ce qu'ils récusent. Refoulés du domaine scolaire et du marché formel du travail, ils aspirent avant tout à entrer dans un *gang* qui leur permettra d'accomplir leur rêve : acheter une maison et une voiture, vivre confortablement jusqu'au moment où ils partiront en prison ou mourront assassinés. Ces jeunes assurent avec force qu'ils ne craignent pas d'appartenir à une bande criminelle et disent connaître de près ou de loin des membres de plusieurs d'entre elles qu'ils prennent pour modèles à suivre car ils ne manquent de rien de ce qui leur fait défaut, à eux, depuis leur enfance. D'autres disent qu'ils rêvent de fonder une famille et de sortir au plus tôt de ce milieu.

Dans cet espace urbain, l'autorité et ses agents ont peu de relais et le type de relations qui prévaut est la défiance, le clientélisme et l'abus de pouvoir. Les fonctionnaires de l'arrondissement promettent de rechercher les budgets nécessaires mais ne cherchent en réalité qu'à profiter de l'appui politique des habitants sans installer les services à même de résoudre les carences d'infrastructure de base, les problèmes de santé et d'éducation. Les rapports avec la police sont faits de violence, de méfiance et d'affrontement, et les cas de corruption ou de collusion abondent. Les jeunes de Casitas méprisent la police. Hommes et femmes disent que les policiers les traitent avec agressivité et intolérance et cherchent à abuser d'eux. Le travail de police et la figure de ses agents sont totalement dévalorisés. De leur côté, les policiers affirment que les détentions qu'ils opèrent ne sont pas arbitraires et qu'ils n'entrent dans le quartier qu'en réponse à des appels et dénonciations. « L'ambiance y est vraiment lourde » (*la vibra es muy pesada*), dit l'un d'eux (Homme, groupe focal de policiers, DF, 2012).

Histoire urbaine et politique

Depuis son installation dans les hangars désaffectés de l'aéroport au milieu des années 1980, Casitas souffre toujours de manque de services urbains. Le quartier est entouré d'autres colonies : Ampliación Caracol, El Arenal Première, Deuxième, Troisième et Quatrième sections, la cité Fiviport, considérées comme « dangereuses » et « très dangereuses » par la mairie d'arrondissement Venustiano Carranza dont elles relèvent et comme « très précaires » par le secrétariat du Développement social du gouvernement du District fédéral. Ces colonies connues dans leur ensemble comme les Arenales (« bancs de sable ») diffèrent entre elles de façon notable au premier coup d'œil que ce soit dans leur esthétique ou dans la disponibilité et le fonctionnement des services municipaux : un point fondamental à comprendre pour saisir la réalité de la vie à Casitas et le devenir historique qui l'a produite.

La zone des Arenales faisait anciennement partie du lac de Texcoco et a été drainée à l'époque du Président Miguel Alemán (début des années 1950) pour la distribuer à des paysans sous forme d'*ejido* (en tenure collective, destiné en principe à des fins agricoles). Du fait de sa salinité, elle n'a jamais été apte à l'agriculture. Cette localisation au plus bas de la cuvette de la ville de Mexico provoque des inondations à l'époque des pluies. Les terrains devenus plus tard Los Arenales ont commencé à être vendus par les membres de l'*ejido*.

Au fur et à mesure que la zone devenait plus peuplée, sous la pression d'une demande de terrains pour la construction de logements privés, des services étaient mis en place, souvent grâce à l'organisation des habitants.

En même temps que croissait l'expansion de la ville vers l'est, se produisait ainsi un processus de consolidation urbaine que les urbanistes et planificateurs urbains ont appelé « urbanisme populaire » (Duhau et Giglia, 2000).

Dans ce contexte, Casitas a pour origine le désastre du séisme de 1985 qui a atteint 8.1 degrés sur l'échelle de Richter et a détruit totalement trente mille structures et endommagé des milliers d'autres logements. Comment Casitas est-il né d'un tel cataclysme ? Une des zones de la ville les plus affectées par le tremblement de terre a été le centre de la ville où se situe le quartier de Tepito. La majorité des habitants vivaient alors dans des *vecindades* (forme d'habitat collectif souvent dégradé, hérité d'époques anciennes, au confort rudimentaire) bordées de ruelles étroites encombrées des structures propres au commerce informel et aux échoppes ouvertes sur la voie publique. Pas une rue sans quelque artisan, cordonnier, marbrier, maroquinier, sellier, bourrelier, ferblantier, etc. Aujourd'hui, Tepito est le centre le plus fameux de vente de marchandises de contrebande (*fayuca)*, principalement importées des États-Unis, de produits de contrefaçon et de drogue. Selon le chef de la police du District fédéral, Tepito était en 2007 le principal point de vente de drogue de la capitale et commercialisait en moyenne plus d'une demi-tonne de marijuana et huit kilos de cocaïne par jour[2].

Vers la fin des années 1970, un ancien programme de rénovation du quartier fut mis à exécution et on commença à procéder à l'expulsion des habitants en vue de leur relogement. Les lieux choisis pour leur installation se trouvaient à l'est de la ville. Mais peu après leur départ, d'autres personnes vinrent s'installer dans les immeubles vidés pour les occuper ou pour y établir des entrepôts. Après que le tremblement de terre a détruit ou rendu inhabitables des centaines de constructions, des ensembles de logements furent construits sur les terrains vagues, où s'installèrent encore des familles étrangères au quartier, ce qui favorisa l'exode de plusieurs familles ancrées depuis longtemps dans les lieux. Les familles les plus pauvres victimes du séisme furent relogées en divers points de la ville et en particulier dans la région Est.

Comme d'autres colonies de la périphérie du District fédéral, caractérisées par la précarité et laissées à l'autogestion, Casitas s'est transformée en butin politique et électoral du mouvement urbain populaire aujourd'hui disparu, connu sous le nom d'*Amanecer Arenal*[3]. Celui-ci a

---

2 http://www.jornada.unam.mx/2007/02/21/index.php?section=capital&article=043n1cap

3 Son nom complet est *Coordinadora Cívica Metropolitana Amanecer* (« aurore ») *del Arenal*, A.C. Fondé en novembre 1986, le mouvement a adhéré peu après à la Asamblea de Barrios, une organisation dédiée à la lutte pour le logement dans le District fédéral. Politiquement lié au Parti populaire socialiste (PPS), au Parti mexicain

été lancé par Ruth Zavaleta, une des fondatrices du PRD qui a été maire de l'arrondissement Venustiano Carranza. Au nom de cette organisation, Zavaleta a obtenu six cent sept crédits à la construction de l'Institut du logement du District fédéral (INVI) pour que les habitants de la zone des Arenales, dont Casitas, puissent acquérir ou remodeler leur maison. Pour être inclus sur la liste des bénéficiaires, il fallait participer activement à chacune des activités politiques d'*Amanecer Arenal*, se rendre aux manifestations et aux blocus de rues et montrer une adhésion sans faille. Le poids du mouvement a valu à Zavaleta d'occuper diverses charges de haut rang dans le gouvernement et la vie politique du District fédéral, comme Secrétaire du développement social, Secrétaire des finances, députée à l'Assemblée législative (l'équivalent d'une Chambre des députés locale), maire de l'arrondissement Venustiano Carranza, députée fédérale plurinominale à la Chambre des députés nationale.

Aujourd'hui, Casitas reste attractive au plan politique et électoral pour les politiciens locaux et les dirigeants sociaux. Un autre personnage a pris la relève : Laura Piña, une des victimes du séisme de 1985, actuellement députée fédérale du Parti vert écologiste du Mexique (PVEM) après avoir milité de nombreuses années au PRD et au sein de diverses organisations pour le logement populaire. Elle était aux côtés de Zavaleta lors de la fondation d'*Amanecer Arenal*.

Casitas est aujourd'hui un territoire contesté par l'alliance PVEM-PRI (Parti de la révolution institutionnelle) alors que l'arrondissement reste solidement tenu par le PRD représenté ici par sa fraction ou « tribu » Nueva Izquierda (Nouvelle gauche) à laquelle appartiennent Zavaleta et les maires successifs de Venustiano Carranza (actuellement José Manuel Ballesteros).

Entre rues et couloirs piétons

L'arrondissement de Venustiano Carranza a de bonnes communications vers le nord, le sud et l'ouest. En revanche, ses abords orientaux sont pratiquement bloqués par l'aéroport, les installations de la station de métro Pantitlán et la frontière avec l'état de Mexico soulignée par les voies rapides du périphérique. La zone des Arenales au cœur de laquelle est située Casitas se trouve au fond d'un véritable cul-de-sac formé par ces trois grands territoires inaccessibles.

socialiste (PMS) et au Parti de la révolution démocratique (PRD), http://www2.eluniversal.com.mx/pls/impreso/noticia.html?id_nota=70878&tabla=ciudad.

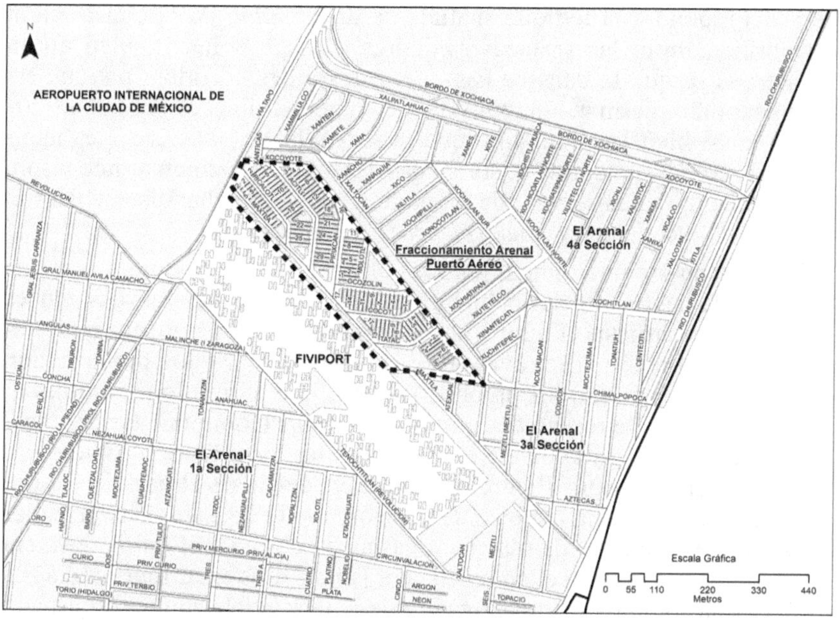

Source : Élaboration de Raúl Lemus, Área de Sistemas de Información Geográfica, El Colegio de México, 2012.

Avec les colonies Caracol, Adolfo López Mateos et Aeronáutica Militar, elle fait partie de la Zone d'intégration métropolitaine Pantitlán-Nezahualcóyotl, de 135 hectares, censée recevoir un traitement particulier du Programme général de développement urbain de l'arrondissement.

À partir de l'angle formé par la voie *express* Tapo et la rue Xocoyote au nord-ouest, Casitas est entourée par l'avenue Xaltocan et la rue Chimalpopoca, doublées du mur d'enceinte qui la sépare, d'un côté, de la Quatrième section et de l'autre, de la cité Fiviport. Le quartier a la forme d'un trapèze très allongé traversé par une demi-douzaine de rues qui délimitent dix grands pâtés de maisons composés par des files de petites maisons accolées dos à dos, donc mitoyennes sur trois côtés, dont les façades se regardent de part et d'autre d'étroits couloirs piétonniers. C'est là que vivent à peu près cinq mille personnes.

Un mur haut de deux mètres cinquante sépare Casitas de ses voisins. L'impact visuel est fort. Joint à la trame serrée des ruelles qui interconnectent toutes les maisons, le quartier en tire un aspect singulier. Le paysage urbain de chaque colonie est une représentation fidèle de la forme d'organisation du voisinage. La nécessité d'améliorer la qualité de vie crée des histoires collectives qui s'entremêlent avec celle de chacun des habitants. Ici, la configuration des logements et des blocs de maisons répond à la logique spatiale de la *vecindad* où la construction est horizontale et les services sanitaires d'usage collectif, bien qu'on n'aille pas jusque-là dans ce cas. L'étroitesse des corridors piétonniers et la pénombre permanente qui y règne en gênent l'accès et rendent difficiles aussi bien la circulation que la surveillance policière. Les habitants des colonies alentour assurent que les attaques à main armée y sont habituelles, qu'elles servent de lieux de recel de marchandises volées et qu'on y vend cocaïne et crack (*piedra*).

Depuis un an, une ligne d'autobus circule dans la colonie. C'est une conquête de haute lutte des habitants qui se plaignaient depuis des années du manque de transport auprès du Secrétariat du transport et de la voirie du District fédéral (Setravi). Jusqu'à présent, pour rejoindre la station de métro Pantitlán, la plus proche, il fallait faire tout le tour du quartier avant d'atteindre le réseau des microbus, *combis* (camionnettes de transport) et autobus. Les taxis étaient rares car les chauffeurs n'osaient pas s'y aventurer, plusieurs d'entre eux ayant été dévalisés et parfois frappés parce qu'ils résistaient. On raconte que pour éviter de payer la course, des clients prétextaient qu'ils n'avaient pas assez d'argent et qu'ils devaient en chercher à la maison et ne revenaient jamais. Les chauffeurs décidés à récupérer la somme due qui s'aventuraient dans le labyrinthe se faisaient prendre à partie par les voisins qui les traitaient de voleurs (*rateros*) ou de flics camouflés (*tiras*).

La place Benita Galeana est le seul espace récréatif de Casitas. On y trouve des jeux d'enfants en mauvais état, bien qu'ils soient constamment réparés, ainsi qu'une bibliothèque publique équipée d'une salle informatique où l'accès à internet est complètement gratuit. Certains dimanches, la place se transforme en scène artistique. On y organise diverses activités, pièces de théâtre, prestations de groupes musicaux, ateliers de travaux manuels, sous les auspices de la mairie d'arrondissement qui cherche à améliorer les conditions sociales et l'habitabilité de toute la zone au moyen du programme « Transforme ta colonie ». Les résultats de ce programme n'ont pas encore été analysés à ce jour. Aucun chiffre ou étude n'a été produit pour comparer la situation des habitants avant et depuis la mise en place, il y a six ans, de ce programme qui constitue le pilier des efforts en matière de développement social et urbain de la mairie de Venustiano Carranza.

L'inondation

Le 2 février 2010, une inondation d'eaux d'égouts a envahi la zone. Une tempête de pluie hors saison s'est abattue sur la ville, en particulier dans la portion est et nord, provocant au petit matin le débordement du Canal de la Compañía qui évacue les eaux usées. C'était le jour de la

Chandeleur (*La Candelaria*), une fête très populaire au Mexique. Plus que toute autre partie de la ville et de Venustiano Carranza, la zone des Arenales a subi les pires dommages, avec 60 centimètres d'eau dans les rues et cinq mille familles, quinze mille habitants, affectés. Frustration, impuissance, dépression, angoisse, peur et insécurité sont quelques-uns des sentiments que rappellent les habitants, tout en dénonçant l'évidence criante du manque de coordination entre les autorités de l'arrondissement, le gouvernement fédéral et le personnel envoyé par le gouvernement de la ville de Mexico. Des soldats du ministère de la Marine se chargèrent de l'évacuation en camions, camionnettes et canots à moteur. Le gouvernement fédéral fournit également un soutien psychologique, de l'aide économique, des soins médicaux, le transfert aux refuges, des paniers alimentaires et de l'eau en bouteille, des matelas et des vêtements, des repas chauds, entre autres. Pour sa part, le secrétariat au Développement social du District Fédéral inscrivit les habitants de Casitas aux bénéfices de différents programmes et plusieurs d'entre eux reçurent une formation professionnelle. L'engagement officiel auprès de la population ne se limita pas à l'aide d'urgence mais se prolongea pour pallier diverses carences. Un réfectoire gratuit fut ouvert pour les personnes âgées, les mères seules et les enfants, à qui on distribua dix mille uniformes et équipements scolaires s'ils pouvaient prouver être inscrits à l'école. Pour le personnel de l'arrondissement, la tâche la plus urgente consista à aider les gens à récupérer leurs documents administratifs mouillés ou perdus, en particulier ceux qui leur permettraient de prouver qu'ils étaient propriétaires et d'obtenir les indemnisations du Fonds pour les désastres naturels (Fonden).

Une fois les eaux redescendues, les habitants de Casitas organisés au sein du Programme communautaire d'aménagement de quartier (*Programa Comunitario de Mejoramiento Barrial*) reconstruisirent seize systèmes d'égouts de leur colonie, avec un investissement de 800 000 pesos (65 000 US $) selon les chiffres fournis par le programme. L'organisation et la participation des habitants ont été importantes de même que les bénéfices apportés par ces travaux à plusieurs centaines de familles dans la prévention de futures inondations et l'amélioration immédiate de leurs conditions sanitaires. Malgré l'intérêt « profond » si souvent proclamé des députés locaux et fédéraux pour le bien-être de la communauté, ils brillèrent par leur absence au moment du désastre.

Les acteurs sociaux de Casitas

Casitas et les Arenales, en particulier la Quatrième section, traînent une longue histoire de criminalité où se mêlent la contrebande, les attaques à main armée, le trafic de drogue et les assassinats pour en gagner le contrôle. Depuis sa fondation, Casitas est considérée une colonie marginale, précaire, où le désœuvrement, la vente et la consommation de drogue sont une constante. On parle à mi-voix de la présence dans le quartier du cartel de « La Familia Michoacana », un des gangs mexicains les plus importants, dont l'origine se situe dans l'état du Michoacan et qui contrôle, dit-on, la « place » du District fédéral. Ainsi, un entretien rapportant une détention réalisée dans la zone révèle :

> « Oui, Eux (inaudible) [...] de cette affaire, ils ont déclaré que là, à l'intérieur, il y en avait ; nous avons demandé les caractéristiques du véhicule stationné, on a attendu que les occupants arrivent et qu'ils abordent le véhicule, et là on les a arrêtés. On a trouvé sur eux [...], ils disaient qu'ils étaient membres de « La Famille », on a trouvé sur eux un carnet avec le nom de tous les commerçants, donc, la quantité que chaque commerçant avait donnée, sauf que à partir de là, l'affaire a été canalisée vers [...] Vite, vite, les policiers fédéraux sont venus les chercher. Ils les ont emmenés à la 44, c'est là, à la 44 qu'ils ont pris la déclaration. On a prévenu les fédéraux, et les fédéraux les ont pris en charge, trois jeunes, le plus grand, je crois qu'il avait vingt-trois ans et le plus jeune dix-sept » (Homme, groupe focal de policiers, District fédéral, 2012).

Vrai ou faux, les allées et venues de voitures et fourgons de luxe sont un spectacle quotidien dans la colonie où à toute heure, à chaque carrefour et chaque entrée de passage piétonnier, un « faucon » est en faction pour alerter le *capo* local s'ils aperçoivent des policiers ou des « agents étrangers » au quartier. Les faucons font partie du réseau criminel local dirigé par El Patín, qui prétend monopoliser la vente de cocaïne dans toute la zone orientale des arrondissements d'Iztacalco et Venustiano Carranza et la partie occidentale du municipe de Nezahualcóyotl.

Outre les *narcos*, un autre acteur social notoire – peut-être le plus original et emblématique de la colonie – est le (ou la) *fardero (a)*. Sa spécialité consiste à voler des marchandises comme des vêtements, de l'épicerie, de la parfumerie ou des articles de papeterie dans les supermarchés et grands magasins[4]. Cette activité est réalisée en majorité par des femmes que l'on appelle *farderas*. Avant, on les appelait *falderas* (*falda* signifie « jupe ») car elles faisaient disparaître les objets volés sous de grandes robes, mais du moment que cette technique fut découverte, elles ont commencé à utiliser des blousons amples et des vêtements de maternité, moyen encore d'actualité. Vêtues de la sorte, elles paraissent enceintes ou obèses ce qui contribue à leur donner une allure de ménagères d'humble condition. Leurs marchandises sont hautement appréciées

4 Pour traiter le cas des *farderas*, nous avons utilisé une étude préalable intitulée « El oficio de fardera en la Ciudad de Mexico » réalisée par Úrsula Alanís, co-auteure du présent article, qui s'est appuyée pour son travail de terrain sur le concours de huit *farderas* et huit *farderos*, âgés de 20 à 50 ans, de différentes colonies de l'est de la Zone métropolitaine de la ville de Mexico.

dans les *tianguis* et les marchés ambulants mais aussi dans les marchés municipaux et les commerces bien établis comme les papeteries, pharmacies, merceries ou épiceries, auxquels elles offrent des produits à la moitié du prix commercial. La plupart des *farderos* ont leurs acheteurs à Tepito, où ils échangent souvent leurs marchandises pour des variétés de drogue qui ne se trouvent pas à Casitas ou dans les Arenales, comme les amphétamines et les antidépresseurs.

Avec les vendeurs de drogue, les *farderos* sont les délinquants les plus nombreux de Casitas. Leurs bandes comprennent au plus six membres dont se détachent deux figures importantes : celle du *chofer* (chauffeur du véhicule) homme ou femme qui fait payer ses services cent cinquante ou deux cents pesos au reste du groupe pour chaque tournée. Parfois, le chauffeur se fait payer en nature en prélevant le quart des objets volés dans la journée. Parfois, il ou elle entre également dans les magasins pour voler. La *burra* ou le *burro*, qui est également *fardero/a*, vérifie que les marchandises n'ait pas un chip d'alarme. C'est généralement le chef de la bande, qui a gagné cette place grâce à son habileté à échapper aux opérations de contrôle à l'intérieur des magasins et à son expérience prolongée au sein du monde du *fardo*. Ils habitent dans le quartier, ainsi que les *farderos* ordinaires.

Au contraire de ce qui se passe dans d'autres organisations de délinquants dont les membres développent un profond sentiment d'appartenance à la bande, une même personne peut faire partie de diverses équipes de *farderos* à la fois, ce qui provoque des conflits, surtout si celui qui change de groupe traîne avec lui une dette contractée auprès de ses compagnons « de base » qui l'ont aidé à se sortir d'un mauvais pas *(atorón)*, alors qu'elle s'était trouvée « coincée », les mains dans le sac, par des employés de la sécurité d'un supermarché, ou qu'elle devait payer les services du chauffeur. Une autre caractéristique des *farderos* est qu'ils peuvent développer en même temps une autre occupation telle que vendre dans les wagons de métro ou sur les marchés ambulants, mais également des activités de délinquance grave telles que l'extorsion ou l'agression aux passagers du transport public, par exemple.

Un trait singulier de Casitas est que pas moins d'un habitant sur huit se consacre au *fardo* ou à la revente de drogue, ou aux deux, et que les bandes sont constituées par des voisins et les membres de la famille. Ils sont frères, compères, cousins, neveux ou amis, tous unis par les liens du sang ou de l'amitié. Leurs âges oscillent entre dix-sept et cinquante ans. Quatre-vingt quinze pour cent d'entre eux ont déjà été en prison au moins une fois ou sont restés en garde à vue dans les cellules du Ministère public.

Les adolescents font l'apprentissage du vol à l'étalage avec des gens de leur famille qui leur montrent les ficelles d'une activité qu'ils jugent plus lucrative, bien que plus dangereuse, que l'école ou qu'un quelconque métier. Leurs rentrées journalières tournent autour de cinq cents à deux mille pesos, selon la chance du jour (salaire journalier minimum du DF en 2012 : 64,75 pesos).

Mais il est important de signaler que tous les habitants de Casitas ne sont pas des délinquants, que les vendeurs et commerçants ne commettent pas tous des activités illégales et qu'une grande partie de la population travaille, soit comme chauffeurs dans le transport public, comme commerçants sur la voie publique ou dans le wagons du métro, ou qu'ils sont employés dans des entreprises ou des commerces, entre autres à l'aéroport de Mexico. Héritiers des traditions de Tepito où les divers métiers artisans étaient l'occupation la plus ancienne et faisaient la vie quotidienne de la communauté, il est encore des habitants de Casitas, peu nombreux, qui se consacrent à la confection de chaussures, de papeterie et d'objets de fer-blanc.

Et les jeunes ?

Avant d'explorer le milieu familial et d'analyser les rôles tenus par les divers membres du groupe domestique dans leur devenir commun, consultons quelques statistiques. Selon la liste électorale de l'Institut fédéral de la circonscription, le groupe de jeunes hommes de 18-29 ans représente 32 % de la population totale de la colonie.[5] Le pourcentage de femmes dans cette tranche d'âge est de 25,4 %. Les jeunes se situant entre 11 et 20 ans sont les plus exposés à la violence et au recrutement par des groupes criminels. Les adultes interrogés pensent que l'âge est l'un des premiers critères de choix des cartels et des gangs qui cherchent à attirer de nouveaux membres. Ils perçoivent également une grande influence des médias, en particulier des programmes de télévision, dans la popularisation du trafic de drogue comme un mode de vie.

En ce qui concerne le groupe des *farderos*, il est important de préciser que même si 90 % des femmes qui se consacrent à cette activité sont des mères célibataires, la présence du couple, qu'il soit formel ou non, est essentielle pour comprendre la division sexuelle du travail qui se produit tant à l'intérieur des unités domestiques qu'entre elles. Tandis que les hommes sont engagés dans les « travaux » plus risqués, comme le vol dans les autobus, la vente de stupéfiants ou les attaques aux passants, les femmes commettent des délits apparemment moins risqués, qui ne représentent pas une menace pour la stabilité de la famille. Le vol dans les magasins de libre-service ne leur procure pas seulement un revenu bien plus élevé que ce qu'elles pourraient gagner dans un emploi formel ; il les aide aussi à fournir le nécessaire à leurs enfants et à leurs

[5] http://secure.iedf.org.mx/Estadisticas/seccion.php?paises=5434.

familles, lesquelles à leur tour contribuent aux prestations domestiques en se chargeant des tâches ménagères et de la distribution et la vente des objets volés.

Alors que la plupart des relations que les enfants entretiennent avec les activités de leurs mères ou celles de leurs partenaires se limitent à des contacts avec quelques membres des bandes auxquelles les uns ou les autres appartiennent, on nous a rapporté des cas où les enfants, surtout des adolescents, ont participé directement à la chaîne de travail dans laquelle sont incorporés les adultes de leur famille ou de leur entourage, soit en contactant les acheteurs potentiels de marchandises volées, soit en « travaillant » carrément avec eux et pour eux. Ces rapports occasionnels ont conduit ces jeunes à considérer l'exécution d'activités hors la loi comme une option d'emploi et de développement personnel. Ils en perdent tout intérêt dans la poursuite de leurs études et la recherche d'une place sur le marché du travail formel, au prétexte que les tâches que leurs mères ou les adultes qui leur sont proches exécutent sont rentables et n'ont pas besoin de qualifications plus élevées.

Le type de marginalisation ou de ségrégation à laquelle sont exposés les jeunes de Casitas se rapporte à des formes intrinsèques de disqualification ou d'exclusion d'un groupe social, qui ne possède pas les caractéristiques requises pour se présenter de manière appropriée sur le marché du travail, ou qui ne sait pas comment utiliser ses ressources disponibles pour entrer dans les réseaux du circuit de reproduction de la société. Il s'agit ainsi d'une marginalisation causée par le système lui-même, liée aux conditions de reproduction économique dans lesquelles il opère. Ce groupe de jeunes qui appartiennent à des ménages ou des familles disposant des revenus les plus faibles de la société subit d'abord une première forme de ségrégation qui s'oppose par des obstacles économiques à l'accès aux services, aux emplois et aux médias de qualité, ce qui déclenche ensuite d'autres formes d'exclusion.

Les caractéristiques des jeunes, partiellement captées dans les statistiques et les dénombrements officiels, sont parfois le reflet de leurs histoires personnelles, et parfois, le résultat de leur situation. C'est pourquoi il est difficile de les connaître comme groupe social et de faire la part entre leurs traits personnels et leurs circonstances. Comprendre l'évolution des jeunes dans une colonie aussi marginalisée et conflictuelle que Casitas passe par l'analyse de leur situation de logement, la précarité de leurs conditions de santé et de vie et l'illégalité dans laquelle ils vivent au quotidien, pour aller au-delà du caractère anecdotique et particulier de leurs histoires, et pouvoir les caractériser en tant que groupe social distinct, mais qui fait partie d'un ensemble social.

La marginalisation et l'exclusion dans laquelle vivent les jeunes de Casitas s'enracinent dans leur appartenance à des familles aux revenus insuffisants[6], où les besoins élémentaires des enfants et des jeunes ne sont que partiellement satisfaits. Il ne faut pas oublier qu'ils passent leur enfance dans des pièces surpeuplées, sont mal nourris et manquent des conditions environnementales et sanitaires nécessaires à leur développement. Ce qui les conduit à abandonner très tôt l'école, et parfois leur maison. Dans Casitas comme dans beaucoup d'autres colonies de Mexico, les gangs sont une forme d'organisation des jeunes. L'atomisation des bandes reproduit la segmentation de l'habitat entre divers blocs. Du fait de leurs conditions de vie précaires, ces groupes n'hésitent pas à recourir au vol de même qu'ils sont la proie facile des groupes organisés qui les intègrent dans des réseaux d'activités illégales ou illégitimes.

Les « Schtroumpfs » (*Pitufos*), les « Seize », les « Patineurs » et les « Grosses têtes » sont les gangs les plus nombreux et représentatifs de Casitas, parmi les dix bandes recensées par les habitants. Sauf pour les Seize et les Patineurs, les bandes sont constituées d'adolescents et de jeunes qui n'ont pas plus de dix-neuf ans, qui se réunissent tous les soirs pour parler, boire de l'alcool, inhaler des solvants et écouter de la musique dans leurs coins de rue ou passages respectifs. Sous le nom de Patineurs (*Patinetos*), qui combine la référence au skate et au surnom de leur chef El Patín, le caïd du quartier, on désigne une bande composée dans une forte proportion d'adultes qui ne dépassent pas trente-sept ans, dont les activités vont de la livraison à domicile de sachets (*grapas*) de cocaïne, du recouvrement de créances, du guet et de l'alerte à la vue de tout « agent étranger » à la colonie, jusqu'au passage à tabac, aux ordres du chef, de ceux qui voudraient « faire les malins » (*pasarse de listos*)[7].

Les Seize sont une bande formée par les enfants et jeunes neveux d'une bande de *farderos* qui vivent dans la Quatrième section de El Arenal et à Casitas. Elle tire son nom du nombre de leurs ascendants spécialisés dans cette activité. Elle-même compte de vingt à vingt-cinq membres qui se consacrent eux aussi au vol à l'étalage dont ils vendent le produit aux voisins.

C'est le rêve des Schtroumpfs et des Grosses têtes que de faire un jour partie des Patineurs. Dans un entretien individuel mené auprès d'un membre des Grosses têtes en septembre 2011, il a expliqué que lui-même et ses amis espéraient ressembler plus tard au Patín ou au Mamaikas, dont la réputation tient à son agressivité, sa bonne situation économique et sa

6 Le recensement électoral indique qu'à Casitas, le niveau moyen de salaire mensuel va de 6 000 à 9 999 pesos (de 500 à 833 dollars) Source : http://www.iedf.org.mx/de/deoyge/Caracteristicas40dttosDF.pdf

7 C'est ainsi qu'un membre des Patinetos s'est exprimé à propos de ceux qui cherchent à constituer leur propre clientèle dans la zone des Arenales ou ne s'acquittent pas de l'argent ou des services dus à leur chef.

fidélité au cacique de Casitas. On dit qu'il en est le bras droit. À cet égard, le jeune interrogé a déclaré : « Je voudrais être comme eux, parce qu'ils ont un tas de femmes, un tas de fric et tout le monde s'écrase devant eux parce qu'on sait qu'avec eux, on ne joue pas, ce sont des durs ».

Au-delà de ces rêves, les bandes sont le moyen qu'ont trouvé les jeunes de Casitas pour s'organiser, se retrouver et construire des identités sociales et culturelles qui s'accordent dans l'inconscient collectif à la débauche de violence et à l'insécurité caractéristiques de la vie du quartier. Mais elles ne font pas juste partie du paysage du lieu ; elles forment aussi des « bataillons » qui protègent et défendent le territoire d'interférence de tiers. L'appropriation de l'espace n'est pas seulement symbolique, elle est aussi physique. Traverser le trottoir d'un bloc à l'autre ou se rendre à la Quatrième section de l'Arenal équivaut à envahir un territoire étranger et comporte des risques.

« Fiers dévots de San Judás »

À Casitas, les passages, les rues et les carrefours sont des espaces de loisirs où les voisins organisent des fêtes et bavardent, où les garçons jouent au football et les filles à cache-cache, où les adolescents et les jeunes se retrouvent en bande pour passer l'après-midi ou la nuit. L'épicerie de la Truie, une des fondatrices de la colonie, l'atelier de réparation de vélos de El Javi, un vieil homme natif de Ciudad Nezahualcóyotl, et la rue Acitli, envahie par les ferblantiers, sont les lieux de prédilection des voisins qui y célèbrent chaque année le 28 octobre, le jour de St. Judas Thadeus, avec une grande fête organisée et subventionnée par el Patín. Ce jour-là, au petit matin, une messe est célébrée en l'honneur du saint et on distribue toutes sortes de souvenirs, porte-clés, chapelets et T-shirts à son image. Les repas où ne manquent ni desserts ni pâtisseries sont gracieusement offerts par el Patín qui invite tous les habitants à la salle de bal du quartier. La rue Maxtla est fermée de bout en bout pour y célébrer le saint et le remercier des faveurs accordées au long de l'année. Dans la même rue, une chapelle en l'honneur de la Vierge de Guadalupe et de Saint Judas est ornée en permanence de fleurs et de bougies. En temps normal, elle est sous la garde d'un membre des Patinetos et seuls les habitants de Casitas sont autorisés à s'en approcher, mais le 28 de chaque mois, il est permis aux résidents des quartiers environnants de venir se recueillir et implorer des grâces. Pour la grande fête d'octobre, on laisse également entrer les habitants des Arenales, de Caracol, de Fiviport et de Ciudad Nezahualcóyotl où des habitants de Casitas ont des parents, amis et connaissances ; de fait, les musiciens (*sonideros*) et les artificiers (*cueteros*) qui égaieront la fête le soir viennent généralement de Nezahualcóyotl, en particulier des colonies El Sol, Maravillas, Agua Azul et État de Mexico.

La nuit, au début du bal, on donne aux participants cinq billets à échanger pour de la bière, offerte gratuitement sur des comptoirs tout prêts. Là encore, l'alcool est au compte du Patín qui, en hôte attentionné, prend le haut-parleur pour remercier les assistants de leur présence et surtout, rendre hommage à Saint Judas pour ses bienfaits. La présence de jeunes qui inhalent des solvants (*monear)* ou fument de la marijuana fait partie de la fête. Dans les passages, on devine des ombres qui jouent, des jeunes qui s'embrassent ou se caressent en cachette.

Dans la chaleur de l'alcool et de la drogue, une prise de bec termine en bagarre, on entend des coups de feu. La musique s'arrête, et le lendemain, tous les voisins parlent de l'homme abattu en pleine fête. Au beau milieu de la pagaille, une voix fière s'exclame : « Ici, à Casitas, nous sommes tous des dévots de Saint Judas (*San Juderos*) ».

Sexe, drogue, violence et autres pratiques

En général, la vie sexuelle des jeunes de Casitas commence tôt dans la vie, ce qui les met en risque de contracter des maladies sexuellement transmissibles et, dans le cas des femmes, de tomber enceintes alors qu'elles sont encore adolescentes. Plus encore, on sait qu'il est classique d'obliger les jeunes filles à supporter de se faire violer par leurs futurs compagnons de bande dans le cadre des rites d'admission, sous peine de se faire rouer de coups. Une fois entrées dans le groupe, il est fréquent qu'elles en deviennent les esclaves sexuelles, de façon routinière ou qu'elles se prostituent pour rapporter de l'argent. C'est dire que la promiscuité sexuelle est pratiquement de règle entre les jeunes au sein des bandes.

Étant donné les contraintes vitales auxquelles sont confrontés les jeunes du quartier, ils risquent fortement de devenir *accro* à différents types de drogues et à d'autres substances comme l'alcool et le tabac. Dans notre société, l'alcool et le tabac ne sont pas considérés comme des drogues, mais plutôt comme des substances qui procurent un moyen de distraction, de socialisation, et même d'évasion. L'alcool et le tabac sont accessibles à tous les jeunes, même aux enfants, car ils ne sont pas soumis au même contrôle que les psychotropes, ce qui favorise leur consommation fréquente dès le début de l'adolescence. Dans l'ambiance de manque de motivation, de contrôle et de dépression où vivent et survivent les jeunes de Casitas, la consommation de ces produits est socialement approuvée. En outre, les drogues sont un facteur déterminant à plusieurs égards comme catalyseur dans la formation des *gangs* en encourageant fortement la décision de ceux qui veulent abandonner leur foyer, l'école ou leur quartier ; elles sont aussi un facteur de cohésion autour de leur rôle identitaire et d'affirmation collective, bien que cette addiction soit synonyme d'une dépendance pathologique.

Le type d'activité économique qu'exercent les jeunes favorise plus ou moins la consommation de drogues et d'alcool. Ceux qui mendient dans la rue ou se prostituent montrent une plus grande propension à y avoir recours que les gars qui travaillent comme emballeurs dans les supermarchés, ou dans d'autres services. Il est clair que les jeunes intégrés dans leur famille ne se prêtent guère à des occupations telles que la mendicité et la prostitution, sauf s'ils y sont contraints par leurs parents. En somme, chez les jeunes à faible revenu, la consommation et la dépendance aux drogues induisent un ensemble de comportements et déterminent les activités et les espaces auxquels ils peuvent avoir accès ou qui leur sont interdits. Les conditions de risque et la vulnérabilité sociale où ils sont plongés à Casitas les conduit à adopter des stratégies d'adaptation et un parcours de vie prévisible : l'incorporation aux réseaux du crime organisé et aux autres activités illégales telles que le vol dans les grandes surfaces.

À leurs yeux, face au sentiment d'appartenance, au prestige, aux rentrées d'argent et autres gratifications qu'offre l'appartenance à un *gang*, le travail et le monde de la formalité ne peuvent afficher qu'un système de valeurs ambigu. Un jeune de Casitas commente : « Par exemple, le trafic de drogue. On s'habitue à le voir tous les jours. Ça devient normal de voir qu'on en vend au coin de la rue. Ça devient normal partout » (homme, groupe focal d'adolescents sans conflit avec la loi, District fédéral, 2011).

Un élément indispensable dans l'analyse des conditions de vie des jeunes de la colonie est la violence domestique. Les caractéristiques du milieu familial déterminent l'acquisition et la consolidation des capacités qui définissent l'intégration ou la marginalisation de la jeunesse dans la transition vers l'âge adulte. À Casitas, la violence domestique, exprimée sous diverses formes est chose courante. Les jeunes interrogés disent être ou avoir été victimes de toutes sortes d'abus de la part de leurs parents, de leurs frères ou de parents proches. Un fort pourcentage des membres du groupe de discussion considèrent qu'ils ont été des « enfants non désirés », issus de foyers brisés et de familles monoparentales où l'abandon des enfants est pratique courante. Pour eux, il y a un lien évident entre être adolescent, sans responsabilité et sans ressources. En conséquence de quoi ils acceptent leur statut de laissés pour compte au sein de familles dont ils n'attendent pas grand-chose.

Le machisme est un comportement social où chacun des rôles de père, de mère, copain, copine, a un contenu spécifique, que les jeunes, hommes et femmes confondus, acceptent. Le mépris pour les femmes réaffirme les rôles masculins à l'intérieur et à l'extérieur de la maison, même si les figures paternelles autoritaires, agressives et irresponsables sont condamnées.

Un officier de police de Casitas commente ainsi la question de la violence domestique : « On connaît des cas de petites filles qui ont été violées, mais souvent… Par exemple, à un moment on voit passer celui qui vient de violer. Ce sont souvent des filles… 13, 15 ans. Elle dit : oui, c'est lui qui m'a violée. Mais comme il faut emmener ses parents (pour la déclaration) parce qu'elle est mineure, les parents disent « non, je ne dénonce pas » (homme, groupe focal de policiers, District fédéral, 2012). Et voici un autre témoignage : « Toutes les plaintes pour viol que nous apportons (au Ministère public) ne sont jamais classées comme viol mais comme une plainte pour faits ; ça reste toujours comme ça, l'enquête débouche sur une plainte de faits (délictueux), ou quand, par exemple, les filles sont violées par le partenaire sexuel de leur mère, là-bas ils mettent toujours violence familiale et ensuite, entre parenthèses, tentative de viol par un parent » (homme, groupe focal de policiers, District fédéral, 2012).

« Devenir flic ! Plutôt un chien ! »

Pour les jeunes de Casitas, la figure du policier représente corruption et violence. Ce n'est pas une image d'autorité respectée, car ils l'associent à des actes criminels. La relation entre jeunes et police est détestable et la situation sociale approfondit la distance entre eux. Les jeunes disent que les flics les discriminent et les traitent avec violence, tandis que les policiers affirment que ce sont les jeunes qui défient l'autorité et refusent d'obéir à leurs ordres. À cet égard, un jeune homme de notre groupe de discussion a déclaré : « […] On se fait justice par nos propres mains, parce que la police ne va pas nous aider » (homme, groupe focal de policiers, District fédéral, 2012).

Pendant ce temps, la police dit qu'à Casitas, il y beaucoup de délinquants jeunes et violents : « Les plus vieux ont 17, 16 ans. Mettez qu'au plus 21, tout au plus. Dans mon secteur, j'ai des enfants. Ce sont des gamins, le plus jeune a 12 ans et le plus âgé 17 » (homme, groupe focal de policiers, District fédéral, 2012). Ces adolescents sont couverts par la communauté criminelle de la colonie, qui intervient dans les arrestations et les appréhensions et dénonce la « violence policière ». Autour de ce thème, un policier a dit : « Oui, on doit faire très attention, surtout à Casitas et à Fiviport. Fiviport, c'est une cité genre fractionnement, et Casitas a été créée en 85 » (homme, groupe focal de policiers, District fédéral, 2012).

Les autres habitants de Casitas se plaignent eux aussi des agissements de la police, qu'ils perçoivent comme un corps décadent qui n'agit qu'au profit de quelques-uns. Et ils racontent avec indignation que presque tous les jours, plusieurs jeunes gens sont arrêtés pour vérification de leurs antécédents criminels, pour comportement suspect, parce qu'ils consomment de l'alcool en public, ou tout simplement « parce que ».

À propos des arrestations, un policier raconte : « (le jeune délinquant) te frappe, il cherche à te distancer en courant. Alors c'est là qu'on doit recourir à nos trucs pour l'arrêter. Parce que s'il a de quoi attaquer, il va le faire » (homme, groupe focal de policiers, District fédéral, 2012). Pour les policiers, l'exercice et la défense de l'autorité se gâtent au moment d'arriver au Ministère public (MP), parce que les mineurs dénoncent alors toutes sortes de méfaits commis par la police.

> « Le délinquant, très souvent, ne se laisse pas faire. D'abord, il file doux. Mais en arrivant au MP il dit : oui, c'est lui qui m'a arrêté ; et vous savez, il m'a pris mon portable ; le flic m'a pris ma chaîne, et puis cinq cents pesos que j'avais dans ma poche. Donc, il va toujours être à l'attaque, toujours à l'offensive contre nous, que ce soit par des coups, que ce soit physiquement, ou verbalement, ou devant le MP, mais il sera toujours à la défensive. Et finalement, c'est toujours la parole du délinquant qui l'emporte sur celle du policier, et tout ça reste caché dans la déclaration, elle n'est pas véridique » (homme, groupe focal de policiers, District fédéral, 2012).

Quand il y a conseil de quartier, ce qui arrive quelques rares fois dans l'année, on ne cesse de critiquer les patrouilles, qui sont considérées comme du « temps perdu », car les policiers savent bien où se cachent les « rats » (voleurs). Une voisine affirme avec colère que les patrouilles ne profitent qu'aux *narcos* de la colonie, parce que le reste du quartier continue de souffrir des attaques armées menées par des habitants de Nezahualcóyotl. Les jeunes racontent que d'avoir des *piercings*, de porter les cheveux longs et la barbe et d'être mal habillés sont des raisons suffisantes pour être arrêtés et intimidés. Certains, ceux qui disent qu'ils ne sont pas délinquants, soutiennent qu'ils ont peur d'aller dans la rue, et qu'au lieu de se protéger des voleurs, ils doivent se cacher de la police. Les autres, ceux qui reconnaissent qu'ils commettent des délits, qu'ils se droguent et consomment de l'alcool en public, affirment que personne ne peut être arrêté sans mandat, à moins qu'on soit pris en flagrant délit, et que pourtant la police se permet d'arrêter n'importe qui, avec ou sans ses papiers, au moment où ils en ont envie et pour n'importe quel motif, en disant qu'ils veulent vérifier ses antécédents. Ceci dit, on peut remarquer qu'aucun des deux groupes de jeunes ne sait bien quels sont leurs droits pendant la garde à vue. Ils ne savent pas qu'ils ont le droit d'être traités avec dignité et respect par la police et que leur intégrité physique et morale et celle de leur famille doivent être protégées. Face à ce flot de situations conflictuelles entre les jeunes et la police, la communauté de Casitas, réclame une force de police efficace.

Les habitants des colonies populaires de Mexico sont confrontés à un certain nombre de défis, dont la pénurie de logements, l'urbanisation informelle et la violence urbaine. Avec la présentation du cas de Casitas, nous avons cherché à illustrer une des nombreuses formes de mobilisation populaire urbaine qui se sont développées dans la région métropolitaine de Mexico (ZMCM) au cours des quarante dernières années.

Pendant cette période de grands changements démographiques et urbains, les mouvements ont cherché par des actions communautaires à remédier aux carences sociales dont ils souffraient.

De notre point de vue, Casitas est un exemple vivant des différentes stratégies politiques défendues durant ces années par de nombreux habitants de Mexico pour garder leur place au sein des grands projets de réhabilitation urbaine. Les actions d'autogestion des citoyens, surtout dans la population aux revenus les plus faibles, ne visent pas seulement à peser sur l'habitat et l'ordre du jour de la politique urbaine. Elles expriment aussi leur façon de manifester dans l'espace public les aspects singuliers politiques et culturels de leur vie quotidienne, là où ils cherchent à affirmer leur identité collective, à consolider leurs liens et à développer leur sociabilité.

Références bibliographiques

Assemblée législative du District fédéral, « Decreto que contiene el Programa Delegacional de Desarrollo Urbano para la Delegación Venustiano Carranza del Distrito Federal », *Gaceta Oficial del Distrito Federal*, México, Distrito Federal, Gobierno del Distrito Federal, 2005.

Duhau, E., Giglia A., « Conflictos por el espacio y el orden urbano », *Estudios Demográficos y Urbanos*, vol. 19, n° 2 (56), 2004, p. 257-288.

Médias électroniques consultés

- http://www.eluniversal.com.mx/notas/656305.html
- http://www.eluniversal.com.mx/pls/impreso/noticia.html?id_nota=70878&tabla=ciudad
- http://www.iedf.org.mx/
- http://www.iedf.org.mx/de/deoyge/Caracteristicas40dttosDF.pdf
- http://www.jornada.unam.mx/2007/02/21/index.php?section=capital&article=043n1cap
- http://www.ruthzavaleta.com.mx/mujeres-en-marcha/laura-pina-olmedo.html
- http://www.secure.iedf.org.mx/Estadisticas/seccion.php?paises=5434

1. Perspective de la rue principale de la *colonia*, mai 2013, photo prise par Úrsula Alanís

2. Une autre vision de Casitas, mai 2013, photo prise par Úrsula Alanís

3. Appropriation de l’espace public par des commerçants, mai 2013, photo prise par Úrsula Alanís

4. L'étroit couloir fait office de rue entre deux rangées de maisons à Casitas, mai 2013, photo prise par Úrsula Alanís

5. D'abondantes pluies hors saison provoquent une inondation des rues de Casitas et des quartiers voisins pendant plusieurs semaines en février 2010. Les habitants se plaignent de l'insuffisance des secours. Photo prise par Acmed Hiram, février 2010

Logements meublés ou organisation communale à Caracas ?

Le cas de La Limonera

Silverio GONZÁLEZ & Henny DÍAZ[1]

Centre pour le Développement humain, Institut d'Études régionales et urbaines, Universidad Simón Bolívar

Introduction

Le contexte

Situé dans le Sud-Est de Caracas, La Limonera était un terrain privé de près de 192 hectares (Figure 1) de topographie accidentée et géologiquement instable, dont l'usage est demeuré indéfini au cours des années 1970, 1980 et 1990, alors que la ville s'étendait et se densifiait. La Limonera est localisée dans une zone d'espaces résidentiels isolés reliés par une route locale de montagne, structure typique de banlieue urbaine. La topographie et la dynamique sociale ont modelé un territoire où des petits quartiers populaires (*barrios*) qui sont issus d'une invasion et consolidés par la suite jouxtent des quartiers résidentiels mono et multifamiliaux habités par la classe moyenne (*urbanizaciones*). L'occupation des sols, régie par le Décret de zonage urbain du Sud-Est de Caracas (*Ordenanza de Zonificación Urbana del Sureste de Caracas*), attribue à la zone des indices d'occupation urbaine de haute densité, à l'image des quartiers voisins de Manzanares et Alto Prado[2]. On trouve également près de La Limonera deux grands espaces institutionnels : le Fort Tiuna (principale garnison militaire de Caracas) et l'Université Simón Bolívar (université publique nationale).

---

[1] Texte traduit de l'espagnol par Julie Devineau.

[2] Le bureau de consultants TDR a calculé que selon ce zonage, des immeubles de 24 étages pourraient être construits et 45 000 personnes hébergées.

Un projet de construction de logements privés à haute densité résidentielle a été lancé dans les années 1970 sur ce terrain très attractif pour les intérêts privés. Le principal lot de ce projet devait s'étendre sur 99 hectares. Le bureau municipal de planification urbaine et la direction du génie civil et des travaux publics du district de Caracas en ont décidé le parcellement et le raccord au réseau de voirie en 1973.

Cette zone de collines escarpées a commencé à faire parler d'elle en 1976, alors que les travaux de terrassement du nouveau quartier ont débuté sans le moindre respect des normes techniques les plus élémentaires en matière de tranchées, de remblais et de pentes maximales autorisées. Ceci, ajouté à la géomorphologie intrinsèquement instable de la majeure partie des terrains du sud-est de Caracas, aux sols dépourvus de végétation et aux fortes pluies de 1977, a provoqué des éboulements et des glissements de terrain dont les conséquences ont obligé le ministère de l'environnement et des ressources naturelles renouvelables (MARNR) à paralyser immédiatement les travaux de terrassement à la fin de l'année 1977. La reprise des travaux était conditionnée au fait que les promoteurs immobiliers présentent aux autorités environnementales une étude géologique structurelle de la zone, un projet pour contrôler le torrent La Encantada et un projet de canalisation du torrent Sartenejas qui traverse cette zone. Du fait de leur coût, les études, projets et investissements demandés n'ont jamais été réalisés, ce qui a provoqué l'échec de La Limonera en tant qu'opération privée d'urbanisme, à la faillite de l'entreprise immobilière et au transfert de la propriété du terrain aux banques qui ont financé le projet[3]. À l'échec initial de l'opération immobilière se sont ajoutées la crise économique et bancaire des années 1980 et 1990, l'intervention de l'État pour sauver les banques et la forte dévaluation de la monnaie. C'est alors l'État central qui fait l'acquisition du terrain au travers du Fonds de garantie des dépôts bancaires (Fogade). Mais la ville a bien évidemment continué à s'étendre et, face aux mauvaises pratiques privées et à la crise financière nationale, l'urbanisme informel a pris les devants. Une dynamique d'occupation informelle à usages multiples a ainsi envahi la partie basse de la Limonera (celle qui était la plus accessible) et s'est consolidée au fil des ans. Le reste du terrain, toujours dépourvu de végétation, a vu ses conditions de risque s'accroître. De grandes ravines s'y sont creusées et l'on y déplore périodiquement des tragédies marquées par des dommages matériels et la perte de vies humaines.

Depuis l'arrivée d'Hugo Chávez à la Présidence en 1999 jusqu'en 2005, l'absence d'usage formel du terrain et l'occupation informelle de sa partie basse se sont maintenues. En 2005, alors au sommet de

---

3 *Banco Nacional de Descuento.*

sa popularité et afin de préparer sa deuxième réélection, le Président a lancé la « politique socialiste d'expropriation des terres improductives » dans les campagnes vénézuéliennes[4] puis dans les villes. À La Limonera, plusieurs coopératives populaires, en lien avec de nouvelles formes du pouvoir nommées « coopérativisme révolutionnaire »[5], ont alors occupé les lieux sans en être les propriétaires et ont proposé un projet associant agriculture, élevage et logement avec l'assentiment de plusieurs institutions et forces politiques du pouvoir central. Les habitants (*vecinos*) des quartiers de classe moyenne, majoritairement opposés au gouvernement de Chávez, ont quant à eux proposé un usage non résidentiel pour le terrain, de type récréatif et le développement de services et de voies d'accès. En outre, l'État, propriétaire du terrain[6], a passé un contrat avec l'entreprise multinationale brésilienne Odebrecht pour élaborer un projet résidentiel de 4 500 logements. Chacune de ces initiatives s'avérait mutuellement incompatible : la proposition des responsables du ministère du logement contredisait les actions de la coopérative populaire qui comptait des soutiens parmi les militaires du Fort Tiuna, politiquement proches de Chávez. Les initiatives de la coopérative allaient également contre le projet des habitants des quartiers de la classe moyenne, qui s'opposaient quant à eux à celui du gouvernement central. L'hétérogénéité des positions tenues par différents secteurs du pouvoir central semblait relever d'une tension entre des forces et des idées défendant, d'une part, la production du plus grand nombre possible de logements, et d'autre part la mise en avant de processus d'autogestion socialiste caractérisés par une basse densité résidentielle, et pour lesquels l'idée de commune constitue le fondement de la révolution[7]. Les changements de politiques, de lois et de ministres tout au long des

---

4 La loi sur les terres de 2002 a été renforcée par un décret présidentiel d'expropriation qui promeut l'occupation de terrains et d'immeubles inoccupés et considérés comme « improductifs » afin d'initier un processus d'expropriation.

5 « Le coopérativisme révolutionnaire est un mouvement sociopolitique qui constitue une voie de développement endogène et d'autogestion de la Nation, pour que les ressources de la Nation soient appropriées collectivement et l'économie sociale soit un mécanisme d'expression de la démocratie protagonique et participative. Il promeut les intérêts communs au travers d'organisations dans lesquelles toutes et tous ont les mêmes droits, sans privilèges ni hiérarchies ». Extrait du feuillet « Cooperativismo revolucionario. Eje de formación sociopolítica » publié par le MINEP en avril 2005, fourni à la chercheuse Henny Díaz par les membres de la coopérative de La Limonera.

6 Le Fogade a transféré les terrains de La Limonera à la « Fondation Mission Habitat », une institution dépendant du ministère du logement et de l'habitat en charge de la construction des logements populaires. Il existe parallèlement des parcelles privées qui ont été légalement achetées par leurs propriétaires lorsque les promoteurs immobiliers en ont commencé la vente en 1975.

7 Tout un ensemble de lois votées au cours des dernières années font de la commune le nouveau fondement du pouvoir de l'État.

présidences de Chávez ont mis en évidence les luttes entre ces idées et ces secteurs du pouvoir. La Limonera a été l'expression concrète de ces contradictions.

Tout ceci s'est déroulé sans que les responsables locaux de la mairie de Baruta, gouvernée par l'opposition, ni ceux du ministère de l'Environnement, n'aient pu imposer les interdictions d'occupation et de construction relatives au terrain ; par conséquent, le projet de La Limonera a commencé sans les autorisations nécessaires[8]. Aujourd'hui encore, personne ne sait ni comment ni qui résoudra les importants risques socio-environnementaux liés à l'intervention sur le terrain d'il y a trente ans et qui pèsent encore sur sa partie basse du terrain.

Problématique

C'est en 2005 que le projet a été initié, lorsque des secteurs du pouvoir proches du gouvernement national ont promu le « développement endogène bolivarien » et impulsé la structuration d'un Noyau de développement endogène (NUDE) à La Limonera. Les terrains ont été donnés à la « Coopérative Agricole La Limonera » en qualité de prêt et les membres de ce groupe en ont été reconnus les « gardiens et sentinelles »[9] (nous expliciterons ci-dessous les termes, les acteurs et les étapes du processus). Le concept initial liait les principaux acteurs de ce modèle de développement, regroupés en coopératives de production sociale agricole, à un terrain à l'abandon depuis pratiquement 30 ans et présentant de graves problèmes environnementaux, dont témoignent les profondes ravines et les désastres qui s'y sont déroulés. C'était un terrain dont « l'acte de décès » avait été signé, comme les membres de la coopérative de La Limonera ont appelé le document par lequel le ministère de l'environnement avait paralysé le développement urbain dont il était précédemment question.

Le conflit s'est aggravé lorsque le gouvernement national a rendu publique la décision d'utiliser la plus grande partie des terrains de La Limonera pour construire des logements populaires à grande échelle.

8 La mairie de Barutas, gouvernée par l'opposition, s'est prononcée au travers d'une interdiction administrative de construction sur les terrains, mais elle n'a eu ni les ressources policières, ni légales ou politiques pour freiner le gouvernement central. Ils savaient en quelque sorte que la lutte contre le gouvernement central était perdue d'avance. De façon générale, les institutions bénéficiaires de la décentralisation ne cherchent pas le conflit ouvert avec le gouvernement central et essayent de faire avancer, là où elles le peuvent, l'administration urbaine. Il est important de souligner qu'à cette époque (2000-2008), le maire de Barutas était Enrique Capriles, devenu par la suite le candidat du front des forces d'opposition pour l'élection présidentielle de 2012.

9 *Guardias y custodios,* façon dont on désignait les occupants du terrain.

Si le nombre de logements projeté (4 500) était bien moindre que ce que le décret permettait légalement, il était cependant bien supérieur à la centaine de logements initialement proposés comme des « logements stratégiques »[10] en appui au NUDE. La vocation productive des sols, prévue par le mouvement à l'origine de l'occupation du terrain, passait en outre à l'arrière-plan.

On observe dès lors un processus qui engage divers acteurs et différents niveaux du pouvoir central et local. Le projet original du NUDE y a été totalement transformé, et le conflit à l'intérieur des forces chavistes a au moins été aussi âpre qu'avec les forces d'opposition au gouvernement.

Le conflit s'est déroulé entre 2005 et 2012, date à laquelle a été prise une décision en faveur d'un projet de logements multifamiliaux moins dense réduisant largement l'initiative de développement endogène communautaire. Nous traiterons de ces questions dans ce chapitre.

Ce travail cherche à retracer la lutte d'une coopérative socialiste favorable à un projet de NUDE communal ayant reçu le soutien de forces militaires radicales et gouvernementales au sein du chavisme. On y explorera les idées, les croyances et les actions liées à un tel projet ainsi que sa faisabilité. On y éclairera les conflits intergouvernementaux à la lumière d'une politique du gouvernement central qui vise plus à résorber le déficit de logements qu'à poursuivre les objectifs du NUDE. On interrogera les résultats du projet communal ainsi que la possibilité qu'ont eue les acteurs communaux de préserver leur définition d'un nouvel urbanisme et d'un nouveau mode de vie dans un contexte de forte demande de logements, d'émergence de nouveaux groupes économiques nationaux et internationaux liés à l'État pétrolier, et de l'attribution à la fois clientéliste et visible de bénéfices sociaux par le pouvoir politique comme forme de légitimation électorale.

Ce que cherchaient les acteurs communautaires

La coopérative La Limonera a été créée dans le sillage des missions de formation professionnelle[11] (Mission *Vuelvan Caras*). C'est à ce moment qu'une relation a été établie entre certains *leaders* des quartiers populaires de Baruta, dirigés par Tulio Marín,[12] et des officiers du Fort Tiuna acquis

[10] Les logements qui accompagnaient le projet agricole n'étaient pas censés dépasser la centaine.

[11] Les missions sont des programmes gouvernementaux censés apporter une réponse aux aspects spécifiques de la problématique vénézuélienne sous le gouvernement de Chávez. Celles-ci souffrent d'une faible stabilité institutionnelle. Cf. D'Elía, Y., et Cabezas, L.F, « Las Misiones Sociales en Venezuela », Ildis-Covite, Caracas, mai 2008.

[12] Militant du PSUV, membre de la Réserve Militaire, il a été le principal porte-parole populaire de l'idée de développement endogène bolivarien à La Limonera.

au processus bolivarien et menés par le Colonel Cliver Alcalá Cordones.[13] Le rôle des militaires dans la conception de la politique du logement de Chávez a été très significatif, à tel point que huit des ministres de ce secteur d'action publique étaient des militaires ; le mémoire de troisième cycle de l'un d'entre eux, Cruz Weffer, a particulièrement influencé le travail du gouvernement, comme en témoigne la politique de reconstruction de l'état de Vargas après les glissements de terrain de 1999 et le gel réitéré des programmes publics de réhabilitation des quartiers populaires (*barrios*).[14] D'autres, au sein des forces armées, et en particulier parmi la Réserve Militaire, étaient plus favorables à des politiques inspirées par la thèse de la commune endogène[15]. Outre la formation professionnelle et les contacts avec les groupes militaires, les membres de la coopérative ont reçu une formation idéologique d'intellectuels du mouvement chaviste qui ont partagé avec eux leurs idées et leurs livres. Carlos Lanz Rodríguez[16] est l'un des idéologues radicaux les plus connus, à l'instigation de la mission *Vuelvan Caras*[17]. C'est de lui que provient la définition du « développement endogène bolivarien » comme un modèle de développement qui croît « de l'intérieur vers l'extérieur » et est étroitement lié « à l'économie sociale, la politique de déconcentration territoriale et le modèle de développement durable. Il s'agit d'un moyen pour parvenir au plein développement du pays et à sa libération des modèles néo-libéraux qui ont entraîné injustice et inégalités. L'acteur principal en est le peuple

13 Cliver Alcalá Cordines faisait partie du groupe de militaires ayant participé au coup d'État de 1992 avec Hugo Chávez. Il est actuellement général de division et commandant de la IV division blindée de la ville de Marcay, la plus puissante du pays. C'est un « chaviste » déclaré. Son frère Carlos Alcalá Cordones est général de division, et il est l'actuel commandant général de l'armée.

14 Weffer affirmait dans son mémoire en 1994 qu'il fallait déplacer les quartiers populaires de Caracas car ceux-ci représentaient un danger stratégique pour la société. Camacho, Oscar Olinto (2004), « Actores universitarios y militares en la instrumentación de los programas habitacionales del gobierno de Hugo Chávez : 1999-2005 ». Évènement « Yo también quiero mi techo », Organización Conciencia Activa/UCV/ Fundación de la Vivienda Popular, Caracas.

15 La Réserve Militaire fait partie de la Milice nationale bolivarienne, qui fait elle-même partie des Forces Armées nationales bolivariennes, selon la loi modifiée qui réglemente cette question.

16 Lanz Rodríguez, Carlos (2004), *El Desarrollo Endógeno y la Misión Vuelvan Caras*, Ministerio de Educación Superior, Caracas.

17 Cette mission a été créée par le Président Chávez en mars 2004 et a duré jusqu'en 2005. Elle a eu peu de succès et a été transformée en Mission Che Guevara en 2007 (D'Elía, Y. y Cabezas, L.F., « Las Misiones Sociales en Venezuela », *op. cit.*). L'expression *¡Vuelvan Caras !* fait référence à un épisode mythique de la guerre d'indépendance, survenu pendant la bataille de Las Queseras del Medio en 1819. Alors que sa troupe battait en retraite, le Général Páez a crié *¡Vuelvan Carajos !* pour que celle-ci se ressaisisse. Ce mouvement stratégique a conduit à la victoire des indépendantistes. Les historiens ont officiellement conservé la formulation *¡Vuelvan Caras !* (Ndt).

formé d'individus dont les attributs correspondent à ceux de l'« homme nouveau » décrit par Marx et Che Guevara et qui suivent des modèles connus de conduite et de consommation.

Le NUDE) a, quant à lui, été défini comme un secteur géographique spécifique, à l'épicentre duquel sont menées des activités productives dont les bénéfices de toutes sortes profitent aux communautés environnantes. Dans le cas des NUDES (le « S » majuscule, pour « socialiste », a été rajouté par les participants alors que cette recherche était en cours) de production agricole, le modèle propose le développement durable comme fondement stratégique du développement rural intégral, dont l'objectif est de garantir la sécurité alimentaire, comme en dispose l'article 305 de la Constitution de la République bolivarienne du Venezuela.

La philosophie qui a présidé à la création du NUDE de La Limonera poursuit ainsi les idéaux collectifs d'équité, de productivité, de réalisation de l'*homme nouveau* et de ses valeurs. Ce processus s'insérait pour ses partisans dans un cadre constitutionnel et faisait de la commune la base du pouvoir socialiste du gouvernement de Chávez dans le cadre d'un Etat socialiste[18].

Pour les coopératives agricoles de La Limonera, le développement durable était un processus complexe qui s'attaquait avant tout à la pauvreté et l'exclusion. Le concept promouvait aussi la « décentralisation déconcentrée » (Lanz, 2004) de la population nationale, l'autogestion, la sécurité alimentaire, la protection de l'environnement ainsi que la recherche de technologies agricoles facilitant la transition d'un modèle agrochimique vers une perspective agro-écologique.

L'approche méthodologique du problème

Afin d'éclairer un processus aussi conflictuel et complexe, nous avons réalisé sur le terrain un suivi des interactions publiques des acteurs impliqués, et en particulier des actions de la Coopérative La Limonera. Pour ce faire, nous avons assisté aux réunions et aux tables de négociation du projet, observé les faits et réalisé des entretiens avec les acteurs. Ceci a permis d'identifier les acteurs et leurs positions en les replaçant dans leur contexte.

Puisque le conflit politique a adopté des formes fort diverses au cours des sept années que nous avons étudiées (2005-2012), nous avons adopté une perspective ouverte et participative, suivant en cela les consignes de la recherche-action participative. Cet outil constructif et transformateur

[18] La réforme constitutionnelle promue par le Président Chávez en 2007 instaurait la commune socialiste et l'État communal. Bien que les Vénézuéliens aient voté contre, ses concepts ont été mis en œuvre par la suite au travers de lois spécifiques.

est issu de la psychologie sociale communautaire (Montero, 2006). En suivant les actions d'un groupe de personnes, il permet non seulement de déterminer le profil des acteurs pour comprendre leur réalité et leurs perspectives, mais aussi, de façon encore plus intéressante, de participer au processus d'enrichissement mutuel et d'apprentissage d'un groupe de personnes qui cherchent à concrétiser un projet de vie. Tout cela dans le respect le plus attentif du point de vue des acteurs et sans formuler de conclusions à partir du cadre normatif des chercheurs.

À partir d'une approche par les capacités, l'utilisation de l'outil participatif pour analyser le processus de développement dont il est question vise non seulement à collecter des informations nécessaires à l'identification de nouvelles capacités, mais aussi à stimuler la pensée critique des participants en vue de contribuer à l'action collective « depuis l'intérieur ». Cette action recherche l'*empowerment* des acteurs et le renforcement de leurs capacités.

Les résultats présentés s'appuient sur les données issues de la transcription des réunions publiques et des entretiens avec les acteurs communautaires. En ce qui concerne les réunions auxquelles nous n'avons pas eu accès ou les réunions avec les représentants du gouvernement central, les données nous ont été fournies par nos informateurs ou par des sources d'accès public (presse, Internet).

Définition des étapes pendant la période étudiée

Tout au long du processus, on peut distinguer six étapes bien différenciées.

1re étape. Attribution des terrains et construction de l'infrastructure initiale (mars 2004-décembre 2005)

On peut situer le début de cette étape lors de la création du NUDE, le 12 mars 2004, dans l'hacienda Bejarano (état du Miranda). Un groupe de participants à la mission *Vuelvan Caras* parmi lesquels se trouvaient Tulio Marín y ont fait le serment, devant le Président de la République Hugo Chávez, de travailler à la récupération des terrains vagues pour les rendre utiles et productifs[19] dans le cadre du « coopérativisme révolutionnaire ». À partir du mois de mars 2004, et pendant les 17 mois suivants, les membres de la Coopérative Agricole La Limonera ont cherché

[19] Sans que les droits de propriété privée n'importent guère, les terrains et logements « sans occupation » ont commencé à être envahis et leur expropriation a ensuite été demandée. Cette pratique s'est ensuite routinisée dans la politique des comités des terres urbaines et du gouvernement, en particulier à Caracas. Elle est ensuite rentrée dans la loi au travers de la loi sur les terres urbaines. Gaceta Oficial Extraordinaria 5.933, 21 Octobre 2009.

l'espace adéquat pour réaliser les activités qu'ils se sont initialement proposé de mener à bien. Pendant cette phase, le Fonds de garantie des dépôts (Fogade) et le Fonds de développement agricole, forestier et secteurs connexes (Fondafa, *Fondo de Desarrollo Agropecuario, Forestal y Afines*), tous deux propriétaires des terrains et financeurs de projet, ont été leurs principaux alliés. Cliver Alcalá Cordones, alors Colonel au Fort Tiuna de Caracas, a été l'artisan du lien à opérer entre les membres de la coopérative, les programmes publics de crédit et le projet d'occuper le terrain de La Limonera. Les membres de la coopérative ont ainsi reçu 33 hectares de terrain pour y réaliser des activités agricoles, et ont par ailleurs été nommés « gardiens et sentinelles » (*guardias y custodios*) des 192 hectares qui correspondent au reste du terrain de La Limonera de façon à éviter une invasion ou une occupation répondant à d'autres objectifs.

Une série de « modules » (des constructions légères de type artisanal) ont rapidement été construits pour constituer un espace civico-militaire[20] qui fonctionnerait comme le centre des *opérations* du NUDE. Ils ont également bénéficié d'une ligne de crédit, via le FONDAFA, qui a permis l'acquisition de quatre serres ainsi que de matériel nécessaire à la production. C'est de cette façon qu'ont débuté les activités du NUDE.

La Coopérative La Limonera n'était toutefois pas le seul acteur en lice. D'autres coopératives, en quête de terrains et de projets, ont rejoint l'initiative. Dans la partie basse de La Limonera la Coopérative Zurima 50 a été créée ; celle-ci est née à la faveur d'une occupation initialement autorisée par les propriétaires (privés) des terrains, ce qui a permis de légitimer la progression de l'occupation et l'invasion ultérieure généralisée de la zone basse. Cette dynamique dans la zone basse a débouché sur la vente des parcelles envahies et sur une urbanisation galopante, dépourvue de services et marquée par de très forts risques environnementaux. Nous commenterons les conséquences de ce processus à la fin de ce chapitre.

Dans la partie haute, la Coopérative Lanceros de la Planada, qui partageait la perspective bolivarienne et l'idée du NUDE avec la Coopérative La Limonera, a été créée.

Même si, aux yeux d'un observateur extérieur, les propositions de ces coopératives semblaient complémentaires de celles de La Limonera, elles lui disputaient le *leadership* du projet, tout en luttant pour obtenir la reconnaissance du pouvoir exécutif au travers du ministère de l'économie populaire (MINEP).

---

[20] Rappelons que le mouvement chaviste se définit comme « civico-militaire », et que c'est aussi ainsi que la Réserve, l'une des composantes des forces armées, est définie.

2e étape. Discussions de quartier sur la faisabilité et l'opportunité dans le contexte local du projet de coopérative agricole (2006)

Au mois de janvier 2006, le projet de coopérative agricole a commencé à être publicisé auprès des communautés voisines de La Limonera. Les habitants des quartiers de classe moyenne des alentours se sont radicalement opposés au projet. Visiblement affectés par les éboulements et les glissements de terrain qui se produisaient depuis 1977, que toute opération de grande ampleur était susceptible de produire si les services urbains n'étaient pas améliorés, ceux-ci demandaient le respect des règles toujours en vigueur d'interdiction du terrassement jusqu'à ce qu'une étude fiable sur les conditions de stabilité et sur la vocation des terrains soit enfin réalisée. Ils promouvaient en outre la construction d'un parc métropolitain à la place du projet productif. Plusieurs réunions d'habitants défenseurs de chacune de ces deux positions ont été organisées, ainsi qu'un forum dans l'église voisine de Manzanares, le 20 mai 2006, qui a réuni un grand nombre d'habitants et des représentants des institutions invitées, dont plusieurs ministères, des universités et des collèges professionnels. L'initiative de débattre de ces questions autour de tables rondes techniques destinées à analyser la situation a alors surgi. Mais elles n'ont pas prospéré, entre autres parce que les institutions publiques n'ont pas souhaité y participer.

Cette période a servi à exposer publiquement les points de vue des membres des coopératives et des gens du quartier. Un espace de débat a été construit autour d'un conflit défini du côté des habitants des quartiers de classe moyenne comme environnemental et du côté des coopératives comme politico-social. La logique du marché du logement semblait en revanche absente du conflit.

3e étape. Formulation du projet pour la création de 4 500 logements

Lors d'une visite au NUDE de La Limonera, l'architecte Fruto Vivas[21] et sa société ont annoncé que cette parcelle serait le siège de logements populaires multifamiliaux. Ceci confirmait qu'une position différente à celle du NUDE et sa commune endogène était apparue dans l'appareil gouvernemental. En effet, la Fondation Propatria 2000, l'un des bras du pouvoir exécutif dépendant du ministère de l'équipement[22], a passé un

[21] Architecte très reconnu au Venezuela pour ses constructions adaptées au climat, à l'économie et à la culture populaire vénézuéliens. Il a été très proche du Président Chávez pendant les premières années de son gouvernement.

[22] L'autre est la Fondation Mission Habitat, qui dépend du Ministère du logement.

contrat avec l'entreprise multinationale brésilienne du BTP Odebrecht[23], qui a à son tour chargé la société de l'architecte Vivas d'élaborer le plan d'un projet immobilier de plus de 4 000 logements. Des contrats ont également été passés avec des entreprises nationales spécialisées dans l'étude d'impact environnemental (Caura), l'étude des sols (Geotécnica de Venezuela) et celle de la voirie. Des travaux de « stabilisation des talus » ont commencé, après que l'approbation de l'étude d'impact environnemental par le ministère de l'environnement a levé l'interdiction de construire dans la zone.

Face à l'éventualité d'un projet de plusieurs milliers de logements, les acteurs communautaires (coopératives et habitants du quartier) ont fait front commun pour s'y opposer, en soulignant que le concept originel du NUDE ne pouvait abriter un projet urbain de telles dimensions. Les terrains attribués à l'« endogène » sont passés de 33 à 2 hectares dans le projet. « Nous ne voulons pas un réservoir de gens », a répété à plusieurs occasions Tulio Marín, le président de la coopérative La Limonera, tandis que la représentante des habitants des *urbanizaciones*, Kiomara Scovino, posait la question : « Comment va-t-on donner du travail à ces milliers de personnes au sein du NUDE ? »[24].

Au vu de la croissante pression populaire, une assemblée municipale ou Conseil municipal ouvert (*Cabildo Abierto*, un espace de consultation municipal dédié aux thèmes controversés) a été organisée en mai 2007 par l'ONG *Por la Caracas posible* (Pour un Caracas Possible) et par le journal *El Universal*, dont la ligne éditoriale le situe dans l'opposition au Président Chávez. Les principaux acteurs impliqués dans le processus ont participé à ces tables rondes pour exposer leur point de vue. Elles ont notamment eu pour résultat l'organisation d'ateliers techniques participatifs (*mesas técnicas de participación)* qui pourraient cette fois compter avec la présence des institutions de l'État central, promoteur du projet.

C'est ainsi qu'ont été constitués trois nouveaux ateliers techniques (environnement, urbanisme et social) dont la mission consisterait à proposer des idées pour le projet définitif, dans le cadre de la philosophie du « noyau de développement endogène autonome ». Lors de cette étape, une nouvelle coopérative, la Coopérative Centaure IV, a réclamé un espace dans le NUDE pour réaliser un projet d'équithérapie. Avec l'appui

[23] Odebrecht est une firme transnationale brésilienne du secteur du bâtiment qui a récemment réalisé de nombreux travaux d'équipement au Venezuela, depuis des ponts sur l'Orénoque en passant par des lignes de métro, jusqu'à la construction de logements et des travaux de voirie. Elle travaille dans un cadre similaire à celui des contrats qui ont été passés avec la Chine, la Biélorussie et l'Iran. Il s'agit d'accord entre États, dont les modalités sont négociées entre les Présidents eux-mêmes.

[24] Table ronde de discussions, 18 mai 2007.

des militaires, ce groupe de militants organisés cherchait à inclure un projet d'éducation et de soin des enfants handicapés grâce aux chevaux.

4e étape. Révision du projet urbain sur une base de 880 logements et début des travaux (2008)

En 2008, de nouveaux responsables, en charge du projet de logement au sein du NUDE, sont arrivés à la Fondation Mission Habitat. Le projet élaboré par Odebrecht a été transféré à l'entreprise vénézuélienne Pilperca, dotée d'une longue expérience dans les grands travaux de construction civile.

Les nouveaux responsables au ministère et à la Mission Habitat ont remis en cause le projet tel qu'il avait été conçu en 2007. La multinationale Odebrecht et la société de Fruto Vivas ont été remerciées, et le mégaprojet remisé[25]. Les consultants en urbanisme « TDR » ont en outre été recrutés afin d'élaborer un schéma sommaire d'aménagement (*Esquema de Ordenamiento Sumario*, EOS), un instrument légal pour réguler l'occupation des sols et faciliter l'approbation des aspects urbains du projet par la mairie de Baruta. De même, les actions suivantes ont été menées en parallèle : la réalisation de l'étude d'impact des propositions existantes sur la voirie et le recensement des possibles bénéficiaires des logements. Les institutions publiques ont donc cherché un juste milieu : d'une part, la proposition d'un projet de plusieurs centaines de logements (et non de plusieurs milliers) fait une concession à la thèse communautaire du développement endogène ; d'autre part, le gouvernement central a cherché un terrain d'entente avec le pouvoir municipal et les habitants fortement opposés à l'initiative publique en négociant un schéma sommaire de planification. Des doutes demeurent quant aux raisons de ce changement d'orientation du projet[26], mais les acteurs communautaires l'ont interprété comme un triomphe de leurs actions. Au niveau national, le gouvernement venait de perdre le référendum pour la réforme constitutionnelle

---

[25] Les changements drastiques dans la politique du logement ont été monnaie courante au cours des différents gouvernements de Chávez. En douze ans, dix ministres (dont huit militaires) se sont succédés à la tête du Ministère du logement. Ainsi, après avoir été un thème d'attention prioritaire, la politique de rénovation des logements déjà construits dans les quartiers populaires est tombée dans l'oubli. Voir Cilento (2008) et Lovera (2011).

[26] L'architecte Angel Chacín, conseiller de la Fondation Habitat a été un acteur clé du changement. Il a recommandé de revoir le projet d'urbanisme de la proposition de Fruto Vivas critiquée par les acteurs communautaires. Cette révision, qui a été réalisée par les consultants de TDR et dirigée par l'urbaniste Gonzalo Tovar, a permis de réduire les densités du projet, ainsi qu'une concertation tacite avec la mairie et les acteurs favorables au NUDE.

(2007), première défaite électorale du chavisme à l'échelle nationale depuis la première victoire de 1998.

L'Université Simón Bolívar (USB) est apparue dans cette phase comme l'un des acteurs principaux du développement et de la mise en œuvre du NUDE, en dispensant une activité de conseil sur de multiples aspects. De plus, l'USB a reçu un terrain de 10 hectares dans le cadre du projet pour construire des résidences étudiantes.

5e étape (2009-2010)

Les réunions communautaires ont cessé et l'intensité du conflit avec les acteurs communautaires a diminué. Mais la pression à l'intérieur des institutions publiques a, elle, augmenté, au sujet de l'attribution des logements et de la cohérence du projet immobilier avec les demandes agricoles. Cet état de fait révèle les tensions entre, d'une part, la thèse de la société nouvelle, avec son aspect endogène, autonome, communal et productif, et d'autre part, la thèse pro-logement[27], en lien avec l'horizon électoral[28], la demande marchande métropolitaine et la visibilité de l'action gouvernementale. Cette pression s'est manifestée de façon concrète à travers les luttes dont l'attribution des appartements fait l'objet. Il était initialement prévu qu'il y ait un lien entre les personnes qui recevraient un logement et les membres des coopératives. Il était également prévu que les personnes et les familles qui recevraient un logement mais ne faisaient pas partie des coopératives s'incorporeraient à celles-ci et au NUDE.

La première étape de la construction des immeubles d'appartements s'est achevée avec 432 unités de 71 m² chacune. Plusieurs mois se sont écoulés avant que les appartements ne soient attribués et que l'orientation du projet ne soit fixée, ce que l'on peut mettre en lien avec les luttes internes mentionnées ci-dessus. Les tensions ont culminé en des accès de

27 Un grand débat politique divise le chavisme en matière de politique du logement entre les partisans de la thèse pro-logement, pour qui la solution est de construire plus de logements, et ceux dont la thèse est de faire bénéficier les familles qui vivent dans des quartiers où les besoins de réhabilitation sont très importants. Lovera, A., « De espaldas a las barriadas populares : las paradojas de la política habitacional de Hugo Chávez », Exposé présenté au 2e Congrès du Groupe de Travail sur l'Habitat Populaire et l'inclusion sociale, Caracas, Venezuela, 27-29 juillet 2011.

28 La stratégie électorale chaviste repose en partie sur l'introduction de populations favorables au gouvernement dans les municipalités d'opposition, au travers de « migrations » d'électeurs dont on a changé le lieu de vote, d'occupations d'espaces et de construction de logements pour des populations que l'on estime favorables au chavisme. Il n'est pas insensé de penser que les nouveaux occupants contribueront à améliorer les résultats électoraux du chavisme dans la municipalité de Baruta, qui a toujours été gagnée par l'opposition.

violence au cours des réunions entre les membres des coopératives et des menaces contre l'intégrité physique de leurs dirigeants.

6e étape (2011-2012)

Le Président Chávez a remis les appartements de la première étape au cours d'une manifestation publique, le 8 mai 2011. À la plus grande satisfaction du Président, les appartements ont été attribués complètement meublés, équipés et les réfrigérateurs remplis. À cette occasion, Chávez a engagé de nouvelles ressources pour lancer la deuxième phase du projet, avec 224 appartements supplémentaires, et enjoint ses ministres à construire plus de logements dans le cadre d'une nouvelle « Grande Mission Logement »[29]. Dans son discours, le Président a parlé du socialisme, mais n'a mentionné ni le NUDE, ni son projet, ni ses dirigeants ou ses acteurs communautaires. C'est le ministère du logement et de l'habitat qui a procédé à l'attribution des appartements, pour l'essentiel à des victimes des récentes pluies de l'année 2010-2011, qui vivaient depuis lors dans des refuges. Des familles provenant de diverses parties de Caracas ont été logées à La Limonera sans qu'elles n'aient aucune relation avec la dynamique du NUDE ; des plaintes non confirmées ont également fait état de l'attribution de logements à des militaires. En entretien, Tulio Marín nous disait avec amertume « Tout n'a été que mensonge. Je ne participe plus à cette affaire. Il n'y a plus rien de productif ni d'endogène dans ce projet. Ils veulent seulement livrer des appartements et gagner des votes. C'est violent et insupportable. C'est la faute au Vice-Président Jaua[30] et à la corruption »[31]. Le 15 janvier 2012, moins d'un an après l'installation des nouveaux résidents à La Limonera, un premier incident grave a eu lieu. Un résident est allé faire des reproches à un groupe de jeunes qui consommaient de la drogue devant la porte de l'un des immeubles. L'un des jeunes s'est rendu chez ce même résident et, après une altercation, l'a tué d'une balle dans la tête. Quelques jours plus tard, un bataillon de l'armée a investi le quartier pour y stationner et y garantir la sécurité. Pour autant, et sous couvert d'anonymat, les propres

---

29 Mission créée en 2011, dont l'objectif est de construire 2 millions de logements pour 2017. Le fait qu'elle ait été placée sous la responsabilité de Chávez lui-même et du président de l'entreprise publique pétrolière PDVSÀ donne une idée de l'importance de la question pour le gouvernement. Elle témoigne aussi de la préférence pour la construction de logements neufs susceptibles de couvrir le déficit quantitatif, aux dépens de la réhabilitation des logements des quartiers populaires.

30 Selon la presse nationale et internationale, les luttes au sein du chavisme montrent que plusieurs groupes se disputent le *leadership* de ce parti de gouvernement. L'un d'entre eux est dirigé par un civil, Elías Jaua, qui est opposé au groupe militaire dirigé par Diosdado Cabello. Chávez n'a pas pris parti et prétend que ces rivalités ne sont que pure spéculation.

31 Entretien réalisé en février 2012.

habitants de la nouvelle Limonera rapportent que l'un des immeubles est investi par une bande de narcotrafiquants. Une série de vols à main armée ont également été dénoncés dans les bois proches de l'Université Simón Bolívar ; la personne qui les commettrait proviendrait du quartier de La Limonera.

La deuxième et la troisième étape du projet sont sur le point d'être achevées et les logements, attribués ; ces actions ont dûment été annoncées lors de la campagne pour la réélection du Président Chávez en octobre 2012. De nouvelles serres ont également été construites, mais on ignore qui en bénéficiera et selon quelles modalités.

Les acteurs

Les tableaux ci-dessous explicitent les acteurs, leurs rôles et leurs principales relations à chaque étape.

1re étape (2004-2005)

Acteur	Rôle	Relations
Coopératives Agricoles	Développement du NUDE Coopérativisme Unité civico-militaire (réserve) Demande de terrain	Forces Armées Nationales Bolivariennes Pouvoir exécutif national Fonds de Garantie des Dépôts bancaires ministère de l'Économie populaire
Forces Armées Colonel Cliver Alcalá	Concrétisation du projet Infrastructure Appui à l'unité civico-militaire Appui au NUDE Attribution de la « garde » des terrains	Forces Armées Nationales Bolivariennes Pouvoir exécutif national
Pouvoir exécutif national Fonds de Garantie des Dépôts bancaires Fogade	Mise à la disposition du terrain au ministère du logement	Pouvoir exécutif national

2e étape (2006)

Acteur	Rôle	Relations
Coopératives Agricoles	Chargées du projet endogène	Ministère de l'économie populaire
Fonds de développement agricole, forestier et branches connexes (Fondafa)	Prêt pour construire les serres et pour la production agricole	Pouvoir exécutif national

Acteur	Rôle	Relations
Habitants des quartiers de classe moyenne *(urbanizaciones)*	Instigateurs du débat sur l'alternative entre le NUDE et le parc	Habitants ONG
Institutions publiques	Soutien au NUDE pour la réalisation de son projet	Pouvoir exécutif national
Mairie de Baruta	Aménagement urbain	Habitants

3ᵉ étape (2007)

Acteur	Rôle	Relations
Coopératives Agricoles	Chargées du projet du NUDE	Forces Armées Ministère de l'économie populaire
Ministère du logement et Mission Propatria 2000	Planification, aménagement des terrains Contrats pour le projet de logements	Pouvoir exécutif national
Fondation Mission Habitat	Projet de logements Modération des ateliers techniques	Pouvoir exécutif national
Mairie de Baruta	Aménagement urbain	Habitants
Habitants des quartiers de classe moyenne *(urbanizaciones)*	Participation aux ateliers techniques	ONG « Pour un Caracas Possible » Journal *El Universal* mairie de Baruta
Odebrecht Entreprise Caura Geotecnia de Venezuela Société de Fruto Vivas	Projet d'architecture et d'urbanisme, étude d'impact environnemental, analyse des sols	Pouvoir exécutif national Ministère du logement Ministère de l'environnement Fondation Mission Habitat
Université Simón Bolívar	Ateliers techniques Propositions de voirie	Habitants ministère du logement

4ᵉ étape (2008)

Acteur	Rôle	Relations
Coopératives Agricoles	Chargées du projet du NUDE	Ministère de l'économie populaire
Fondation Mission Habitat et Fondation Propatria 2000	Projet de logements Coordination des ateliers techniques	Pouvoir exécutif national Ministère du Logement, ministère de l'équipement L'architecte Chacín
Société de consultants TDR	Élaborer un schéma sommaire d'aménagement	Fondation Mission Habitat
Mairie de Baruta	Aménagement urbain	Habitants

Acteur	Rôle	Relations
Habitants des quartiers de classe moyenne (*urbanizaciones*)	Participation aux ateliers techniques Collaboration dans le NUDE	Université Simón Bolívar
Pilperca	Travaux pour stabiliser les talus	Ministère du logement Fondation Mission Habitat
Université Simón Bolívar	Ateliers techniques Propositions de voirie Appui au NUDE	Habitants Communauté
Conseils communaux des quartiers voisins	Participation aux ateliers techniques et demandes d'attribution	Fondation Mission Habitat

5ᵉ étape (2009-2010)

Acteur	Rôle	Relations
Coopératives Agricoles	Chargées du projet endogène	Ministère de l'économie populaire
Fondation Mission Habitat et Fondation Propatria	Projet de logements	Pouvoir exécutif national
Habitants des quartiers de classe moyenne (*urbanizaciones)*	Suivi des accords NUDE	Mairie de Baruta Université Simón Bolívar
Pilperca	Mise en œuvre de la première étape du projet : construction de 450 logements	Pouvoir exécutif national Fondation Mission Habitat
Conseils communaux des quartiers voisins	Intérêt dans l'attribution des appartements	Fondation Mission Habitat

6ᵉ étape (2011-2012)

Acteur	Rôle	Relations
Fondation Mission Habitat et Fondation Propatria	Projet de logements	Pouvoir exécutif national
Pilperca	Mise en œuvre de la 2ᵉ et de la 3ᵉ phase de la construction des appartements pour atteindre l'objectif des 800 logements environ.	Pouvoir exécutif national Ministère du Logement Fondation Mission Habitat

La frustration des valeurs

Les membres des coopératives ont plusieurs fois signalé, au travers de leur porte-parole Tulio Marín (également président de La Coopérative La Limonera), que le modèle de développement auquel ils aspiraient était un nouveau mode de vie grâce auquel ils cherchaient à construire une société plus libre, plus égalitaire et plus juste. Ils cherchaient à « être » différents avant d'« avoir ». Issus des quartiers populaires de Caracas, ils en connaissaient bien les problèmes et rêvaient que les comportements qu'ils pouvaient observer dans leur quartier d'origine ne soient pas reproduits à La Limonera. Ils croyaient en « l'homme neuf » comme pilier d'une société d'égaux[32]. Leurs critères d'inclusion sociale s'étendaient à tous les secteurs socio-économiques et définissaient le NUDE comme « un espace géographique harmonieux et *participatif*, où les communautés se réuniraient pour répondre à leurs besoins. Il est *endogène* parce qu'il est né ici, mais il doit avoir un impact sur son environnement. Il y aura ici d'autres types de personnes qui seront engagées envers les communautés et les espaces »[33].

Lors d'une enquête visant à identifier les valeurs des membres des coopératives de La Limonera, les questions suivantes leur ont été posées : comment se voient-ils dans le futur, dans cet espace qu'ils occupent ? Que veulent-ils être et faire ? Les réponses suivantes ont été obtenues :

- être « utiles » en tant qu'individus et en tant que groupes
- être respectueux de l'environnement et de ses dynamiques
- renforcer la vie chrétienne, l'idéal bolivarien et la pensée robinsonienne[34]
- récupérer un espace géographique qui était « mort » et l'utiliser pour produire des aliments
- être « autonomes » (sécurité alimentaire)
- servir de modèle pour les nouveaux NUDES
- obéir au serment fait au Président Chávez lorsqu'ils ont créé la coopérative et sont devenus les gardiens et sentinelles de La Limonera
- encourager l'amour du travail et le rejet du capitalisme
- intégrer la participation de la communauté (du peuple) dans la prise de décision collective
- vivre, travailler et s'éduquer dans un environnement digne et différent

32 « Nous croyons dans l'homme nouveau parce que nous vivons dans un *barrio* » (quartier populaire bâti sur la base de l'autoconstruction). Tulio Marín, forum à l'Université Simón Bolívar, novembre 2007.

33 Tulio Marín, 8 juin 2007.

34 Référence à la pensée de Simón Rodríguez (dit Samuel Robinson), inspirateur de l'indépendance de la Grande Colombie et professeur de Bolívar.

- avoir une influence positive, faire bénéficier les communautés voisines
- rendre possible le développement intégral de « l'homme nouveau », le processus de changement et le socialisme

Lors de l'occupation du terrain, nous leur avons demandé ce qu'ils ressentaient et pensaient avoir atteint. La recherche participative a produit les résultats suivants, que nous avons résumés avec les mots des participants eux-mêmes :

Valeur	Avant	Après	Maintenant
Être utiles	Ils étaient des individualités dispersées, qui agissaient de façon dispersée	Ils se sont regroupés dans un collectif réuni autour d'un idéal de transformation de la société, dont l'activité agricole et le coopérativisme sont l'axe central	Utiliser des techniques de production pour récolter des fruits et légumes pour assurer la sécurité alimentaire des habitants
Transformer la réalité d'un lieu abandon	Ils étaient inactifs, inertes face à un terrain urbain inoccupé	Être les gardiens et sentinelles des terrains sur lesquels leur projet va se concrétiser	Ils sont un groupe qui continue à chercher à mettre en œuvre le concept du NUDE, malgré les changements de l'occupation des sols
Être différents. L'« homme nouveau »	Ils étaient des individus passifs face aux problèmes de leur groupe	Ils ont choisi d'être différents et réclament des ressources pour que cette transformation ait lieu (ils demandent en permanence des cours convivialité, d'éducation environnementale et citoyenne)	Ils sont un groupe hétérogène mais compact qui cherche à « être différent », « vivre différemment à la manière dont ils vivent actuellement », « concrétiser un projet de vie »
Favoriser l'économie populaire socialiste	Ils étaient des individus opprimés par les préceptes de l'économie néolibérale	Être les promoteurs, à cette échelle géographique, du modèle de développement endogène comme modèle de développement économique	Ils croient au développement depuis l'intérieur, au coopérativisme et à l'économie populaire en tant qu'alternatives au modèle capitaliste

Valeur	Avant	Après	Maintenant
Agir de façon responsable vis-à-vis de l'environnement	Ils ignoraient de façon délibérée les problèmes et le passif environnemental du terrain	Ils ont cherché des conseillers environnementaux et cherchent à ce que les constructions urbaines proposées respectent l'environnement ; ils cherchent aussi à ce que l'on profite des circonstances pour résoudre les problèmes environnementaux déjà détectés	Ils respectent l'environnement du NUDE, adoptent des techniques de culture respectueuses de l'environnement, et proposent des méthodes de recyclage des déchets pour les zones habitées
L'*empowerment*	Impuissance politique du fait de l'absence d'engagement de chacun dans les problèmes de sa communauté. Division. Non acceptation et disqualification de l'adversaire politique	Ils font partie du jeu politique, participent, prennent des décisions, attirent l'attention des institutions pour mettre en œuvre un projet qui recherche le bien-être de la communauté. Ils respectent les points de vue des acteurs avec lesquels ils ne sont pas d'accord et qui sont minoritaires	Participer à une dynamique d'apprentissage, de prise de décision et de changement, en tant que personnes, communauté et pays

Pour le *leader* Tulio Marín, cette vision du développement communal a été totalement frustrée. Dans les faits, le NUDE a été un voile idéologique masquant un processus dominé par une politique du logement régie par une logique politique bien plus « réaliste », numérique, visible, électorale et circonstancielle. Nombre de membres des coopératives ont fini par accepter leur logement sous ces conditions, sans protester. Telle une protestation résignée, Tulio Marín disait lors d'une assemblée que ce qui était en train de se planifier était « un quartier de classe moyenne classique (*una vulgar urbanización)*, mais si le Président di[sai]t qu'il v[oulait] un quartier de classe moyenne (*urbanización*), je serai[s] le premier à me retirer du projet » (14 janvier 2008). En d'autres termes, le *leader* des « hommes neufs » place les valeurs de l'obéissance et de la loyauté au centre de son discours, se rapprochant en cela plus de la logique du réserviste militaire que de celle de l'homme mobilisé pour créer une société différente.

La durabilité du développement endogène socialiste en question

Le développement du projet agricole de La Limonera était par ailleurs forcément limité : le terrain n'avait pas de source d'eau, son sol n'était pas fertile, et l'on ne pouvait pas l'irriguer du fait de ses problèmes géomorphologiques et de son passif environnemental. C'est pourquoi l'idée était venue de produire des fruits et légumes dans des serres, ce qui demandait un investissement et de la formation[35]. Les institutions publiques jouaient un rôle prépondérant dans la dynamique du NUDE, non seulement du fait des coûts du projet – qui ne permettaient pas à une association ou un groupe de citoyens d'assumer seuls le projet – mais aussi par l'implication dont avaient fait preuve les institutions auprès des membres des coopératives, qui s'étaient approprié la bannière du développement endogène et de l'autonomie communale.

Il est certain que la diminution de la densité des logements, dans la quatrième étape, a été décisive. C'est la Fondation Mission Habitat, en sa qualité de « bailleur de fonds », de « propriétaire des terrains » et de « responsable du plan recteur de développement »[36], qui a décidé de cette réduction, des 4 500 logements initialement prévus aux 800 appartements multifamiliaux – et ce au détriment de sa mission principale qui est la construction de logements. Il s'est agi d'une réussite des membres des coopératives qui s'opposaient à la construction de logements aussi nombreux dans cette zone (« Nous ne voulons pas un réservoir de gens », disaient-ils régulièrement). Malgré cette victoire, le projet endogène n'a pourtant été qu'une carcasse vide qui n'a jamais réussi à fonctionner.

Pour parler de « durabilité » des dynamiques enclenchées à La Limonera, il aurait fallu qu'un maillon essentiel de la chaîne du développement soit présent : le soutien institutionnel cohérent, certain, définitif et clair, qui aurait aidé à mieux définir le projet communautaire, construire une infrastructure adaptée à la proposition et réduire les externalités environnementales à La Limonera. Il s'agissait en théorie des missions de la Fondation Mission Habitat du ministère du logement et de la Fondation Propatria 2000 du ministère de l'équipement. C'était du moins ce qui se disait en assemblée.

---

[35] Il est important de relever que le projet de production agricole de la Coopérative La Limonera n'était ni clair ni faisable et que les propositions changeaient régulièrement, du fait des mauvaises conditions du terrain pour l'agriculture.

[36] Termes utilisés par l'architecte Dominga Hernández, présidente de la Fondation Mission Habitat, pour définir le rôle joué par la fondation dans le contexte de la planification de la construction des logements. Réunion au siège de la Fondation, 1er mars 2008.

Bilan et perspectives

Il aura fallu huit années pour construire un projet de logement de 800 appartements, ce qui est un délai exagérément long. Et ce d'autant plus que le projet immobilier n'a pas permis d'améliorer les conditions de services de cette zone urbaine, comme les institutions publiques dédiées à l'équipement l'avaient promis de façon réitérée aux habitants, alors qu'elles se trouvent au contraire aggravées. Les problèmes de voirie et d'embouteillage en particulier se sont intensifiés lorsque les nouvelles activités et les nouveaux logements ont été établis dans le secteur ; les besoins en eau et en ramassage des déchets se sont par ailleurs accrus. L'investissement réalisé dans la zone n'a prévu ni l'amélioration des routes, ni celle du système de services, pourtant déficitaire d'un point de vue urbain[37]. De plus, la partie basse de La Limonera continue à être un quartier en cours de forte densification, sujet aux invasions. Les risques environnementaux très importants que présente cette partie ont incité les pompiers métropolitains à demander, depuis 2007, le transfert immédiat des familles[38]. À l'occasion de pluies récentes, une personne y est morte noyée et un cratère s'est ouvert sur la route, ce qui a coupé la zone du reste du monde pendant plusieurs semaines. Le déplacement de ces habitants est devenu une priorité consensuelle pour tous les acteurs. Les consultants de l'entreprise TDR avaient proposé, dans leurs recommandations, que ces personnes fussent relocalisées dans les nouveaux immeubles de La Limonera. Le désastre qui ne manquera pas d'arriver tôt ou tard dans cette zone posera à nouveau le difficile débat sur les quartiers populaires construits lors d'une invasion et sur l'absence paradoxale de réponse du gouvernement de Chávez à cette problématique[39].

Le long processus que nous avons retracé montre les complexités de la gouvernabilité et les limites de la gouvernance à Caracas. Les habitants des quartiers de classe moyenne qui voulaient un parc, dans une zone sensible d'un point de vue environnemental, devront se satisfaire du fait que la majeure partie de La Limonera n'est pas devenue une nouvelle zone envahie, ce qui se serait passé si le projet n'avait pas été mis en œuvre. Par ailleurs, les milliers de logement que permettait de construire la réglementation de l'occupation des sols n'ont pas non plus été bâtis. En

---

37 Ces conditions ne sont pas irréversibles si l'on suit les étapes de l'occupation du schéma sommaire de planification : ces étapes prévoient l'implantation de services et le raccord aux axes routiers, comme le déclare le directeur de TDR, l'entreprise qui a réalisé le plan.

38 Rapport 28 738 du 8 juillet 2007.

39 Il existe un ample consensus parmi les analystes de cette question (Cilento, 2008 ; Lovera, 2011 ; Camacho, 2004 ; Baldó, 2007) sur l'occasion manquée de mettre en œuvre une politique sociale ouverte de réhabilitation de la ville, qui considérerait les quartiers populaires comme une richesse et non comme un repoussoir.

outre, les membres des coopératives et leur projet de NUDE ont été écartés au profit de logements et de familles relocalisées à la faveur de l'urgence et en fonction de décisions politiques émanant du pouvoir central. La Fondation Mission habitat a, quant à elle, été sensible aux pressions de la société et de la situation au gré des changements de sa direction et des politiques ; elle a essayé de proposer un projet acceptable pour tous, garantissant une faible conflictualité dans ce territoire où domine l'opposition au gouvernement de Chávez, sans toutefois suivre le schéma de la proposition communale du NUDE. La municipalité de Baruta a joué un rôle de régulateur externe et d'aide dans les situations d'urgence, mais en aucun moment elle n'a décidé d'intervenir de façon directe. Son conseil municipal n'a même pas souhaité voter la nouvelle réglementation de l'occupation des sols utilisée dans le projet.

Les acteurs ont lentement déployé leur force et choisi une voie intermédiaire, en fonction d'une logique sociale et politique qui a déplacé l'acteur qui disposait d'une certaine authenticité dans ce processus : la coopérative La Limonera. Là où 10 000 logements auraient pu être construits selon la réglementation urbaine, ou 4 500, selon le projet Odebrecht – Fruto Vivas, seuls 800 ont fini par être bâtis. Là où une commune socialiste aurait pu être construite au travers d'un NUDE en harmonie avec les communautés voisines, les « gardiens et sentinelles » des terrains ont été victimes d'une frustration et d'une escroquerie idéologique.

Enfin, les logements que l'État a attribués aux familles bénéficiaires ne relèvent pas d'un régime de propriété privée : leur vente simple est interdite. La pression du marché du logement dans le Sud-Est de Caracas, où domine la rareté des alternatives formelles de logement, exercera certainement une forte pression sur ces nouveaux logements. Ceci pourrait aboutir sur le remplacement des « familles nécessiteuses » par des familles disposant d'un plus grand pouvoir d'achat, ce qui ouvrirait à son tour la porte à des logiques marchandes illicites, comme par exemple la réattribution des appartements, contre de l'argent, les quotes-parts de pouvoir ou les transferts monnayés d'appartements.

Au vu des obstacles à la propriété privée des appartements, il est également possible que l'investissement et les transactions s'arrêtent ; l'entretien des logements dépendrait alors de l'État et ceux-ci viendraient grossir le nombre de bâtiments résidentiels publics détériorés dans l'attente d'une prise en charge publique. Chacune de ces deux possibilités est très éloignée de ce que fut l'esprit et le corps des luttes de la coopérative La Limonera pour un développement autonome et endogène, qui incarnait le nouveau mode de vie auquel ses membres croyaient.

Post-Scriptum. Le 7 octobre 2012, le Président Chávez a été réélu avec 55 % des suffrages. Lors de la première réunion du Conseil des ministres du nouveau gouvernement, en date du 20 octobre 2012, le Président a déclaré : « J'ai signé un décret qui créait quelque chose comme l'entité supérieure des communes. Où est-il ? Il n'a pas fonctionné et il y a une loi pour cela. Nous continuons à attribuer des logements, mais on n'en voit pas l'esprit et c'est grave. Vais-je continuer à prêcher ce genre de choses dans le désert ? Nous sommes tous ici concernés par cela, il devrait y avoir une commune autour de Miraflores[40] »[41].

Références bibliographiques

Baldó, J., « El programa de habilitación de barrios en Venezuela. Ejemplo del control del proceso de construcción y administración de los recursos por parte de comunidades organizadas », in *Tecnología y Construcción*, n° 23-I, Caracas, 2007, p. 9-16.

Organización Conciencia Activa/Universidad Central de Venezuela/Fundación de la Vivienda Popular, *Evento : Yo también quiero mi techo*, Ponencia de Oscar Olinto Camacho, « Actores universitarios y militares en la instrumentación de los programas habitacionales del gobierno de Hugo Chávez : 1999-2005 », Caracas, 14-04-2004.

Cilento, A., « Políticas de alojamiento en Venezuela : aciertos, errores y propuestas », *Tecnología y Construcción*, n° 24-II, Caracas, 2008, p. 24-32.

D'Elía, Y., Cabezas, L., *Las Misiones Sociales en Venezuela*, Caracas, Ildis-Convite, 2008.

Montero, M., *Teoría y práctica de la Psicología Comunitaria : la tensión entre comunidad y sociedad*, Buenos Aires, Paidós, 2006.

Lanz Rodríguez, C., *El Desarrollo Endógeno y la Misión Vuelvan Caras*, Caracas, Ministerio de Educación Superior, 2004.

Lovera, A., « De espaldas a las barriadas populares : las paradojas de la política habitacional de Hugo Chávez », ponencia, *CLACSO, II Congreso del Grupo de Trabajo sobre Hábitat Popular e Inclusión Social*, Caracas, 27 al 29 de julio, 2011.

[40] Le palais présidentiel (NdT).

[41] *El Nacional*, 21/10/2012.

L'ensemble des immeubles compte 656 appartements attribués en deux tranches. Photo prise en 2012 par Díaz et González

L'affiche de la « Commune socialiste » de La Limonera accueille toujours les nouveaux habitants au seuil du lotissement mais le projet de coopérative agricole n'a pas été évoqué lors de son inauguration.
Photo prise en 2012 par Díaz et González

Régulations au quotidien

Gouvernance et vente d'aliments préparés dans les rues de Mexico

Marielle PEPIN-LEHALLEUR

CNRS

L'aventure urbaine

Comment se lance-t-on à vendre des tacos, des *quesadillas*[1], des pommes *chips* ou des coupes de fruits frais dans les rues de la ville ?

Comment parvient-on à élaborer le produit qui suscitera l'envie des passants, à occuper un espace dans un lieu public sans provoquer la rivalité des autres marchands ni irriter les riverains soucieux de tranquillité, comment réussir à s'y rendre visible et à la fois esquiver ou amadouer les inspecteurs chargés de faire respecter la règlementation urbaine ?

Entre les besoins et les volontés contraires de tous les acteurs qui entendent faire valoir la publicité de la rue et profiter de la richesse de ses usages et de ses ressources, les vendeurs de rue apprennent, au risque de leur éviction, à évaluer ce qu'ils peuvent ou doivent faire et ce qui leur est interdit. Ils cherchent eux aussi à défendre leurs intérêts dans un environnement à l'ordonnancement souvent implicite et changeant, tentant de s'adapter à la diversité des rythmes de vie et des modes de consommation. Bon gré, mal gré, ils se trouvent engagés dans les jeux de pouvoir qui se déploient autour de la légitimité de tel ou tel usage de l'espace public, s'y impliquent ou réussissent à s'y soustraire, en mettant en œuvre des stratégies qui les engagent bien au-delà de leur seule activité professionnelle et qui s'articulent avec l'ensemble de leur vie familiale et sociale, leurs conditions de vie, leurs orientations. Ce qui implique de tenir compte de leur itinéraire et de leurs projets au moment d'examiner comment ils participent aux confrontations de la rue. Il faut les accompagner vers leurs autres activités, découvrir leur habitat, le voisinage et

[1] Les *quesadillas* sont des tortillas pliées en deux, fourrées et frites ou dorées.

les configurations sociales où ils ont aussi à affronter des problèmes et faire des choix. Chacune de ces situations produit une nouvelle expérience de la société où la place de chacun est sujette à redéfinition, face à de nouveaux interlocuteurs et dans des contextes où des médiations diverses brouillent la présence de l'État, tant quand il s'assume avec force que lorsqu'il reste en retrait. Depuis les marges d'un système où préparer et vendre des aliments dans les rues est une activité toujours susceptible d'être remise en question, les perpétuels ajustements opérés par ceux qui en vivent devraient nous éclairer sur certaines dynamiques de la cohabitation urbaine et les pressions qui en modèlent le cours.

Vers le début des années 1970, des jeunes filles et des jeunes gens originaires d'un village indien de l'Oaxaca se sont lancés dans l'aventure de la migration vers la capitale. À l'issue de l'école primaire, ils maîtrisaient l'espagnol de façon encore imparfaite mais suffisante et à Mexico, la demande de main-d'œuvre était forte dans de multiples domaines. Mais arrivant à la ville sans contacts préalables ni formation reconnue, ils ont surtout trouvé à s'employer comme domestiques ou dans la manutention, parfois comme maçons ou comme ouvriers dans des petites entreprises et rarement comme employés sans qualification particulière dans des bureaux. Un va-et-vient s'est établi avec le village et le courant migratoire s'est amplifié, diversifié, grossi au gré des mariages (au sein de la communauté) et des naissances. La plupart sont restés en ville. Des trajectoires diverses ont mené un certain nombre d'entre eux à s'essayer à la vente d'aliments dans la rue, dans des quartiers et selon des conditions variées dont on essaiera de rendre compte ici[2]. La mise en perspective et la comparaison de ces ethnographies au plus près offrent des angles saillants mais peu étudiés de la destinée des migrants autant que de formes d'interaction proprement urbaines, voire métropolitaines.

En effet, dans la foulée des grandes migrations rurales des années 1950 à 1970, le départ et l'aventure urbaine de ces adolescents illustrent les péripéties que vivent des millions de jeunes paysans et paysannes qui viennent tenter leur chance dans la capitale, plutôt par choix, comme ceux que nous suivons, ou poussés par le besoin voire expulsés de leurs villages, dans d'autres cas. Leur installation en ville et leurs efforts d'adaptation ont été contés et analysés par des anthropologues (Lewis, 1964, 1969 ; Arizpe, 1975 ; Lomnitz, 1975) ou des politistes (Cornelius, 1980). Des années 1970 à nos jours, les études se sont multipliées, avec des

---

2 Un premier travail de terrain de treize mois en 1971-1972 puis des séjours plus brefs répétés au fil des ans dans ce village indien mixtèque de la côte du Oaxaca au Mexique m'ont permis d'observer les dynamiques familiales et communautaires et d'établir de solides relations d'amitié avec de nombreux villageois. À Mexico, j'ai rendu visite à une trentaine de familles de migrants originaires du village et accompagné les journées de travail de douze hommes et femmes dédiés au commerce ambulant.

orientations diverses et un intérêt prédominant pour la massification de leur venue (Unikel *et al.*, 1976), pour son impact sur le marché du travail (Muñoz *et al.*, 1977 ; García *et al.*, 1982), sur l'accès au logement populaire et les politiques publiques (Michel, 1988 ; Schteingart, 1991 ; Coulomb, Sánchez Mejorada, 1992), et particulièrement pour l'organisation des innombrables mouvements qui se forment vers la fin des années 1960 depuis les quartiers paupérisés du centre et sur les marges encore vacantes de la périphérie pour accéder à un bout de terrain, lutter contre l'expulsion quand l'occupation est illégale, réclamer la régularisation et les services urbains de première nécessité (Bazant, 1982 ; Moctezuma, 1984 ; Alonso, 1986 ; Michel, 1988 ; Schteingart, 1990, 1991, 1997). La place que prennent les femmes dans ces mouvements et singulièrement dans les collectifs organisés, particulièrement visibles à partir des années 1980, attire l'attention de chercheurs qui s'intéressent de plus en plus à l'organisation au jour le jour des tâches requises pour l'accès à l'habitat, et plus largement à la reproduction et l'amélioration des conditions quotidiennes de leur famille (Massolo, 1992a, 1992b). Leurs travaux retrouvent dans un contexte urbain certaines des problématiques de l'unité domestique paysanne, des stratégies de reproduction familiales, des ressources de la pauvreté, des diverses formes de travail informel, de « l'économie populaire » (Chayanov, 1974 ; Santos, 1975 ; de Barbieri, 1985 ; González de la Rocha, 1986 ; de Oliveira *et al.*, 1988 ; Pepin-Lehalleur, Rendón, 1988 ; Cortes, Cuéllar, 1990). La préoccupation pour les pratiques de la reproduction domestique au quotidien s'enrichit des recherches sur la culture urbaine qui se développent sous l'impulsion de Néstor García Canclini (1993, 1998) et se projettent vers les formes de la consommation culturelle, en particulier dans leurs inscriptions territoriales fragmentées, puis s'orientent vers les définitions contextuelles de l'espace public et les formes multiples de ses usages et de son appropriation depuis les expériences locales (Aguilar *et al.*, 1996 ; Safa, 1996 ; Nivón, 1998 ; Vergara *et al.*, 2001 ; Portal, 2007 ; Dorcé *et al.*, 2008).

Ainsi, les itinéraires urbains de nos paysans indiens, presque venus « à la découverte » de la ville mais qui y résident encore quarante ans plus tard, prennent place dans ces mouvements à la fois amples et fractionnés qui attirent les migrants pour mieux les expulser vers les marges de la métropole, qui leur offrent de nouveaux ancrages mais les obligent à d'incessants transits pour trouver du travail, qui les frottent à une multiplicité de personnes et d'institutions, de voisinages et de pouvoirs et les met, au-delà de l'anonymat du contact urbain, en demeure de saisir et décoder l'imbroglio des pressions contraires qui cherchent à imposer leurs significations et leurs impératifs à ces arènes partagées.

Découvrir et dévoiler leur *quotidien* dans leur contexte de travail et dans celui de leur résidence, c'est-à-dire approcher la façon dont s'élabore leur point de vue sur leur environnement proche et sur la société (de Certeau, 1990 ; Lindon, 2000), offre des clés pour comprendre comment ils apprécient les jeux de pouvoir rencontrés au détour des circonstances et les logiques de leurs prises de position : acquiescer, affronter, se soumettre, contourner, rechercher des alliances, la palette des réponses des acteurs face à une controverse sociale, déclarée ou implicite, s'éclaire de la compréhension de leur façon même de la cerner. Entre appréhension intuitive et démarche plus réflexive, chacun élabore ce regard sur le monde à partir des éléments ordinaires de sa vie, au sein de son entourage le plus proche. Cette perspective cognitive et morale, que Benita Luckmann appelait « le petit monde-de-vie social » (1970) a été explorée par des chercheurs qui se centrent sur les pratiques de l'habitat (Salazar, 1999 ; Hiernaux, 1995), la relation entre les spatialités du travail et de la résidence (Lindon, 1999, 2000) ou la production de l'espace public (Giglia, 2007), et particulièrement par ceux qui cherchent à élucider les identités urbaines (Gutman, 2000 ; Tamayo, Wildner, 2005), les imaginaires (Lindon *et al.*, 2006) ou les stratégies de survie des jeunes qui vivent dans la rue (Pérez, 2009 ; Makowski, 2010). Les pratiques des marchands ambulants ont aussi été examinées, sous leur angle professionnel, social, territorial ou politique, plus que sous celui du quotidien, par Monnet (2006, 2007, 2008), Silva Londoño (2006), Olivo (2010), Alba (2011, 2012), Alba, Labazée (sous presse).

C'est la perspective de la production du quotidien que nous privilégions ici. Partant du bout de rue que nos commerçants ambulants occupent et les accompagnant jusqu'à leur domicile, nous cherchons à comprendre quelles sont leurs perceptions des interactions où ils se trouvent engagés avec les autres habitants de la ville dans les différents moments et lieux de leur insertion sociale, à travers les alliances et les démarches qu'ils tentent pour s'adapter aux contraintes rencontrées et satisfaire leurs besoins. Changeant d'échelle sans lâcher leur point de vue, nous espérons montrer comment ils participent à la construction des normes qui régissent le partage des biens publics et l'accès aux ressources auxquelles ils aspirent.

Scènes de vente dans la rue

Séduire la clientèle sans heurter

Bien avant six heures du matin, Victoria quitte sa maison sur les flancs de la colline de Santa Clara à Ecatepec[3] pour attendre la camionnette, puis

---

3 Le Municipe d'Ecatepec, au nord-est de la ville de Mexico, est un des plus grands communes de la conurbation (156 km^2) et compte plus d'un million et demi d'habitants. Un des territoires privilégiés de l'industrialisation à partir des années quarante, il attire à la fois l'immigration rurale et la population pauvre du centre-ville.

l'autobus et enfin le métro qui l'amèneront une heure et demie plus tard à proximité de son lieu de travail, la Place du Danzón dans le quartier de la Ciudadela dans la ville centrale de Mexico. Tous les jours de la semaine sauf le mardi où elle n'a pas le droit de vendre. La situation de Victoria est maintenant assez stable pour qu'elle ne se risque pas à enfreindre cette interdiction. Elle estime avoir gagné le droit d'occuper cette place alors qu'elle a seulement obtenu de faire viser sa demande d'inscription au registre des commerçants ambulants de la Delegación Cuauhtémoc (mairie d'arrondissement). C'est déjà une victoire mais elle attend sa régularisation depuis cinq ans[4]. Elle renouvelle sa demande tous les ans et garde soigneusement le reçu de la contribution versée comme preuve de sa volonté de régularisation, ce qui ne la dispense pas d'offrir un grand cocktail de fruits aux divers inspecteurs qui font des rondes, ainsi qu'aux policiers de la circulation dans leur voiture patrouille et même à ceux qui vont à pied alors qu'ils pourraient difficilement l'empêcher de réaliser son activité. D'un naturel généreux, Victoria est aussi attentive à mettre de son côté toutes les bonnes volontés et à entretenir le maximum d'animation autour de son petit négoce.

En sortant du métro, Victoria va chercher l'étal sur roulettes qu'elle a entreposé pour la nuit dans un ancien magasin désaffecté depuis le tremblement de terre de 1985 où on lui loue un emplacement. Elle se fait généralement accompagner de son fils adolescent. Il lui donne un coup de main pour commencer à peler quelques fruits et garnir des verres qu'elle pourra compléter au gré des clients. Il n'est pas d'une grande aide pour sa mère mais apprend peu à peu à tenir le stand, répondre aux commandes et encaisser, de telle sorte qu'elle peut s'absenter quelques moments. Et il vaut mieux se déplacer à deux lorsqu'il fait encore nuit de bon matin, le moment privilégié pour les vols à l'arraché à l'encontre des personnes seules qui se rendent au travail. Victoria a un autre fils, engagé volontaire dans l'Armée, qui a fait d'elle son ayant droit à la Sécurité sociale. Elle est chef de famille mais un homme tient un rôle décisif auprès d'elle. Son amant lui a appris le métier alors que, recueillie chez son frère à la mort de son mari avec les deux petits à sa charge, elle multipliait les ménages. Sans pour autant quitter sa femme, il a fait travailler Victoria à ses côtés, lui a montré au jour le jour comment entamer les fruits et préparer des coupes

4 La démarche implique de déposer une demande d'exercice sur la voie publique (*solicitud*), de faire attester par visite oculaire et enquête d'un inspecteur que les riverains ne seront pas gênés par l'activité, et d'obtenir au terme de cette première étape l'acceptation de la demande dont la preuve est le paiement du droit correspondant. Ensuite, la demande acceptée en première instance doit être transmise par la *Jefatura Urbana* aux échelons supérieurs et, après un long périple en séquences de trois étapes qui ressemble étrangement aux procédures agraires d'antan, aboutira éventuellement à la délivrance du permis – *el permiso* – tant désiré.

en quantité suffisante pour attirer le client sans gaspiller la marchandise et comment gérer leur stockage. Mais c'est lui qui conserve la haute main sur les achats de marchandise pour lui et pour elle – un enjeu crucial. En échange, c'est un cousin de Victoria affilié au Parti de la révolution démocratique (PRD)[5] qui les a prévenus opportunément que le guichet du Bureau de l'ordonnancement de la voie publique recevrait de façon exceptionnelle des demandes d'inscription, qu'ils se sont empressés l'un et l'autre de déposer. En réalité, la mesure était structurelle et participait de la politique de décentralisation des fonctions administratives au sein du District fédéral. Mais l'information était précieuse et témoignait de la sollicitude entre parents, un devoir pas toujours rempli mais hautement apprécié au sein de la communauté migrante.

Si Victoria ne manque pas d'occuper son emplacement chaque jour comme le stipulent tous les règlements du commerce, elle veut surtout éviter le risque qu'il soit pris par un autre marchand. La fréquentation de cette place joliment ombragée est pourtant très ponctuelle : aux heures de sortie de l'école secondaire et l'après-midi, quand les promeneurs, les employés de bureau qui travaillent dans le quartier et quelques touristes sortant du grand marché d'artisanat tout proche viennent y faire un tour, surtout par grand soleil. Mais le samedi, l'affluence est extraordinaire car c'est le lieu fétiche des amateurs de *danzón* (une danse en couple traditionnelle et populaire) qui s'y réunissent pour pratiquer leur art et se faire admirer, ou pour regarder et apprendre. Les ventes ce jour-là équivalent pratiquement à celles du reste de la semaine. Les marchands sont limités à une demi-douzaine et arborent en guise d'uniforme un tablier et un bonnet bleus imposés par la *Delegación* dans le cadre de sa politique d'appui aux activités culturelles. Victoria ne profite cependant pas intégralement de sa présence patiente au long de la semaine : il est convenu avec son amant qu'elle lui cède la meilleure place et recule d'une dizaine de mètres.

La place du Danzón se trouve en dehors du Centre historique de Mexico d'où ont été expulsés les marchands ambulants et leurs associations (voir l'article de Carlos Alba et Carlos Freire dans cet ouvrage). Certains d'entre eux se sont regroupés, sous la conduite de leurs *leaders*, près de la sortie du Métro Balderas tout proche mais ils respectent la délimitation invisible de la place Morelos qui jouxte celle du Danzón, réservée elle aussi à quelques vendeurs de fruits et de chips et aux amateurs de salsa, rumba et samba dont seuls les professeurs ont le droit de vendre leurs disques : un environnement, une ambiance spéciale que les autorités de la ville ont choisi de favoriser, qui implique quelques alliances et des exclusions. Un autre voisinage est significatif. Pendant les jours

[5] Le PRD a gagné les élections locales en 1997 et occupe depuis lors le gouvernement du District fédéral.

de bureau, en dehors du samedi, l'amant de Victoria vend ses coupes de fruits aux portes du ministère de l'Intérieur à deux rues de là. Lui a-t-on demandé d'être attentif aux passages ou attroupements ? Quoi qu'il en soit, par intérêt propre ou participant à une vigilance élargie de la rue, lorsque des manifestations se dissolvent aux environs de leurs carrioles, tant Victoria que lui-même se montrent fort intéressés par les meneurs et les conversations. Ces fréquentations ou simples proximités ont permis à Victoria d'acquérir une sorte de familiarité avec les divers agents de la force publique, qu'elle manifeste avec réserve et assurance.

À cette étape de sa vie, Victoria peut tenir en tension, sans grand conflit, sa vie professionnelle et amoureuse et sa vie domestique. Elle abonne toutes les quinzaines le remboursement du prêt officiel qui lui a permis d'acheter sa petite maison dans un quartier très périphérique en voie de consolidation et compense son manque d'assiduité aux activités collectives par le paiement ponctuel de sa contribution auprès de la dirigeante locale. Cette relative autonomie et son caractère décidé lui assurent une certaine stature sociale au sein de sa fratrie, installée dans diverses communes de la banlieue, et plus encore aux yeux de sa famille restée au village.

Dans la même colonie Juárez, Camilo prépare et vend des *carnitas* (voir *infra*) au coin d'une rue assez passante et d'une autre, fermée à la circulation des voitures, au pied d'un petit immeuble où, la nuit, il garde son stand et sa provision de viande dans un frigo. De fait, il administre, pour le compte du propriétaire, l'accès au garage et aux toilettes dont bénéficient également quelques autres marchands ambulants. Deux d'entre eux qui vendent des jus d'orange et des coupes de fruits stationnent à ses côtés, les autres sont un peu plus loin. Mais ils peuvent tous immédiatement se mobiliser si quelques jeunes en bande tentent de chaparder de la marchandise ou menacent de s'en prendre à la voiture du *Licenciado*[6]. L'immeuble est bien gardé. Il a même été entièrement repeint par les soins de la petite équipe, en complément de la location hebdomadaire de la place de leur étal au garage. Sans doute peut-on penser que le *Licenciado* a de bonnes relations qui lui permettent de dispenser cette protection aux ambulants. Mes demandes réitérées d'entrevue n'ont pas abouti.

Un tel arrangement, qui semblerait providentiel, est le fruit d'une patiente approche de la part de Camilo. Après avoir quitté son emploi comme commis d'un boucher du marché pour se lancer dans l'aventure qui lui tenait à cœur, il a d'abord passé plus d'un mois à s'exercer tous les jours à faire cuire les différentes pièces de porc qu'il faut combiner pour

---

6 *Licenciado*, titre reconnaissant l'obtention d'un diplôme universitaire mais donné d'office à toute personne travaillant dans l'administration publique à un niveau moyen ou élevé.

préparer des *carnitas* – filet, côtes, museau, oreilles, queue, couenne – et trouver le juste point de cuisson. Repoussé loin des abords du marché par ses anciens collègues, il a commencé par s'affilier à une association dont le *leader* empochait sa contribution journalière mais n'a rien fait pour l'aider lorsqu'à deux reprises les agents de la voirie lui ont confisqué son chariot. En le quittant, il a du s'éloigner quelque peu de son territoire, mais il connaît bien le quartier où il a autrefois vécu dans une *casa de vecindad*[7], comme beaucoup d'autres jeunes émigrés de son village. Camilo a erré dans les rues voisines à la recherche d'un lieu favorable. Il l'a finalement trouvé à ce coin de rue où il a reconnu le vieux gardien de l'immeuble. Celui-ci s'inquiétait de la présence de jeunes qui « traînaient » aux alentours et a convaincu le propriétaire que la compagnie de Camilo l'aiderait à les tenir à distance. Un inspecteur en civil est bientôt venu réclamer son dû, que Camilo n'a pas marchandé, la menace du passage de la camionnette étant suffisamment dissuasive. Il s'en acquitte chaque semaine en toute discrétion, à raison de 80 pesos par semaine, soit l'équivalent d'un salaire moyen journalier et demi dans le District fédéral (DF)[8]. Un inspecteur peut même en relayer un autre sans qu'il soit besoin de beaucoup d'explications : le successeur s'approche, informe l'ambulant du changement de personnel et réitère le tarif – qui sert de mot de passe, en quelque sorte.

Camilo est d'un naturel enjoué. Il sait établir des relations aimables avec des riverains qui sont devenus des clients, comme les maîtresses de la crèche voisine ou les mécaniciens du garage d'en face. Parfois, c'est une ménagère du quartier qui vient acheter les *carnitas* bien chaudes qu'elle servira immédiatement à sa table, ou un commerçant qui ne veut pas abandonner sa boutique trop longtemps. Le quartier est résidentiel et également commerçant. Il y a pas mal de passage et les touristes y viennent encore car il fait partie du périmètre patrimonial avec quelques belles maisons datant de l'époque porfirienne (1870-1910), mais il a souffert du tremblement de terre de 1985 et certaines rues sont quasi sinistrées. Les affaires ne sont donc pas vraiment florissantes et surtout, elles déclinent depuis les années 2005-2007, aux dires de Camilo, du fait de la crise économique qui s'approfondit et récemment de la compétition

[7] Une *casa de vecindad* est un petit immeuble urbain où une série de chambres louées à différentes familles donnent directement sur une cour commune qui regroupe les services sanitaires de base (toilettes, lavoir) utilisés par l'ensemble des occupants. Habitat emblématique des familles pauvres du centre de Mexico depuis le 19e siècle, beaucoup d'entre elles ont été détruites ou fortement endommagées par le tremblement de terre de 1985.

[8] Le salaire minimum journalier (SM), calculé pour les différentes zones du pays, ne correspond pas réellement aux rémunérations versées mais sert d'étalon pour les plus bas salaires et pour les amendes à payer pour une série de délits mineurs. Certaines « lignes de pauvreté » se situent à hauteur de deux ou trois SM.

nouvelle que lui imposent des nouveaux venus dans le quartier, probablement chassés du Centre historique. Il maintient strictement le prix du *taco* de *carnitas* (environ 30 grammes de viande avec oignon et coriandre dans deux *tortillas*) à 9 pesos alors que ses rivaux mieux placés dans un carrefour et qui offrent plus de choix se permettent de les proposer à 10 pesos. Camilo achète les matières premières au marché, en particulier la viande chez son ancien patron avec qui il s'est réconcilié, et un camion distributeur laisse des *refrescos* (sodas) en dépôt chez lui. Il ne gagne rien sur leur vente mais dispose d'une petite marge d'une dizaine de bouteilles à boire lui-même ou à offrir à ses bons clients.

Il dépense près de 300 pesos pour l'achat de 6 kg de viande (filet, côtes, abats et couenne) plus oignons, coriandre et *tortillas*, à partir desquels il élabore environ 200 tacos, dont il tire 1 800 pesos, brut. Les mauvaises semaines, il ne réussit à faire cette opération qu'une fois en six jours et engrange donc 1 500 pesos net dont il devra encore déduire les frais de location, gaz, transports et *mordidas* (pots-de-vin), la commission à donner à un homme qui le relaie parfois dans la journée et l'aide le soir à laver à grande eau le trottoir, les pourboires aux éboueurs (100 + 50 + 60 + 80 + 100 + 20 = 410 pesos par semaine en calculant serré). Il gagne alors pour son travail 1 090 pesos, l'équivalent de 180 pesos par jour, soit trois fois le salaire minimum journalier du DF (54,80 pesos en 2009), ce qui est fort peu. Quand les touristes sont nombreux, que les affaires sont bonnes, il complète son choix de viande en milieu de semaine, sans que ses coûts fixes augmentent si ce n'est le gaz et la paie de son acolyte, et gagne alors environ 285 pesos par jour ; mais il ne réussit que rarement à faire deux fois « le tour » complet, qui lui procure le gain plus confortable de 2 440 pesos pour la semaine[9].

Crise, compétition commerciale, fatigue et santé moins bonne, Camilo a atteint 55 ans et envisage de se mettre à la retraite. Ses deux filles adolescentes vendent des flans, du riz au lait et autres desserts à Naucalpan (municipe de la banlieue au nord-ouest), près de leur logement, et sa femme exploite une petite *fonda*[10] qu'elle a acquise en propriété à l'extérieur du marché local. Ils ont préféré cet investissement à l'achat d'un logement et sont donc toujours locataires.

Camilo se verrait bien organiser cette nouvelle étape de vie entre Naucalpan et le village où vit encore sa mère. Ses souhaits oscillent entre les vieux rêves communautaristes des migrants qui attendent qu'on les

[9] De tels calculs qui « tombent juste » ne sont pas le fruit d'une véritable comptabilité mais ont été estimés à partir des chiffres donnés ou observés et des commentaires de Camilo.

[10] Échoppe couverte où un menu sommaire mais complet et bon marché (*comida corrida*) est cuisiné sur place.

y reçoive en grandes pompes et des projets plus concrets de lancer une nouvelle affaire qui ne l'empêcherait pas de faire des allées et venues et de prolonger sa vie, somme toute, très indépendante.

C'est encore dans la colonie de Juárez mais à proximité de la grande avenue de la Reforma, à Mexico, que Fernando et Teresa installent tous les jours un chariot transportant une bouteille de butagaz, une table et deux bancs sous un parasol autour de la grande plaque métallique sur laquelle Teresa fera cuire, dorer ou frire les différents mets qu'elle prépare : *quesadillas*, *tostadas*, *huaraches* ou *sopes*, etc.[11]. Trois membres de la famille au moins et plus souvent quatre ou cinq s'activent autour du stand. C'est toujours une femme qui aplatit et modèle les boules de pâte de maïs pour leur donner la taille, la forme et l'épaisseur requises avant que Teresa ne choisisse et ne dose les ingrédients qu'elle fera cuire, alors que sa fille, l'un des fils ou son mari peuvent se charger de servir les clients : le met posé sur un carré de papier d'emballage ou sur une serviette dans une assiette de plastique. Il faut parfois être deux ou trois pour servir les clients arrivés en même temps, leur proposer un soda, ramasser les assiettes vides, faire payer. La clientèle arrive généralement en grappe, avant l'entrée dans les bureaux, au moment d'une pause en cours de matinée et au moment du repas, vers quatorze, quinze ou seize heures, selon leurs horaires. Les employés de bureau sont les plus assidus mais les passants et les touristes ne sont pas rares. Les journées sont donc longues, et nécessitent l'entraide de tous les membres de la famille, élargie à quelque parente venue du village. Certains jours, Fernando et un de ses fils se rendent au marché de La Merced dès six heures pour se ravitailler. Ils transportent sur un tricycle les ingrédients frais et ceux qui sont déjà à demi préparés depuis la veille. À huit heures, ils sont rejoints par les femmes venues en autobus depuis leur appartement de l'Unité Tlatelolco où elles ont moulu la *masa*, la pâte de maïs[12]. Ils vont chercher le matériel remisé dans un parking à deux rues de là et l'installent sur l'emplacement que la *Delegación* a fini par leur reconnaître après maintes démarches, au terme de la révision des inspecteurs qui ont recueilli les avis favorables exprès émanant des employés des entreprises les plus proches. Les policiers en voiture de patrouille passent régulièrement. Ils achètent parfois un soda et se laissent alors offrir une *quesadilla*.

---

11 *Quesadilla, tostada, huarache* ou *sope* désignent différentes façons de préparer des galettes de maïs fourrées de fromage ou de légumes déjà cuits, que l'on fait frire ou dorer sur une plaque métallique très chaude (*comal*).

12 La pâte de maïs peut être achetée déjà broyée au moulin de *nixtamal* (nom donné au maïs cuit avec de la chaux) mais pour lui donner une bonne texture, il faut la moudre à nouveau sur le *metate* (meule en basalte), ce qui est trop difficile dans la rue. L'opération classique consisterait à faire cuire le *nixtamal* la veille puis à le laver et l'écraser de bon matin. Mais la dernière opération seule prend deux heures.

Tout semble donc facile alors que l'entreprise familiale se trouve en équilibre instable. L'autorisation accordée n'a toujours pas été validée au niveau central et reste révocable à tout moment. Elle a été obtenue en première instance grâce aux bons rapports entretenus par la famille avec quelques militants des mouvements urbains affiliés au Parti de la Révolution Institutionnelle (PRI) à partir du séisme de 1985 dont Fernando et Teresa ont été victimes. Ils ont subi comme d'autres les mois passés sous des bâches en plastique en pleine rue puis les années dans une cité de cabanes en tôle et ont enfin reçu la récompense de leur persévérance avec la dotation d'un appartement à Tlatelolco, à rembourser dans des conditions très favorables. Les réseaux politiques se sont plus ou moins maintenus et formalisés dans l'administration urbaine mais sont, comme elle, soumis au gré des remaniements sexennaux. Les trois enfants ont terminé leurs études secondaires. L'un d'eux, marié et père de famille à son tour, est employé dans une boutique de vins et liqueurs où il semble pouvoir faire carrière alors que le second a entamé des études universitaires, tout en donnant des coups de main quand il le faut. Si la fille ne suit pas la même voie, il semble en tout cas qu'elle ne reprendra pas l'affaire.

La force de cette entreprise en fait ainsi la faiblesse au moment d'une éventuelle transmission dont on ne conçoit pas qu'elle se fasse sur une base purement commerciale. Pourtant, s'il ne disparaît pas, il est peu probable que le petit négoce garde cette forme modeste et semi ambulante. Mais il n'est pas moins vrai que, dans ces conditions, le talent de cuisinière de Teresa et le génie organisateur de son mari, épaulés par le travail sans relâche d'une équipe familiale fortement articulée, auront réussi en une quinzaine d'années à assurer à leur famille une base économique et des ressources pour l'avenir.

Les dynamiques de ces trois premiers cas, dans le même quartier résidentiel de classe moyenne et commercial fréquenté par des bureaucrates et des touristes, en attente d'une réhabilitation qui tarde depuis 1985, nous montrent qu'une activité artisanale de vente d'aliments dans la rue peut être menée dans une atmosphère plutôt consensuelle, qui dissimule des pressions acceptées comme des contraintes du métier dont il n'est pas question de chercher à se libérer. Il n'est pas anodin de remarquer que la plupart des clients appartiennent à une classe sociale nettement supérieure à celle des commerçants ambulants qui s'y sont fait leur petite place.

Proximité sociale et rivalité commerciale

Hors de la ville centrale, dans le quartier populaire et ouvrier d'Azcapotzalco, les jardins de l'ancienne *hacienda* porfirienne de El Rosario ont été mis à profit en 1982 pour créer un grand parc destiné à donner un lieu de promenade et de loisir au nord-ouest de la ville, à proximité de l'immense ensemble de logement social du même nom qui s'y construisait depuis déjà dix ans. L'architecte Mario Schjetnan a réalisé sur vingt-huit hectares une reproduction à échelle de l'ancienne Vallée de Mexico avec son lac et les montagnes environnantes, en utilisant les terres excavées pour construire la ligne de métro 6. Ce parc était encore fort peu fréquenté en 1990 lorsque Mauro s'est avisé qu'aucun rafraîchissement n'était proposé aux visiteurs. Avec quelques connaissances du commerce de fruits obtenues auprès de ses parents, il se lance dans la vente de fruits épluchés – pastèque et mangue saupoudrée de *piquín* (chile doux) – dans les allées du parc. Son succès finit par être remarqué et il est embarqué à trois reprises par les agents de la *Delegación*. Il tente encore de forcer la chance et réussit à se faire recevoir par le chef du bureau local de la voirie à qui il expose l'avantage de fournir un service utile à la citoyenneté. Celui-ci accepte à condition que Mauro réunisse en deux jours un petit contingent de six vendeurs qui s'établiront officiellement à la porte principale du parc et couvriront les différentes spécialités qu'on a l'habitude d'y rechercher – fruits, jus, glaces, *papitas* (*chips*), ballons gonflés à l'hélium, jouets, en payant la contribution réglementaire. Mauro recrute ses propres fils adolescents, ses compères et commères, et se retrouve *leader* d'une micro association téléguidée qui lui assure la fin des tracasseries policières et l'exclusivité commerciale en échange d'une présence constante qui donne de la vie à cette vaste zone encore en chantier. Le temps passant, cette fonction de surveillants auxiliaires perd un peu de son caractère stratégique et pour continuer d'assurer leur monopole, les marchands de Mauro ne peuvent plus se contenter de faire des cadeaux de fin d'année et de participer aux rassemblements politiques de la *Delegación*. Ils font valoir qu'ils balaient les principales allées du parc, contribuent à l'alimentation des cygnes, canards et nombreux autres volatiles qui ont colonisé le lac, mais d'autres ambulants s'installent peu à peu près des attractions nouvellement construites alors que leur groupe n'est pas autorisé à s'élargir. Une dispute au sein du groupe fait perdre à Mauro son rôle d'intermédiaire, désormais superflu puisque chacun continue son activité de façon individuelle en payant directement sa contribution trimestrielle à la Trésorerie municipale. Seul le groupe familial perdure et acquiert une relative prospérité, partageant les achats hebdomadaires de fruits au marché de La Merced grâce à la camionnette de Mauro, et la location d'un local proche pour la remise des étals, le maintien au froid de la marchandise et la disposition de sanitaires.

Récemment, Mauro a entamé une troisième étape de vie en se mettant en ménage avec une jeune femme dont il a un bébé, et laisse à ses deux fils et à sa première femme le soin de tenir les petites entreprises qui ont atteint une sorte de pérennité. C'est par cette nouvelle paternité qu'il se rattache au groupe de migrants de l'Oaxaca car ses propres origines se situent dans une zone rurale de l'état de Mexico à l'ouest de la capitale où il est reparti s'installer avec femme et enfant. Une version originale de la tradition mexicaine de construire des familles étendues aux amples ramifications et aux générations imbriquées se manifeste ici par le rattachement au nouveau couple de la belle-mère et de ses cinq enfants les plus jeunes, auquel se joindront sans doute son compagnon actuel, ainsi qu'une de ses filles, mère célibataire, et ses deux petits.

Dans la même direction mais jouxtant le District fédéral, dans le municipe de Naucalpan, Rosa et Jesús ont progressivement réussi à construire une maison au sommet d'un piton de terre compacte subsistant des mines qui ont fourni des matériaux pour l'industrie de la construction. Tout un petit quartier s'y est construit en étagement raide, garni d'escaliers étroits sur une face et s'achevant de l'autre côté par un à pic d'une trentaine de mètres qui s'effrite parfois. La zone n'est évidemment pas constructible mais les habitants autoconstructeurs ont obtenu, à force de *meetings* auprès de la municipalité et de votes opportuns, d'être dotés d'eau et d'électricité. La maison de Rosa est beaucoup trop grande pour sa famille que les deux aînés ont déjà quittée et elle envisage d'en louer une partie. Les deux plus jeunes font des études universitaires et le garçon qui travaille en même temps comme technicien dans une usine de Toluca à 100 km de là ne revient que pour les week-ends.

Rosa n'a pas économisé son travail ni celui de ses enfants pour parvenir à la situation sans luxe mais solide dont ils jouissent actuellement et le salaire de son mari, employé comme homme à tout faire de confiance dans une institution scolaire religieuse, a fourni un apport régulier bien que limité. Après plusieurs autres activités, actuellement Rosa achète des poulets et en vend la viande, soit crue en morceaux, soit préparée en plats qu'elle confectionne la veille chez elle. Elle dispose d'un étal démontable à proximité du marché dans une rue dont les trottoirs sont occupés de petits négoces comme le sien. Le samedi et le dimanche, toute la famille se déplace quelques rues plus bas, près d'un terrain de *football* très concouru pour vendre des *tortas*, sorte de sandwiches fourrés d'ingrédients divers que les jeunes qui se pressent aux *matches* affectionnent. Le stand est tout blanc, grand, soigneusement achalandé, entouré de petits bancs et surmonté d'un toit. L'emplacement est choisi, à l'ombre d'un arbre majestueux et en face de l'épicerie du frère de Jesús, qui dispose aussi d'un grand garage où on garde le matériel. Cette affaire est celle du fils et de la fille étudiants qui fournissent le plus gros du travail et paient ainsi leurs études. La collaboration de la famille tant restreinte qu'étendue a toujours été la base de leur organisation mais les appuis politiques noués lors des mobilisations du quartier auxquelles Rosa participe efficacement ont aidé à établir les deux commerces. Depuis que leur parti a remporté les élections (Action Nationale, en 2006), Jesús exerce la fonction de chef du pâté de maisons, interlocuteur privilégié, encore que du plus bas niveau, des autorités municipales.

Même si les pouvoirs publics entendent faire respecter les règlements et encaisser les droits liés aux autorisations, dans les quartiers populaires, nul ne songe à mettre en question la légitimité du commerce sur la voie publique et n'importe quel habitant pourrait, le cas échéant, choisir de s'y consacrer. Ici, la tension qui peut s'installer autour d'un point de vente tient moins à l'obligation des autorités de relayer les protestations de riverains susceptibles de se faire écouter en haut lieu ou dans les medias qu'à la compétition entre marchands pour la mise à profit des potentialités commerciales du lieu.

Quand précarité rime avec dangerosité

C'est dans un environnement plus conflictuel que José vend des *papitas* (pommes de terre chips) à la sortie de quelques écoles et surtout, le samedi et dimanche, aux abords de l'immense *tianguis* (marché hebdomadaire en plein air) de Las Torres qui s'étend sous les pylônes de haute tension dans le quartier de San Lorenzo/El Molino, arrondissement d'Iztapalapa, au sud-est de la ville. Cette zone qui faisait partie des anciennes *chinampas*[13] a été urbanisée vers la fin des années 1980 et surtout 1990, par invasions organisées de terrains non constructibles, qui ont été régularisés par la suite sous la pression des occupants engagés dans l'autoconstruction. La population qui y habite s'est fortement diversifiée mais la faiblesse de leurs ressources reste la caractéristique dominante et le commerce ambulant reposant sur un faible capital comme la vente de chips représente une option envisageable pour beaucoup.

José est un jeune père de famille, qui n'a pas achevé son école primaire et se fait régulièrement renvoyer des *jobs* que lui trouve sa belle-mère. Il est installé chez elle avec sa femme et ses deux enfants en âge préscolaire. Beaucoup mieux préparée que son mari, cette dernière tient la maison pour l'ensemble de la famille – sa mère et son frère qui travaillent, sa sœur au lycée et son propre ménage – et attend que ses enfants grandissent un peu pour chercher un travail de caissière, voire d'aide comptable dans une petite entreprise. José achète les pommes de terre par sac de cinquante kilos au marché et les prépare en deux fois, par lots de vingt-cinq kilos, en se faisant aider par sa femme. Il faut les éplucher, les débiter en tranches fines qu'on lave et sèche, puis les faire frire assez longuement dans une grande bassine pour qu'elles restent craquantes.

---

[13] Parcelles de culture créées dans un milieu lacustre. Elles occupaient une grande surface au sud et à l'est de Mexico jusqu'au début du 20e siècle et participaient au ravitaillement de la ville en produits maraîchers. Elles sont confinées actuellement au périmètre de Xochimilco.

Pour un investissement total d'environ 850 à 900 pesos (pommes de terre et huile, mayonnaise et *ketchup* proposés au client), il en tire 1 500 pesos, donc 595 net, en économisant sur l'huile qu'il ne jette pas mais réutilise et complète d'un cycle à l'autre. L'ensemble de l'opération s'étire sur deux semaines, c'est-à-dire sur les deux week-ends du *tianguis* et quelques heures grappillées à la sortie des écoles (moins de 150 pesos par jour de travail effectif)[14], tout en essayant de trouver des petits boulots le reste du temps. La petite carriole en vitres posée sur roues de bicyclettes qu'il utilise appartient à son jeune beau-frère qui a abandonné cette activité d'appoint dès qu'il a trouvé un travail régulier comme chargé de la caisse chez un boulanger.

Dans ce quartier, la vente de *chips* ne peut être que déambulatoire, sans pour autant s'étendre sur un vaste territoire. La compétition est trop forte pour rester sur place, surtout si l'on est seul et facilement menacé par d'autres vendeurs. Par ailleurs, il faut être connu car les réseaux de vente de drogue, très présents, ne tolèrent pas de visages suspects. La pression ne vient pas seulement du côté des marchands rivaux mais aussi de l'administration. Il est hors de question de solliciter un quelconque permis de vente, la seule option est d'être extrêmement vigilant et de tenter d'échapper par la fuite aux inspecteurs de la voie publique aussi bien qu'aux policiers de toute dénomination et spécialité qui lui extorqueront ses gains ou emporteront sa carriole si l'ambulant reste à leur portée.

Miguel a essayé d'optimiser ses bénéfices dans ce commerce précaire en organisant plusieurs jeunes originaires de son village et en essayant d'établir son monopole sur la place centrale de Valle de Chalco, commune de la lointaine périphérie du sud-est construit presque totalement sur la base de l'autoconstruction régularisée *a posteriori*. L'entreprise dans laquelle s'est lancée Miguel misait sur le nombre, la rapidité de réaction et la violence puisque le mode de lutte entre organisations concurrentes consistait à casser subrepticement les vitrines des rivaux en pleine rue. Lui-même passait la journée à surveiller et encourager ses troupes et vérifier que ses propres carrioles n'étaient pas mises à sac, tout en essayant d'obtenir un rendez-vous avec un représentant haut placé du Délégué pour lui payer le prix de sa protection officielle. Dans ce lieu à haut risque, où la vente de drogue, elle aussi, fleurissait, Miguel a eu le dessous et s'est enfui après le passage à tabac de trois de ses jeunes. Il tente sa chance actuellement dans un autre périmètre difficile, sur la rue qui longe le Reclusorio de Oriente (la prison de l'Est) près de laquelle il vit. Le confort de la maison qu'il a louée pour sa famille est rudimentaire. La petite cour qui donne accès aux deux pièces que le couple et leurs trois

14 C'est-à-dire moins de trois fois le salaire minimum journalier qui atteindraient 164,40 pesos.

enfants occupent abrite aussi une soupente où sa femme fait frire puis sécher des petits poissons qu'elle vend de son côté en les présentant de porte à porte dans le quartier. La dureté de leur vie contraste avec l'image que Miguel souhaite donner au village de citoyen modèle, grand promoteur des danses traditionnelles.

Mais « tenter des coups » pour sortir de la précarité, voire recourir à la force, peut aussi conduire au succès. C'est ce que nous apprend l'aventure de Juan, établi comme vendeur de *carnitas* aux portes de la Plaza Meave, lieu très central, spécialisé dans la vente et la réparation d'articles informatiques, où l'on peut se procurer le plus grand choix de marchandises introduites légalement ou en contrebande. Juan y a commencé sa carrière commerciale comme tout jeune vendeur employé par un parent, il y a plus de vingt ans lors de l'ouverture du centre. Selon le témoignage d'une personne très proche de Juan (mais pas directement de l'intéressé), le propriétaire du stand désireux de se rendre au village confia provisoirement celui-ci aux bons soins de son protégé, sans savoir qu'il serait obligé de s'absenter plus longtemps que prévu. Sur les entrefaites, une association d'ambulants vit le jour, à laquelle Juan s'affilia immédiatement, en nouant de fortes relations avec le *leader*. À son retour deux mois plus tard, le propriétaire avait perdu son matériel et sa clientèle et était interdit d'accès au territoire contrôlé par l'association. Peut-être Juan a-t-il diversifié ou élargi ses activités ? Parmi ses « pays » établis à Mexico, on ne lui connaît pas d'autre lieu d'exercice que la Plaza Meave et deux grandes résidences qui suscitent admiration et envie. Et nul ne peut ignorer, au village, le splendide mausolée qu'il s'est fait construire de façon anticipée au sommet de la colline du cimetière.

Défis et apprentissages sociaux

Ainsi, le commerce ambulant revêt-il de nombreuses formes qui entrent en résonnance avec les caractéristiques de l'entourage et semblent vouloir mimer les relations qui s'y établissent, que ce soit en s'y coulant pour ne pas provoquer de rejet ou en cherchant à tirer parti de modes de transactions plus rapides et directs. Ce qui ne peut manquer de retentir sur la gouvernance à ce niveau. Pour expliquer ces différences et démonter le processus de cette mise en convergence contradictoire avec le milieu, on tentera deux lignes d'analyse dont l'une prend d'emblée pour objet la confrontation des points de vue des différents intervenants et cherche à élucider les enjeux, à identifier les acteurs et détailler leurs répertoires d'action. Dans ce registre, les acteurs endossent un caractère en quelque sorte emblématique de figures sociales qui s'explicite à travers leur jeu sur le théâtre de la rue. Une autre voie s'ancre dans le quotidien et remonte plus avant dans les histoires de vie des personnes, dans les apprentissages qui ont forgé leurs perceptions de la société, vers les rencontres qu'ils ont faites, les obstacles rencontrés et les appuis qu'ils ont pu obtenir. C'est celle que nous esquisserons en premier.

Devenir des urbains

C'est d'abord la curiosité et la perspective de revenir au village avec l'argent et le prestige gagnés au loin qui ont poussé ces jeunes ruraux à se rendre dans la capitale. Après quelques années passées à travailler, et leurs obligations villageoises remplies, certains d'entre eux ont commencé à penser s'établir durablement en ville et à y acquérir une maison. Ils étaient jusqu'à présent passés d'une chambre en location à une autre, cherchant à gagner un peu d'espace, une localisation plus proche du travail ou un meilleur accès à l'eau quand ils se mettaient en ménage et que naissaient les premiers enfants. Mais le besoin d'un logement plus adéquat se faisait sentir, pressant, comme pour tous leurs voisins entassés dans les habitations insalubres du centre. Les rumeurs couraient sur les mouvements d'invasion de terrains préparés dans le secret, on savait aussi que d'autres achetaient des lopins, dotés d'une première ébauche de construction. L'accession à la propriété restait pour eux un rêve nébuleux jusqu'à ce qu'un pays et sa famille tentent l'aventure, précipitant une réaction d'envie immédiate chez les autres. Comme ils le racontent, tous les autres membres de la communauté se sont lancés à sa suite, les uns en se joignant à des invasions organisées – lorsqu'ils y étaient invités, et qu'ils osaient franchir le pas – les autres déployant tous leurs efforts pour trouver des contacts de possibles (re)vendeurs. Un handicap important de ces immigrés, en effet, était et reste pour beaucoup, leur faible participation à des réseaux en dehors de leur groupe d'origine. Et les itinéraires de leur insertion urbaine, jusqu'alors parallèles, ont divergé et suivi des cours plus aléatoires, marqués par les rencontres de hasard et les efforts personnels. Pour ceux, et surtout celles qui ont participé à des invasions, généralement chargées de famille, l'expérience du collectif est passée par une implication personnelle très exigeante, qui exigeait des présences sur le terrain nuit et jour pendant certaines périodes, puis la construction de cabanes en matériaux d'appoint (parpaings assemblés à la chaux) pour marquer l'occupation, des bagarres pour maintenir à l'écart d'autres groupes d'invasion, outre les interminables réunions à l'appel des *leaders* organisateurs du groupe et les plantons face aux bureaux de la Délégation ou du gouvernement central du District fédéral pour réclamer la régularisation de la tenure. Et cela ne faisait que marquer le début des démarches, sous forme de pressions collectives, pour obtenir l'ouverture de points d'eau, puis les canalisations individuelles, l'électricité, les égouts, et d'autres services tels que les écoles, les transports ou un centre de santé qui suivraient des parcours différents. Au sein des organisations, on gagnait d'être inscrit dans un programme de construction à crédit du gros œuvre des maisons *(pie de casa)* qu'il faudrait compléter par l'autoconstruction. Toutes ces formes de participation exigeaient plus de constance, de courage opiniâtre et de discipline que d'initiative car l'organisation restait très verticale, sous la direction des *leaders*, souvent des femmes, qui eux-mêmes participaient de diverses hiérarchies politiques. Mais la réalisation concrète et l'aménagement intérieur des maisons revenait aux familles, et se poursuit pour la plupart d'entre elles, car vingt ou vingt-cinq ans après il faut réparer ou remplacer des installations précaires, agrandir pour les enfants qui ont grandi, et même pour les petits-enfants. Dans ces blocs d'invasion, on vit entre soi, sociologiquement parlant, avec les mêmes besoins économiques et les mêmes priorités, en recourant parfois, si c'est indispensable, à la solidarité des voisins... quand les relations ne se sont pas aigries à force de cohabitation extrême. Obtenir de l'aide pour accélérer la construction de la maison, faire face à un coup dur, inscrire l'enfant difficile dans une école dont le *cursus* s'adapte à son cas, affronter une maladie, relève des relations que l'on a réussi à nouer à l'extérieur. Beaucoup des femmes qui vivent dans ces quartiers, et en particulier celles dont on a suivi l'itinéraire dans notre enquête, ont appris les arcanes de la négociation auprès des administrations et s'obligent à en faire le siège, quand nécessaire. Par ailleurs, elles ont toutes travaillé, au moins étant plus jeunes, dans des maisons particulières, comme personnel domestique à la journée (*de entrada por salida*) et ont cherché l'appui de leur patronne pour un prêt ou une recommandation, avec des résultats très variables, évidemment.

L'expérience des familles qui ont obtenu leur logement par l'achat à tempérament d'un terrain construit d'une ou deux pièces rejoint parfois celle des premières, car elles ont souvent du s'allier aux voisins pour réclamer la régularisation de titres de propriétés que la chaîne en cascade de vendeurs n'était pas en mesure de garantir, ou obtenir des services urbains absents ou incomplets. Mais le processus de différenciation interne qui a débuté par la négociation marchande est plus rapide et l'indépendance est souvent explicitement recherchée. Cette voie d'accès au logement est devenue de plus en plus généralisée et diversifiée. Nous rencontrons les cas de personnes ayant migré parmi les tout premiers, lorsque les conditions de recrutement étaient plus souples, qui ont gravi quelques échelons au sein d'un travail en petites entreprises et dont les enfants ont pu faire des études, obtenir de meilleurs emplois et accéder au crédit. Certains logements sont vérita blement confortables et spacieux et s'opposent en tout à ceux d'autres familles qui ont quitté le village plus récemment, sous la pression du manque de terre et de travail, et qui s'exilent aux confins de l'agglomération métropolitaine ou s'entassent, comme il y a trente ans, dans quelques mètres carrés sous-équipés des zones locatives populaires. Dans notre groupe d'immigrants, une quinzaine de familles s'est retrouvée à la rue à la suite du tremblement de terre de 1985 et cet événement, avec son cortège de difficultés et de moments douloureux, s'est révélé finalement une occasion inespérée d'obtenir un logement bien construit et extrêmement bien situé, dans la partie centrale de la ville : pour les uns, sous forme d'appartements dans des grands ensembles comme celui de Tlatelolco (avec l'aide de militants du PRI), pour d'autres, dans des maisons unifamiliales regroupées au sein de petits lotissements en bordure du Centre historique (sous l'égide du PRD). Si le coût personnel a été grand, l'effort économique a été moindre et la situation de ces familles actuellement est plus aisée.

Malgré ces conditions de logement contrastées qui traduisent bien les itinéraires désormais fort divers suivis par les membres de notre groupe de migrants, les sentiments d'appartenance commune sont vifs et la référence au village partagée, quoique les relations de sociabilité intracommunautaires soient plutôt fragmentées en cercles amicaux et familiaux. Mais on ne peut rien affirmer de définitif car l'intensité et l'affectivité de ces relations varient d'une période à l'autre selon que des évènements locaux suscitent l'engouement ou la division, et avec l'entrée ou la sortie de cohortes ou de personnalités plus marquantes et rassembleuses. La qualification d'ethnicité doit donc s'appliquer de façon très modulée : si les migrants de la première génération continuent de revendiquer leur culture, leur langue et leur appartenance, leurs enfants et descendants nés en ville peuvent tout aussi bien s'en détourner que s'y reconnaître. Mais ils leur donnent une tout autre signification que les villageois plus récemment venus à la ville, qui ont vécu au village de profondes transformations, largement ignorées ou mésestimées par les urbains de plus longue date. Face aux autres Mexicains, ceux qui ne sont pas Indiens ou qui passent sous silence leurs origines, les réponses, là aussi, varient selon les circonstances et les interlocuteurs. En dehors des insultes ou provocations auxquels des hommes peuvent se trouver confrontés dans des lieux typiques de la masculinité – terrains de sports, cours d'écoles, *cantinas* (bars populaires), chambrées de soldats, prisons, ce sont plutôt des formes plus souterraines du racisme ordinaire que l'on rencontre. Il faut solliciter le sujet pour qu'il affleure dans les conversations et ce sont surtout les jeunes hommes qui répondent. D'une façon générale, il semble que la polarisation la plus cruellement ressentie concerne les citadins (*los urbanos*) face aux migrants, ruraux, traités par dérision d'oaxacos en signe d'extrême balourdise. En revanche les traits propres au village, ses fêtes et célébrations, sont un motif d'orgueil.

Beaucoup des familles migrantes restent organisées autour de la figure de la mère (et grand-mère) qui se dépense sans compter, organise et conduit la maisonnée dans la plus pure tradition paysanne, et dont on reconnaît, en général, l'autorité, ce qui ne lui évite pas forcément les mauvais traitements (qu'elle est également capable d'infliger dans certains cas). Les cas individuels varient beaucoup avec l'âge, la configuration familiale, les caractères. En dehors du cercle intime, certaines femmes ayant participé activement dans les organisations communautaires de leur quartier y ont acquis des compétences sociales qu'elles valorisent parfois en se faisant les relais d'information et de mobilisation de leurs voisins. Celles qui tentent d'entretenir un contact avec quelque ancien(ne) militant(e) passé(e) à la politique essuient généralement des déceptions. D'ailleurs, ce sont celles qui appartiennent à un ménage prospère et qui ont, à titre personnel, réussi une carrière, de commerçante, de comptable, etc. qui jouissent de la plus haute considération.

Dans les exemples donnés, et c'est en réalité une constante au sein du groupe, les femmes qui mènent leur commerce de façon autonome sont d'âge mûr (ce qui signifie dans ce cas qu'elles ont passé quarante ans !). Elles appartiennent à la première génération de migrantes. Mais parmi la deuxième, on trouve maintenant des femmes bien plus jeunes, voire des jeunes filles, qui se forment actuellement au métier et prendront certainement leur envol beaucoup plus tôt que les précédentes. L'espagnol est leur langue maternelle, elles ont acquis un plus haut niveau d'éducation scolaire, se sont fait des amis « de la ville » et ont toujours vécu dans un environnement urbain. En revanche, elles n'ont pas affronté comme leurs aînées les multiples situations surprenantes voire menaçantes qui ont obligé celles-ci à trouver des réponses et qui leur ont parfois fourni l'occasion de nouveaux contacts en dehors du cercle des pays et payses.

Enjeux et actions, l'élaboration de codes

Pour reconnaître cette construction du quotidien comme point de vue sur les scènes où les sujets-acteurs s'engagent, je proposerai maintenant de rassembler la diversité des expériences et des parcours à travers les enseignements que nos marchands estiment en avoir tirés dans leur activité. La confection et la vente dans la rue d'aliments à consommer sur place se déroule par définition en face à face, en public et dans un environnement de transits et de passants, au milieu de logements ou de bureaux, de commerces et autres entourages. Il s'agit donc d'un concours d'interactions multiples sur lesquelles les différents participants ont chacun leurs points de vue, orientés par leurs besoins, leurs envies, leurs intérêts. Les marchands qui se tiennent au centre et veulent s'y maintenir doivent en tenir compte. Les modèles de scénarios que nous proposons à partir des défis qu'ils rencontrent recensent les éléments de ce savoir-faire nécessairement attentif aux règles contradictoires que chacun des participants souhaite voir respecter. Le savoir-faire relève de ces tactiques populaires que Michel de Certeau décrit comme les réponses que fournit la mémoire quand elle est mobilisée par les circonstances et qui use de l'expérience pour transformer ces surprises en occasions de faire (1996 : 35-48)[15]. J'ajoute qu'elles intègrent l'observance des pressions diverses et cherchent à y faire face en « naturalisant » leur réponse (en la prenant comme allant de soi puisque transmise par la tradition ou acquise par l'expérience), ce qui est aussi une façon de légitimer leur présence dans l'espace partagé et de proposer un mode conventionnel de coexistence aux autres acteurs, y compris les pouvoirs publics. Sur la base de leurs régularités et de leurs variations, la systématisation des circonstances de ces jeux sociaux prétend servir à fournir une trame de comparaisons entre les pratiques qui prévalent dans les différents cas.

« Ce qui est difficile ? Un *bon* endroit pour vendre ». On s'accorde à dire que c'est le premier enjeu du commerce sur la voie publique : trouver un lieu de vente adéquat et de ne pas s'en faire chasser. Mais d'abord comment le définit-on ? Le fait d'être propice à la vente d'aliments préparés ou autres marchandises ne s'attache pas à un lieu comme cadre presque abstrait mais aux flux de passants susceptibles d'être pris d'une envie qu'il faudra capter et satisfaire, variables selon les horaires et le type d'aliments les plus demandés à ce moment-là. Par exemple, à Mexico, de bon matin, on s'attend à trouver des personnes vendant de la bouillie de maïs (*atole*), des *tamales*[16] et du café à la cannelle à tous les points de passage où se pressent les personnes qui vont au travail. Qui compte sur cette solution pour son petit-déjeuner cherchera des yeux la carriole aux deux gros bidons de fer blanc qui les gardent au chaud sans songer qu'elle peut gêner la circulation. En revanche, ceux qui l'ont déjà pris sur le pouce chez eux ou attendent d'arriver au travail pour le faire pesteront si elle bloque le passage. C'est le défi à relever pour le vendeur que de réussir à satisfaire le client sans trop fâcher le passant. Le « bon endroit pour vendre » est toujours un lieu de tension entre des besoins et des volontés contraires. On voit bien que la vente n'est pas un simple attribut du lieu.

Trouver son lieu de vente n'est pas non plus une décision surgissant seule, hors paramètres. On ne va que dans des zones que l'on connaît déjà (comme travailleur, habitant, client), et c'est à une échelle plus fine encore – telle rue, tel coin, tel parcours – et, pour une bonne part, contrainte, que l'emplacement sera déterminé. Nos exemples montrent que d'autres personnes influent fortement – autres marchands, riverains et autorités municipales, parfois – pour assigner très précisément ce lieu, ou plus généralement en interdire d'autres proches. C'est ainsi à une double échelle

[15] Ces pages de l'édition en espagnol correspondent au chapitre 3 de l'édition originale en français (de Certeau, 1990).

[16] Les *tamales* sont des petits « paquets » de pâte de maïs enveloppés dans les spathes du grain et cuits à la vapeur, soit sucrés soit farcis de viande ou haricots noirs et sauce piquante.

que s'opère l'entrecroisement des déterminations externes et des options retenues par les vendeurs.

Sans l'avoir réellement choisi *a priori* et peut-être sans le percevoir clairement au départ, le marchand qui est aussi cuisinier va se retrouver dans un quartier populaire, ou hybride, indifférencié ou plus « bourgeois », et sa clientèle pourra compter une bonne proportion de riverains, ou quasi exclusivement des passants. Les aliments proposés tendent à rencontrer les préférences des uns ou des autres, avec des tâtonnements, en fonction des goûts présumés et des habitudes locales de restauration, compte tenu des capacités artisanales de qui les confectionne, ce qui n'est souvent pas une mince affaire.

Nous avons pu voir dans les esquisses ethnographiques présentées plus haut que la relation à l'entourage urbain et le face-à-face avec le client potentiel étaient déterminants de la situation et du statut social relatif du cuisinier/vendeur dans la rue et commandaient impérieusement des comportements en adéquation. Au point que c'est en fonction de ces injonctions, qui leur sont rarement adressées verbalement mais qu'ils captent, incorporent et traduisent en pratiques que nous avons dressé les grands cadres de regroupement des activités de vente de nos migrants maintenant citadins : aiguiser les sens et attirer par la chaleur de l'accueil et la « bonne tenue », établir une connivence sociale qui rend toute « naturelle » et nécessaire la présence du chaland, offrir le meilleur produit pour des prix resserrés, aller chercher le client là où il attend, là où il passe, et déclencher en lui le besoin immédiat de consommer[17]. Ces défis sont plus particulièrement adressés à l'artisan cuisinier mais il est aisé de les reformuler pour toute sorte de commerçants.

D'autres configurations de pratiques que nous n'avons pas observées ont été étudiées à Mexico par Carlos Alba (2011, 2012, dans ce livre) et d'autres auteurs (Silva, 2006 ; Olivo, 2010), où ce n'est pas de la nourriture qui est offerte mais des objets industriels, où les marchands ne sont pas également prestataires de services mais seulement camelots, et dont la marchandise n'a pas la dimension d'incorporation qui est essentielle dans la vente d'aliments préparés dans la rue à la vue du consommateur. L'organisation de ces marchands en associations de divers types, sans être règle absolue, est très largement prédominante, surtout dans les lieux où leur concentration est forte. On l'observe également à Caracas où notre collègue Mathilde Gauvain (2009) a travaillé auprès des *buhoneros* (terme localement adopté qui s'appliquait à l'origine aux colporteurs)

[17] Jérôme Monnet a développé une analyse très stimulante du « client ambulant » qui se déplace, en réalité, beaucoup plus que le vendeur, et dont les comportements alimentaires et les pratiques d'achat « en passant » se développent très vite, de par le monde (2006, 2007, 2008).

regroupés en coopératives[18] ou à São Paulo, le terrain d'enquête de Carlos Freire (article 2009, dans ce livre) et de Marina Montenegro (2009, dans ce livre) où la forme syndicale est la plus fréquente et combative. En revanche, les biffins qui s'aventuraient sur quelques places du quartier de Palermo, à Buenos Aires, dans les années 2000 ont procédé à titre individuel et ceux que la répression légale n'a pas atteints ont été absorbés dans les commerces environnants (Schwartzmann, 2011[19]).

L'organisation des ambulants semble répondre à deux fonctions principales : celle de négocier les modalités d'usage de l'espace public qu'ils s'approprient avec les autorités urbaines, elles-mêmes soumises à pression de la part de certains riverains, des commerçants installés et d'autres organismes ou citoyens cherchant à faire régner un certain ordre conforme à la loi. L'autre fonction est d'assurer le contrôle interne et d'éviter les dissensions, outre la lutte contre les autres associations. Ces deux fonctions sont d'ordre « politique » et non commercial, bien qu'une dirigeante des ambulants du Centre historique de Mexico, Maria Rosete, que Carlos Alba nous a permis de rencontrer, tente de mettre sur pied un projet d'investissement considérable d'importation et distribution de marchandises en provenance de Chine et gère, comme d'autres associations puissantes, un véritable service social (Alba, 2012).

Les producteurs et vendeurs d'aliments que nous avons accompagnés ne sont pas du tout sensibles aux avantages que pourraient leur apporter la participation à une association, qu'ils réduisent à la soumission à un *leader* et dont ils n'apprécient que le rôle de médiation avec les services de police urbaine. L'histoire de leur prudente exploration individuelle des ressources et des dangers de la ville l'explique, dans la période de ruptures et réagencements politiques des années 1990, où ils ont trouvé des niches d'emploi et des relations plus personnalisées de diverses sortes, contractuelles, solidaires, abusives, clientélistes, pour les aider à s'installer. Le temps historique est important : on peut imaginer actuellement que les longues files de stands où l'on prépare et sert de la nourriture aux portes des hôpitaux et aux abords des métros, qui se sont multipliées et étendues ces dernières années, s'organisent par la voie réglementaire sur la base d'inscriptions individuelles au registre de la voirie publique, ce qui n'empêche pas d'autres ordres de régner en parallèle.

---

18 « Les territoires de l'informel. Étude du commerce de rue à Caracas », 2009. Voir le Rapport semestriel 4/6 de Metraljeux.

19 « La vente de rue à Buenos Aires : Forme globale et spécificités locales », article extrait d'un travail de thèse sur les conflits dans l'espace public de Palermo Viejo, IHEAL (Paris III), sous la direction de Marie-France Prévôt-Schapira, Paris III, 2011.

Configurations sociales et gouvernance

Le marchand ambulant symbolise un rapport essentiel de l'urbain : l'anonymat et le flot massif des passants se rompent dans le moment accidentel, bref, de la rencontre interpersonnelle, médiatisée et délimitée par l'échange marchand. Ainsi, génériquement, les commerçants ambulants se placent par leur activité sous le signe de la *cohabitation sociale*, créent des scènes où *se jouent* la distance et la proximité sociales. Ce n'est pas sans exigence et sans effet sur les personnes. Le commerçant ambulant *ose* se présenter en personne dans l'espace public, ce que les passants n'apprécient pas forcément. Mais dans le milieu ambulant, pour ceux qui savent ce que cela signifie, c'est un héros, un brave : il affronte la rue, les gens, la foule, mais aussi les marchands rivaux, la police ou les agents de la voirie (Olivo, 2010). Certains d'entre eux se lancent à l'assaut des voitures arrêtées aux feux de signalisation ou qui roulent lentement, engluées dans la circulation. Le terme utilisé « *torear* » (affronter le taureau) en dit assez.

Le commerçant ambulant qui offre de la nourriture va plus loin encore, sur un mode discret. Il *ose toucher à l'intime* du client, dans sa corporéité, dépasser l'indifférence de façade, s'enquérir sur ses goûts, renchérir sur l'amabilité. Il mime ainsi des rapports interpersonnels, parfois familiers, à plaisanterie, réconfortants (jeunes, mendiants). La proximité suggère une possibilité de dépasser la barrière sociale et de désamorcer quelque peu la confrontation des intérêts et des fonctions sociales (Hall, 1971). De façon plus réaliste, les figures qui se profilent dans ces échanges commerçants sur la voie publique ouvrent une fenêtre sur la scène sociale en forçant les uns et les autres à reconnaître que « chacun agit à sa façon pour survivre » (*cada quien su lucha*).

Dans leurs pratiques de personnes de condition modeste, dans leur travail, pour accéder au logement, obtenir leur part des ressources publiques, les migrants, les marchands ambulants sont en permanence confrontés à des rapports d'inégalité sociale qui constituent pour eux une donnée essentielle de l'échange, qu'ils explicitent et soulignent. L'appartenance à de grands collectifs qui rassemblent et divisent, « nous les pauvres », « *la gente como uno* », « *los ricos* », « les riches », fait écho à l'expérience vécue et émaille les conversations. Mais elle est empreinte d'ambigüité puisque les rapports sociaux hiérarchiques, généralement défavorables, voire oppressifs, peuvent signifier l'accès providentiel à une aide bienveillante, et que l'égalité des conditions implique aussi des carences partagées et parfois une compétition féroce pour les combler. Les différents personnages du monde du trafic sont reconnus comme des proches par l'origine, alors que ceux qui opèrent, justement, dans leur milieu, sont des menaces très présentes. De la même façon, on évoque parfois « le gouvernement » comme un grand absent « qui ne fait rien », ou comme celui dont on attend tout (ou beaucoup) alors que ses agents sont le plus souvent – mais pas toujours – accusés d'incurie ou de corruption. Les répertoires d'action puisent directement dans les tactiques issues de la mémoire réactivée de ces expériences sociales où la confiance ne doit être accordée qu'à bon escient.

Références bibliographiques

Aguilar, M. Á., Sevilla, A. (eds.), *Estudios recientes sobre cultura urbana en México*, Mexico, Plaza y Valdés, 1996.

Alba Vega, C., « La mondialisation par le bas et ses formes de régulation politique », *Revue Tiers Monde*, 2011/4, n° 208, p. 103-119.

Alba, Vega, C., « La calle para quien la occupa », in *Nueva Sociedad*, 2012, n° 241, p. 80-92.

Alba Vega, C., Labazée, P., *Metropolización, transformaciones mercantiles y gobernanza en los países emergentes. Las grandes ciudades en las mutaciones del comercio mundial*, Mexico, El Colegio de México-IRD, sous presse.

Alonso, J. (ed.), *Los movimientos sociales en el Valle de México*, Mexico, La Casa Chata, 1986.

Arizpe, L., *Indígenas en la ciudad de México. El caso de las « Marías »*, México, Sep-Setentas. 1975.

De Barbieri, T., *Mujeres y vida cotidiana*, Mexico, Unam, 1985.

de Certeau, M., *L'invention du quotidien. I. Arts de faire*, Paris, Gallimard, 1990. Trad. espagnole, *La invención de lo cotidiano. 1 Artes de hacer*, Mexico, Universidad Iberoamericana – Iteso, 2000.

Chayanov, A., *La organización de la unidad económica campesina*, Buenos Aires, Nueva Visión, 1974.

Cornelius, W., *Los inmigrantes pobres en la ciudad de México y la política*, Mexico, Fondo de Cultura Económica, 1980.

Cortes, F., Cuéllar, O. (eds.), *Crisis y reproducción social, los comerciantes del sector informal*, Mexico, Flacso-Porrúa, 1990.

Coulomb, R., Sánchez Mejorada, C. (eds.), *Pobreza urbana, autogestión y política*, Mexico, Cenvi, 1992.

Dorcé, A., Giglia, A., Nivón, E., « Laboratorio de *Cultura Urbana* : una introducción », *Alteridades*, 2008, Année 18, n° 36, p. 3-10.

Duhau, E., Giglia, A., *Las reglas del desorden : habitar la metrópoli*, Mexico, Siglo XXI, 2008.

Durin, S. (ed), *Etnicidades urbanas*, Mexico, Ciesas, 2010.

Freire da Silva, C., « La débrouille : le commerce informel des camelots », in Cabanes, R., Georges, I. (eds.), *São Paulo. La ville d'en bas*, Paris, L'Harmattan, 2009, p. 45-56.

García, B., Muñoz, H., de Oliveira, O., *Hogares y trabajadores en la Ciudad de México*, Mexico, El Colegio de México, IIS-UNAM, 1982.

García, D., « Una etnografía económica de los tacos callejeros en México. El caso de Monterrey », *Estudios Sociales*, vol. 19, n° 37, 2011, p. 32-63.

García Canclini, N. (ed.), *El consumo cultural en México*, México, Conaculta, 1993.

García Canclini, N. (ed.), *Cultura y comunicación en la Ciudad de México. Primera parte. Modernidad y multiculturalidad : la Ciudad de México a fin de siglo*, Mexico, UAM-Grijalbo, 1998.

Gauvain, M., « Les territoires de l'informel. Étude du commerce de rue à Caracas », Rapport semestriel 4/6 de Metraljeux, 2009.

Giglia, A, « Orden urbano, espacio público y comercio en Ciudad Nezahualcóyotl », in Portal, A. M. (ed.), *Espacios públicos y prácticas metropolitanas*, Mexico, UAM-Conacyt, 2007, p. 67-98.

Gonzalez de la Rocha, M., *Los recursos de la pobreza. Familias de bajos ingresos en la ciudad de Guadalajara*, Guadalajara, El Colegio de Jalisco, SPP, 1986.

Gutman, M., *Ser hombre de verdad en la ciudad de México. Ni macho ni mandilón*, Mexico, El Colegio de México, 2000.

Hall, E. T., *La dimension cachée*, Paris, Seuil, 1971.

Hiernaux, N., *Nueva periferia, vieja metrópoli : El Valle de Chalco, Ciudad de México*, Mexico, UAM, 1995.

Hiernaux, N., *Etnicidad y metrópolis : indígenas en el Valle de Chalco, Toluca*, Mexico, El Colegio Mexiquense – Ayuntamiento del Valle de Chalco Solidaridad – Fonaculta, 2000.

Lewis, O., *Los hijos de Sánchez*, Mexico, Siglo XXI, 1964.

Lewis, O., *Antropología de la pobreza. Cinco familias*, Mexico, Fondo de Cultura Económica, 1959.

Lindon Villoria, A., *De la trama de la cotidianidad a los modos de vida urbanos. El valle de Chalco*, Mexico, El Colegio de México, El Colegio Mexiquense, 1999.

Lindon, A. (ed.), *La vida cotidiana y su espaco-temporalidad*, Mexico, Anthropos-UAM-I-Crim-UNAM, 2000.

Lindon, A., Aguilar, M.A., Hiernaux, N. (eds), *Lugares e imaginarios en la metrópolis*, Mexico, Anthropos-UAM, 2006.

Lomnitz, L., *Cómo sobreviven los marginados*, Mexico, Siglo XXI, 1975.

Luckmann, B. « The Small Life World of Modern Man », *Social Research*, n° 4, 1970, p. 580-596.

Makowski, S., *Jóvenes que viven en la calle*, Mexico, Siglo XXI-UAM-I, 2010.

Massolo, A., *Por amor y coraje. Mujeres en movimientos urbanos de la ciudad de México*, Mexico, El Colegio de México, 1992.

Massolo, A. (ed.), *Mujeres y ciudades. Participación social, vivienda y vida cotidiana*, Mexico, El Colegio de México, 1992.

Michel, M. A. (ed.), *Procesos habitacionales en la Ciudad de México*, Mexico, UAM-Sedue, 1988.

Moctezuma, P., « El movimiento urbano popular mexicano », in *Nueva Antropología*, vol. VI, n° 24, 1984, p. 61-87.

Monnet, J., « Le commerce de rue, ambulant ou informel et ses rapports avec la métropolisation : une proposition de modélisation », in *Autrepart*, 3, n° 39, 2006, p. 93-109.

Monnet, J., A. Giglia, Capron, G., « Ambulantage et services à la mobilité : les carrefours commerciaux à Mexico », in *Cybergeo : European Journal of Geography, 2007*, [En ligne], Dossiers, Ambulantage et métropolisation, document 371, mis en ligne le 6 avril 2007, consulté le 20 juin 2013. URL : http://cybergeo.revues.org/5574; DOI :10.4000/cybergeo.5574

Monnet, J., Staszak, J.-F, « Éditorial. Le consommateur ambulant : mobilités, stratégies et services », *Espaces et sociétés*, n° 135, 4, 2008, p. 19-24.

Montenegro, M., « Les politiques de requalification et les différentes formes de résistance liés au travail et à l'habitation parmi les classes populaires dans le centre-ville », in Rivière d'Arc, H. (dir.), *Centres de villes durables en Amérique latine. Exorciser les précarités ? Mexico – Merida (Yucatán) – São Paulo Recife – Buenos Aires*, Paris, Éditions de l'IHEAL, 2009, p. 159-178.

Muñoz, H., de Oliveira, O., Stern, C., *Migración y desigualdad social en la ciudad de México*, Mexico, UNAM, El Colegio de México, 1977.

Nivón Bolan, E., *Cultura urbana y movimientos sociales*, Mexico, UAM-Conaculta, 1998.

Oehmichen, C., *Identidad, género y relaciones interétnicas : Mazahuas en la ciudad de México*, Mexico, UNAM, 2005.

de Oliveira, O., Pepin-Lehalleur M., Salles, V. (eds), *Grupos domésticos y reproducción cotidiana*, Mexico, UNAM, El Colegio de México, Porrúa, 1988.

Olivo Pérez, M. A., *Vendedores ambulantes en el Centro Histórico de la Ciudad de México : estigmas y aprendizaje en su ocupación*, Mexico, UAM-I, 2010.

Pepin-Lehalleur M., Rendón, T., « Reflexiones a partir de una investigación sobre grupos domésticos campesinos y sus estrategias de reproducción », in de Oliveira, O., Pepin-Lehalleur M. et Salles, V. (eds.), *Grupos domésticos y reproducción cotidiana*, Mexico, UNAM, El Colegio de México, Porrúa, 1988, p. 107-126.

Pérez López, R., *Vivre et survivre à Mexico : enfants et jeunes de la rue*, Paris, Karthala, 2009.

Perraudin, A., « Los asentamientos comunitarios : estrategias residenciales e interacciones interétnicas. El caso de los Otomíes de Santiago Mexquititlán en la Ciudad de México », in Durin, S. (ed.), *Etnicidades urbanas*, Mexico, Ciesas, 2010, p. 155-175.

Piette, A., *Ethnographie de l'action. L'observation des détails*, Paris, Métailié, 1996.

Portal, A. M. (ed.), *Vivir la diversidad. Identidades y cultura en dos contextos urbanos de México*, Mexico, Conacyt, 2001.

Portal, A. M. (ed.), *Espacios públicos y prácticas metropolitanas*, Mexico, UAM-Conacyt, 2007.

Safa, P., *Vecinos y vecindarios en la ciudad de México*, Mexico, Ciesas-UAM-I, 1998.

Salazar Cruz, C., *Espacio y vida cotidiana en la ciudad de México*, Mexico, El Colegio de México, 1999.

Santos, M., *L'espace partagé : les deux circuits de l'économie urbaine des pays sous-développés*, Paris, Génin, 1975.

Schteingart, M., *Los productores del espacio habitable. Estado, empresa y sociedad en la ciudad de México*, Mexico, El Colegio de México, 1990.

Schteingart, M. (ed.), *Espacio y vivienda en la ciudad de México*, Mexico, El Colegio de México, 1991.

Schteingart, M. (ed.), *Pobreza, condiciones de vida y salud en la ciudad de México*, Mexico, El Colegio de México, 1997.

Schwartzmann, S., « La vente de rue à Buenos Aires : Forme globale et spécificités locales », article extrait d'un travail de thèse sur les conflits dans l'espace public de Palermo Viejo, IHEAL (Paris III), sous la direction de Marie-France Prévôt-Schapira, Paris III, 2011.

Silva Londoño, D., *« Espacio urbano y comercio en vía pública »*, Mexico, Mémoire de maîtrise, FLACSO, 2006.

Tamayo, S., Wildner, K. (eds.), *Identidades urbanas*, Mexico, UAM, 2005.

Thévenot, L., « L'action qui convient », in Pharo, P. & Quéré, L. (eds), *Les formes de l'action*, Paris, Ed. Ehess (Raisons pratiques I), 1990, p. 39-69.

Unikel, Luís *et alii*, *El desarrollo urbano de México : diagnóstico e implicaciones futuras*, Mexico, El Colegio de México, 1976.

Vergara, A., Aguilar, M.A., Sevilla, A. (eds.), *Las ciudades desde sus lugares. Trece ventanas etnográficas para una metrópoli*, Mexico, Conaculta-Porrúa-UAM-I, 2001.

1. Les commerçantes de rue hors association portent le tablier imposé le dimanche sur la Plaza del Danzón par le Bureau de la voie publique (*Vía Pública*). Photo prise en novembre 2011 par Marielle Pepin-Lehalleur

2. La vendeuse de mandarines garde un œil sur son bébé couché au milieu des fruits. Derrière elle, un petit autel portatif à la Vierge de la Guadeloupe, et les pots de Flor de Nochebuena (Fleur de Noël). Photo prise en décembre 2011 par Alain Dalga

3. Dans la Colonie Juarez, Mexico. Ici, commerçants et riverains se rendent des services mutuels : surveillance des abords en échange d'un lieu où remiser les étals et la marchandise. Photo prise en juillet 2009 par Marielle Pepin-Lehalleur

4. Vente de *tortas* (sandwiches) en famille à Naucalpan (État de Mexico). Photo prise en février 2009 par Marielle Pepin-Lehalleur

5. Vendeurs de *papitas* à Xochimilco, lieu touristique.
Photo prise en décembre 2011 par Alain Dalga

Conclusion

Christian AZAÏS & Marielle PEPIN-LEHALLEUR

Au terme de cet ouvrage, conclure n'est pas tâche aisée si l'on considère la richesse des travaux présentés et des débats qui nous ont animés pendant toute la durée de ce programme ANR. Les articles recueillis ici sont le fruit de plusieurs années de recherche, ils complètent diverses publications collectives (Azaïs, Kessler, Telles, 2012 ; Kessler, Telles, 2010 ; Alba, Labazée, à paraître) et bien d'autres encore publiées sous l'étiquette ANR Metraljeux. La diversité des thèmes, la richesse des discussions qui ont caractérisé cette recherche collective ne sauraient être rendues dans ces quelques lignes avec toute l'intensité méritée.

Avant toute chose, nous voudrions rendre hommage au travail de notre collègue Pascal Labazée, disparu prématurément en juillet 2011. Nous aimerions aussi remercier toutes celles et tous ceux qui nous ont accompagné-e-s pendant ces trois années et demie de durée officielle du programme et qui, pour une raison ou une autre, ne se retrouvent pas dans cet ouvrage. Les discussions présentées sont le produit de ces interactions.

Nous voudrions rappeler que ce qui à l'époque n'était encore qu'un projet de recherche reposait sur trois piliers : la globalisation, la gouvernance et la comparaison. Une fois le projet accepté par les instances de l'ANR, il nous a fallu consolider cette colonne vertébrale et surtout l'articuler avec des thématiques qui *a priori* ne se recoupaient pas ou peu, le logement, le commerce ambulant, le travail et la sécurité, devenue illégalismes. Nous avons fait le pari, explicité dans l'introduction, de ne présenter que les problématiques générales de nos recherches, laissant au lecteur le plaisir de découvrir par lui-même la richesse des terrains et des réflexions développées par chaque contributeur. Dans ces quelques lignes, nous nous contenterons d'orienter différemment la focale d'appréhension des réalités observées.

Si l'on peut considérer que les deux thèmes de la globalisation et de la gouvernance, à travers les concepts de « régime » et de « formes » de gouvernance ont été suffisamment explicités dans les pages qui précèdent, il n'en est pas autant de la dimension comparative. Aussi souhaiterions-nous revenir sur cette question et aborder la manière dont nous avons procédé.

Nous le ferons de deux manières, grâce à un chassé-croisé entre deux approches : tout d'abord, en insistant sur la dimension institutionnelle et puis, comme il est déjà annoncé dans l'introduction, en prenant le parti pris d'un regard focalisé sur le quotidien. Dans le premier cas, il s'agit de comprendre en quoi la dimension institutionnelle peut-elle éclairer d'un jour nouveau l'échelle micro, i.e. quelles en sont les implications. Dans le second, la question est de savoir dans quelle mesure la dimension du quotidien, qui n'a pas été celle développée *officiellement* dans plusieurs textes, permet d'instruire la perspective comparative et, ce faisant, d'offrir un autre « point de vue » (Assayag, 2005) sur les objets analysés.

La dimension de la comparaison

D'emblée nous avons opté pour une dimension infranationale de la comparaison en choisissant de nous intéresser à quatre métropoles. Même si nous n'ignorons pas la primauté du cadre national, étatique, dans la plupart des comparaisons, en partant des métropoles, nous offrons une focale différente, de nature méso-analytique, en total accord avec l'idée de « points de vue », i.e. l'analyse des situations à partir de prismes différents. Sans prétendre avoir balayé l'ensemble des « points de vue », nous pensons en avoir détecté une quantité signifiante, ce qui nous permet de nous reconnaître dans le propos suivant :

> « Si l'inscription dans un seul contenant social – le quartier, la profession, l'ethnie, la circonscription administrative, le bassin d'emploi, l'espace partisan – suffit toujours moins à justifier ou à expliquer des formes d'interactions sociales, la focalisation de l'analyse sur les acteurs permet de se rapporter à des cadres différenciés. La prise en compte de la pluralité contemporaine des ordres sociaux passe ainsi par l'étude des liens qui unissent le parcours du singulier à des cadres collectifs » (Giraud, 2012 : 107).

L'auteur poursuit : « L'attention portée aux acteurs, au sens qu'ils donnent aux cadres dans lesquels ils agissent, aux usages spécifiques qu'ils font des échelles différenciées dans lesquelles se situe leur action permet d'échapper aux oppositions stériles entre analyses portant sur les variables 'systémiques' et analyses portant sur des jeux d'acteurs ou sur des cas locaux » (Giraud, 2012 : 107).

Ces mises en garde soulignent la complexité de l'approche multiniveau, qui redouble lorsque le propos porte sur des univers aussi contrastés que les lieux choisis pour nos recherches et sur des thèmes aussi différents que le logement, le travail, le commerce ambulant ou les illégalismes. L'effort de comparaison que nous avons fait, thème par thème, éclaire les spécificités de chaque lieu et par effet de *boomerang* dévoile pour chaque cas étudié un autre « point de vue » que celui de la recherche effectuée. Nous nous sommes inspirés des différentes manières de faire de la comparaison en sciences sociales et de plusieurs ouvrages ou articles qui s'y sont intéressés récemment (Lallement, Spurk, 2005 ; Vigour, 2005 ; de Verdalle *et al.*, 2012 ; Giraud, 2012, pour ne citer que ceux-là). Tous insistent sur l'importance de la dimension comparative et se penchent sur les différentes méthodes héritées des classiques ou alors plus récentes. Certaines nous ont semblé être plus à même de saisir la complexité et la spécificité des enjeux dévoilés par nos objets de recherche. Nous ne prétendons pas toutes les inventorier, notre intuition est que, pour traiter des objets aussi divers que ceux que nous avons choisis, la démarche des cas les plus contrastés, telle qu'elle a été élaborée, entre autres, par Skocpol (1979) et approfondie par Giraud (2012) nous semble la plus appropriée. Comparer n'est pas trouver des similitudes entre des phénomènes mais plutôt arriver à mettre en relief les spécificités d'un phénomène ou, comme l'écrit Giraud (2012 : 90), « l'intérêt de la comparaison se fonde sur la confrontation de cas contrastés relevant d'une même catégorie analytique [...] La force d'une approche centrée sur les cas les plus différents réside donc précisément dans le travail de mise à l'épreuve des mécanismes constitutifs des phénomènes à étudier ». Cette « mise à l'épreuve » constitue la base de cette conclusion dans la mesure où l'on se propose d'interpréter, à l'insu parfois de ce qu'ont fait les auteur-e-s, leurs propos et d'en dévoiler des éléments que nous captons entre les lignes de leurs écrits alors même que leur « point de vue » n'était pas exprimé de cette façon.

En opérant un choix d'objets spécifiques, qui permettent d'insister sur les similitudes mais plus encore sur les différences, la comparaison gagne son statut. L'on peut aussi rappeler cette affirmation célèbre, selon laquelle, « la recherche comparative ne cherche pas à comparer mais à expliquer » (Przeworski, Teune, 1970 : 35), ce qui rejoint le propos de Sartori (1994), « comparer, c'est à la fois assimiler et différencier par rapport à un critère ». Tout chercheur en science sociale fait de la comparaison, à partir du moment où rendre compte du terrain va mobiliser des expériences antérieures, relatées ou pas, mais qui seront présentes en filigranne dans l'analyse. Ainsi, d'un point de vue méthodologique, l'exercice comparatif relève-t-il de l'induction, démarche que nous avons suivie dans nos enquêtes. Nos recherches recouvrent certains types de méthodes, considérées comme les plus usuelles en sciences sociales :

- la méthode de concordance : il s'agit d'étudier des cas où un même phénomène a lieu, ce qui pour nous s'avérait aisé puisque nous avions déterminé au préalable les terrains d'enquête et avons mis en place des binômes[20] chargés de s'engager dans une démarche comparative. L'accès au logement a pu être comparé entre São Paulo

[20] Démarche qui a orienté les travaux du colloque de fin de programme, réalisé à Paris les 3 et 4 mars 2011.

et Mexico en termes de litiges, mais aussi entre Buenos Aires et São Paulo, même si l'approche des chercheures est de nature plus institutionnelle. Le commerce ambulant a été mis en perspective dans les deux villes de Mexico et de São Paulo en suivant la même grille d'analyse ; le rapport aux institutions y est présent même si les auteurs s'intéressent davantage aux enjeux de pouvoir entre les protagonistes. Il en a été de même du secteur des hélicoptères où les arrangements institutionnels et la construction des normes relatives à l'activité ont été au cœur de l'analyse ; ils n'en éclairent pas moins des pratiques différenciées d'un pays à l'autre. Finalement, les pratiques illégales, sous la forme du brouillage entre activités légales et illégales mettent au cœur des interrogations le rapport à l'institutionnel, en en faisant une instance mouvante ;

– la méthode de différence : une même manifestation est étudiée dans des métropoles où elle existe et dans d'autres où elle n'est pas présente ou se manifeste différemment. Cette méthode serait la plus appropriée pour traiter de nos quatre métropoles et même au sein de la métropole. Leur taille, leur inscription dans la globalisation sont différenciées. En effet, nous n'avons pas suivi un cadre préétabli, cherchant à trouver à tout prix les mêmes phénomènes dans les quatre, voire trois ou deux métropoles. L'impression d'un certain éparpillement des terrains et l'interrogation sur la façon dont pourrait être conduite la comparaison, qui ont pu être les nôtres au début de la recherche, se sont estompées pour insister sur la richesse d'univers contrastés et sur des inscriptions différenciées des métropoles dans la globalisation. La question de la représentativité n'était pas au cœur de notre propos, étant plus intéressés par les tendances, les processus et les dynamiques ;
– la méthode unie de concordance et de différence : un phénomène est le produit de multiples causes dont il est difficile de distinguer et d'isoler les effets. Cela rejoint ce que de Verdalle *et al.* (2012 : 8) qualifient « d'actualité du 'problème de Galton'[21] ». Celle-ci serait renforcée par la « complexification de l'écheveau des causalités et des facteurs influençant le fait social étudié », assertion qui s'inscrit pleinement dans ce que nous défendons dans cet ouvrage aussi bien à propos de la gouvernance que de la globalisation et que l'on va retrouver dans plusieurs de nos recherches. Ainsi, les explications ne sont jamais linéaires : cette assertion se vérifie pleinement dans l'analyse des frontières mouvantes entre le

[21] « La corrélation entre deux phénomènes peut signifier soit que l'un est la cause de l'autre, soit qu'ils sont tous deux les effets d'une même cause, soit qu'un troisième phénomène, caché, est l'effet du premier et la cause du second » (de Verdalle *et al.* : 8).

légal et l'illégal, ce que Schapira et Cattaneo avancent à propos du logement, lorsqu'ils soulignent le rôle d'une institution comme la *Defensoría.* Il en est de même à propos de la façon dont les normes d'accès à la profession de pilote d'hélicoptère varient selon les contextes, malgré une législation internationale censée s'appliquer *urbi et orbi.* L'exercice du commerce ambulant, de par les tractations qu'il exige entre les divers acteurs en lice, est un exemple de ressemblances et de différences entre les deux univers, São Paulo et Mexico, ce qui montre que la comparaison ne peut se faire *ipsis litteris* ;

- la méthode indirecte des différences *Most Different Systems Design (*MDSD). Le chercheur se pose la question de savoir si les conditions communes identifiées comme les causes du phénomène à expliquer sont bien absentes de cas – potentiellement similaires, dans lesquels le phénomène à expliquer est lui aussi absent. Cette méthode, toutes proportions gardées, s'appliquerait à merveille à propos des hélicoptères. En effet, ni Buenos Aires, ni Caracas (villes où l'enquête n'a pas été faite) ni même Mexico ne connaissent un engouement pour ce genre de déplacement à l'instar de São Paulo. Entre Mexico et São Paulo, comme il a été dit, les conditions de transport, de sécurité présentent de grandes similitudes ; or, le trafic d'hélicoptères n'y connaît pas la même intensité. À leur manière Schapira et Cattaneo, à propos du logement à Buenos Aires, contribuent à étayer la thèse de la différence. Ils présentent la ville comme un cas à part dans l'univers des autres métropoles latino-américaines ;

Nos recherches ont mis en évidence le fait que la construction métropolitaine est alimentée par la pluralité des cadres de référence de l'action publique – dimension institutionnelle –, mais aussi par le quotidien des acteurs sociaux. La verticalité dans les rapports entre institutions et acteurs, celle qui met l'État au cœur du dispositif, ne peut plus être l'unique grille de lecture possible car d'autres ordres de régulation existent, qui viennent se combiner, s'opposer au cadre existant et le modifier. Les quatre enjeux choisis, qui ne prétendent à aucune exhaustivité – le logement, le commerce ambulant, le travail et les illégalismes – ont servi de terrains où ont été testés concrètement les rapports entre les divers ordres de régulation. Ils nous ont permis d'en dévoiler la complexité. Autrement dit, expliciter le fait que « les structures du social se décomposent et se transforment » (Giraud, 2012 : 97) revient à souligner que l'échelon national ou étatique n'est pas le seul qui permette de saisir la complexité des phénomènes ; l'échelon local, celui des acteurs dans leur quotidien, importe tout autant. Par ailleurs, nous sommes persuadés que le fait d'avoir choisi d'emblée comme cadre d'analyse ces quatre métropoles latino-américaines et non les quatre nations qui les abritent n'a pas biaisé l'analyse dans le sens où l'on aurait privilégié *a priori* l'échelle méso au détriment de la sphère nationale. Faire se rencontrer les dimensions institutionnelle et du quotidien avait pour objectif de saisir la diversité des entrées possibles dans la compréhension de la construction métropolitaine.

La richesse de notre proposition méthodologique tient au recours à l'analyse multiscalaire des processus, pris à des stades divers, macro, micro et méso. La prise en compte d'échelles d'analyse variées permet de saisir la logique interne des phénomènes étudiés. Ce qu'elle gagne en profondeur, elle le perd en généralisation, les enseignements de tel ou tel cas pouvant être difficilement transposables à d'autres univers. Cependant, les logiques de fonctionnement interne que les comparaisons ont dévoilées grâce à la mise en perspective de phénomènes se déroulant dans d'autres contextes semblent être l'une des richesses de la démarche.

Cette optique structure l'ouvrage et oriente notre approche de la construction métropolitaine dans un monde marqué par la globalisation qui affecte à la fois les institutions mais aussi les pratiques des acteurs. La dimension institutionnelle est vue sous l'angle des quatre thématiques – logement, travail, commerce ambulant et illégalismes, avec une insistance plus ou moins grande selon les exemples choisis. La dimension des pratiques des acteurs au quotidien, qui renvoie à des formes d'institutionnalisation en herbe ou consolidées à travers leurs jeux de pouvoir, est peut-être moins visible dans certains cas, mais elle est présente en filigrane.

La dimension du quotidien

Après l'exercice en comparaison sur des analyses où les acteurs et les éléments mis en contexte ont été principalement assemblés et analysés dans leurs rapports aux institutions, aux politiques publiques et aux forces du marché, changer de focale peut mettre en valeur ce que l'observation parfois directe de ces mêmes citadins mais aussi des appréciations plus médiatisées peuvent nous révéler de leur perception des situations qu'ils vivent et comment celle-ci éclaire leurs attentes et leurs comportements. Prendre en compte le quotidien signifie appréhender les phénomènes à l'échelle de leur appréciation par les acteurs (ce qui suppose de se plier aux méthodes de l'observation prolongée et rapprochée et de se tenir attentif aux perceptions de l'observateur lui-même afin de les garder présentes à l'esprit et sous contrôle). La notion d'échelle prend ici son sens le plus fort, qui engage un point de vue et implique que la magnitude et la forme que prennent les phénomènes et l'apparition de certains au domaine du sensible, entraînent l'effacement d'autres angles et d'autres reliefs. « Le détail (dans une photographie qui renvoie à une 'information', à un 'intérêt général'), c'est l'effet du particulier dans le général ou encore du potentiel dans l'actuel. Tel est bien l'objectif d'une lecture rapprochée de la vie sociale » (Piette, 1996 : 151).

On peut ainsi enrichir notre compréhension des conflits qui se nouent autour des problématiques de l'habitat, par exemple, en cherchant à clarifier comment sont ressentis et traduits en pratique les besoins et les désirs de logement des populations urbaines, quand les institutions et les analystes parlent de pression du foncier, de densification des centres, d'étalement des périphéries ou (comme à une époque encore toute proche) de bulle financière dans la construction et le logement. Comment les tendances générales repérées dans les quatre métropoles étudiées – et ailleurs – se différencient-elles d'un lieu à un autre ?

Les perspectives rectilignes tracées par les mesures de politique publique ou par la publication des offres mercantiles doivent être relues à la lumière des accommodements et des contournements dont elles sont l'objet sur le terrain. Les conflits le plus souvent souterrains qui parfois émergent, les longues acceptations et les petits avantages qu'on cherche à en tirer « malgré tout », les recours auxquels les uns ou les autres tentent d'avoir accès, des manœuvres audacieuses lancées par certains auxquelles la plupart se soumettent, etc. donnent leur consistance à la gouvernance, à la façon dont se dessinent des lignes de force dans un contexte, à un moment donnés. Dans cette optique, le cadre institutionnel garde toute son importance mais il ne peut être donné *a priori*, c'est justement sa force relative qui sera éclairée par les interactions, elles-mêmes comprises à travers les perceptions exprimées (d'une façon ou d'une autre) par les acteurs.

Le texte d'Hélène *Rivière d'Arc*, par exemple, entrecroise l'analyse des stratégies des promoteurs et constructeurs, des autorités urbaines et des citadins en demande de logement dans les deux métropoles en expansion de Mexico et de São Paulo. La densification de cette dernière qui s'est distinguée depuis longtemps par le foisonnement des gratte-ciels dans la ville centrale s'accompagne maintenant d'une tendance à l'étalement qui s'était déjà vérifiée à Mexico depuis les années 1970 avec de larges processus d'invasion de terrains suivis de régularisation et d'autoconstruction.

Dans la nouvelle configuration pauliste où les entreprises immobilières visent dorénavant la clientèle populaire et construisent en périphérie en instruisant leurs propres dossiers au sein des conseils d'urbanisme des municipalités où ils se sont assuré de siéger, une nouvelle forme de mobilisation pour les habitants des secteurs populaires et moyens consiste à se regrouper en associations et à tenter de défendre l'espace réservé aux tranches de salaire basses dans les plans directeurs, alors que dans les décennies précédentes, la modalité paradigmatique des luttes se localisait dans les *squatts* d'immeubles abandonnés du centre pour réclamer leur réhabilitation. L'influence des expériences finalement décevantes des occupations que les autorités urbaines ont cessé de tolérer se conjugue aux possibilités nouvelles ouvertes aux familles qui ont bénéficié du rebond économique et explique leur acceptation et l'usage des procédures en cours sur le marché. Les militants associatifs reconnaissent que les formes anciennes de solidarité sont peu à peu abandonnées, que les familles recentrent leurs vues sur l'accès au logement dans un sens individuel, et que celles qui y parviennent se trouvent contraintes de lui consacrer une plus large part de leurs revenus.

À Mexico, dorénavant, après que les familles aisées ont longuement réservé leur prédilection aux maisons particulières entourées de jardins, les nouvelles générations des classes moyennes et élevées éduquées au goût international se tournent vers les appartements en grands immeubles luxueux offrant des services. Dans ces quartiers qui occupent ou forment de nouvelles centralités, une certaine mesure d'entre-soi est assurée tout en garantissant le mode de vie plus urbain qu'elles privilégient. Une nouvelle forme de ville se dessine ainsi avec le développement de quartiers en hauteur (*de altura* – le terme est synonyme de supériorité), bien délimités par leur trame et leurs équipements dans certaines zones du centre et de l'ouest de l'agglomération. En parallèle et en sens contraire, le processus d'expansion horizontale qu'avaient induit les larges mobilisations populaires d'appropriation de terrains périphériques, souvent par invasion organisée, dans les années 1980 et 1990, se poursuit sous de nouvelles formes, proposées dorénavant par les promoteurs et constructeurs particuliers, en accord avec les pouvoirs publics qui en facilitent le financement. L'appétit de propriété nourri par les incertitudes liées à la crise économique et soigneusement entretenu par les images publicitaires est réputé mouvoir les souhaits des classes moyennes et justifie la vente à tempérament de petites maisons unifamiliales mitoyennes dans d'immenses lotissements éloignés des sources d'emploi et des services urbains. L'observation rapprochée des modes de vie et de la sociabilité de ces familles permettrait de saisir les accommodements qu'elles trouvent pour créer des conditions plus propices à leur insertion économique et urbaine, dans un contexte politique où la lutte entre partis explique beaucoup de discontinuités dans le développement métropolitain mais où les pratiques d'enrôlement corporatif si prégnant dans les décennies passées perdent du terrain sur fond d'affaiblissement des structures politiques pyramidales et de regain des formes de compétition marchande. Si l'appartenance à un syndicat ou à un mouvement organisé sur une base territoriale et conduit par un *leader* proche d'un parti cessent de rassembler beaucoup de citoyens, peut-on penser que les nouvelles sociabilités en réseau prendront leur place ? Les études qui se développent sur les technologies de l'information et la communication (TIC) jusque dans les zones urbaines et rurales marginalisées en montrent un usage en expansion chez les jeunes qui aura nécessairement des répercussions massives bientôt (Matus, Ramírez, 2012).

Dans l'article que *Catherine Bidou-Zachariasen* consacre à cette évolution historique mexicaine qu'elle qualifie de processus de dé-modernisation, l'auteure nous offre quelques exemples de divers moments et styles de mobilisation populaire à travers la référence rapide aux modes de participation à l'accès et à la cohabitation au sein des diverses unités de logement social qui se sont construites dans les années 1940, puis 1970, 1980 et dans la situation actuelle où l'on retrouve des pratiques informelles d'occupation et de modification des espaces alloués pour le logement. La référence à la notion d' « informel » est capitale mais change de sens et de signe avec le temps économique et politique, dit-elle, puisque les pratiques d'accès à la terre urbaine par l'invasion et l'autoconstruction s'inscrivaient alors dans une perspective et un espoir qui ont été largement comblés d'une régularisation obtenue collectivement par la mobilisation, alors que le recours actuel aux expédients de l'informalité est un mouvement généralisé mais individuel qui cherche à compenser durablement les insuffisances structurelles de la propriété et des rapports de marché.

À Buenos Aires, la temporalité des crises et de la période de dictature infléchit la temporalité des évolutions dans les tendances dominantes du traitement du logement, bien qu'on retrouve à un moment ou à un autre les mêmes ingrédients qu'à Mexico ou à São Paulo. Mais la gravité de la crise et des mouvements de protestation, ainsi que l'accession de la ville de Buenos Aires au statut d'autonomie ont donné une vigueur singulière aux luttes pour la reconnaissance politique et judiciaire au droit au logement pour lequel de multiples expulsés, *Sin Techo* et militants des occupations (MOI) se trouvaient mobilisés. *Marie-France Prévôt-Schapira* et *Rodrigo Cattaneo* brossent le tableau des luttes fragmentées que mènent les multiples catégories de mal logés, qu'il s'agisse de *villeros*, d'occupants d'immeubles de logement social (*monoblock*), de quartiers ouvriers de petites maisons maintenant insuffisantes pour les enfants. Le grand territoire du sud de la ville constitue ainsi une vaste mosaïque d'habitats dégradés ou précaires aux formes locales de contrôle social et d'exclusion exacerbées où chacun fait appel à sa légitimité de fondation historique. Des mouvements d'occupation de grande ampleur s'y déroulent dont celle du Parque Indoamericano en 2010. Parmi les rares programmes de construction sociale qui arrivent à voir concrètement le jour, malgré les difficultés de gestion et autres blocages administratifs, deux grands programmes sont analysés : à Casa Amarilla dans le secteur de La Boca, divers acteurs aux légitimités et aux prétentions diverses s'affrontent. Des « voisins » vivant à proximité des périmètres concernés font valoir leurs droits rivaux à la définition des usages des lieux. Le passage par le tribunal qui ordonne l'exécution du programme de construction de logements sociaux n'empêche pas le blocage. À Bajo Flores, la compétition entre ayants droit potentiels donne lieu à des luttes violentes auxquelles participent les *punteros* (*leaders* locaux) des différents partis chargés de réaliser le recensement. Ce sont les perceptions de leur droit, droit raffermi par une définition juridique, qui motivent les habitants et les poussent à l'action, au risque de saccager le bien qui serait dispensé « indument » à un autre citadin. Le recours aux tribunaux n'apaise donc pas, en soi, le conflit, et même l'attise. Il devient le nouvel espace en jeu pour affirmer la légitimité et la légalité dont les définitions ne sont pas données d'avance mais résultent au contraire de la victoire d'un des interlocuteurs. Ces luttes se livrent sur un nouveau terrain, en faisant pression sur les autorités politiques pour l'attribution des programmes. Elles se trouvent cependant chaque fois plus délimitées dans des périmètres réduits par l'avancée des actions du capital immobilier qui valorise de nouvelles surfaces pour répondre à une demande activée par la mondialisation.

En comparant point par point les tensions et les dynamiques qui marquent la question du logement à São Paulo et à Buenos Aires, *Helena Menna Barreto* et *Iliana Mignaqui* s'attachent principalement à montrer les points d'articulation et les conflits entre les agents institutionnels du public et du privé dans la valorisation des espaces et les modes d'urbanisation des deux métropoles. Ce sont donc naturellement les niveaux macro et méso qui sont privilégiés, bien que l'analyse poussée dans le détail du fonctionnement même de certains programmes nous livre les conflits d'intérêts rencontrés. Ainsi, en Argentine, dans la présentation des deux plans tant fédéral que propre à la ville, qui se sont mis en place dans les années 2001-2007 et 2000-2007, les même priorités d'urbanisation des *villas* ont été soutenues au détriment de construction de logements neufs, tout en favorisant des formes de participation des mouvements coopératifs, mais sans leur allouer de financement conséquent. Cependant à partir de 2012, avec le changement de gouvernement de la ville, des programmes dont on ne peut encore évaluer la réalisation offrent un financement aux familles de classe moyenne ou imaginent un nouveau mécanisme de prêt solidaire entre trois à dix familles aux faibles revenus. La logique d'action publique individualisée et liée aux critères du marché semble rejoindre là celle que les autres métropoles ont déjà mise en place depuis au moins une décennie. À São Paulo, dans cette agglomération fortement différenciée entre les édifications réservées aux activités économiques et au logement résidentiel dans le centre de la ville et la relégation de la plupart des favelas sur son pourtour, *Helena Menna Barreto* indique que les politiques d'action publique se concentrent sur le financement des logements destinés aux classes moyennes et l'attribution de leur construction aux entreprises privées, et récemment, depuis les années 2000, s'intéressent également à l'urbanisation des *favelas* dont on recherche la densification. Plutôt qu'une politique de logement, il s'agit d'une politique qui favorise l'emploi. La valorisation excessive des terrains entrainée par la pression du marché sur le centre et même les périphéries de la ville empêche les organismes associatifs d'exercer les fonctions de participation aux politiques de construction qui leur sont reconnues et les mouvements doivent se contenter de concentrer leurs actions ponctuellement sur des programmes délimités.

C'est aussi à São Paulo que *Marina Montenegro* a entrepris l'analyse du programme de rénovation urbaine dans le quartier central de Nova Luz mené par le gouvernement de la ville avec l'appui décidé des grands commerçants et des capitaux immobiliers qui veulent développer des réalisations urbaines, financières, commerciales et résidentielles d'envergure, en déplaçant les petits commerçants spécialisés dans les appareils électriques, électroniques et informatiques de valeur modeste qui exercent dans ces rues de façon souvent irrégulière et occupent de nombreux édifices et entrepôts désaffectés aux alentours. Deux logiques sociales et économiques s'affrontent dans l'occupation de ces lieux où l'économie populaire vise avant tout la reproduction des familles, de leurs avoirs et de leurs revenus, face aux intérêts immobiliers et commerciaux qui cherchent surtout à valoriser les espaces par des activités liées aux flux internationaux. Les formes d'action des petits commerçants et autres occupants précaires s'ancrent dans les solidarités familiales et locales et dans le recours à des formes d'action syndicales parfois violentes. Mais leurs stratégies de diversification économique sont novatrices : se spécialisant dans la vente des pièces informatiques détachées, de prestation de services, sans exclure d'autres marchandises moins spécialisées mais qui sont des achats nécessaires aux clients de faibles ressources qui viennent exceptionnellement au centre faire leurs emplettes. Les modes de crédit sont également adaptés à cette clientèle et la vente à tempérament se pratique largement. Les commerçants disposant d'une grande surface commerciale cherchent néanmoins à concurrencer les petits détaillants et artisans sur cette filière également, puisqu'il est maintenant reconnu que le segment des acheteurs pauvres présente de grandes possibilités d'expansion. La lutte pour la survie commerciale et le maintien dans le centre de ces familles se poursuit ainsi dans une course continue à l'innovation commerciale et la recherche de tactiques nouvelles.

Enfin, pour conclure cette révision des formes locales de gouvernance du logement menée à l'aune d'une attention aux perceptions et pratiques du quotidien, le texte de *Julien Rebotier et Hélène Rivière d'Arc* (qui, dans l'ouvrage, inaugure la section correspondante) propose une interprétation de la prégnance des modèles de la gouvernance dans le logement, comme type de rapports sociaux et de discours mobilisateurs qui se fonde sur les conceptions des citoyens, lesquelles sont souvent transmises et diffusées par les réseaux transnationaux. Parmi les acteurs dont on considère qu'ils doivent intervenir dans la provision de logement urbain, ils signalent la présence désormais imposante des agents du marché et, dans le domaine public, celle des instances décentralisées de gestion territoriale, qui supposent de nouvelles conceptions de la légitimité. Face aux stratégies de confrontation qui dominaient l'action des années 1980 ou 1990, les habitants expriment de plus en plus souvent leurs besoins de façon individuelle en faisant appel à la légalité et à la négociation, et ils se réfèrent au marché comme l'instance « naturelle » où chacun peut chercher le bien qu'il est capable d'obtenir. Aux acteurs les plus démunis, il peut être recommandé de détourner les règles en opposant de petites résistances individuelles et dissimulées. Les trois régimes d'explication de la gouvernance représentent autant de façons différentes de fonder le quotidien, l'une à travers la prise en compte des références morales historiques sur lesquelles s'assoit la légitimité ; la seconde, focalisée sur le point de vue des acteurs qui les singularise, les positionne dans la structure sociale et les rapports de pouvoir et explicite les besoins auxquels ils ont le droit d'exiger satisfaction ; la troisième située à un niveau plus surplombant de lutte de pouvoirs que l'on s'efforce d'inscrire dans une confrontation idéologique d'ampleur.

Dans les textes suivants où l'on cherche à cerner les acteurs et leurs stratégies dans les jeux de la gouvernance, leurs pratiques et leurs représentations sont les objets premiers d'observation.

À Caracas, l'approche du quotidien a été menée par *Silverio González* et *Henny Díaz* selon les méthodes de la sociologie qualitative, par le suivi durable d'un groupe de militants en lutte pour la reconnaissance d'une coopérative agricole sur le terrain disputé de *La Limonera*. C'est principalement par leurs yeux et à travers leurs alliances, leurs espoirs et déconvenues relatives que le conflit autour des usages réservés à ce lieu est décrit et ses rebondissements analysés. Le cas particulier de ce terrain, tout à la fois prisé et dangereux, exceptionnel par sa localisation proche du centre mais sur une voie d'accès saturée, largement aménageable malgré une forte sensibilité au risque d'effondrement, illustre la diversité des intérêts des voisins, habitants et institutions, l'ampleur des projets rivaux dans lesquels s'inscrit son futur et les contradictions qui se font jour au sein des pouvoirs publics dont diverses instances favorisent les uns ou les autres. Cette vision rapprochée contribue à l'opacité qui semble planer sur cette confrontation et sa résolution finale et nous fait participer de l'incompréhension des critères qui guident les choix du développement urbain et des difficultés que rencontrent les citadins ordinaires pour établir les alliances les plus efficaces.

Cette fragilité sociale confine à la discrimination dans le cas d'un quartier aux très faibles ressources sur les marges de Mexico, rencogné dans une situation de glacis urbain et physiquement circonscrit par un mur d'enceinte, dont *Arturo Alvarado* et *Úrsula Alanís* ont rencontré et accompagné de nombreux habitants. Le quartier de *Casitas* souffre de précarité économique et d'exclusion urbaine ainsi que de l'abandon des autorités publiques qui ne s'en soucient véritablement qu'à l'occasion des échéances électorales et lors de graves désastres « naturels ». Une bonne partie des revenus de la population provient de la pratique systématique du vol à l'étalage dans des supermarchés de la périphérie et du trafic de drogue. Ces activités illégales, la méfiance envers les étrangers au quartier et le contrôle constant exercé par les membres des réseaux mafieux entretiennent un climat de violence que renforce le harcèlement policier, en particulier contre les jeunes, participent-ils ou non à ces trafics. Les entretiens individuels et en groupe des différentes catégories d'acteurs, citadins jeunes ou plus âgé/es, dédié/es au travail régulier ou informel, voire illégal, ainsi qu'aux policiers chargés de la surveillance et répression, offrent un panorama de perceptions et émotions qui incluent tous, d'un bord ou l'autre, une forte dose de révolte et de sentiment d'incompréhension. Plus que de la précarité et de la vétusté de leur logement, de l'entassement où ils vivent et de l'aberration urbaine qui a conduit à construire cette douzaine de longues rangées de maisons en enfilade séparées par un simple couloir, clôturée de surcroît d'une enceinte qui l'isole presque complètement des quartiers voisins, les habitants se plaignent de l'abandon où ils sont tenus par les pouvoirs publics, du cynisme des *leaders* politiques qui ne se présentent que lorsqu'ils peuvent en tirer quelque avantage, de la dureté de la vie et du manque d'emploi et des arrestations arbitraires. Les policiers aussi se plaignent de l'animosité des jeunes à leur égard, des dénégations de ceux-ci face au Tribunal de première instance lorsqu'ils sont arrêtés, de leur propre impuissance. Mais le texte ne fait pas état de dénonciations de leur part du trafic de drogue et du contrôle exercé par le « parrain », qui est un fait de notoriété publique. La prise en charge par celui-ci des festivités publiques, en particulier religieuses, contribue à lui conférer un rôle d'arbitrage et d'ordre social que nul ne semble prêt à contester.

C'est un autre type d'acteurs dont *Christian Azaïs* suit la constitution professionnelle et la participation comme acteurs urbains dans un rôle singulier. Les pilotes d'hélicoptères qui exercent leur pratique à São Paulo, surtout, et à Mexico appartiennent à ce segment particulier et privilégié de travailleurs qui maîtrisent des compétences exclusives et recherchées, emblématiques des temps actuels. Nous découvrons cependant que leurs conditions de négociation face à leurs employeurs et face à ceux qui exercent sur eux un contrôle technique et disciplinaire ne paraissent pas spécialement favorables. La distribution actuelle des fonctions dans l'organisation du travail au sein des branches de haute technicité, qui conduit à leur morcellement et recomposition complexe (Le Goff, 2003), est peut-être en partie responsable de la perte d'autonomie qui semble paradoxalement toucher ces acteurs, un trait supplémentaire à tous ceux qu'observe et recense l'auteur sous le nom de « zone grise du salariat ». On peut peut-être l'associer à la tendance déjà relevée par Catherine Bidou Zachariazen de la présence de nouveaux modes d'informalité dans la post-modernité (ou plutôt, dans la « dé-modernisation » d'une économie ou d'un système social) qui concernerait de façon privilégiée ses acteurs les plus novateurs et qui devrait donc être examinée dans le surgissement de nouvelles formes de gouvernance.

Les deux articles restants sont consacrés à l'examen des pratiques commerciales, vitales et politiques des commerçants exerçant dans la rue, à São Paulo et à Mexico, dans le cadre d'associations pour ce qui concerne le texte comparatif de *Carlos Freire* et *Carlos Alba*, et à titre individuel ou familial pour celui de *Marielle Pepin-Lehalleur*. Ces études, comme celles que nous avons indiquées plus haut, se sont fondées sur un travail ethnographique et un accompagnement proche des acteurs. Des acteurs pris parfois dans leur individualité mais le plus souvent dans leurs pratiques collectives pour le premier texte, et dans le cadre de leur vie familiale et de leur parcours d'immigrants et de nouveaux citadins, pour le deuxième. En effet, si les rythmes journaliers et l'occupation d'un espace dans la rue et l'exposition aux contacts sociaux multiples qui caractérisent ces activités se ressemblent sur de nombreux points, des aspects importants de leur sociabilité immédiate dans le contexte proche et l'établissement des relations économiques, administratives, sociales, politiques à moyen terme qui conditionnent la permanence de leur travail diffèrent profondément. Les expériences de vie et les conditions contextuelles qui ont conduit les un/es à préférer (ou se résigner à) entrer dans une organisation soumise à un/e *leader*, les autres à en être exclu/es ou à s'en éloigner volontairement sont des données essentielles pour reconstituer la trajectoire de chacun/e. Mais n'oublions pas notre projet d'interprétation politique plus global et comparatif, elles offrent aussi des voies privilégiées pour comprendre sur quoi se fondent les rapprochements ou les hostilités entre acteurs, la perception de contraintes communes ou les avantages qu'il peut y avoir à agir de concert, l'assignation par d'autres sujets à une même catégorie privilégiée ou discriminée, et finalement l'accès à certaines formes d'action, de pression ou au moins d'expression publique des préférences, des formes spécifiques de participation à l'établissement ou au renversement d'un ordre dans le cadre de la rue, du quartier d'habitation, dans la vie sociale, professionnelle ou politique.

Si, comme le dit Michel Marié (2001), il est vrai que « ce que les sociologues ont à faire avant tout est de montrer comment, dans des situations qui sont le plus souvent extrêmement tendues, conflictuelles, il y a tellement peu de conflits ouverts » et que « ce qui apparaît alors comme étant le plus intéressant n'est pas tellement le conflit mais plutôt les différentes manières qu'ont les sociétés de les *occulter* », on n'aura pas de trop des entrées multiples et contradictoires que procurent les examens des expériences quotidiennes comme source d'évaluation du monde et de l'effeuillement des formes institutionnelles qui contribuent à masquer la prise de conscience ou la manifestation de non-conformité avec un certain rapport de forces. Il se peut aussi que la manifestation précoce de ce désaccord permette d'en limer les aspérités et de trouver des termes de négociation acceptables, ou encore qu'elle contribue à une connaissance élargie, socialisée, de l'existence d'intérêts divergents autour d'un enjeu donné.

Références bibliographiques

Alba Vega, C., Labazée, P., *Metropolización, transformaciones mercantiles y gobernanza en los países emergentes. Las grandes ciudades en las mutaciones del comercio mundial*, Mexico, El Colegio de México-IRD, sous presse.

Assayag, J., *La mondialisation vue d'ailleurs – l'Inde désorientée*, Paris, Seuil, 2005.

Azaïs, Ch., Kessler, G., Telles, V. da Silva (orgs.), *Ilegalismos, cidade e política*, Belo Horizonte, Fino Traço.

de Verdalle, L., Vigour, C., Le Bianic, T., « S'inscrire dans une démarche comparative Enjeux et controverses », ENS Cachan, *Terrains et travaux*, n° 21, 2012, p. 5-21.

Durkheim, E., « Règles relatives à l'administration de la preuve » *in Les règles de la méthode sociologique*, Paris, Les Presses universitaires de France, Collection Bibliothèque de philosophie contemporaine, 16e édition, 1967 (1894), chapitre VI.

Giraud, O., « Quelle issue au dilemme comparatif à l'heure de la globalisation ? Dans les pas de Clifford Geertz sur la voie de la comparaison des cas les plus contrastés », *Critique internationale*, Presses de Sciences Politique, n° 57, 2012/4, p. 89-110 http://www.cairn.info/revue-critique-internationale-2012-4-page-89.htm.

Kessler, G., Telles, V. da Silva, « Ilegalimos na América Latina », *Tempo Social*, Universidade de São Paulo, v. 22, 2010.

Lallement, M., Spurk, J. (dir.), *Stratégies internationales de la comparaison*, Paris, Éditions du CNRS, 2003.

Le Goff, J.-P., *La barbarie douce. La modernisation aveugle des entreprises et de l'école*, Posface inédite, *Affronter la déshumanisation et reconstruire*, Paris, La Découverte, 2003, p. 127-139.

Marié, M., « De la formation du regard dans les sciences humaines », Conférence à l'EHESS – École des hautes études en sciences sociales, Paris, Ruralités contemporaines, 18/01/2001.

Matus Ruiz, M., Rodríguez Autrán, R., *Acceso y uso de las TIC en áreas rurales, periurbanas y urbano-marginales de México : una perspectiva antropológica*, Mexico, Infotec, 2012.

Piette, A., *Ethnographie de l'action. L'observation des détails*, Paris, Métailié, 1996.

Przeworski, A., Teune, H., *The Logic of Comparative Social Inquiry*, New York, John Wiley & Sons, 1970.

Ragin, Ch. C., *The Comparative Method – Moving Beyond Qualitative and Quantitative Strategies*, Berkeley, University of California Press, 1987.

Sartori, G., « Bien comparer, mal comparer », *Revue Internationale de Politique Comparée*, Vol. 1, n° 1, 1994, 19-36.

Skocpol, T., *States and Social Revolutions : A Comparative Analysis of France, Russia and China*, Cambridge, Cambridge University Press, 1979.

Vigour, C., *La comparaison dans les sciences sociales. Pratiques et méthodes*, Paris, La Découverte, 2005.

FSC
www.fsc.org
MIX
Papier | Fördert
gute Waldnutzung
FSC® C083411

Kolibri 360 GmbH
Ferdinand-Jühlke-Straße 7
99095 Erfurt, Deutschland
produktsicherheit@kolibri360.de